阿联酋迪拜阿勒马克托姆急救医院

英国伯明翰儿童医院

英国伯明翰大学伊丽莎白女王医院

巴基斯坦卡拉奇阿贾汗大学医院

德克萨斯某医院庭园

巴西萨拉巴西利亚医院

新加坡亚历山大医院

柏林施潘道医院

德国魏玛索菲湖费南医院

得克萨斯休斯敦医学中心

奥克美丽峰医院

特罗伊美丽峰医院

东莞康华医院

汕头大学精神卫生中心

多伦多大学圣米切尔斯医院李嘉诚楼

印第安纳大学医学中心儿童医院

佛山第一人民医院

佛山第一人民医院

鹿儿岛慈爱会庵美医院

南通大学医院水景

芝加哥恩罗伊医院

美国康科德医院

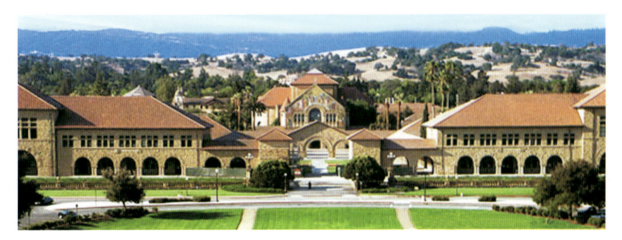

斯坦福大学肿瘤研究中心

西班牙某肿瘤医院

密尔沃基圣玛丽医院

班勒尔拜伊伍德医疗中心

土耳其阿纳多鲁医疗中心

莫斯科波特金医院组合体

华盛顿公爵大学医院

乔治蓬皮杜欧洲医院内景

乔治蓬皮杜欧洲医院外景

圣路易斯华盛顿大学犹太医院

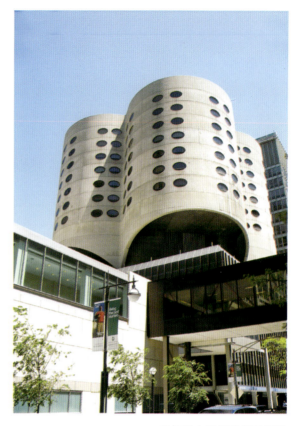
芝加哥大学妇产实习医院

德国费尔德基希医院

威廉美丽峰医院康复庭园

得克萨斯安大略生命医学中心

悉尼圣文森特医院

新西兰奥克兰急救中心

上海复旦大学儿童医院

雅典颇克拉提昂医院

中山大学附属第三医院

埃及开罗新恺撒医院

伊利诺斯大学医疗中心

瑞典卡洛琳斯卡大学医院外景及营养厨房

英国怀特岛圣玛丽医院

英国怀特岛圣玛丽医院

建筑设计指导丛书

现代医院建筑设计

(第二版)

重庆大学建筑城规学院
罗运湖　编著

中国建筑工业出版社

图书在版编目(CIP)数据

现代医院建筑设计/罗运湖编著. —2版. —北京：中国建筑工业出版社，2009（2024.3重印）
（建筑设计指导丛书）
ISBN 978-7-112-10772-8

Ⅰ. 现… Ⅱ. 罗… Ⅲ. 医院-建筑设计 Ⅳ. TU246.1

中国版本图书馆CIP数据核字(2009)第024180号

  本书是一本系统论述现代医院建筑设计理论和创作实践的专著。内容大体分为两大部分。第一部分——1~5章为总论。着重从总体上宏观地论述医院的发生、发展；功能结构和建筑形态；区域卫生规划与总体布局；并对医院建筑的"变"与"应变"规律作了分析评述。结合医学模式的转化及其对医院建筑的影响，专列一章对病人需求及其对环境的感受与评价作了探讨，以期对创造人性化的医院环境有所助益。第二部分——6~12章为分论。分别对医院的门诊、医技、住院、后勤供应等部门作了深入细致的论述，注入了新的理念、内容和例证，基本反映了当代世界医院建筑的最新成果和发展动态。
  本书第二版，是在原有章节体系的基础上补充了一些新的理念和内容，包括绿色医院、生殖医学中心、"MNS"、"PET/CT检测"、电梯数量计算等。对原书中的案例和图照作了较大幅度的更新。所附光盘中，收录了大量医院建筑实录的图像资料，内容涵盖亚、澳、欧、美诸国。
  本书可作为高等院校建筑学专业设计课的教材或相关专业的参考书，也可供建筑设计研究人员、医院管理和基建管理决策人员阅读参考。

* * *

责任编辑：王玉容
责任设计：郑秋菊
责任校对：刘　钰　王雪竹

建筑设计指导丛书
现代医院建筑设计
（第二版）
重庆大学建筑城规学院
罗运湖　编著

中国建筑工业出版社出版、发行（北京西郊百万庄）
各地新华书店、建筑书店经销
北京天成排版公司制版
建工社（河北）印刷有限公司印刷
＊
开本：880×1230毫米　1/16　印张：22　插页：10　字数：810千字
2010年8月第二版　2024年3月第十九次印刷
定价：**75.00元**（含光盘）
ISBN 978-7-112-10772-8
（18017）

版权所有　翻印必究
如有印装质量问题，可寄本社退换
（邮政编码 100037）

出版者的话

"建筑设计课"是一门实践性很强的课程,它是建筑学专业学生在校期间学习的核心课程。"建筑设计"是政策、技术和艺术等水平的综合体现,是学生毕业后必须具备的工作技能。但学生在校学习期间,不可能对所有的建筑进行设计,只能在学习建筑设计的基本理论和方法的基础上,针对一些具有代表性的类型进行训练,并遵循从小到大,从简到繁的认识规律,逐步扩大与加深建筑设计知识和能力的培养和锻炼。

学生非常重视建筑设计课的学习,但目前缺少配合建筑设计课同步进行的学习资料,为了满足广大学生的需求,丰富课堂教学,我们组织编写了一套《建筑设计指导丛书》。目前已出版的有:

《幼儿园建筑设计》　　《中小学建筑设计》
《餐饮建筑设计》　　　《别墅建筑设计》
《居住区规划设计》　　《休闲娱乐建筑设计》
《博物馆建筑设计》　　《现代图书馆建筑设计》
《现代医院建筑设计》　《现代剧场设计》
《现代商业建筑设计》　《场地设计》
《快速建筑设计方法》

这套丛书均由我国高等学校具有丰富教学经验和长期进行工程实践的作者编写,其中有些是教研组、教学小组等集体完成的,或集体教学成果的总结,凝结着集体的智慧和劳动。

这套丛书内容主要包括:基本的理论知识、设计要点、功能分析及设计步骤等;评析讲解经典范例;介绍国内外优秀的工程实例。其力求理论与实践结合,提高实用性和可操作性,反映和汲取国内外近年来的有关学科发展的新观念、新技术,尽量体现时代脉搏。

本丛书可作为在校学生建筑设计课教材、教学参考书及培训教材;对建筑师、工程技术人员及工程管理人员均有参考价值。

这套丛书已陆续与广大读者见面,借此,向曾经关心和帮助过这套丛书出版工作的所有老师和朋友致以衷心的感谢和敬意。特别要感谢建筑学专业指导委员会的热情支持,感谢有关学校院系领导的直接关怀与帮助。尤其要感谢各位撰编老师们所作的奉献和努力。

本套丛书会存在不少缺点和不足,甚至差错。真诚希望有关专家、学者及广大读者给予批评、指正,以便我们在重印或再版中不断修正和完善。

第二版前言

"医院"是一个令世人敬畏的地方,敬其治病救命,畏其疫菌扰民,少壮者唯恐其近,病老者犹恐其远;中国的医院又是一个承载太多愿景的地方,长官要借以展示政绩,开发商要借以炫耀实力,都要求高伟、豪华、气派;医护人员和平民百姓则要求功能合理,方便高效,经济实惠。这些要求反映出社会需求的层次性差异,在一定程度上都有其合理的一面。规划设计的首要任务就是平衡不同人群和要素之间的需求关系。平衡之道在于"求同存异",在各方利益的交集点上狠下功夫,便可找出一条和谐共融之路。笔者以为,这个利益的交集点就是"理性"。理性是人性的集中表现,人性需求有赖理性的指导和规范,才能得到合"理"满足和社会认同。对于某些相"异"的需求,只要限定在一个合"理"的时空范围内,也是有可能使之和谐共处的。

医院建筑设计,首先是设计者要重视、熟悉、驾驭功能,使之与业主的需求协调起来,而不是被动地受业主的驾驭和驱使;方案既不能炫耀奇特,又要善于发现在特定时空条件下医院的内在特色,并在设计中加以培育和彰显。就弥漫着紧张焦虑情绪的医院环境而言,病人所必需的并非豪华时尚,而是简朴闲适,使其精神压力得以舒解。医院建筑应少一点闹市尘嚣,多一点自然清妙,以突显其医疗康复功能。设计应十分在意患者的关注点,将复杂的医院功能加以梳理、分解、重组,以求平面空间的简洁易懂,提高其可识别性。要特别在意一般健康人不太在意的细节处理,这往往是最能打动人心的关键所在。外观设计应消除因体量过重、过大而产生的压抑和冷漠感,构建"无压力"医疗环境。在空间设计上应尽量利用自然景物扩大视野,以生机勃勃的生态绿化、自然风光,减轻患者的幽闭感和焦虑情绪,从而使我们的医院建设,更加贴近普通民众的真实需求,更加贴近医院自身的现实生活!

本书自2002年出版以来,我国的医院建设经历了"抗非典"、"抗雪灾"、"抗震灾"等突发性公共卫生事件的检验,经历了环境危机和能源紧缺的检验,从而促进了传染病院和急救医疗建筑的发展,促进了对绿色医院建筑设计的探索。随着国家经济实力的增强,民资、台资、外资纷纷进入城市医院建设领域。随着医疗体制的变革和技术装备的不断更新,对我国大规模的医院建设提出了新的要求,注入了新的活力,这使得医院建筑面临新的发展机遇。在应对挑战与机遇的过程中,丰富和发展了医院建筑设计的理论和创作实践,也为本书的修订提供了条件。

本书第二版,是在原有章节体系的基础上作了补充修改,1.增加了"医院建筑的绿色前景"、"生殖医学中心设计"、"病房楼电梯数量的确定因素与计算公式"、"磁导航介入诊疗系统 MNS"、"PET/CT 检测室"、"超声聚焦刀治疗室"等内容。2. 重点补充了"传染病院的平疫结合"、"急救中心与应急救助"、"手术部流线组织类型"等新内容。3. 对原书中的案例和图照作了较大幅度的更新,在门诊部设计中选录了美国著名医院室内设计专家 Jain. Malkin 的作品,可供细部功能设计和某些大进深平面设计参考。4. 为适应医院建筑设计的教学需要,在附录中新加了医院课程设计和毕业设计的任务书以及学生作业图照。5. 除纸本内容外,本书还另附光盘,其中收录了大量珍贵的医院建筑实录的图像资料,内容涵盖亚、澳、欧、美诸国。

在本书第二版的修改和编写过程中,得到学院领导和同行专家们的关心和支持,得到华南理工大学谭伯兰教授、北京建筑工程学院格伦教授、广东省城乡规划设计研究院王如荔总建筑师的支持和帮助;在资料收集过程中,得到我院李必瑜、龙灏、王琦、李郁葱等诸位老师和重庆市第二人民医院赵玉玲院长的支持和帮助;在插图收集编绘工作中,得到余洪工程师、袁满、邓琳、罗帆等诸位建筑师的悉心帮助,教授专家们提供的意见和图纸资料,为本书充实了内容,提高了质量,增添了光彩,在此向他们表示由衷的敬意和感谢!此外,还要感谢本书的责任编辑王玉容女士的精心编排审校,她那种不厌其烦、一丝不苟的精神令人敬佩!限于作者自身的知识结构、学术水平以及本书的篇幅容量等原因,还有一些精彩的内容和例证未能编入其中,在编部分也可能存在某些谬误和疏失,希望同行专家们不吝批评指正。

罗运湖　2008 年 12 月于重庆

第一版前言

对大多数现代人来说，几乎都是从医院呱呱坠地，最后又都从医院跨鹤西逸！古往今来，医院不知为人类编织了多少悲欢离合！一直到科技昌明的现代社会，人们仍怀着一种安危莫测的心情，希望在医院求得精神的庇护与病痛的解脱！

为了更深切地理解病人对医院的这种希望和企求，为了亲身体验医院氛围和功能程序，在我们过去的医院设计教学中，都要带学生到医院体验生活，充当护士助手，参加护理活动。加拿大建筑师吉姆斯为了弄清精神病人的心理状态和空间感受，竟服用某种致幻剂，变成临时精神病人，并从病人的独特视觉和感受中，去寻求创作灵感，修正原来的设计构思。这种对病人的同情心、责任感和现实主义的创作态度是值得我们学习借鉴的。

在医院中，"医"有医"理"，"病"有病"理"，"管"有管"理"，时时处处依"理"而行。医院建筑有其严格的空间秩序和功能要求，是一种十分强调理性思维的建筑类型。"理"是客观事物的本质和规律性的正确反应，只有依理设计，依理决策和评选出来的方案，才会是合理的方案。所以医院建筑的设计者、评审者、决策者，若非这方面的专家，最好能静下心来读读书，明明理。笔者也是读了前辈建筑师编写的书籍文献，才明白了一些道理，也从自身的学习实践中悟出了一点道理，现在把这些加以总结、整理出版，反馈社会，也算是对前辈同行的一点回报吧！

本书的1~5章为总论部分，着重从总体上宏观地论述医院的发生、发展；功能结构和建筑形态；区域卫生规划与总体布局，并对医院建筑的"变"与"应变"规律作了系统的分析评述。结合医学模式的转化及其对医院建筑的影响，专列一章对病人心理及其对环境的感受与评价作了探讨，以期对创造人性化的医院环境有所助益。6~12章为分论部分，分别对医院的门诊、医技、住院、后勤供应等部门，进行了深入细致的论述和分析，注入了一些新的理念和内涵，充实更新了案例插图，例证分布涉及我国港、台地区及亚、欧、南北美洲的国家，基本上反映了当今世界医院建设的最新成果和发展动向。在内容编排上注意了总论和分论部分章节的前后呼应与搭接，使选读书中部分章节的读者对相关内容也有所了解。

医院建筑所涉及的专业学术领域艰深广泛，为此，特邀请第三军医大学张光骏工程师参与"磁共振（MRI）机房设计"及"伽玛刀治疗室设计"的编写；邀请重庆医药设计院李钧、吴应碧建筑师参与"中西药房及制剂室"的编写；他们的辛勤参与为本书充实了内容，提高了质量，谨对他们深表谢意。

在本书的编写和此前的国内调研、国外考察活动中，得到卫生部计财司及省、市卫生厅局有关领导和同志的支持和帮助，得到重庆大学建筑城规学院领导的关心和支持，在此向他们表示由衷的感谢和敬意！在资料搜集和调研过程中曾得到比利时鲁汶大学JAN.DELRUE教授、山东省卫生建筑设计院张华章副所长、重庆大学建筑城规学院李郁葱和陈雨苗老师、重庆儿童医院的有关领导和同志们的支持和帮助，在此向他们表示衷心的感谢！

限于自身的知识结构和学术水平，书中谬误之处恐难避免，希望同行专家批评指正，此书权作引玉之砖，期望在不久的将来，有更高水平的学术著作问世。

罗运湖　2001年7月于重庆

目 录

第一章　医院建筑的发展源流 …………… 1
　第一节　医学模式与医院建筑 ………………… 1
　　一、古代宗教医学与经验医学模式——寺庙、
　　　　教堂、民居型建筑模式 ………………… 1
　　二、近代实验医学、机械医学模式——分散式、
　　　　健康工厂式医院建筑 …………………… 4
　　三、现代生物医学、整体医学模式——人性化的
　　　　整体医学环境 …………………………… 5
　第二节　中国跨世纪医院的发展趋向 ………… 8
　　一、有限增长、质效建设 …………………… 8
　　二、"躺下去"与"站起来" ………………… 9
　　三、医疗保健回归自我 ……………………… 10
　　四、医疗场所回归家庭 ……………………… 10
　　五、呼唤人性回归自然 ……………………… 10
　第三节　医院建筑的绿色前景 ………………… 14
　　一、绿色医疗　俭约普济 …………………… 15
　　二、绿色医院的建筑形态 …………………… 15
　　三、适应性与功能寿命 ……………………… 20
　　四、绿色医院的评估标准 …………………… 21

第二章　医院的功能结构和建筑形态 ……… 23
　第一节　医院的组成要素和功能关系 ………… 23
　　一、综合医院的组成要素 …………………… 23
　　二、医院各部门间的功能关系 ……………… 24
　第二节　医院建筑形态类别 …………………… 26
　　一、分栋连廊的横向发展模式 ……………… 26
　　二、分层叠加的竖向发展模式——高层或多层的
　　　　一栋式医院 ……………………………… 33
　　三、高低层结合的双向发展模式 …………… 34
　　四、板块式同平层发展模式——"蛋糕"式
　　　　医院 ……………………………………… 36
　　五、母题重复的单元拼联发展模式——体系化
　　　　医院 ……………………………………… 38

　第三节　医院建筑形象塑造 …………………… 41
　　一、现代派 …………………………………… 42
　　二、新乡土派 ………………………………… 43
　　三、新古典派 ………………………………… 45
　　四、高技派 …………………………………… 47

第三章　医院建筑的总体规划与设计 ……… 49
　第一节　区域卫生规划与医院的定点选址 …… 49
　　一、城乡医疗卫生网 ………………………… 49
　　二、制定区域卫生规划的原则 ……………… 49
　　三、医疗发展建设规划 ……………………… 49
　　四、医院建设基地的选择 …………………… 51
　第二节　医院的功能分区及总体布局 ………… 51
　　一、功能分区 ………………………………… 52
　　二、外部出入口及洁污流线组织 …………… 52
　第三节　建筑及绿化配置 ……………………… 55
　　一、建筑配置 ………………………………… 55
　　二、间距要求 ………………………………… 56
　　三、绿地配置 ………………………………… 56
　第四节　山地医院的总体设计 ………………… 58
　　一、多层接地，亲和自然 …………………… 58
　　二、能上能下，双向发展 …………………… 60
　　三、靠山居洞，隐秘屏蔽 …………………… 61
　　四、重力自降，高进低出 …………………… 62
　　五、谨慎动土，浮筑巢居 …………………… 63

第四章　医院建筑的"变"与"应变" …… 65
　第一节　变因分析与变量评估 ………………… 65
　　一、变因分析 ………………………………… 65
　　二、变量评估 ………………………………… 65
　第二节　医院的应变策略与原则 ……………… 66
　　一、基本原则 ………………………………… 66
　　二、应变策略——机变论及其作品 ………… 67

第三节　医院的应变能力及改扩建方式 ……… 72
　　　　一、扩展方式 …………………………………… 72
　　　　二、增强医院建筑的应变能力 ………… 75
　　　　三、收购改建 …………………………………… 78

第五章　医院环境与病人心理 ………… 79
　　第一节　病人需求及其空间体现 ………… 79
　　　　一、病人需求的层次性 ………………………… 79
　　　　二、病人需求的差异性 ………………………… 81
　　第二节　医疗空间及人群的行为特性 …… 83
　　　　一、私密性 ……………………………………… 83
　　　　二、领域性 ……………………………………… 84
　　　　三、识别性 ……………………………………… 85
　　第三节　医院的知觉环境 …………………… 87
　　　　一、医院的色彩环境 …………………………… 87
　　　　二、医院的音响环境 …………………………… 88
　　　　三、医院的嗅觉环境 …………………………… 89
　　　　四、医院的光学环境 …………………………… 89

第六章　综合医院门诊部设计 ………… 90
　　第一节　门诊部的类型、特点和任务 …… 90
　　　　一、门诊病人类型 ……………………………… 90
　　　　二、门诊部的任务和特点 ……………………… 90
　　　　三、门诊部的组成 ……………………………… 90
　　　　四、门诊就诊程序 ……………………………… 91
　　第二节　门诊部的流线组织 ………………… 92
　　　　一、门诊部的人流特点分析 …………………… 92
　　　　二、门诊流线组织原则 ………………………… 92
　　　　三、门诊流线设计要点 ………………………… 93
　　第三节　门诊建筑类型及空间组合 ……… 93
　　　　一、街巷式 ……………………………………… 93
　　　　二、庭廊式 ……………………………………… 95
　　　　三、套院式 ……………………………………… 98
　　　　四、厅式组合 …………………………………… 99
　　　　五、板块式组合 ………………………………… 103
　　第四节　门诊综合大厅及公用科室设计 … 107
　　　　一、合厅式 ……………………………………… 107
　　　　二、联厅式 ……………………………………… 107
　　　　三、街厅式 ……………………………………… 110

　　　　四、公用科室设计 ……………………………… 110
　　　　五、非医疗服务用房 …………………………… 112
　　第五节　门诊候诊及各科诊室设计 ……… 113
　　　　一、候诊空间设计 ……………………………… 113
　　　　二、门诊专科诊室设计 ………………………… 115
　　　　三、生殖医学中心设计 ………………………… 121
　　第六节　城市或医院急救中心的设计 …… 123
　　　　一、城市急救中心的运作程序与功能组成 …… 124
　　　　二、急救中心的建筑设计要点 ………………… 125
　　　　三、急救中心的主要用房设计 ………………… 126
　　　　四、急诊部设计 ………………………………… 127

第七章　住院部设计 …………………… 128
　　第一节　概述 …………………………………… 128
　　　　一、住院部的组成、规模与设计原则 ………… 128
　　　　二、渐进护理(PPC)与我国的护理制度 ……… 129
　　　　三、病室床位及私密性与开放性问题 ………… 130
　　　　四、巡行效率 …………………………………… 131
　　　　五、病室独用卫生间与单元公用卫生间 ……… 131
　　　　六、病房楼、电梯数量的确定因素与计算公式 … 131
　　第二节　护理单元的形态类型 ……………… 133
　　　　一、中廊式条形单元 …………………………… 133
　　　　二、复廊式条形单元 …………………………… 134
　　　　三、单复廊式单元 ……………………………… 135
　　　　四、方形环廊单元 ……………………………… 136
　　　　五、圆形、多角形单元 ………………………… 138
　　　　六、三角形、菱形单元 ………………………… 141
　　　　七、组团式护理单元 …………………………… 143
　　第三节　护理单元的组成及细部设计 …… 145
　　　　一、病室设计 …………………………………… 145
　　　　二、护士站 ……………………………………… 149
　　　　三、病人活动室 ………………………………… 150
　　　　四、医辅用房 …………………………………… 151
　　第四节　重症监护及白血病单元设计 …… 151
　　　　一、重症监护单元(ICU)设计 ………………… 151
　　　　二、白血病单元 ………………………………… 153
　　第五节　烧伤医疗单元设计 ………………… 155
　　　　一、烧伤医疗机构的特殊要求 ………………… 155
　　　　二、烧伤医疗机构的设计 ……………………… 156

三、社会服务与特殊教育 …………… 158
四、案例分析 ………………………… 159
第六节　产科、儿科病房设计 …………… 161
一、产科病房设计 …………………… 161
二、儿科护理单元设计 ……………… 165
第七节　传染医疗区设计 ………………… 168
一、基本功能要求 …………………… 168
二、总平面设计 ……………………… 168
三、设计要点 ………………………… 169
四、平疫结合，综专互补 …………… 170
第八节　精神病护理单元设计 …………… 173
一、特殊护理区 ……………………… 173
二、一般护理区 ……………………… 173
三、护理服务区 ……………………… 175
四、精神病房的安全措施 …………… 175
五、空间形态与建筑色彩 …………… 175

第八章　中心手术部设计 ……………… 178
第一节　概述 ……………………………… 178
一、手术部的位置 …………………… 178
二、手术部的规模 …………………… 181
第二节　手术室分类与手术部的洁净分区 … 181
一、手术室的分类 …………………… 181
二、手术部的分区及净化作业程序 … 182
三、手术部的流线组织类型 ………… 183
第三节　手术部的平面组合类型 ………… 184
一、单廊式 …………………………… 184
二、复廊式 …………………………… 186
第四节　手术部的相关组成要素 ………… 193
一、换床厅 …………………………… 193
二、卫生通过间 ……………………… 193
三、刷手室 …………………………… 195
四、洗涤、消毒室 …………………… 195
五、恢复室 …………………………… 195
六、麻醉工作室 ……………………… 195
七、无菌器材室 ……………………… 196
八、移动设备存放空间 ……………… 196
九、敷料、器械 ……………………… 196
十、护士站 …………………………… 197

第五节　手术室的内部环境设计 ………… 197
一、手术室的形式 …………………… 197
二、手术室的界面设计 ……………… 197
三、手术室的色彩、照明和音响 …… 200
四、手术室的气候环境 ……………… 201
第六节　手术部的相关专业设计要求 …… 201
一、洁净手术室的空气调节 ………… 201
二、洁净手术室的给排水 …………… 203
三、医用气体设施 …………………… 203
四、洁净手术室的电气设备 ………… 203

第九章　中心检验部设计 ……………… 204
第一节　组成及发展动态 ………………… 204
第二节　检验部的位置 …………………… 204
第三节　各检验室的划分及设计要点 …… 208
一、常规检验室 ……………………… 208
二、生化检验室 ……………………… 208
三、微生物检验室 …………………… 208
四、血液、体液细胞检验室 ………… 210
五、病理检验室 ……………………… 210
六、血库 ……………………………… 211
七、检验微机室 ……………………… 213
第四节　检验室的空间形态 ……………… 213
一、空间分隔形式 …………………… 213
二、实验台的布置形式 ……………… 216
三、特殊用房设计 …………………… 218
第五节　功能检查及内窥镜室设计 ……… 219
一、心功能检查室 …………………… 219
二、肺功能检查室 …………………… 219
三、电生理学检查室 ………………… 219
四、超声波检查室 …………………… 220
五、内窥镜检查室 …………………… 220

第十章　影像诊断部设计 ……………… 222
第一节　影像诊断部的位置及规模 ……… 222
一、影像诊断部的位置 ……………… 222
二、影像诊断部的设备规模 ………… 222
第二节　功能分区及平面类型 …………… 224

一、功能分区 …………………………… 224
　　二、平面类型 …………………………… 224
　第三节　主要房间设计 …………………… 237
　　一、X线机房设计的一般要求 ………… 237
　　二、胃肠造影X线机房 ………………… 238
　　三、心血管摄影室与DSA ……………… 238
　　四、CT机室 …………………………… 240
　　五、MRI磁共振成像系统 ……………… 242
　　六、暗室、自动冲洗器、干式激光打印室 … 247
　第四节　X射线的防护 …………………… 249
　　一、一般要求 …………………………… 249
　　二、防护计算 …………………………… 249
　　三、防护构造要求 ……………………… 250

第十一章　核医学与放射治疗设施 ………… 251
　第一节　同位素诊断室设计 ……………… 251
　　一、功能分区及组成内容 ……………… 251
　　二、各部设计要求 ……………………… 254
　第二节　核医学与加速器治疗 …………… 259
　　一、位置及布置方式 …………………… 259
　　二、核医学与加速器治疗 ……………… 263
　第三节　立体定向放射治疗设施 ………… 273
　　一、X刀治疗室 ………………………… 273
　　二、伽马刀(γ)治疗室 ………………… 273
　　三、中子治疗室 ………………………… 276
　　四、超声聚焦刀 ………………………… 276
　　五、附表——宽束γ射线在不同减弱倍数K时所需
　　　　防护材料厚度表 …………………… 276

第十二章　医院的后勤供应部门 …………… 281
　第一节　中心消毒供应部设计 …………… 281
　　一、组成及要求 ………………………… 281
　　二、位置选择及平面布局 ……………… 283
　　三、各室设计要求 ……………………… 291
　　四、相关技术要求 ……………………… 292
　第二节　药剂部设计 ……………………… 292
　　一、组成、任务和面积 ………………… 293
　　二、设置方式及建筑类型 ……………… 295
　　三、西药制剂、调剂室设计 …………… 298

　　四、中药制剂、调剂室设计 …………… 302
　第三节　医院的物流传输系统 …………… 303
　　一、物品类别及传输量、次分析 ……… 304
　　二、主要传输手段及特性 ……………… 305
　　三、水平传输通道 ……………………… 307

实例 ……………………………………… 309
　1. 加拿大多伦多儿科医院 ………………… 309
　2. 美国圣地亚哥儿童医院 ………………… 310
　3. 英国怀特岛圣玛丽医院 ………………… 311
　4. 日本市立丰中医院 ……………………… 312
　5. 日本高知县立幡多见民医院 …………… 314
　6. 日本东京都立丰岛医院 ………………… 318
　7. 日本阿品土谷医院 ……………………… 321
　8. NTT东日本关东医院 …………………… 323
　9. 德国纽伦堡市立南医院 ………………… 327
　10. 瑞典哥特朗德岛卫斯比医院 …………… 331

附录一　医院建筑设计任务书 …………… 333
　一、综合医院门诊楼课程设计教学任务书 … 333
　二、某高校120床校医院毕业设计任务书 … 334

附录二　医院建筑采风(光盘)
　1. 埃及的医院建筑
　2. 巴基斯坦的医院建筑
　3. 巴西萨拉巴西利亚医院
　4. 班勒尔古德萨玛丽坦医疗中心
　5. 戴尔儿童医疗中心庭园
　6. 德国菲尔德基希医院
　7. 德国魏玛索菲湖贵兰医院
　8. 得克萨斯休斯顿医学中心
　9. 东莞康华医院
　10. 上海复旦儿童医院
　11. 古德萨玛丽坦医院
　12. 华盛顿公爵大学医院
　13. 加利福尼亚蒙特利社区医院
　14. 旧金山的医院建筑
　15. 拉德儿童医院
　16. 罗彻斯特马约医疗中心

17. 美国伯明翰大学新医院
18. 美国家庭儿童医院
19. 美国斯通布鲁克大学医院
20. 密尔沃基圣玛丽医院医疗中心
21. 密尔沃基医疗中心
22. 莫斯科的医院建筑
23. 乔治蓬皮杜欧洲医院
24. 瑞典的医院建筑
25. 瑞士巴塞尔脑脊伤康复中心
26. 深圳滨海医院
27. 深圳市第三人民医院
28. 圣迭戈儿童医院
29. 天津泰达医院
30. 土耳其阿纳多鲁医疗中心
31. 威斯康星UW肿瘤中心
32. 亚利桑那吉伯特旗门医院
33. 伊里诺斯大学医疗中心
34. 医疗设备设施
35. 英国布莱顿皇家亚历山大儿童医院
36. 英国怀特岛圣玛丽医院
37. 犹他州立大学医疗中心
38. 约翰霍普金斯大学医院
39. 芝加哥妇产实习医院
40. 重庆开县人民医院

附录三 重庆大学建筑城规学院医院建筑毕业设计（光盘）

1. 重庆北部新区医疗中心外科住院综合楼设计A
2. 重庆北部新区医疗中心外科住院综合楼设计B
3. 重庆北部新区医疗中心外科住院综合楼设计C
4. 重庆某高校校医院设计
5. 南方某国际医院疗养中心设计
6. 重庆涪陵区中心医院外科医技楼设计
7. 重庆大学新校区医院门诊楼设计A
8. 重庆大学新校区医院门诊楼设计B

主要参考文献 ················· 337

第一章 医院建筑的发展源流

医院是人类维护身体健康、恢复劳动机能的场所，是人类生存繁衍、与疾病抗争的重要阵地。医院的产生和发展受社会、经济、科学、文化的深刻影响，并且与医疗技术和医学模式的演进息息相关，每一种医学模式的产生，必然要求建立与之相适应的医院建筑模式，从而推动并促进了医院建筑的产生、发展和不断完善。

第一节 医学模式与医院建筑

所谓医学模式，是指人们对社会的某一发展阶段医学形态的总体概括和看法。纵观中、外医学发展过程，大体上经历了古代的宗教医学和经验医学模式；近代的实验医学和机械医学模式；现代的生物医学和整体医学模式等几个发展阶段。

一、古代宗教医学与经验医学模式——寺庙、教堂、民居型建筑模式

据《史记纲鉴》记载，"神农尝百草，始有医药"，古人类在生存斗争的反复实践中，利用锐利的砭石排脓放血，这就是经验医学的开始。然而，由于生产力的落后，古人的医疗经验十分有限，对很多病理现象无法认识理解，因而把疾病归因于鬼神的捉弄和惩罚，一旦吃了某些草、果而病愈，则认为是老天和神灵的保佑，这就为巫医和宗教医学的产生提供了适宜的气候和土壤。公元67年（东汉明帝永平十年），佛教由印度传入我国，许多僧侣兼通医道，并借医传教，一般病人多往寺庙求医拜佛，病重道远者，常留住寺内，从而形成我国的慈善性寺庙医院。据唐《高僧传》记载，晋洛阳太守滕永文就曾寄住洛阳满水寺求医。在封建社会鼎盛时期的唐代，农业、手工业和商业空前繁荣，在个体手工业者组成各种作坊的同时，个体医生也联合组成"坊"的形式，初期称"悲田坊"，后称"病坊"。图1-1-1是唐开元五年（公元717年）由僧人主持开办的悲田坊，收治贫病，后来改为官办，称"养病坊"。

宋代王安石的富国强民政策，推动了各类医院的发展，公元1089年（宋哲宗元祐四年），苏轼等人在杭州创建的"安济坊"，是一所著名的平民医院，当时已有较为完善的病历记载，并提出"宜以病人

图1-1-1 唐开元年间由僧人主持的"悲田坊"

轻重，而异室处之"的管理制度。公元1229年（宋理宗绍定二年），苏州已出现我国第一所正式命名的"医院"，据苏州博物馆收藏的碑刻"宋平江图"记载，"医院"的位置约在现在苏州市的十梓街附近（图1-1-2）。另据《苏州府志》记载，公元1231年，苏州建造"广惠坊"时，"乃卜地鸠材，为屋七十楹，定额二百人"。可见已具较大规模，在建筑布局上，则采取厅堂与廊庑相结合的庭院式处理手法。

除寺庙和官办医院外，还有私人经营的药房诊所，如三国时，吴国人董奉经营的"杏林"医舍；在清明上河图中，描绘了宋代开封府赵太丞家的药店诊所，名医坐堂、应诊者众、门庭若市的情景（图1-1-3）。

西方医学是以古希腊、罗马医学为基础。古希腊约在公元前4～6世纪形成经验医学。罗马医学是以希腊医学为基础形成的，以重视解剖学的盖伦（Galenos）为代表，但他的唯心论和目的论的观点为教会所利用，阻碍了中世纪医学的发展。公元5～15世纪中，医学受宗教和神学的束缚而倒退，甚至把古希腊经验医学中的一些精华也抛弃了。

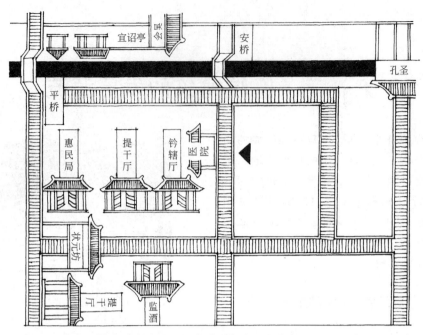

图 1-1-2 公元1229年宋平江府正式命名的医院

图 1-1-3 《清明上河图》局部所示宋代赵太丞诊所

国外的古代医院多为传播宗教的慈善机构，如公元前473年印度的锡兰医院（Ceylum）、公元前226年东印度的阿育王医院（Asoka）等都是有名的佛教医院。在欧洲，基督教会设立医院作为传教手段，如公元452年法国的里昂医院（Hot-edldieu of Lyons）亦称上帝旅馆，到1016年，该院已发展成为封闭的庭院式建筑。9世纪时，欧洲建立了许多与寺院相连的医院，供长途朝拜的善男信女食宿医疗之用。从而形成医、旅、寺庙三位一体的多功能建筑。图1-1-4为13世纪英国约克郡的方特英斯大教堂附设的医务室。图1-1-5为18世纪横跨塞纳河的巴黎上帝旅馆，修女充任护士，内部具有浓厚的宗教气氛，从平面看已具较大规模。

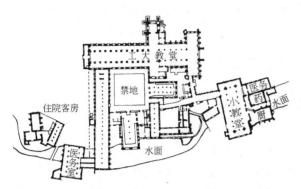

图 1-1-4(a) 英国约克郡方特英斯大教堂平面图

图 1-1-5(a) 法国勃艮第15世纪的上帝旅馆

古代大规模的军事行动，伤病员急剧增加，促进了野战急救医院的发展。古罗马军队的远征，11世纪"十字军"的远征，沿途都设有陆军医院。公元162年（东汉和帝延熹五年）皇甫规率大军与羌人作战，为振奋士气、保护战斗力，便随军设有类似野战医院的"庵芦"。据《后汉书》记载，"军中大疫，死者十三四，规亲入庵芦，巡视将士"，就是记述指挥官探视伤病员的情景。

我国与国外的医药交流，早在汉唐时代就沿"丝绸之路"伸展到西亚、欧、非。元代侵占波斯后，城防军中有不少阿拉伯士兵，他们习惯于阿

图 1-1-4(b) 英国约克郡方特英斯大教堂鸟瞰

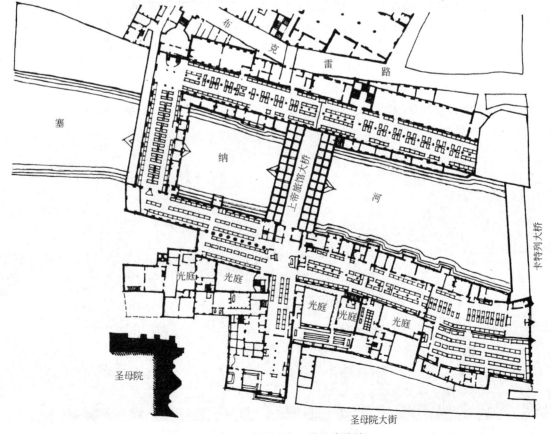

图 1-1-5(b) 1772年巴黎上帝旅馆

拉伯疗法，当局乃于1270年设立"广惠司"，聘请阿拉伯医生配方制药，为"诸宿卫士及在京孤寒者"治病。元世祖至元九年（公元1272年），天文学家兼医生富兰克依赛（Frankisaian）在北京开设的医院，据认为是外国人在我国开设的第一家医院。

二、近代实验医学、机械医学模式——分散式、健康工厂式医院建筑

第二阶段是近代的实验医学。公元15～16世纪，随着资本主义因素的萌芽和发展，意大利的"文艺复兴"、德国的"宗教改革"推动了医学的复兴运动。安德烈·维萨留斯（Andreas Vesalius）纠正了盖伦解剖学上的许多错误，塞尔维特（Serveto）发现了肺循环，17世纪威廉·哈维（William Harvey）又发现血液循环，后来显微镜的发明和应用，使对人体细微构造的认识有很大进步，为医学走上实验科学的道路奠定了基础。18世纪，欧洲产业革命以后，自然科学有重大进步，19世纪中叶，自然科学的三大发现（有机体细胞构造、能量守恒和转化定律、达尔文的生物进化论）对医学的发展产生了积极的影响。物理学、化学、生物学的成就，更为医学的发展准备了条件，使细胞病理学、微生物学、免疫学、生理学、生物化学、药理学等均有显著发展，古老的欧洲在300多年间发生了巨大的变化，逐步形成比较完整的医学科学体系。

这一时期，在医疗技术方面也出现了空前繁荣的大好形势。输血、麻醉术、消毒、灭菌术、近代护理、X光和心电检查等相继问世，使手术治疗取得划时代的进展。近代医学促进了专业分科和医护分工，形成了人员、设备按专业归口集中，各科室之间分工协作的近代医院雏形。为控制疾病传染，近代医院建筑多采取分科分栋的分离式布置，如1854年巴黎的拉丽波瓦西埃医院（图1-1-6），其平面有10个翼形尽端，并以廊联通，形成内院，前为办公、药房、厨房；后为手术、洗衣、教学，6栋病房总容量为606床，已具较大规模，它在分立式布局的基础上，又有新的发展。图1-1-7为伦敦1867年的圣汤姆斯医院，为梳形平面，由横向的公用部门及廊道将6栋南丁格尔式开敞病房联成整体，其规模应在600床左右。

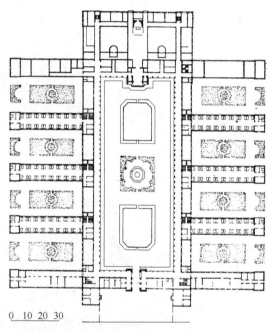

图1-1-6　巴黎拉丽波瓦西埃医院

图1-1-7　1867年的伦敦圣汤姆斯医院

18世纪欧洲的产业革命,使医学界开始倾向于以机械运动来解释生命现象。把人体比拟为机器,治病视为排除机器故障或更换器官零部件,医院是医疗车间,医生是主角,护士是助手,产品是经过手术和药物处理的病人,这里崇拜的是医疗技术和设备,病人则是加工处理的部件。这就是机械医学的内涵。在这种思想支配下的医院建筑也就变成了健康修配厂,这是一种只重理性而忽视人性的医院建筑。

这一时期,中医药学也有较大发展,李时珍的《本草纲目》,吴有性的《温疫论》等在药学和传染病学上都有很大贡献和影响,但由于整体科学技术水平已落后于西方,从而制约了中医学及医院建筑的发展水平。

我国的近代医院,多为西方传教士文化入侵的副产品,从1827年起,先后有东印度公司医生葛雷枢(Colledge)在澳门、美国传教医生派克在广州建立的医院,英人洛克哈特在上海建立的仁济医院,伦敦会在北京建立的"双旗杆"医院,后来该院与其他几所医院合并为协和医院。据1905年调查,当时外国在华共设医院166处。另据1935年同仁会编《中华民国医事综缆》记载,至1900年,公立上海医院的成立才打破了外国医院在华的垄断地位。图1-1-8为北京协和医院庭院式布局平面和鸟瞰。图1-1-9为法国莱莉中心医院建筑群及指掌式平面。其每个指为一个开敞式18床的南丁格尔式病房,掌心部分为护士站,可对72个床位进行集中管理。

近代医院已不再是单纯的慈善收容机构,它已成为社会的主要医疗组织形式,无论在医疗技术、医疗设备、房屋设施上都处于领先地位。专业分工、集体协作是近代医院的基本特征,反映在建筑上则是分科、分栋的分离式布局。由于放射、检验、手术等医技科室对建筑有其特殊要求,近代护理学对病房的要求也大异于普通居室,医院建筑的个性特征更趋明显,从而形成一种独立的建筑类型受到社会的重视。

三、现代生物医学、整体医学模式——人性化的整体医学环境

随着实验医学的进一步发展和生物检测技术的完善与提高,人们更深刻地认识到疾病与人体生物学变量和细胞结构变化的关系,从而使生物医学模式被普遍接受。20世纪下半叶,现代人类疾病和死因统计资料表明:心理、社会因素与人类的健康和疾病有着极大的关联性,并受到广泛关注。世界卫生组织对于"健康"概念,也特别强调了生理、心理和社会学上的完满状态,承认了心理、社会因素与人体健康的关联性。因此,生物、心理、社会的整体医学模式,是现代医学发展的必然结果。

第二次世界大战后的和平建设时期,西方科学技术和现代医学突飞猛进,医院建筑与医疗技术、建筑技术的结合更加紧密。由于大城市的恶性膨胀和由此而产生的社会、心理反应,以及社会生产和生活方式的改变,人们对医疗提出了更高的要求。医学开始从近代的实验医学模式向生物、心理、社会医学模式演变,并相继产生了一系列新兴边缘学科和先进的医疗技术手段,使欧美发达国家在20世纪70年代相继进入现代医院发展时期。其特点是专业分科细,多学科综合性强,医疗技术装备更加先进,其更新周期越来越短。现代医院强调综合治疗,不仅从生物学角度,而且从心理学、社会学以及建筑、环境、设备等方面为病人创造良好的整体医学环境。

从现代医院的组成上看,大都是医疗、教学、科研三位一体的医疗中心,而且组成内容日益复杂,专业化、中心化倾向更为明显。除一般科室外,往往还包括急救、监护、核医学、心理咨询、

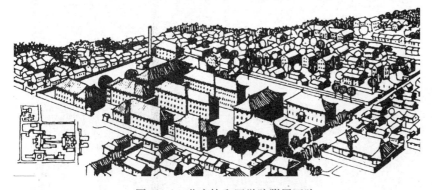

图1-1-8　北京协和医学院附属医院

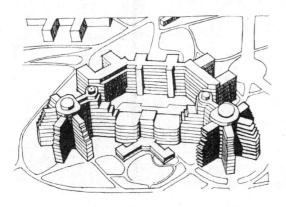

图1-1-9　法国莱莉中心医院指掌式形体

图像诊断、计算机站、生物医学工程等新兴部门，而医院的后勤服务及部分医技设施，有时由几家医院联合设置，逐渐向社会化方向发展，图1-1-10为医院组成的演变过程。

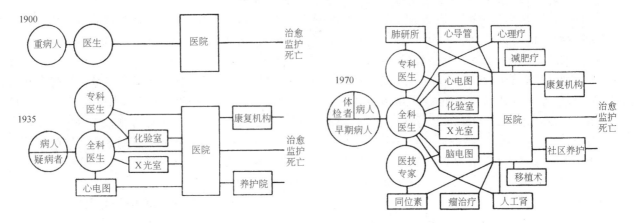

图1-1-10　1900～1970年医院组成结构的演变

从现代医院的发展规模看，由于现代高速交通工具的普及和发展，引起人们对空间距离的观念性变革，人员可迅速集散，医院的吸引范围也就越来越广，规模随之越来越大。在国外，千床以上的大型医院已屡见不鲜，而且还出现由医院群组成的医学城，如美国得克萨斯州的休斯敦医学城，它是一座四周各占四、五条街的医院群，共有5000多张病床，5万多名工作人员，医学城集中了第一流的医学家和最先进的医疗技术装备，每年来此就医的病人约150万，住院病人达15万，其中来自国外的病人占15%。此外，美国的休斯敦、德国的埃森和海德堡、前苏联的托尔亚基也有类似的医学城（图1-1-11）。

图1-1-11　美国得克萨斯州休斯敦医学城

从现代医院的类型看,除普通综合性和越来越多的专科性医疗中心外,国外医院有时还附设有某些按时间特性划分的医疗设施,如白天医院、夜间医院、星期医院、独立流动外科服务中心(Freestanding Surgery-ambulalory)等,其共同特点是:诊断治疗紧凑密集,手术当天往往就可出院,能缩短甚至取消某些病人的住院时间。由于这类医院反映了病人不愿长住,要求舒适、速效、节约费用的愿望,因而较受欢迎。但这也使得医院的管理更为复杂,从而要求各项医疗服务具有严格的计划性和各方面的协调配合,对医院建筑设计也提出了更高的灵活性、适应性要求。

我国是一个发展中国家,新中国的医疗卫生事业有了很大发展。20世纪80年代以来,在京、津、沪、穗和一些省会城市都相继建成了一些大型的现代化医院,医院的建筑设计和医疗装备水平已逐渐缩短了与西方发达国家的差距,这类医院已不算太少了。而城市社区医院和农村的乡镇卫生院还处于相当落后的状态。就我国医院发展的整体水平而论,还处于从近代医院向现代医院发展的变革时期,改扩建和新建任务很重,我们将面临严重的挑战,同时建筑师们也将迎来更为广阔的用武之地,见图1-1-12～图1-1-15。

图1-1-12 佛山市第一人民医院

图1-1-13 上海杨树浦市东医院

图1-1-14 南京明基医院

图 1-1-15　重庆西南医院

第二节　中国跨世纪医院的发展趋向

处于世纪之交的中国医院建筑，正经历着经济体制、医学模式和技术革命的三大变革。经济体制从计划经济转向社会主义的市场经济，医疗服务从供给型转向经营型；医学模式从生物医学转向生物、心理、社会医学，大大扩展了医学空间的深度和广度；技术革命使工业社会步入信息社会，医院智能化及覆盖全球的医疗信息网络，将极大地突破医疗的时空界限和原有格局。这三大变革有可能在医院的价值观念、功能结构、空间形态等方面，产生强烈的震撼和影响。

一、有限增长、质效建设

医院建筑按其级别和任务各有其合理的规模，根据一定的区域和人口数量，各级别的医院数也应有合理的配比，以发挥各自优势，形成服务网络，取得良好效益。关于医院的最大规模，是以床位数量来控制的。韩国、日本认为不宜超过 800 床，新加坡认为不宜超过 1000 床，美国从管理经营考虑认为不宜超过 500 床，一般 150～300 床为宜。在近十年，国外的医院建设中，除日本的东京大学附属医院为 1040 床、埃及的新恺撒伊尔阿里医院为 1208 床外，未见超千床者。我国的医院建设标准也只编订到 800 床位。在 1990 年前，规模在 800 床以上者仅中日友好医院一家，到 2005 年猛增至 284 家。筹建中的省市级医院多在 2000 床左右，最大者当属南京仙林国际医院，占地 800 亩，由一所综合医院和四所专病中心组成，共 6500 床位。看来这些医院的筹建者们，以天下为己任，要把医院"做大做强"，争当业界航母，使患者八方齐聚、万众来归！但医院的病人毕竟不是工厂的产品，果真按如此超大规模建设，很可能造成人流的大范围、高密度集散，不仅加剧交通拥堵，环境恶化，资源浪费，而且掀起盲目扩张热潮，使三级医疗机构恶性膨胀，功能重叠，进一步挤占基层医院的生存发展空间。

如今，政府为摆脱这一困境，对社区卫生机构和乡镇卫生院实行全额拨款，加以重点建设，同时病人报销比例增加，这势必使原来在三级医院就诊的患者不断回流基层。大型医院资源过剩与就医量急剧减少的矛盾就会凸现，在政府投入不足的情况下，一些大医院可能会出现生存和发展危机，这是国外医院建设早已验证的经验教训。此前海湾国家都习惯于出国就医，现在阿联酋、卡达尔、沙特等国都在改革医疗体制，新建自己的医学城，迪拜和阿布扎比更希望每年能带来 20 亿美元的医疗旅游收入，这就必然加剧争夺外国患者的竞争。例如已经运转 50 多年、拥有 5000 床位的美国得克萨斯休斯敦医学中心，床位规模已大为下降，其所属卫理公会医院已爆破撤除。美国孟菲斯城的浸礼会纪念医院 24 层高的病房楼，在一个星期天的早上轰然爆破撤除（图 1-2-1）。这些都是二战之后按大规模、高楼层的"健康工厂"概念设计建造的代表作品，由于规模过大，维持费用过高而面临难以为继的境地，这是很值得我们警醒的。

图 1-2-1　美国孟菲斯城浸礼会纪念医院

早在 1988 年，国际建协卫生建筑小组莫斯科-列宁格勒会议，就强调了尽可能在居民住地和基层医院就医的方针，阐明了医院形式追随生活、适应变化的原则。随着近程社区医疗和远程信息医疗的发展，一般常见病和多发病都可及时在家或基层医院得到高质量的治疗，如果需要再转往大医院确诊待病情稳定后，再转回社区医院进行康复和保养性治疗。这样不仅病人免受长途折腾之苦，同时也有效降低了医疗费用。据南京市卫生局估计，在同等疗效的前提下，社区医院通常平均门诊费用比大医院低 33%，平均住院费用低 25%。因此，"社区首诊、双向转移"的就医模式，和从大型集中转向小型分散的建设模式，应是新世纪医院发展的基本特点。

就医院个体而言，在达到设定规模或环境允许限度之后，医院的发展重点应转向质量和效率，提高床位利用率和周转次数，缩短出院病人的平均住院天数，这样就能使一张床位的收容能力变成一张半或两张，这是更为经济有效的发展模式。我国城市医院床位利用率约为 70%、乡镇卫生院不足 40%；我国出院病人平均住院天数为 11 天左右，美国却只有 7 天，看来是大有质效潜力可挖的。

二、"躺下去"与"站起来"

中国的医院一直是少层或多层建筑，像是躺着的医院建筑。在 20 世纪 80 年代的改扩建高潮中，不少医院床位翻番，而医院用地依然，床均用地大幅下降，在地面发展的周边阻力大于竖向阻力的情况下，一些大城市的医院就慢慢站起来了，出现了一批高层住院楼或住院医技楼。西方国家近半个世纪医院建筑的发展情况正好与我们相反，早在 20 世纪五六十年代他们的医院就站起来了，当我们也站起来的时候，他们的医院却又"躺下"了！沉浸在"村落式"医院的田园牧歌之中。

该建高层或是多层医院的问题，与医院规模、用地、医学模式、管理效能密切相关。在 20 世纪五六十年代，战后的欧美国家建了一些大型高层医院，如美国的得克萨斯医学中心 25 层的圣路加塔楼、丹麦哥本哈根赫利夫医院 25 层住院楼等。但到 70 年代末，受能源危机和整体医学模式的影响，就倾向于建多层或低层医院；而人多地少的新加坡、日本，则认为层数过低水平流线和交通面积增加，层数过高要增加电梯、影响适用、经济，一般以不超过 12 层为宜。在欧美医院都在向低层或多层发展的时候，我国医院的"好高"倾向却大有愈演愈烈之势，某些坚守闹市的特大型医院一再刷新高度纪录，这股"好高"之风与权力美学的"政绩"炫耀相呼应，开始吹向门诊楼和地县级医院，大有席卷神州之势，此风不刹，危害大矣！

其实，一般的高层医院也仅仅高在住院楼，其所节省的基地面积不多，所带来的功能和技术经济问题却不少。据南非 1977 年的资料估计，以人工照明和空调为主的医院，其运行和维护费用比常规高出至少每年每平米 26 美元，一所 350 床规模的大进深平面的医院，仅病房和管理部每年的附加费用就高达 20 万美元。高层医院适应功能变化的能力受限，而且墙柱、管井等无用面积所占比例较高，荷兰的多层医院其无用面积约占 8.5%，而高层医院则为 12%。加拿大的高层与多层医院对比发现，高层结构体系缺少加层的灵活性，多层医院的管道井所占面积不到 3%，高层医院的管道井则为 8%；多层医院的设备用面积约占 2.6%，高层医院则为 9%；多层医院的能源消耗也比高层更低。但多层医院的屋顶面积较大，其水平管线及维护费用较高。从交通效率看，护士推车每分钟水平运行 19m；乘电梯平均每 48 秒可达另一楼层，但水平交通运行的稳定、安全性更为可靠一些；高层医院的垂直交通易引起人流过分集中，难以控制交叉感染，消防安全自救复杂；高层医院建筑高造价，高维持费，建造周期也更长。

按规范，医院建筑高度超过24m就属一类高层建筑，就需防烟楼梯、消防电梯及其他一系列消防设施。对超24m高度线不多的8~11层建筑来说，既拥有高层建筑的各种消防设施，却没有高层医院的节地优势，为此，有的医院将住院和医技叠加起来，盖15层左右的住院医技楼，则更为适宜。在高、低层问题上，笔者以为不能以此作为是否现代化的标志，而应坚持"能高的高上去，能低的低下来"，高不超百米，低不逾24m，既不盲目拔高，也不强求矮化，还是因地制宜顺其自然为好。

三、医疗保健回归自我

现代医学家预言，在生产力高度发展，物质与精神文明相应提高的阶段，人类自身的一些不良生活习惯和行为方式，将成为致病的主要因素。美国科学家对该国进行的死因研究发现，由于不良的生活行为方式致死的占死亡总数的48.9%，我国科学家的类似调查这一指标占37.73%。因此，解铃还需系铃人，为强化对健康的自我操纵机制，医疗保健在一定程度上又回归病人自我。

据美国体育资料公司的民意测验显示，在1988~1995年间，55岁以上老人参加健康俱乐部的人数从110万增至270万；我国仅武汉市每年就有数百万人次参加各类广场文体活动；神州大地，更是秧歌扇舞，快三慢四，气象万千，人们已充分认识到"参加锻炼，少进医院"的意义。

另一方面，为缓解门诊压力，节省经费开支，许多国家对一般小病多采取问病吃药的自我医疗方式来解决。这种公开出售非处方药的OTC（Over The Counter）方式，其世界市场1993年的销售额已达300亿美元。近年来，我国重庆市民用药销售额占总额的比例比5年前增加31倍，已出现"大病上医院，小病上药店"的就医模式。有资料表明，医院给病人提供信息和用药指导，可减少医疗服务量7%~17%，节省的医疗费是保健投入的3~4倍。

医疗保健回归自我，还体现在病人主体意识的确立和强化，病人的意愿和需求可能会得到更多的尊重和理解，病人及其家属对治疗方案、病房布置、环境细部设计等方面将有更多参与意见和决策的机会。因此，从生理、心理和社会需求方面更深刻地理解和创造与整体医学模式相适应的整体医学环境，将成为未来医院设计的热点问题。

四、医疗场所回归家庭

多少世纪以来，人们习惯于在自己家里生、老、病、死，近代医学的发展，各种检测灭菌技术的出现，迫使病人离家住院，以迁就某些固定医疗设施。现代信息高速公路、数字式高清晰度电视以及便携式医疗技术装备的出现，使流动医疗和远程医疗的应用取得突破性进展，拉近了家庭和医院之间的时空距离，从而出现医院向家庭回归的新趋向。

据报载，我国"远程多媒体医院专家会诊系统"已在上海研制成功，投入临床试用。成都军区54医院研制的"心电电话监测仪"已投入批量生产，可使千里之外的患者接受医院的诊断；哈尔滨第一医院通过国际医学计算机联网传递治疗方案，并邮寄药品，挽救了美国女孩的生命。由此可见，远程医疗的优势是明显的，不需病人和医生来回奔波折腾，省却了交通、候诊的烦恼，效率高、开支省，对临床急救功效尤为显著。而我国近年兴起的近程流动医疗却是一种更为普及的医疗模式，如名中医张治中与北京广内医院联合创办的"北京市家庭流动医院"，上海徐汇区设在一辆专用车上的流动医院，武汉迅康呼叫医生有限公司流动医院等。这些流动医院以行动不便的老年患者为主要服务对象，只要拨通电话，医护人员就可马上来到病家抢救治疗，而且收费低廉。

在21世纪，最大的医学革命将发生在病人家里，人们可以用电子设备和计算机在家进行自我诊断和治疗，也可通过双向电缆电视同医院医生联系。在21世纪，现在的住院病人中，可能有2/3的人员更愿意呆在家里。这样一来，就会出现医院的院内床位减少，院外床位增多；一般门诊减少，医疗保健咨询和心理卫生咨询增多的局面。医院将普遍设置科室齐全的家庭流动医疗部或远程信息医疗部。院内空出的床位或可满足因人口增长和老龄化而增加的床位需求，从而在一定时期内使医院规模保持基本平衡。所以把每千居民的医院床位指标定在稍低的水平是更为明智的。

21世纪医院改扩建的基本形式将趋于"内敛"，或因功能转换而内部空间调整，或因新陈代谢而部分破旧立新，也有可能拆除次旧房屋扩充绿化面积以改善生态环境。因此，保持医院内部的灵活应变机能，仍是医院设计的基本原则。

五、呼唤人性回归自然

随着各种人工智能系统和医用机器人的开发利用，将大大提高医疗效果和人类的健康水平。但在这些高效精密的技术装备后面，也隐藏着情感的空虚和冷漠，也存在使医疗失去人性的忧虑。为此，寻求高技术与高情感的平衡，创造人性化的医疗环境，就成了医院设计的热门话题。温馨的家庭化私密病室，丈夫在场的家庭生育中心，母乳喂养、母婴同室的爱婴医院等等都散发出浓郁的亲情，反映了人性复归的强烈意愿（图1-2-2）。

对医疗建筑空间和细部设计进行世俗化、园林化和艺术化处理，是柔化高技术、渗入人情味的有效手段。不少医院在门诊大厅或候诊厅等处布置富于乡土意味的中庭绿化，色彩斑斓的鲜花、礼品店，气氛亲切自然的咖啡店。对于CT、MRI、加速器治疗等全封闭空间，过去是艺术装修的禁地，今天也布置了风光如画的灯箱式心理窗和发光顶棚彩画，病人仰卧检查时，可随意观赏，进入心旷神怡的画境。室内还可设置人工模拟的绿色植物，以焕发生气，营造温馨平和的空间情调，缓解病人的紧张心态（图1-2-3～图1-2-5）。

21世纪是精神重于物质的世纪，也是精神病患更为严重的世纪。自二战之后，对精神病的治疗出现了回归社会的动向，有消息报导，意大利全国关闭了精神病医院，转向社会治疗；美国精神病床数量大幅下降，各地建立精神卫生中心。我国精神病人的收治率约为8%，他们如何回归社会而又不骚扰社会，如何满足他们的特殊需求，创造人性化的特殊医疗环境，将是留待21世纪解答的又一难题。

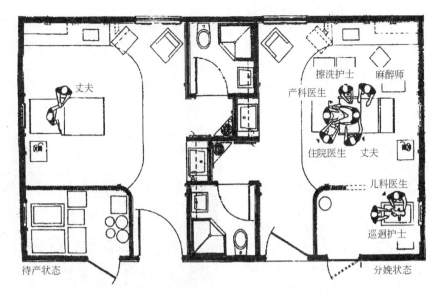

图1-2-2(a) 家庭化的待产、分娩、恢复多功能室

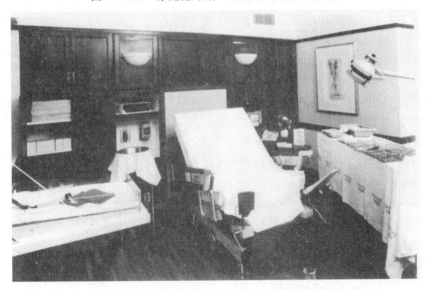

图1-2-2(b) 美国某家庭生育中心的多功能室内景

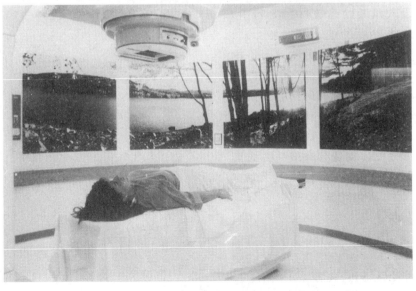

图1-2-3 美国斯坦福大学医疗中心直线加速器治疗室的心理窗

全球性绿色和平运动的兴起，反映出人类回归自然、保护自然的热切愿望。不少现代人对农药、化肥培育出的蔬菜水果心存恐惧，对化学药品敬而远之。天然药物、自然疗法、绿色医院已逐渐为世界瞩目和向往（图1-2-6、图1-2-7）。

针灸、按摩、食疗、中草药等"替代疗法"正在进入美国千家万户，美国医学专家调查发现，目前大约有1/3美国人采用这些替代疗法治病健身。据我国江苏省医学情报研究所统计，在近几年，西医诊次略呈降势的情况下，中医诊次却持续上升。鉴于进口药物和专业技术的价格猛涨，据悉我国将在20世纪末21世纪初兴建100所现代化中医院、39所专用中草药治病的医疗中心和中医药急性病中心，还将资助建设6家出口型中药制药厂。这项中医复兴计划将使中医药成为造福人类的世界级科学。

绿色医院除应采用天然药物、自然疗法外，还强调天然、无害的绿色医疗环境，要求良好的室内外环境品质和自然生态绿化，更重视自然采光通风和天然建筑材料的利用。自然界中的山、石、林、泉、阳光、雨露能使万物欣荣、生机和畅，是养生健体的宝贵资源。国外的现代医院，多依傍远郊密林而建，还有村落式医院的美好构想。因此，突出环境特色，创造与自然共生的富于乡土意味的绿色医院，似将成为21世纪建筑创作的努力方向。

图1-2-8集中表述了19世纪后半叶到20世纪末期的医院建筑发展态势（根据Jan Delrue教授原图调整补充而成）。

图1-2-4 比利时鲁汶大学医院门诊大厅一侧的咖啡厅

图1-2-5 荷兰麦维德医院的医院街

图1-2-6 比利时鲁汶大学医院的进厅

(a)

(b)

图 1-2-7 美国加利福尼亚帕洛阿尔托医疗研究基金会医院

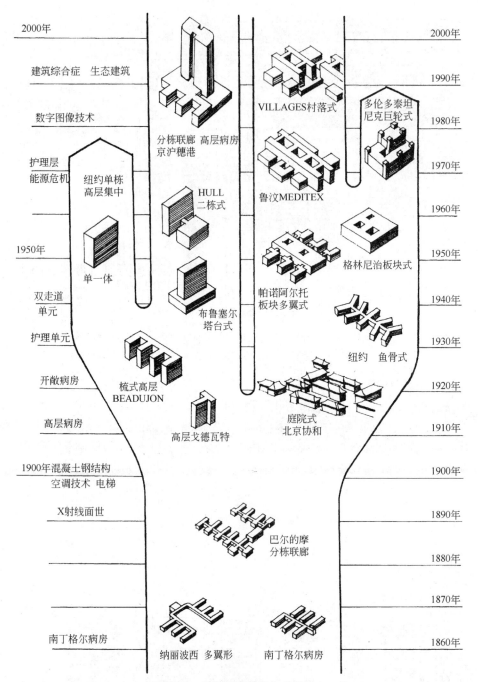

图 1-2-8 医院建筑的世纪变革图表

第三节 医院建筑的绿色前景

所谓绿色建筑，是指在建筑全寿命周期内，最大限度地节约资源、保护环境和减少污染，以求为人们提供适用高效与自然和谐共生的建筑。而绿色医院建筑，还需满足绿色医疗功能、整体医学护理等方面的要求。医院建筑的"绿"变，应从方案设计这个源头抓起，适用高效、紧凑布局的设计方案，是"绿"变的依据和前提。在满足相同功能的前提下，谁所占用的面积少就代表其所耗的资源少，其含"绿"量也就更高。所谓设计的"大手笔"，并非大手大脚、铺张浪费，方案如果在这方面有所缺失，最好在方案层面上及时解决，不能只靠"绿色"技术来包装补救。这就要求建筑师要精打细算，用好方寸之地。

今天的工业社会比任何时候都更富裕，更繁荣，医疗技术也更先进，可是能源却更短缺，生态更脆弱。某些粗放的工业发展模式，投入资源，烧掉能源，在产出效益的同时，也带来生态和人文环境的污染。污染危害健康带来疾病，这也从另一侧面成就了病床和医院建设规模的持续增长。现在的绿色建筑和绿色医院，正是在能源和环境危机的双重作用下诞生的。

一、绿色医疗　俭约普济

我国原生态的绿色医院，似可追溯到悠远的三国时期。据记载，有"吴人董奉，行医不受报酬，只求病愈者植杏数株，后蔚然成林"。由此"杏林"即为医林，医者遂称"杏林中人"。那时几乎没有什么工业能源和医疗装备，唯以望、闻、问、切、草药、针灸等自然疗法诊治疾病；且随着众多病愈者的不断"植杏数株"，相应扩大了"杏林"范围和药源基地，从而为建筑与自然和谐共生的可持续发展创造条件。凡此种种无不浸润着医者的仁爱之心及其对社会众生的人文关怀，这正是"仁心"与"智术"的统一，体现了"天人合一"、"生生不息"的绿色本质。

杏林医学"天人合一"的整体观，契合从生物医学向整体医学模式的转变。中医药源于自然，符合天然药物、自然疗法、降低毒副作用的研发趋向，体现了人与自然的和谐。中医强调激发人体内在自愈能力，激活局部正常功能，以达到扶正祛邪的功效。相较以巨额财政补贴为代价的西方医疗保障模式，"一把草、一根针"的中医药处方，更彰显其供得起、重预防、可持续的绿色医疗优势。传统中医倡导"同仁普济"的医德风范，不论尊卑贫富，待之一视同仁，从而有利于促进医患关系与人际和谐。不容讳言，在市场经济条件下，再指望医院"行医不受报酬"，充当救死扶伤的活雷锋，恐怕是脱离实际的。然而"杏林"模式中的"仁术"理念、自然疗法、简朴有效的低科技策略等"绿色"要素，也许正是缓解医患矛盾，降低医疗成本的有效途径，是很值得我们认真吸取的。

而今的医疗市场经济，片面追求利益最大化，把本该根据病情轻重"按需分配"的某些公共医疗卫生资源，变成了"按钱分配"的"特需"医疗设施。为刺激高端消费，推出所谓"寻常百姓，贵族享受"的营销策略，争上星级病房、总统套间、豪华装修、高新设备。这种医院建设的"贵族"化倾向，损害了普通患者的公平权利，扩大了医疗资源分配上的贫富差距。在并不富裕且强调"和谐"、"人本"的中国，恐怕应大力倡导这种"简约"的医疗消费观念，遏制等级炫耀、奢侈浮夸等不良社会风气。

西方医学之父希波克拉底曾断言："医生只能起到辅助作用，而大自然才会真正治愈你的疾病"。据派泊尔里克（Piperek）研究发现，在自然环境中人的心理效应有55%～85%是良性反应；而在城市的技术环境中则有55%～62%为不良反应。这是因为城市中使人镇静的绿色、蓝色减少，使人兴奋的红色、黄色增多，从而使生理活力减弱。所以对患者来说，"洁目正心、净听止念"是非常重要的。一所医院，如果将网吧、餐厅、商店等非医疗空间引入过多，反而破坏医院的宁静，加重病情和病人的经济负担。

我国的综合医院建设标准，随经济发展水平而逐步提高，床均建筑面积1976年为54m²，1996年为63m²，现在一般大型医院达到100～120m²左右；某些特需门诊和特需病房的标准就更高了！随着医院建筑的高层化、高档化倾向的日益明显，超宽敞的出入院大厅和医院街，双走道或大进深平面布局，高层住院楼下的地下车库，自动化物流传输系统、冷暖空气调节系统等，成就了医院设计的"大处方"现象。病房柱网开间由中日友好医院的6.0m提高到现在的7.8m左右；层高由3.6m提高到3.9m左右；护理单元的床均建筑面积由25m²左右提高到35m²以上，这也相应增加了资源消耗。可持续发展并非消费水平的可持续高涨，就遍地开花的"特需病房"、"极品病房"、"总统套间"而言，无论施加何种"绿色"包装，恐怕是也难做到"可持续"发展的。当然，仅仅倡导简约的消费观念是不够的，制定并强制执行适当的床均建筑面积和床均节能标准体系就显得尤为必要。

二、绿色医院的建筑形态

绿色医院建筑形态无疑会受其评估标准的影响，在美国绿色医院建设12条标准GGHC（Green Guidelines for Healthcare Construction）中，前5条与LEED标准完全一样，其中又以基地交通、节能环保、绿色器材、生态绿化、自然采光通风等内容对建筑形态影响最大。有趣的是在GGHC标准中，新加了生态绿化，却淡化了LEED中"引进新工艺、新设备"等内容。笔者以为"绿色"与否的确很难以技术工艺的新旧区划，在席卷全球的绿色风潮中，反而勾起一股思古怀旧情结。先有孟加拉、爱尔兰立法收塑料袋使用税，敦促用竹篮、布袋买菜购物，后有德国70多个城镇用马车收垃圾、送孩子上学，古老的生土、窑洞建筑，传统的针灸、中医药也都大行其道，真可谓"技不唯新，有绿则灵"！有鉴于此，有澳大利亚专家按科技水平的高低，将绿色建筑划分成浅、中、深三个等级，这样可能更科学、也更能适应不同技术经济发展水平的需要。

简单、可持续发展的医疗消费方式、低科技、低成本、低能耗的节能环保措施，被称为"浅绿"建筑，前述杏林医舍和我国广大基层医院当属或当采用此种类型；运用部分高科技的措施，舒适、部分环保、可持续发展的建设方式，被称为"中绿"

建筑，如粤北人民医院以及国外大多数"绿色"医院建筑(图1-3-1)当属此种类型；利用遮阳、光电集热板、整体低能耗或能源高效利用设施，营造高度舒适、环保、可持续发展的建设方式，被称为"深绿"建筑，英国怀特岛圣玛丽医院、德国的锡荣苏瓦康复中心(图1-3-2)似可纳入此种类型。

据中华环保网医院综合节能技术的案例分析，在医院能耗中，电力约占64%，其中空调约占50%，照明和设备插座约占34%，燃气、重油等约占11%。另据英国联合技术公司总裁乔治·大卫对全寿命周期分析显示，"建筑能源消耗总量和二氧化碳排放量的80%到85%是由于取暖、制冷、通风和热水设备造成的"。因此，空调、照明为医院节能重点。绿色建筑第一要务就是自然采光通风，减少对空调和人工照明的依赖。

医院的建筑空间是按时段来划分的，急诊、住院、ICU等部门每天24小时开放运营，为全时空间；门诊和医技部门一般每天开放8小时，为非全时空间。全时空间和病人密集的非全时空间如住院、门诊等部门，是节能重点所在，应特别注意自然采光通风。就医院的平面形式而言，除医技部分可采用大进深或板块式平面外，一般应以中廊式或庭院式平面为主。德国医院的护理单元平面形式最为典型。

就立面处理而言，应特别注意窗墙面积比例。据英国阿特利耶环境工程公司研究结果显示，开窗面积小于40%的实心外墙建筑，比那些大片玻璃窗的建筑节能15%~20%。另据中国可再生能源学会副理事长黄鸣介绍，一般的窗墙单位能耗比例为6:1。北京的"玻璃盒子"建筑在夏天每3m²的采光面积就需用一匹空调。以此计算，3床病室则需四匹空调，而普通3床病房只需一匹空调足矣！显然普通建筑比玻璃盒子的绿色程度更高。

图1-3-1(a) 粤北人民医院外景

图1-3-1(b) 粤北人民医院光电板

图1-3-2(a) 德国锡荣苏瓦康复中心

就剖面形式而言，多层建筑比高层建筑平面利用系数更高，对电梯和空调的依赖程度更低，其绿色程度也就更高。而且层数越高其所要求的体形系数越低。体形系数过低，不仅使建筑造型呆板，甚至损害自然采光通风，影响建筑功能，其绿色程度反而下降。此外，空调是门诊中庭的耗能大户，而中庭又是贯穿各层的竖向风道，在户外温度适宜的条件下，它可诱导自然通风，形成较好的"穿越式"自然通风和热压作用的热气流，节省空调排风能耗。而在冬夏温差较大时，则用地源热泵将"冬暖夏凉"的地下空气引入中庭，这样可比常规空调系统节能30%～40%。而新西兰的斯塔基普儿童医院，将这一原理引进住院楼也取得良好效果。该院除手术部和ICU之外，其他空间都免装空调设施。

绿色医院当然离不开绿化环境，在绿色植物中，相同面积的树木和草坪的投入比为1∶10，而产出的生态效应比为30∶1，相同面积树木的制氧能力是草坪的百倍。此外，保留适当野藤野草、山石林泉，不用多花钱就可保留最自然的乡土生态情趣。因此，如何科学地配置绿化环境，把审美需求与生态效益更好地协调起来，也是值得研究的课题。

绿地和停车场的比例，可能是衡量一所医院宜医程度的最佳指标。新设计的某些超大型医院多在2000床位以上，也多按每床一车的欧洲标准设置停车泊位。这固然方便有车一族，但当车流密度过大，难免交通拥堵，人车混杂，耗时耗油，挤占绿化面积，从而剥夺了人与自然的交融机会。因而将城市轨道交通和公共汽车引入医院，才是提供便捷的绿色交通途径。日本东京的赤十字会医院、比利时的鲁汶大学医院（图1-3-3）都将巴士站引入院内，并有长廊与门诊入口衔接。美国的霍普金斯医院更将地铁站引入院区腹地，方便患者和医护员工（图1-3-4）。

图 1-3-2(*b*) 德国锡荣苏瓦康复中心

图 1-3-3 比利时鲁汶大学医院连廊

图 1-3-4 美国霍普金斯医院地铁站

东莞康华医院外景

东莞康华医院医院街

图 1-3-5　东莞康华医院

东莞康华医院依山而建，医疗区的建筑群落顺应山势，呈阶梯状布局，与自然地形有机结合；通过医院街和庭院引入自然风和自然光，使建筑与绿化环境相互交融，充满无限生机，颇具清雅闲适氛围。在塑造生态、低耗、高效的绿色医院方面做了有价值的探索（图 1-3-5）。

德国的费尔德基希医院，将相对独立的实验、办公部分沿地形等高线自然延伸，做部分掩土建筑和屋顶绿化处理，玻璃长廊作为"医院街"蜿蜒 200 多米，分别与各部相连。玻面斜墙夏季有水流降温，掩土及良好的自然采光通风，可保室内冬暖夏凉。其玻廊、水流、绿茵、土墙等元素勾勒出建筑与自然和谐共生的独特景象（图 1-3-6）。

图 1-3-6　德国费尔德基希医院

瑞士巴塞尔的脑脊伤康复中心(图1-3-7)，简朴清新的乡土风格，规整的庭院式平面，五个内庭不仅带来了自然生态和采光通风，而且分别以松庭、竹庭、水庭、法式花园等不同风格，丰富了建筑内涵，提高了内部流线的可识别性。幕墙外面罩以面纱式的木栏遮阳，明暗变换，光影婆娑更添几分神秘和美感。病室环外墙布置，四周的木质外廊可作病人的轮椅通道和阳台使用，这对康复期长达18个月左右的伤员来说，适当的活动和交往是必不可少的。此外，病室深处的顶光处理、绿色屋顶设置、病人家属的留住空间等，更增添了建筑的含绿量和人情味。

英国怀特岛圣玛丽医院作为节能试点工程，其能耗比常规医院降低一半。利用医院街和单元拼接手法创造庭院，选址和规划考虑节能和朝向利用，最大限度地获得太阳能和自然采光，能源中心贴近负荷重心布置，并采用计算机管控的风热回收、热水泵、热电联产等多种节能技术。

日本鹿儿岛慈爱会庵美医院，为350床位的精神病治疗中心，采用组团式护理单元，围绕茶室布置病室，每单元20床位。每层由三个单元组成住院楼。砖砌透孔阳台能吹进凉爽的自然风，又能防止病人随意离去。一楼设有品茶室和走廊，情调开朗舒适。此外，还采用了地下水空调系统、太阳能热水器、种植屋面和大挑檐等隔热防晒技术(图1-3-8)。

印度博帕尔市萨姆哈纳诊疗所，主要是为1984年联合碳化物工厂毒气泄漏的幸存者服务，采取因人施治，免费提供中草药和瑜伽疗法。2005年该所扩建设完成二层新馆，包括候诊休息、接待、医疗、瑜伽厅等。其中精彩

图1-3-7(a) 瑞士巴塞尔脑脊伤康复中心外景

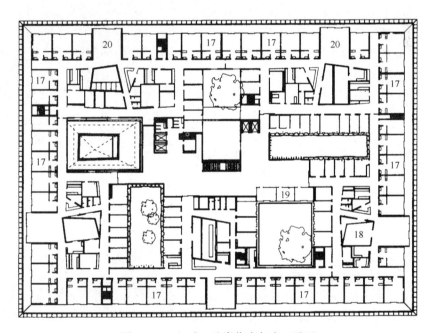

图1-3-7(b) 瑞士脑脊伤康复中心平面

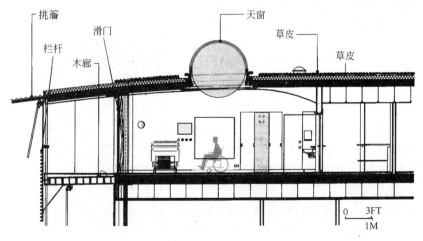

图1-3-7(c) 瑞士脑脊伤康复中心剖面

19

之笔是一块医学花园，由医护人员经营种植90多种印度和中国草药。其基本理念是使用当地简单的无害药材和技术，并承续医疗和建筑传统文化，用双层舷墙自然采光、通风遮阳以节约能源；屋面雨水收集储存在地下水箱供作夏季使用；地面水引入塘池，用来灌溉药用花园，并美化环境。另有110kW/h的太阳能光电系统，以满足电力需求。该所建筑风格朴拙土著，文化品格内敛深厚，颇具当代"杏林"的绿色神韵（图1-3-9）。

美国科罗拉多州圆石山麓医院是获得LEED承认的第一所医院，美国绿色建筑学会议为之颁发银奖，位列2006美国十大绿色医院之首。该院除机械和电力设施外，55%的建材是地方性手工产品，其中过半数为就地取材。根据材料循环利用的原则，建筑师大大超过了LEED建议的额度，而且采用低挥发度和无甲醛产品，以满足医院的耐久和易洁要求。建筑师选用科罗拉多和其他少雨区的耐旱植物，将室外用水需求量减到最少，景观设计的耗水量比常规可望节省50%。另外，鼓励公交设施和共享车，设置自行车道和存车架，不仅节能也使停车场地降低到常规用地的75%（图1-3-10）。

三、适应性与功能寿命

所谓建筑的"全寿命周期"，就是提醒我们注意建筑的时间维度，关注其耐久性、功能寿命、运营维护等问题。据全国第七届建筑改造与病害处理研讨会传出的信息，由于设计、管理不当，设计寿命为50年的建筑物，实际平均使用寿命为30年，与国家规定的标准寿命50~60年相去甚远。就医院建筑而言，其结构寿命多在百年以上，设备管线等基础设施的寿命虽只有20~30年，但只要采取"置换"手术，就可延续其功能。就医院的整体寿命而言，到其使用功能衰竭为止，一般多在50年左右。医院建筑的废弃率因其应变能力的强弱而异，每年约为3%~20%。因此，提高建筑的适应性，以应对功能转

图1-3-8 日本鹿儿岛慈爱会庵美医院

图1-3-9 印度博帕尔市萨姆哈纳医院外景及舷窗

图1-3-10(a) 美国科罗拉多圆石山麓医院

图1-3-10(b) 美国科罗拉多圆石山麓医院入口

换的要求,延长其功能寿命,成为现代医院关注的焦点。除医技部分采用可灵活布置的板块式平面外,对相对稳定的护理单元而言,为适应普通病房与传染病房、普通病房与特需病房、功能护理与整体护理的不同需要,也出现了一些新的变化。

广东省第二人民医院,为应对"非典"等突发卫生事件,该院新建应急病房,平时做普通病房单元,应急时可作传染病房使用。传染病人由专用电梯经外走廊进入各病室,医护人员由专用电梯和通过式更衣室进入医护清洁区,二次更衣后进入病区的半清洁廊,再经过渡前室进入各病室。洁净物品、餐饮由洁净电梯经清洁廊再经传递窗送入病室;病人用后物品经病人通道一侧的传递窗和污梯送出。作普通病房时,外廊用活动隔断分隔成阳台,作为病人的户外活动空间使用。

从功能护理模式转向整体护理模式,是我国护理体制变革的基本内容,这种护理模式特别关注缩短护理距离的问题。为此双护士站或多护士点的方案是这种模式的必然选择。鉴于我国护理人员编制不足的实际情况,一种能与时俱进的双厅式护理单元,近期设单护士站,将来可设双护士站,以适应这种变革需要。在公立医院不必专设特需楼,仍以在普通病房楼内设特需病室或楼层为好,这样可灵活调整床位,在确保基本医疗的前提下兼顾特需医疗,以提高其适应性。

进入世纪之交的中国医院建筑,其新陈代谢功能明显加快,20世纪80年代中后期建造的门诊、住院楼,为了跟上时代步伐,有的在包装玻璃幕墙、安装空调设施;有的已经在计划撤除或改作他用了,这多是规划设计欠周,也是业主和建筑师缺乏远见所致。在开发商看来,建筑物的使用保鲜期一般只有20年,与其提高建筑的适应性,不如建造可撤卸的建筑,20年后再决定是否继续使用。这就为装配式多层建筑的再生提供了机遇,这种可撤卸建筑具备可异地装配、再生利用的可能性和适应性,但却应尽量避免每20年就来一次医院重建和资源消耗,这种建筑的"早衰早逝"现象,显然是与绿色理念相违背的。

四、绿色医院的评估标准

LEED(绿色建筑评审指标)是由美国绿色建筑协会制定的一套绿色建筑评估标准。涵盖6大领域及其细项:

(1)是否为永久性基地,是否有城市公交到达、是否破坏原生态系统,是否保留绿化空间等。

共14分

(2)水资源使用效率,包括是否节水,回收水,废水处理利用等。 共5分

(3)能源与大气,包括减少使用破坏臭氧层的物质,使用再生能源等。 共17分

(4)使用的物资材料,包括是否使用再生材料,建材将来能否回收等。 共13分

(5)室内空气品质,包括通风采光效果,是否含有毒挥发物质等。 共15分

(6)创新设计,包括是否引进新工艺、新材料等。 共5分

最后的结果,得分在26～32分者取得通过认证;得分在33～38分者取得银级认证;得分在39～51分者取得金级认证;超过52分则为白金级认证。

认证绿色医院首先是在环境管理方面,所指的标准,含三个方面:一是空间的低能耗标准。绿色医院指南,适应医院的低能耗需要。二是健康的环境(h2e)标准。减少汞和废物管理。三是建立认证标准。对于新建筑建立了四级认证标准:即认证级、银奖级、金奖级、白金级。我们考虑的不仅是新的建设项目,还包括装修,采购,回收,废物处理,清洁技术,食物和环境绿化等,以评估整体环境质量。由于这些标准很广,医院可选择不同的重点显示实力,也可展示全光谱的绿色医院并成为一种趋势。我们搜索到一些美国的医院和医疗设施,从中归纳总结出以下是12条标准,用来评估我们的绿色医院候选项目:

(1)绿色公共交通:该医院位置应优先考虑已有城市公共交输送方式,减少市区道路扩建对医院环境的影响。

(2)提高用水效率:是医院节水,雨水管理利用作为绿化用水,减少废物以及废水的处理利用等。

(3)节能减排防污:医院减少能源消耗和大气污染,包括降低氟利昂(氯氟烃),是否利用可再生绿色能源,降低能耗,减少臭氧?

(4)有机地方资源:医院是否使用可再生建筑材料和资源,地方性建筑材料?

(5)室内环境质量:医院用自然采光通风,以改善室内空气质量的情况怎样?是否使用低挥发性油漆、粘合剂和材料,以避免甲醛、甲苯等致癌物质?采取什么步骤,创造舒适的热环境和光环境。

(6)绿色健康食品:病人及员工餐饮是否采用地方性有机食品?

(7)绿色教育培训:是否培训医院工作人员注

意减少废物、有毒物质及回收利用？

（8）设备材料采购：医院是否寻求利用再生纸，节水清洗，节能设备或其他绿色产品？

（9）减少污物排放：医院是否有计划减少有毒物质，如汞和聚氯乙烯（可排出有毒增塑剂或液体静脉滴注袋及导管）？

（10）绿色无害清洗：医院是否使用不释放有害化学物质的清洁产品？是否培训工作人员掌握使用方法？

（11）废物回收利用：医院有否减少、分类医疗废弃物的计划，以回收利用一般废弃物、家具和设备？

（12）绿色生态花园：医院的病人、工作人员和访客对康复花园有何反映？能否减轻压力并重新回归大自然？有否设绿色屋顶？是否使用本土植物，减少耗水量和使用农药？

第二章 医院的功能结构和建筑形态

第一节 医院的组成要素和功能关系

随着医疗技术的发展和医学模式的不断完善，现代医院的功能结构和组成要素也处于动态发展的过程之中，医院专业分科越来越细，组成内容也更加丰富多彩。由于医院性质、规模、任务的不同，其组成也有所区别。就一般500床综合医院而言，主要是由医疗部分（含门诊、医技、住院）、医疗后勤部分、行政办公部分和生活服务部分所组成。其中医疗部分是医院的主体，后勤部分起支持保证作用，行政办公则是医疗的组织管理部门。生活服务设施以及某些院办产业，均应从医院功能结构中分离出去，但其位置应适当靠近医院用地，以方便联系。

一、综合医院的组成要素

（一）门诊部

门诊是医院的前沿和窗口，接待不需住院的非急重病人就诊和治疗。一般分若干门诊科室，如内科、外科、儿科、妇科、产科、五官、口腔、皮肤、神经、中医等，规模较大的医院分科更细。此外，还有门诊的公用部门和医技科室，如门诊药房、收费、挂号、化验、手术室以及门诊办公、示教等用房，急诊部也往往和门诊合设或独立或相邻配置。

（二）医技部

医技是集中设置主要诊断、治疗设施的部门，集中反应医院的医疗技术装备水平。其中包括影像诊断、放射治疗、中心手术、中心检验、功能检查、理疗康复、重症监护单元（ICU）、核医学、人工肾、药剂科、高压氧舱等部门，以及相关的教学、研究用房。医技部分是医院中发展变化可能性最大，改扩建最多的部分。

（三）住院部

由出入院、住院药房及各科病房组成。病房有普内科、普外科、儿科、妇科、产科、神经内科、神经外科、泌尿科、皮肤科、消化科、肿瘤科、眼科、五官科、心血管科等，还有传染科、整形外科病房，供需要住院治疗的病人在此卧床诊断和治疗。此外，还有针对特殊人群或病程设置的病房，如康复病房，以接待高级干部、外宾为主的特优病房等。

（四）后勤部

或称医疗辅助部门，如中心供应、营养厨房、中心仓库、洗衣房、蒸汽站、中心供氧站、中心吸引、医疗器械修理、汽车库、动物房、太平间、污水处理站、变配电站、空调机房及其他设备用房等。有一些医院则将中心供应划归医技部。

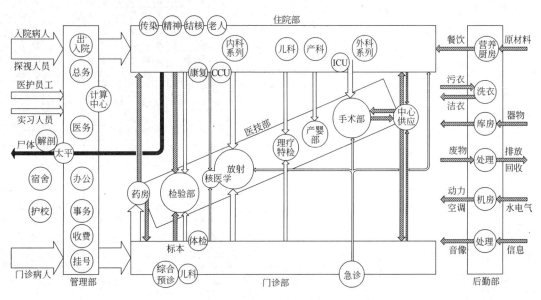

图 2-1-1 医院各部分功能关系图

（五）行政办公

诸如院长办、接待、会议、医教、医务、质检、护理、财务、总务、文秘、人事、档案、电话通信、统计、计算中心、图书馆、研究室等等。

（六）生活服务

主要是住院医生宿舍、职工食堂、职工家属住宅、托幼设施、商店、俱乐部或职工之家等。

二、医院各部门间的功能关系

大型综合医院，组成复杂，科室众多，相互间的功能关系及其密切程度各有不同，一般很难全面掌握。为方便明了起见，用以下六个图来表示：图 2-1-1 主要表示各部门、各种人流、物流的走向及相互空间关系。图 2-1-2～图 2-1-6 则分别表示各部门间相互联系的急迫度、强度、频率以及人员、信息、物品等与各科室的相互关系情况。

（一）医院人、物流线及各部门间的功能关系

从图 2-1-1 中可以看出以下几点：

（1）医院划分为医疗、后勤、管理三大部门。医疗部分门诊在前，住院在后，医技介于门诊和住院之间（医技自左下方向右上方倾斜）。其中药房、检验、功能检查、放射、核医学等应靠近门诊布置，手术、分娩、中心供应等应适当靠近住院部。流线的宽窄表示流量的大小，当然这只是个模糊概念。

（2）科室和部门间的关系体现为：手术部应靠近外科病房、ICU和中心供应，分娩部应贴近产科病房，产科病房适当靠近儿科病房，核医学靠近放射或作一体化布置，解剖和病理检验有某些联系，可适当靠近。

（3）传染、精神、结核、老人等病房，虽仍属住院部，但由于病人的特殊功能要求，最好在独立地段分别单独设置，与普通病人有所区分，以免相互影响或感染，老人则介于病与

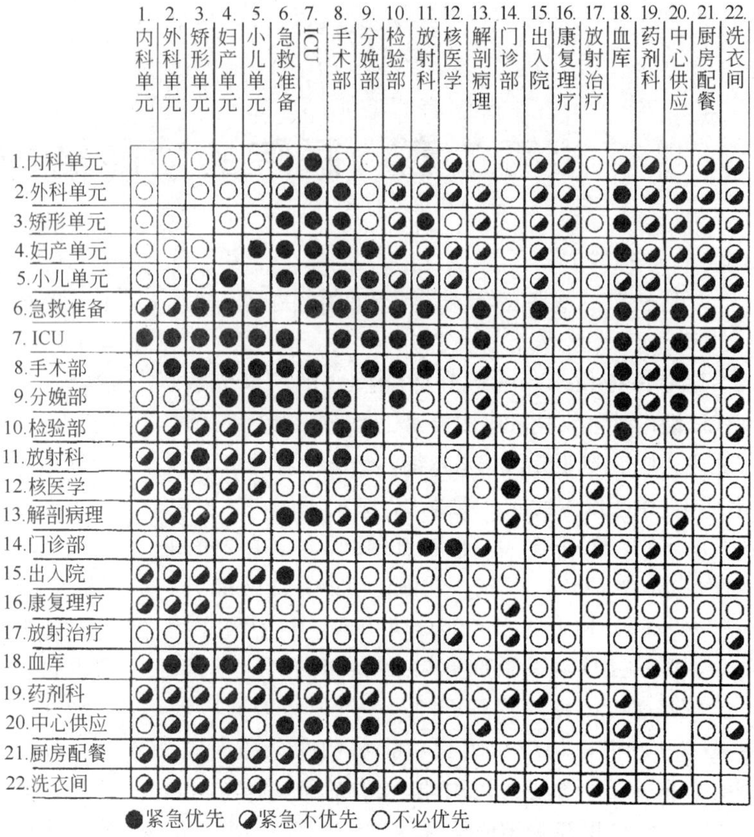

● 紧急优先　◐ 紧急不优先　○ 不必优先

图 2-1-2　医院各部门联系急切度分析图

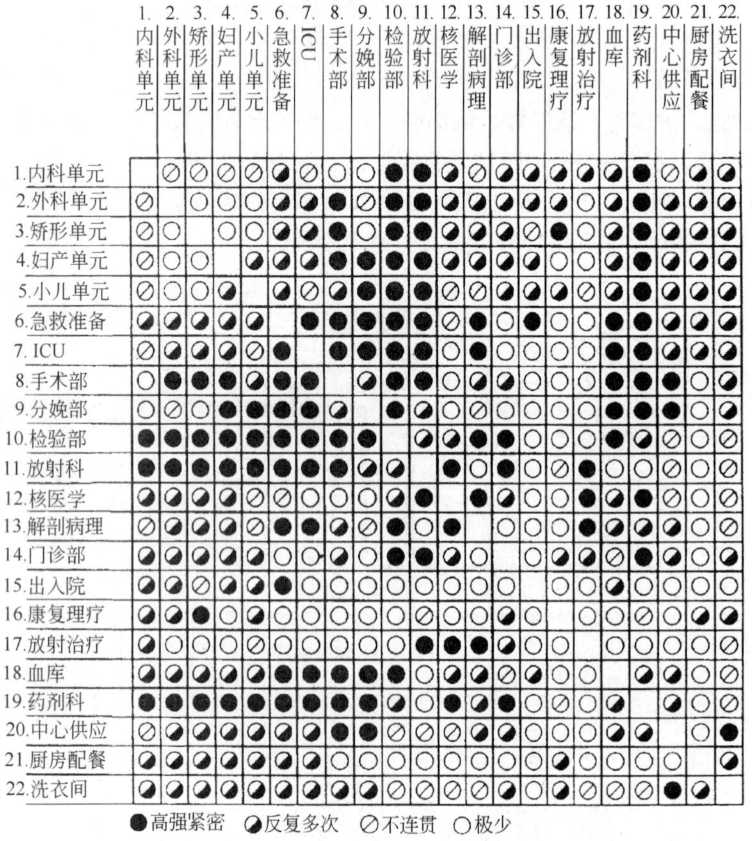

● 高强紧密　◐ 反复多次　⊘ 不连贯　○ 极少

图 2-1-3　医院各部门联系强度及频度分析图

非病之间，住院期长，最好单独设置老人养护院。

（4）急诊和手术部应有直接而方便的联系，便于争取时间尽快抢救，急诊与放射也应有方便的联系。营养厨房与住院部应贴邻布置，以缩短供应线路。急诊病人大多需要住院治疗，有条件时，二者也应靠近一些，这点在图2-1-1中未能表示出来。

（二）医院各部联系的急切度

从图2-1-2中可以看出，ICU、急诊、手术、血库、分娩部最为紧急；检验、放射、中心供应稍次。这些部门的相关位置及功能要求，在较大程度上关系到病人的安危，因此应给予优先考虑和特殊关注。住院部则以儿科、妇产科、外科、内科病房与相关科室的联系应优先考虑。

（三）医院各科室联系的强度和频率

从图2-1-3可以看出，药剂、检验、放射、手术是人流、物流量大、强度和频率最高的部门，其中药剂、放射人流主要来自门诊，住院次之。检验的工作量来自住院部的也很多，但是由专人集中传送标本和报告，不需住院病人亲临。手术病人则主要来自住院部。门诊病人则在门诊手术接受治疗。

（四）医院职工及探病人员分布密度

从图2-1-4可以看出，普通病房、急诊部、恢复苏醒、接待入院、放射诊断、理疗等部门是病人、家属及探视人员联系密切的部门。更衣、食堂则是医院职工联系较多的地方。检验科主要是标本和报告的传送，人员联系较少。门诊病人仅在门诊检验交付标本，不必进入检验科内部，因此，人员分布密度较低。

（五）医院各部食品、物品、供应品的联系情况

见图2-1-5，该图显示中心供应、

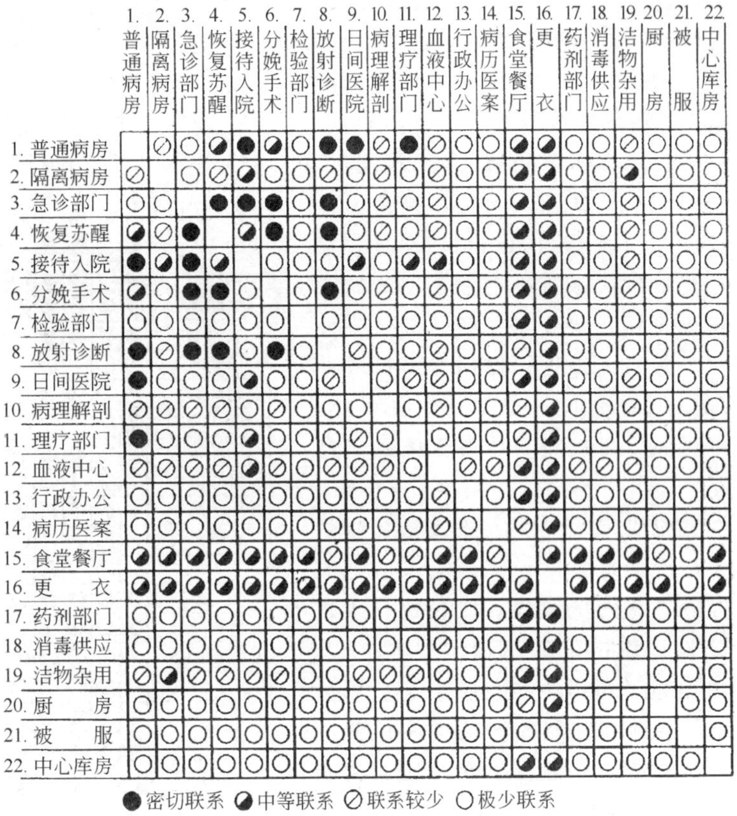

图2-1-4 医院各部门人员联系密切度分析图

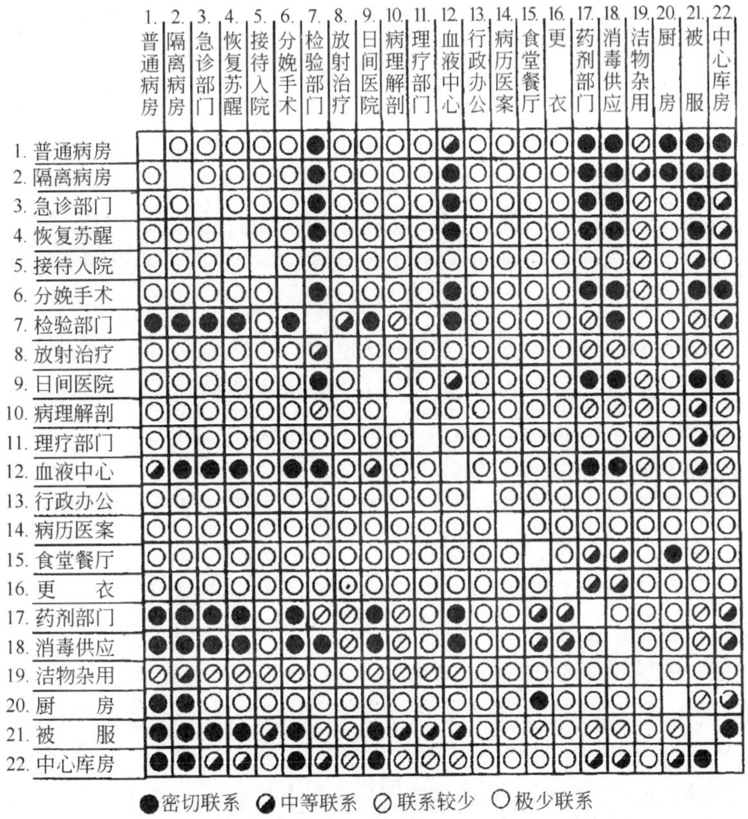

图2-1-5 医院各部门食品物品供应品联系图

被服库、中心库房、药剂部、血液中心、检验科等与各部的联系最为密切，营养厨房次之，物流传输的具体情况详第十二章第三节。

（六）医院各部的信息交流情况

图2-1-6显示：入院、接待、检验、放射、血液中心（血库）、病案室、药剂部、被服部与相关部门的联系较为密切，主要是了解、提供各种资料、报告、数据、图像等。行政办公部门除与更衣、血库极少联系外，与表列其他部门都有中等程度的信息联系。

在流线组织中病人流线是关注的焦点，特别是急诊、传染病人应把流线控制在最短的程度，以利抢救或减少传染的影响。到急诊、手术、ICU等关键部门的物流线也应给予适当关注。信息流线对科室间的空间位置没有什么影响，一般在满足人流、物流要求的前提下再加以考虑。

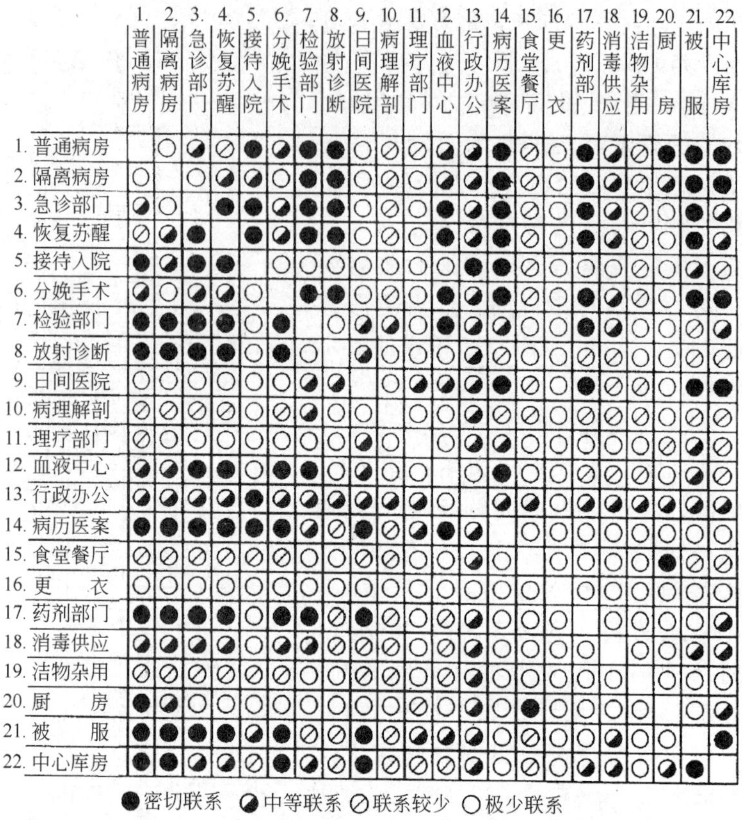

图2-1-6 医院各部门信息联系密切度分析图

● 密切联系　◐ 中等联系　⊘ 联系较少　○ 极少联系

第二节 医院建筑形态类别

由于特定的组成要素、功能结构以及医院所面对的自然、社会等方面的条件差异，因而产生不同的医院建筑形态。这里所说的建筑形态，是指医院主体部分的门诊、医技、住院三者之间的体形构成关系及类型特征。根据国内外的医院建筑实例，大体归纳如下：

一、分栋连廊的横向发展模式

即将门诊、医技、住院按使用性质分别设计为若干栋相对独立的建筑，再用公共走廊、交通枢纽联成有机整体，这种类型在国内外医院建筑中得到广泛运用。按其分栋情况又可分为三栋式、二栋式、多翼式、分散式等类型。

（一）三栋式

将门诊、医技、住院各建一栋，使用功能相对独立，行政办公、医辅部门及后勤系统，可在总平面上另行布置，也可部分纳入门诊、医技、住院的适当楼层。三栋之间以廊道联通或前、中、后呈"工"字、"王"字形布局，或左、中、右呈"山"字形排开；或左、右、后呈"品"字形布置等，以适应基地的条件变化。其中门诊居前，便于与城市主要干道衔接，以缩短门诊病人的外部流线。医技居中，便于对门诊和住院双向服务，而且可作为两者的中介，缓冲门诊人流对住院部的干扰。住院部居后，位于医院腹地，拉开与城市干道的距离，以便为住院病人营造一个安静舒适的养病环境，少受城市噪声的干扰，且利于采光通风。这种三栋式与门诊、医技、住院的"三极"功能结构相吻合，便于根据各自需要选择适合的建筑和结构形式，因此，在我国应用极为广泛。设计中应该特别注意的是对位于中间部位的医技部分的发展问题，应作好预测和规划，以免陷于被动局面。

图2-2-1为上海第六人民医院门诊医技住院组合平面图。其中门诊、医技、住院各建一栋，其医技栋虽基底层面积较小，由于将面积较大的科室如放射、手术等与住院楼连通布置，较好地满足了要求。医技楼有独立对外出入口，以便承担外院委托的相关业务。正由于医技基底面积较小，且位于住院与门诊的端部，并垂直于门诊和住院楼布置，使门诊和住院楼南北两面几乎全部敞开，自然采光通风、环境绿化条件极好。

图2-2-2为香港玛丽医院总平面图。其中门诊、医技、住院分三栋呈品字形布置，门诊楼突前，接近城市道路标高便于两者衔接。住院楼和医技楼比城市道路标高高出12m左右，由"之"字形道路连接。门诊、医技、住院之间通过三条空中廊道，与相应标高的楼层相互联系，形成功能上的有机整体。

门诊楼3~4层，7层医技楼与17层的住院楼以连廊相通，形成树干式交通系统。院区中部留有大片绿化区。门诊楼平面为两幢平行的一字楼组成，二者以连廊及内天井组合。医技及住院楼均采用复廊加内天井的布局。

建筑造型上采用了简洁形体，注重整体效果，各楼采用同一窗型组合及相同细部，以加强群体的统一感。

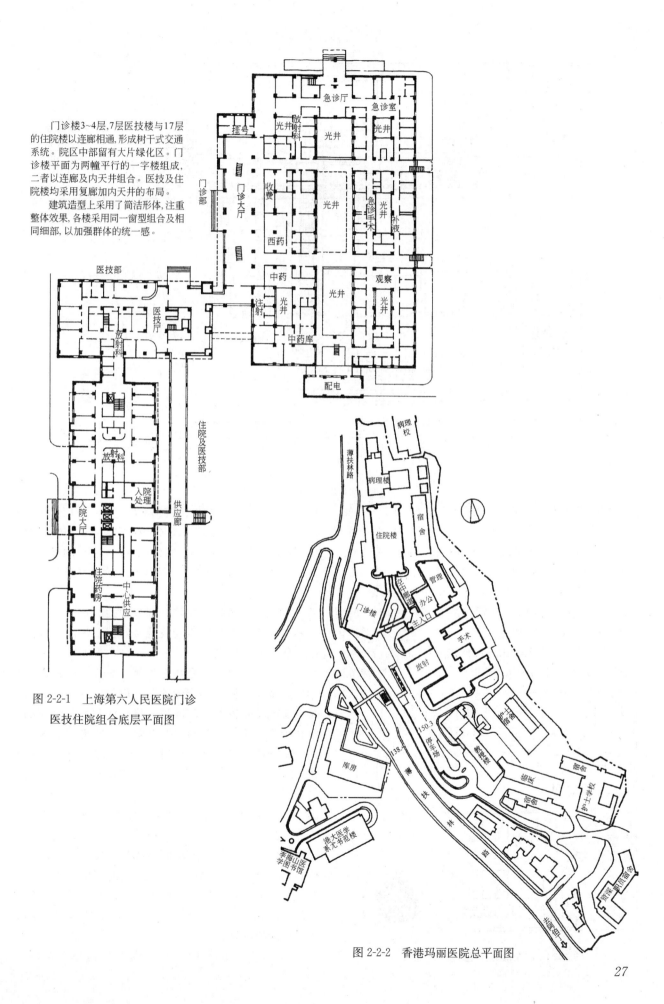

图 2-2-1 上海第六人民医院门诊医技住院组合底层平面图

图 2-2-2 香港玛丽医院总平面图

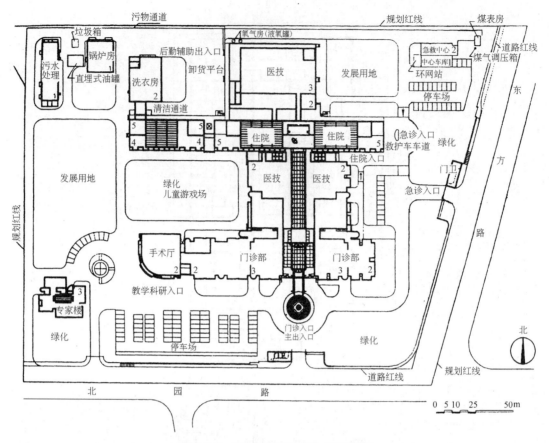

图 2-2-3 上海儿童医学中心总平面图

图 2-2-3 为上海儿童医学中心总平面图。平面呈"土"字形布置,门诊在前,住院在后,医技在中间,且布置在透明拱廊的两侧,避免了传统"工"字形平面医技科室被穿导的弊端,也改善了采光通风条件。由于医技局部突出于住院楼北侧,从而解决了发展受限的问题。该方案较传统"工"字形平面有所突破和创新。

图 2-2-4 为广东佛山人民医院总平面图。其中,门诊、医技、住院从南到北呈前、中、后贴邻布置,用一条高贯 4 层的医院街前后贯通,各门诊医技科室分列医院街两侧,门诊公用科室突前,以减轻对医院街的影响。各门诊科室自成尽端,4 个内庭和医院街的透明拱廊大大改善了各部的采光通风条件。

(二)二栋式

即门诊、医技、住院三部分中的医技进一步缩小基地面积,并向门诊和住院楼转移,最后形成门诊、住院两栋建筑。

分栋方式之一,是将医技楼一分为二,将与门诊关系密切的科室如影像诊断、放射治疗、中心检验、功能检查等并入门诊楼;将与住院关系密切的医技科室如手术、ICU、中心供应、分娩部等配属在住院楼内;对门诊、住院使用频率都比较高的医技设施,则各设一套,但有主次之别,如门诊手术与中心手术,门诊化验与中心检验,门诊药房与住院药房等,形成门诊医技楼与住院医技楼的两栋式组合。

分栋方式之二,是将医技楼设于住院楼的下面几层,作为裙房处理,从而形成门诊楼与住院医技楼两栋,门诊、医技、住院形成前、中、上,或左、右、上的布局形式。由于住院楼叠于医技楼的上面,往往形成高层住院楼,以减少建筑基底面积,扩大院内绿化。

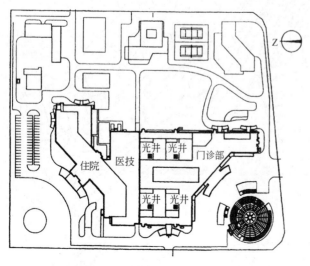

图 2-2-4 广东佛山人民医院总平面图

图 2-2-5 为成都中医药大学附属医院总平面图。

它分门诊医技和住院医技两组建筑，门诊、住院之间联以长廊，医技直接设于相关的住院或门诊楼内，便于就近服务。

图2-2-6为杭州邵逸夫医院总平面图。它为门诊楼和住院医技楼的组合模式，平面为两个变八角形，呈哑铃状布置，平面紧凑，流线短捷流畅，栋间连廊与主体合一，衔接自然。总平面上留有大片绿化和发展用地。

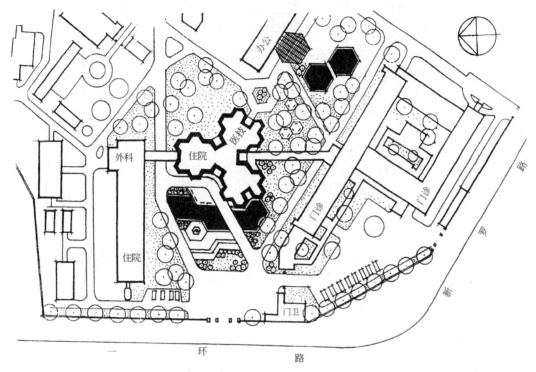

图2-2-5　成都中医药大学附属医院总平面图

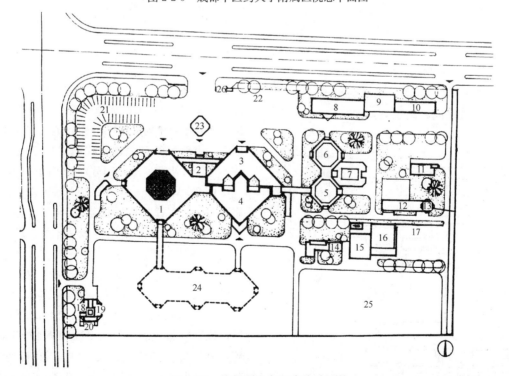

图2-2-6　杭州邵逸夫医院总平面图
1—门诊部；2—报告厅；3—急诊部；4—住院部；5—营养厨房；6—职工食堂；7—职工厨房；8—院办公、卫校、图书；
9—职工自行车库；10—汽车库；11—总务库房；12—洗衣房、消毒间；13—发电机房；14—交电所；15—冷冻机房；
16—锅炉房；17—堆煤场；18—危品库；19—太平间；20—污水处理；21—汽车停车场；22—自行车停车场；
23—雕塑台；24—扩建病房楼用地；25—专家楼用地；26—门卫

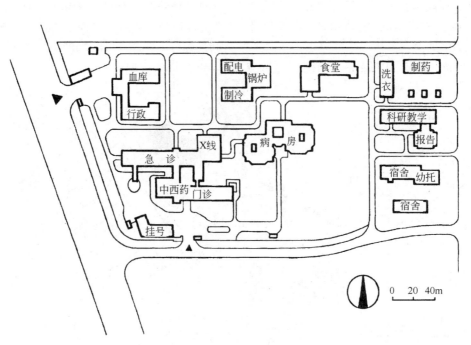

图 2-2-7 浙江省人民医院总平面图

图 2-2-7 为浙江省人民医院总平面图。该院分栋但未联廊，工程分两期建造，第一期为门诊医技部分，第二期为住院医技部分。两组建筑在功能上相对独立，因此相互间的联系并未特别强调。

图 2-2-8 为北京医科大学附属医院总平面图，该院为病房医技和门诊医技模式，门诊的医技部分相对独立，自成一个体块，免受门诊结构的限制。住院部分与医技则融为一体，主要是布置手术部，门诊医技与住院楼之间距离很近，如有必要，也可设廊连通。

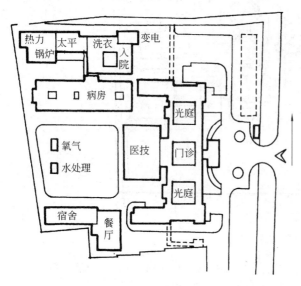

图 2-2-8 北京医科大学附属医院总平面图

（三）分散式

指门诊、医技、住院分为 4 栋或 4 栋以上者，如住院部又分为内科楼、外科楼、妇产科楼；医技部又分为影像楼、手术楼、检验楼等。这种布局有一次形成与逐步形成之分。

1. 一次形成

基本上是为了贯彻明确的设计意图，以达到既定的建筑空间效果。如为了分散过大的建筑体量，便于与环境协调，取得良好的功能和自然采光通风条件。图 2-2-9 为北京积水潭医院总平面图。其为了保护水面及原有王府花园的庭榭建筑并与环境协调，而采取自由舒展的分散连廊式布局，将住院部分为三栋，与门诊错列，医技则分别设于门诊和住院楼内。

图 2-2-10 为北京天坛医院总平面图。由于其位置靠近天坛，为了保护古建筑，必须控制建筑高度和体量，该院病房分为 4 栋，并设手术栋、放射栋等。

2. 逐步形成

逐步形成的分散式布局多见于某些历史悠久、规模较大、用地宽松的大型教学医院。由于规模逐步扩大，医技科室多次扩展，再加上缺乏长远规划，投资分散、领导更迭、决策多变等因素，造成较为分散的总体布局。这种方式最有利于分期建造，对地形条件的适应性强，自然采光通风和相互隔离条件良好，主要问题是外部流线复杂，占地大，线路长，各部联系不便。新建医院中，由于用地受限很少采用。

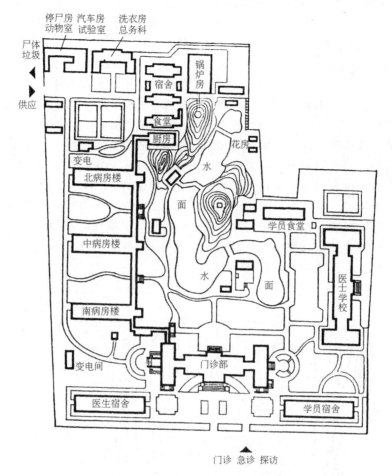

图 2-2-9 北京积水潭医院总平面图

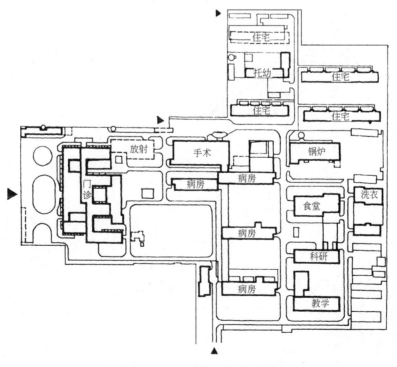

图 2-2-10 北京天坛医院总平面图

图 2-2-11 为上海瑞金医院总平面图。该院始建于 20 世纪 20 年代，现已发展到 1140 床位，除门诊和急诊医技较为集中外，病房楼太过分散，大大小小达 10 栋之多。其相关医技设施也将相应分散设置。

图 2-2-12 为重庆西南医院总平面。该院始建于 1929 年，现已发展为 1280 床位的大型教学医院，除门诊、急诊较为集中外，住院、医技均分设多栋，以利就近使用。外经规划整合，新建住院及门诊综合楼，常用医技部门分设于门诊或住院楼内，其间连以桥廊衔接，一些独立性较强的科室，仍自成体系，各得其所。并将主入口由西向改至东向，原西入口改为住院探视入口，从而理顺各部功能关系。但由于历史原因，仍难改其分散布局的痕迹，这对一些历史悠久的大型医院来说，从而利于分散，疏解矛盾，也不失为一种正常状态。

（四）多翼集簇式

其特点是住院部分相对集中，门诊、医技横向铺展，形成多翼并联。虽分散布置多栋，但采取缩廊压距的办法，门诊、医技之间的间距只满足必要的采光通风要求，从而形成分而不散的紧凑布局。日本的一些医院这种特性极为明显，北京的中日友好医院也具有此种特性。

图 2-2-13 为北京中日友好医院总平面图。其放射楼与手术楼，制剂楼与营养厨房以及门诊楼各翼间的距离均只有 6m 左右，打破了一般的间距概念。

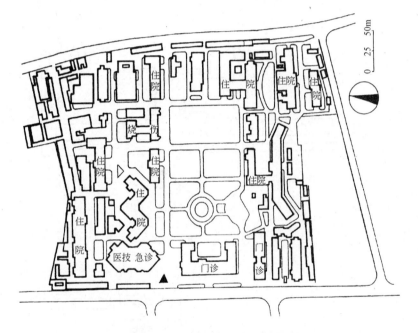

图 2-2-11 上海瑞金医院总平面图

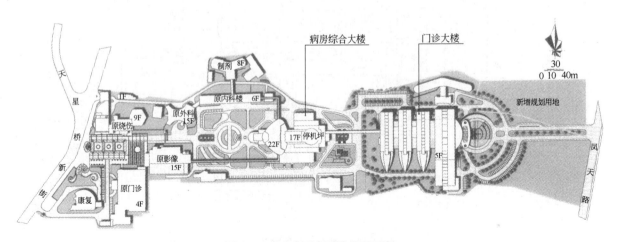

图 2-2-12 重庆西南医院总平面图

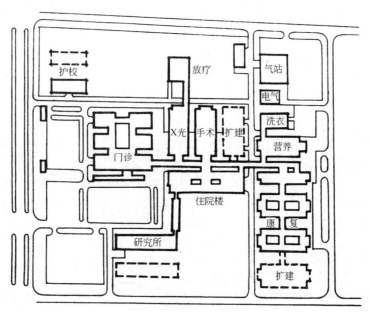

图 2-2-13 北京中日友好医院总平面图

图 2-2-14 为日本千叶县肿瘤中心，其多翼集簇特性更为明显。图 2-2-15 为日本大阪府立母子保健综合医疗中心。这两例都是伊藤诚教授的作品，越接近地面的楼层建筑密度越大，布局越紧凑，高出裙房的住院楼四周相对宽松得多，采光通风十分优越，结合伊藤的其他医院作品看，也大都体现了"低密高疏"平面紧凑、易于发展的特点。

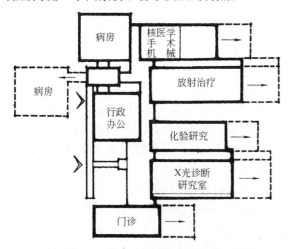

图 2-2-14 日本千叶县肿瘤中心体形部位图

图 2-2-15 日本大阪府立母子保健中心模型照片

二、分层叠加的竖向发展模式——高层或多层的一栋式医院

将门诊、医技、住院按下、中、上的顺序重叠在一起，形成一栋大型医疗建筑综合体。现代大型城市医院规模大，用地紧，而且强调高效紧凑。因此，在日本和一些西方国家率先采用这种"一栋式"的医院模式，在一栋楼内几乎包容了医院的所有科室和部门，功能关系极为紧凑，各部门之间全为内部联系，流线极为短捷，省时增效，节约用地和管线，在现代医疗科技和经济实力的支持下，这种医院模式也有较大的生存和发展空间。

高层塔台式是这种一栋式医院的基本类型，其外框界面上下基本一致，一般地下层布置辅助设备和部分医技科室，如太平间、病理解剖、防护要求高的核医学、放疗、营养厨房以及空调、机电等设备用房；地面及近地层布置主入口、门诊、急诊及公用科室；中间层布置其他医技科室；上部为住院部各科病房。医技部分仍介于门诊和住院之间，以利双向服务并起缓冲隔离作用，营养厨房可设于地下室，便于原材料供应，也可设于顶层利于消防、排气。

图 2-2-16 为日本神户市民医院。该医院地下层根据需要突破了地面层的外框线以扩展面积，布置医、辅和相关设备用房；地面层布置急诊和营养厨、药剂、中心供应、中心库房等保障部门；第 2 层才布置门诊，主要是为了与城市高架列车停靠站的站台标高衔接，门诊入口大厅与高架站台之间有天桥相连，方便入院就诊病人；3～4 层为医技；第 4 层将手术、ICU、人工透析、分娩、生物洁净病房

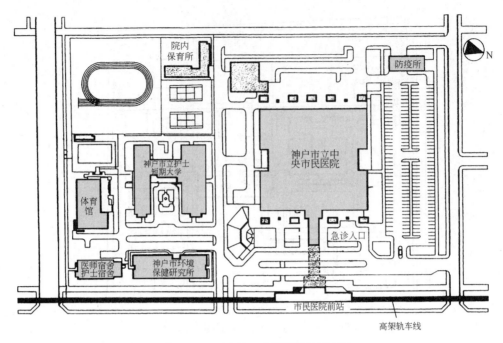

图 2-2-16 日本神户市民医院总平面图

等洁净度要求较高的科室集中同层布置，便于配合联系，一些公用设施可统筹考虑；第 5 层除设 38 床的传染病房外，其余 3/4 的面积全部留空，作为发展预留，一定程度上解决了这类医院难于发展的问题，也开创了集中式医院在楼层设置传染病房的先例，对于非烈性的一般传染病来说只要加强管理，区分路线，看来也是可行的。下部的门诊医技部分基本上是方形板块式平面，便于灵活划分，适应变化要求。高层住院部分四面中部的凹口内收，形成 4 个护理单元，采光通风良好。

图 2-2-17 为英国伦敦威灵顿医院。该院规模较小，由于用地受限，因此仍采用将门诊、医技、住院集中在一栋楼内布置。医院形式为矩形板块，沿进深方向层层内收，形成金字塔的剖面特征。地下 2 层为机电设备用房及太平间、停车场等，并有地铁穿过，尸体、污物、供应路线在地下解决，并设专用出入口，做到视线和空间上的隔离。地下 1 层和地面层为门诊、医技、医辅用房，上部则为层层退台的病房层，每间病室都有宽敞的屋顶平台，以弥补地面绿地不足的缺陷。

三、高低层结合的双向发展模式

这是由高层塔台式演化而来，即将低层或多层"台"的平面部分进一步扩大，其基底面积超过了高层部分的基底面积，在建筑造型上形成强烈的横竖对比，低层部分布置门诊、医技，因贴近地面便于自由发展，以适应变化要求；高层病房楼则压缩体量，以解决采光通风问题。

这种高低层双向发展模式又可分为两种类型。第一种类型：为低层部分全封闭连续板块上的高层塔楼，如图 2-2-18 所示的丹麦哥本哈根的赫利夫医院，除具有上述特点外，该方案将护理单元的医、护值班室与住院医生宿舍合一，既方便就近护理，又免去空间的重复设置。

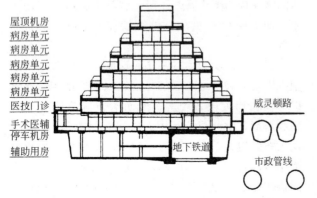

图 2-2-17 英国伦敦威灵顿医院台阶式布置剖面

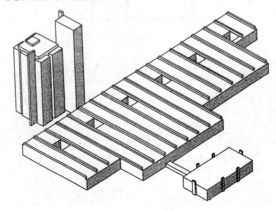

图 2-2-18 丹麦哥本哈根赫利夫医院

第二种类型：低层部分开若干光井，或留出一条条槽口，强调自然采光通风，低层部分大体同层，条带之间根据需要，长度自由，布置潇洒。

图2-2-19为北京同仁医院总平面图。它是比较规整的低层板块，留出若干光井，虚实交错，布局紧凑有序，地下两层为设备机房，1～5层为门诊、医技，其上为高层住院塔楼。

图2-2-20为瑞典桑兹伏尔医院总平面图。它的低层部分为若干密集条块，布置门诊医技科室。高层部分为每层三个单元的板式病房楼，两组垂直交通枢纽与低层部分连通。低层部分布置自由潇洒，可按需要发展。

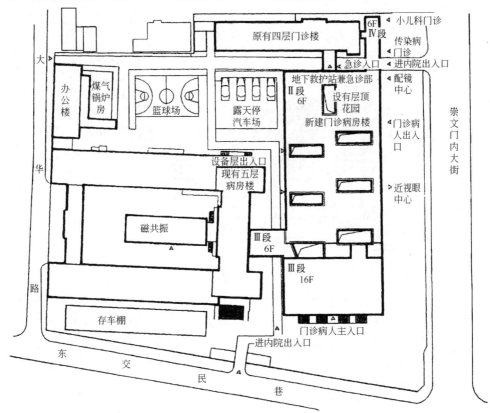

图2-2-19 北京同仁医院总平面图

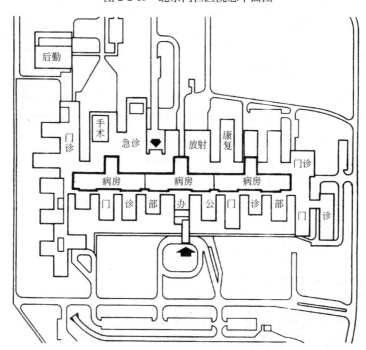

图2-2-20 瑞典桑兹伏尔医院总平面图

图 2-2-21 为法国冈市大学区医疗中心总平面图。它的主楼居中，平面呈短肢 H 形，低层部分为方形平面，有 9 个内院，利于采光通风，5 层以上为住院部，下面为门诊、急诊及医技、教学、研究用房。1200 床位的大型教学医院包容在一栋楼内，建筑与绿化面积高度集中。

四、板块式同平层发展模式——"蛋糕"式医院

不盖高层，整个医院包容在一个矩形多层空间之内，以节约用地，缩短流线，提高效率，增强医院的应变能力。其大跨度结构空间，可兼作设备层，便于设备管线的检修和调整。

图 2-2-22 为美国芝加哥某医院的通用空间单元，

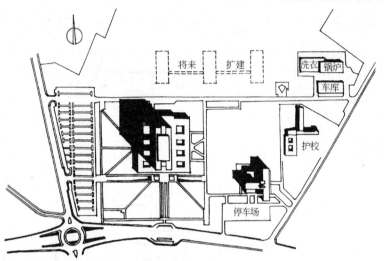

图 2-2-21 法国冈市大学区医疗中心总平面图

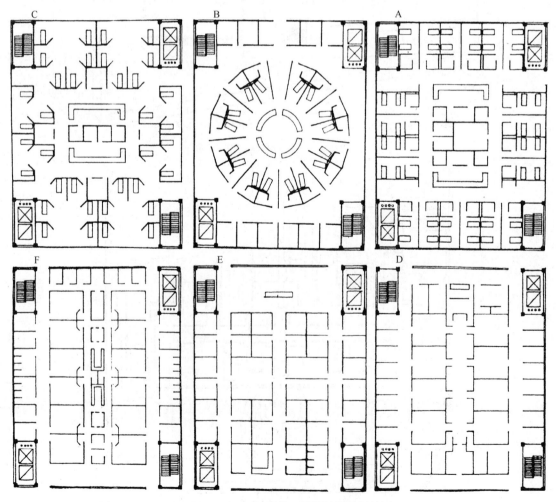

图 2-2-22 美国芝加哥某医院的通用空间单元

每层812m²，在30.5m×21.6m范围内为无柱空间，可以根据需要调整空间划分，以满足门诊、医技、住院的不同功能要求。这种密闭全空调大空间的主要问题是空间和能源耗费惊人。这种工业化的人工环境也抹煞了建筑的地方特色。为弥补上述缺陷，在1987年以后的板块式同平层医院设计中，逐渐在板块的中心部位开了一些到地或不到地的采光井，从而改善了各部分的采光通风条件。

图2-2-23为美国瓦特里德综合医院的板块式平面；图2-2-24为美国加州罗马林达退伍军人医院。这些医院内部空间走道纵横，形同街巷，病人寻的导向是一个难于解决的问题。图2-2-25为美国考克福特沃尔斯儿童医疗中心。其虽采用板块手法，但由于集中设置了一个高贯6层的漏斗状中庭，不仅大大改善了内部的光环境，而且可作为定位参照坐标，在一定程度上克服了难于识别的困难，也打破了板块平面"健康工厂"的呆板形象。

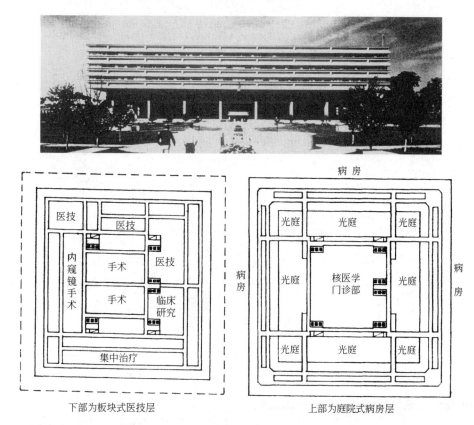

图2-2-23 美国瓦特里德综合医院的板块式平面

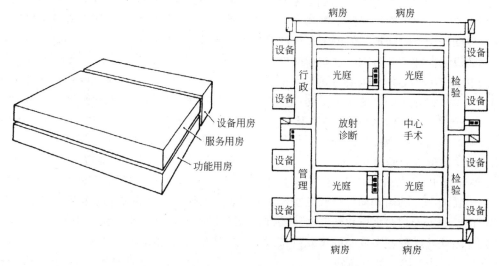

图2-2-24 美国加州罗马林达退伍军人医院

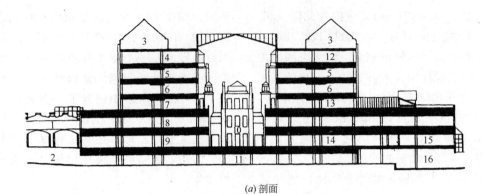

(a) 剖面

1—去老医院的天桥；2—去老医院的地道；3—机械；4—混合病房；5—术后病房；6—儿科；7—血瘤病房；8—新生儿监护；9—理疗康复；10—中庭等候；11—辅助用房；12—未来行为医疗；13—青春病单元；14—病人挂号；15—咖啡厅；16—装卸间；

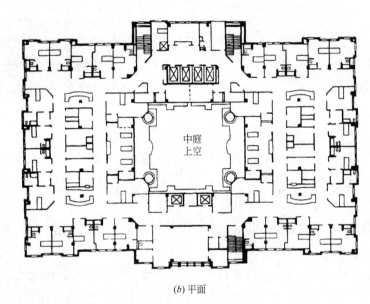

(b) 平面

图 2-2-25 美国考克福特沃尔斯儿童医疗中心标准层平剖面图

五、母题重复的单元拼联发展模式——体系化医院

在二战后的和平恢复建设时期，医院建设量大，而且时间紧迫，为此出现了一些不同规模的医院标准设计，以便按图重复建造。但由于设计的是医院整体，而建设情况却千差万别，这些标准设计很难适应。20世纪70年代将标准化的规模由整个医院缩小到一个单元或更小的功能单元。同一体系的单元，有统一的技术参数、结构体系和构造作法，可以灵活拼联组合，以增强其适应性。其共同特点都是用于多层或低层的横向发展模式。

20世纪70年代末，80年代初，欧洲的医院建筑出现了从高层转向低层的新趋向，这既是受经济规律的驱使，也反映了人们对高层建筑和紧张的都市生活的厌倦。因此，这种低层庭园的单元拼接式医院便应运而生，风靡英国，波及海外。

英国的Nucleus体系，采用"十"字形单元，每层约1000m²，跨度15m。用这种单元可分别满足门诊、医技、住院等部分的不同功能要求，内部调整灵活。在总体布局上可沿医院街水平延伸，适应扩展要求。用这种单元加以拼接组合，可形成统一母题的总体构图，元件单一，组合多样。因系低层"单元拼接"体系，易于与自然环境协调，可按工业化体系建造，也可就地取材，降低费用。且由于采取自然采光通风，能耗较低。加拿大建筑师曾就高、低层医院建筑的管井及设备用房面积做了比较，认为低层比高层平均节省8%～12%；从交通联系的效率看，在水平通道上，护士推车每分钟可运行79m，乘电梯平均用48秒可达另一层楼，效率无多大差异。但水平交通的运行稳定性更为可靠一些。图2-2-26所示是英国迈德斯顿医院，300床位，可沿两条互相垂直的医院街发展到600床或900床的规模。

图2-2-27为英国怀特岛的圣玛丽医院。它是Nucleus体系结合地形和自然环境的杰出范例。4个

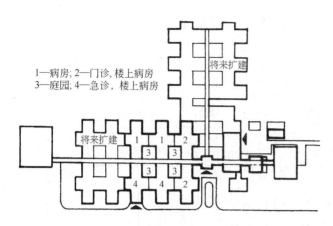

图 2-2-26　英国迈德斯顿医院的"Nucleus"体系建筑

1—病房；2—门诊，楼上病房
3—庭园；4—急诊，楼上病房

"+"字形单元沿 90°弧线形的医院街呈放射状布置，医院再直线延伸，与原有建筑联成有机整体，4 个单元之间因地形高差作吊层处理。

图 2-2-28 为比利时 J·德鲁教授提出的 MEDITEX 体系的工程实例——安特卫普克里拉医院。病房层为 3 个 H 形标准单元组成两个内庭空间，变外墙为内墙，成为节能建筑，两个中庭将成为生趣盎然的交往空间。地下和地面层成板块状铺开，以摆脱刻板的单元模式的影响，而基本参数仍按 MEDITEX 网络体系要求，这样就更为机动灵活一些。瑞典斯德哥尔摩赫庭医院也是采用 H 形单元拼联的范例（图 2-2-29）。

图 2-2-27　英国怀特岛圣玛丽医院的"Nucleus"体系建筑

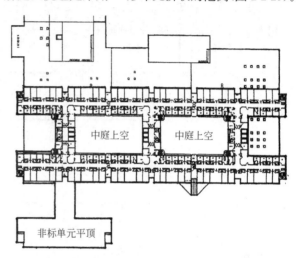

图 2-2-28　比利时安特卫普克里拉医院平面图

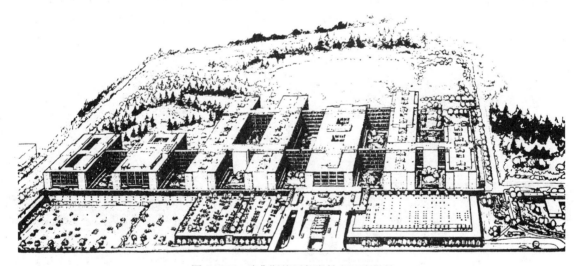

图 2-2-29　瑞典斯德哥尔摩赫庭医院鸟瞰

图 2-2-30 为加拿大埃德蒙顿麦肯齐健康中心平面。这是多层标准单元拼联与中庭相结合的又一成功范例，单元呈"T"字形，绕中庭周边布置，门诊医技部分插入中庭，并将其划分为东西两区，中庭花园高贯 7 层，各部分之间有天桥连接，礼品店、咖啡座与庭园绿化相映成趣，充满勃勃生机，病人家属可在此游息等候。

这种单元拼联方式，可将医院这样一个复杂的建筑综合体，分解为若干元件进行多工种综合设计，然后按需要再组装成医院整体。这对提高设计水平，缩短建设周期，减少重复劳动具有较大的应用价值。

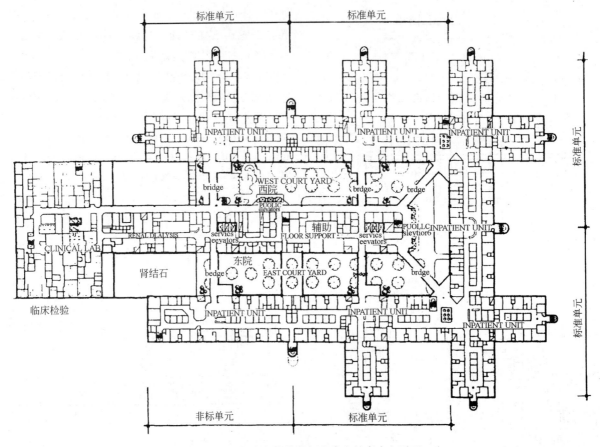

图 2-2-30 加拿大埃德蒙顿麦肯齐健康中心平面

图 2-2-31 为东莞康华医院的组合平面图，门诊、医技、住院分成三个平行的折线地块、呈前、中、后布置。在门诊与医技、医技与住院之间设有两条折线形医院街，从而将门诊与住院病人区分开来。医技夹在内、外医院街之间，利于双向服务。门诊、医技、住院分别由不同形态的定型单元组成，以满足三者不同的功能需要。

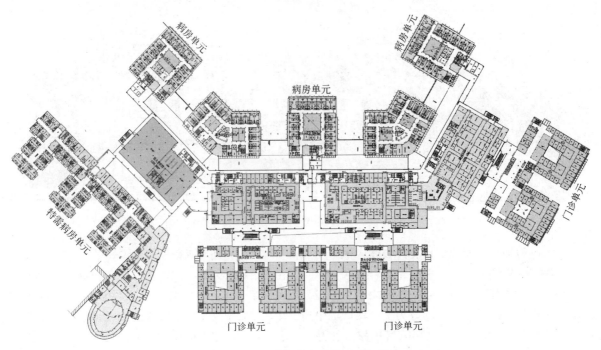

图 2-2-31 东莞康华医院单元组合平面

第三节　医院建筑形象塑造

外在形式和内在功能是依存一体的建筑基本要素，形式是功能的外现；功能是形式的内涵，功能只有转化成一定的平面和空间形式之后才能发挥作用。所谓"设计"，其实就是为设计者的功能意图找出一个最为适合的表现形式。医院建筑由于功能要求复杂，严格，创作自由度偏低，设计过程如踏镣舞。曾有国外建筑师断言，在医院建筑设计中，想要强求某种既定形式，恐怕是找错了对象！从笔者掌握的资料看，在国外众多医院建筑中，的确鲜有姿态万千、光彩照人的作品；而在国内，光鲜亮丽的医院形象却比比皆是，似乎我们在形式上已经超欧盖美了。欣喜之余是否也应反思一下，我们是否为此而付出了过高的代价，并带来某些负面影响？

国外医院建筑的外观大都朴实无华、落落大方，就连英国皇家医院也是如此。人们对医院建筑的造型比较宽容，设计一般按其功能要求，顺其自然，很少有矫揉造作的痕迹，但对基本功能、流程线路、病人感受、技术经济等方面的问题则从严要求。越是贴近病人的建筑细部越易引起病人的情绪波动，因此也就越应受到关注，考虑得也应更加细致周到。

反观国内，近年来建筑"选美"之风盛行，对医院的造型要求几近苛刻，一些建筑师为体现所谓的"标志性"、"新奇特"、"王者风范"、"过目不忘"等外观要求，而冥思苦想、绞尽脑汁，也就没有多少精力来仔细研究适用、经济等方面的问题，因此，设计出一些中看不中用的医院建筑也就不足为奇了。例如某急救中心大楼，为追求"亭亭玉立"的体态而使标准层过度减肥，导致一个病房单元面积不足 600m²，只好分设于两个楼层进行护理；有的住院楼似乎"漂亮"了，又怕放在门诊和医技楼后面被遮挡埋没，硬要移到大街边上凑热闹，从而使功能关系倒置，造成布局混乱、环境恶化；有的医院领导要求每栋建筑都要各有特色、要超过其前任建筑物的高度，结果互相争奇斗艳、反而导致医院整体特色的迷失，建筑体形和造价也就越来越高。这些都是忽视功能、曲意迎合某些片面的视觉审美需求的结果。不过，这并不是说"美"与"功能"不可兼得，而是说明"物极必反"、务美过度将反受其害的道理。

医院终归是为病人服务的，病人和医护人员才是最直接的"业主"和"上帝"。"减轻痛苦、提高效率、降低费用、尽快康复"是病人的基本要求。在医院"外形美"的众多消费者中，病人是消费最少而又为之付出最多的。住院、急诊患者病情急重、生命攸关，根本无暇顾及医院外观；门诊病人多在入口雨篷下车，挂号，候诊，看病，取药之后，早已精疲力竭，也没有多少闲情逸致来观赏医院外形之美了。因此，那种不计成本的建筑"务美"热潮也该适当降降温了！当然，对于女性职工居多的医院，却又总是"爱美没商量"，在满足功能要求之后，方案的美学品质便成为主要矛盾。为此，建筑师还必须不断提高自身的艺术素养和协调功能，驾驭形式的能力，才能更好地满足日益高涨的社会审美需求。

医院建筑的形象设计要突出自身的个性特征和环境优势，医院特征是其功能特性的空间体现，强调内在功能美与外在形式美的有机结合，但功能美是前提，是基础，先求好用，后求好看。医院的环境优势在于低容积率、高绿化率，易于在建筑与自然的结合上求得整体环境的和谐统一的美感。医院建筑多由门诊、住院科室的单元组成，无论是横向分栋联廊或是竖向分层叠加都极具规律性和韵律感，体块构成单一，空间组合多样。其间桥廊穿插、花木掩映，自有清雅之趣，使医院建筑形象显得简洁明快，平和自然，质朴真诚。总之在建筑处理上应更生活化、自然化、世俗化一些，这样才贴近普通老百姓的现实生活，也才是真实的、富有人性味的、不像医院的医院建筑风格。

在建筑处理上，除某些必须提醒人们注意引起警觉的部位外，应少用大起大落、大虚大实、浓墨重彩的处理手法。这种激情处理手法不利于患者保持平和心态。某些过分豪华的商业包装，患者反而会为自己的支付能力而产生忧虑，感叹囊中羞涩而加重精神负担。一些需要防范隔离的科室，忌用高墙铁网，而代之以树墙绿篱，自然限定允许接近的范围，以消除病人的监禁感及其负面心理影响。

国外的医院建筑外观大都比较朴实、淡雅、简洁大方，但对医院功能、流线安排、病人需求等方面的问题则研究得更为细致深入，越是贴近病人的建筑细部，越容易引起病人的情绪波动，也越应受到建筑师的关注。因此，国外的医院外重环境，内重功能，关注的主体是病人，其医院建筑更接近一般的居住建筑风格，使病人感到亲切自然、舒适温暖，从而产生对医院的信赖感，增强战胜疾病的信心和勇气。

医院建筑的艺术风格，也必然受到现代建筑思潮及其流派的影响，在以功能为依据、建筑块体不变的情况下，也出现了形式多样、风格各异的医院实例，这多半是建筑师采用"固本变末"的艺术处理手法的结果。固"本"以保证医院功能的合理性，变"末"以寻求建筑风格的多样性，以满足不同环境和人群的艺术审美需求。

医院建筑风格大体上可归纳为以下几类：

一、现代派

强调形式追随功能的需要，建筑形式取决于外部环境和内部功能，注重应用新的技术成就。建筑形式反映新工艺、新材料、新结构的特点，不必去掩饰遮盖。体现新的审美观念，建筑趋于净化，摒弃繁琐装饰，建筑造型要求几何形体的抽象组合，简洁、明快、流畅是其外部特征。现代派注重建筑与环境的融合，流动空间，有机建筑，开敞布局等都是具体体现。

现代派的这些学术观点和主张与注重医院功能、注重环境绿化、注重医疗技术等简洁高效的医院建筑非常合拍，其以简朴、经济、实惠为特点的现代医院建筑很适合我国的经济发展水平和大量性医院建筑的实际需要，因而成为医院建筑的主流，具有广泛而深远的影响。

图 2-3-1 为广州大学城医院外景。

图 2-3-2 为湖北民族学院附属医院外景。

图 2-3-3 为莫斯科波特金医院建筑组合体。

图 2-3-1 广州大学城医院外景

图 2-3-2 湖北民族学院附属医院外景

图 2-3-3 莫斯科波特金医院建筑组合体

图 2-3-4 为德国魏玛索菲湖费兰医院鸟瞰。

图 2-3-5 为东莞康华医院鸟瞰。

二、新乡土派

或称新方言派，是现代风格结合地方特色以适应各地区人民生活习惯的一种艺术倾向，仿清水砖石贴面、券门、坡屋顶、老虎窗与自由的空间组合，成为地方传统建筑与现代派建筑构思相结合的产物，既区别于历史式样，又为群众所熟悉，能获得艺术上的亲切感和新鲜感。

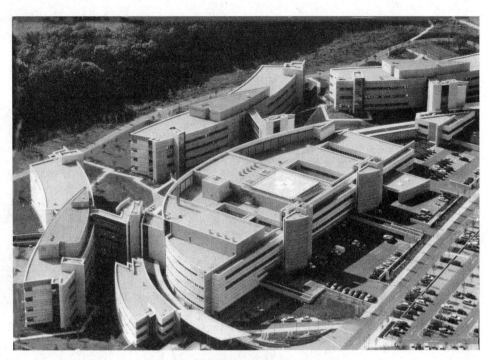

图 2-3-4 德国魏玛索菲湖费兰医院鸟瞰

图 2-3-5 东莞康华医院鸟瞰

图 2-3-6 为比利时根克市圣约翰医院。其结合功能平面布置自由潇洒、简朴清新，砖墙、坡顶加上断续遮阳挡雨板，富于节奏感并增强了明暗对比和大片墙面的表现力，主入口的单坡雨篷及右侧大玻窗标示出入口大厅，医院建筑与当地住宅建筑风格融为一体，居民倍感亲切自然，从而拉近了从家庭到医院的心理距离。

图 2-3-6 比利时根克市圣约翰医院

图 2-3-7 为美国马里兰州一所具有乡村旅舍风格的儿童医院。在这里，父母可包房陪孩子住院，家庭邻居之间相互关照，关系融洽友善。这里虽为病房却更像度假村，室外石墙土瓦、碧树蓝天，室内软椅柔床、石砌壁炉，洋溢着温暖闲适的家庭气氛。

图 2-3-7　美国马里兰州具有乡村旅舍风格的儿童医院

图 2-3-8 为美国印第安纳大学儿童医院，采用几组错落起伏的 M 形坡屋顶，延绵跌荡，深得统一变化之妙，顺坡而下的顶窗处理，洒脱自然，饶有新意，颇具儿童医院的积木式建筑意趣。

图 2-3-8　美国印第安纳大学儿童医院

图 2-3-9 为美国芝加哥的恩罗伊医疗中心，利用檐口折线的假四坡顶、电梯塔亭、入口雨篷的真四坡顶等处理手法，把一个普普通通的建筑装点得高低错落，色彩明快，趣味盎然。

图 2-3-9　美国芝加哥恩罗伊医疗中心

图 2-3-10、图 2-3-11，分别为美国的谢尔比护理中心和汕头大学精神卫生中心，都是地处郊野的低层建筑，都是就地取材的当地建筑形式，按现代建筑要求稍作处理就使之焕发出新的光彩，尤其值得广大农村卫生院建筑借鉴。

图 2-3-10 谢尔比护理中心外景

三、新古典派

新古典和新乡土都吸收了某些建筑传统构图要素，但新乡土源于民间，较为自由潇洒，新古典则来自官式建筑，比例工整、严谨，造型简洁典雅，也用花饰拱券，但不繁琐，以神似代替形似。这种风格往往是为了与已有的建筑环境协调，以延续历史文脉，或用于某些民族传统疗法的医院，以体现民族自豪感。

图 2-3-11 汕头大学精神卫生中心外景

图 2-3-12 为北京协和医院。该院旧建筑群竣工于1921～1925年间，外形为7开间，重檐庑殿式，以故宫太和殿为模仿原型，为绿色琉璃瓦顶的3层建筑。相隔70多年后建的12层病房楼，在高出平屋面的电梯机房、楼梯间部位加上绿色琉璃屋顶，局部配以琉璃挑檐压顶，从而使新旧建筑在风格上融为有机整体。

图 2-3-12 北京协和医院外景

图 2-3-13 为西班牙某肿瘤医院，深褐色的屋顶与白色墙面、尖圆拱廊形成强烈对比，方形电梯塔楼承载八角穹顶及其四角的小弯顶处理，极具雕塑感，透出佛罗伦萨和圣彼得大教堂的建筑余韵，也反映了医院建筑的宗教渊源。

图 2-3-13　西班牙某肿瘤医院外景

图 2-3-14 为 1500 床的南京明基医院，由台湾两大企业集团的明基友达集团投资兴建，运用庑殿、电梯塔楼攒尖、连廊檐口等建筑要素，体现出清新典雅的中国建筑特色，这也是民族自豪感的一种建筑表达。六朝古都的地域文脉依稀可见。

图 2-3-14　南京明基医院外景

图 2-3-15 为美国加利福尼亚圣迭戈市儿童医院。建筑由六组尺度宜人的护理单元及其坡屋顶组成。设计吸取了周围环境中的造型要素，具有浓厚的传统风格，但又极为活泼生动，一改古典式样让人望而生畏的环境特征。生动活泼的钟塔，红色锥顶及气囱方筒体，使人联想到科罗拉多旅馆的标志性形象。

图 2-3-15　美国加利福尼亚圣迭戈市儿童医院外景

四、高技派

高技派主张技术因素在现代建筑设计中起着决定性作用，认为功能可变，结构不变，主张以不变应万变的通用空间来适应医院的发展变化。艺术上宣扬机械美学，于是各种钢架，混凝土梁柱，五颜六色的管道，通通不加修饰地暴露出来，墙面上多采用有金属光泽的铝合金板材或玻璃幕墙，以体现技术工艺的精美，医疗技术的精湛。

图 2-3-16 为德国亚琛大学医院。其内部为了具有通用空间布置的灵活性，而将管线外露，与巴黎蓬皮杜艺术中心有异曲同工之妙，因而被戏称为蓬皮杜医院。人们似乎看到一次胸腹部大手术，动脉、静脉，大肠、小肠呈现眼帘，揭示出人体内在结构的奥秘和建筑功能特色。

图 2-3-17 为加拿大多伦多大学圣米切尔斯医院李嘉诚楼。其玻璃幕墙，上、下架空以削弱其笨重感，用横空连廊与邻楼联系，构图干净利落，又丰富多彩。不过此类大面积玻璃或金属幕墙的处理手法如何与节能要求协调起来，是很值得研究的课题。

图 2-3-18 为美国斯通布鲁克大学医院。其利用地形，高层居高，多层在低处，高层六角住院楼作双塔处理，下空上收，体面转折，医技和基础学科楼为方形平面的无窗体，每个面以"十"字凹槽一分为四，以丰富立面，削弱其笨重感。主体部分看似金属幕墙。

图 2-3-16　德国亚琛大学医院

图 2-3-17　加拿大多伦多大学圣米切尔斯医院李嘉诚楼

图 2-3-18　美国斯通布鲁克大学医院

图 2-3-19 是美国密尔沃基的圣玛丽医院，为 4 个半圆形组成的"十"字形平面，每个半圆又外挑 5 个小半圆作为相邻病室的两个卫生间。整个形体由大小不同的凹凸曲线组成，柔美灵动，变化无穷，以标榜其技术高妙，工艺精美。

图 2-3-20 为比利时根克圣约翰医院门诊大厅。它的钢架结构暴露无遗，施以橘黄色的防锈漆，作为装饰构件处理，丰富了大厅的形象和色彩。

这种高技派建筑风格，在国内的医院设计中，除某些门诊中庭内部因暴露梁架结构有所体现外，一般还未发现类似的实例。

图 2-3-19　美国密尔沃基圣玛丽医院

图 2-3-20　比利时根克圣约翰医院门诊大厅

第三章 医院建筑的总体规划与设计

第一节 区域卫生规划与医院的定点选址

在我国，无论是城、乡、企、事业医院或是部队医院，都在医疗卫生服务网络中扮演一定角色并占有相应的医疗市场份额。为了使有限的卫生资源产生更好的社会经济效益和环境效益，使城乡人民享有平等的卫生服务，充分发挥各医疗机构的专业组合优势，因此，制定区域卫生规划，并以此加强对医院建设的宏观指导，就显得日益迫切和重要。

一、城乡医疗卫生网

医院的设置与分级，应在保证城乡医疗卫生网络的结构合理、功能完善的原则下，由卫生行政部门按地方政府的区域卫生规划来统一确定（图3-1-1）。医院按其功能、任务不同划分为一、二、三级。部队、企事业单位及集体、个体举办的医院的级别可比照划定。

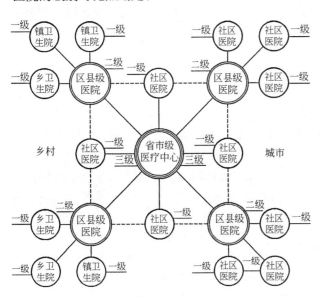

图 3-1-1 城乡三级医疗服务网络示意图

（1）一级医院——是直接向一定人口的社区提供预防、医疗、保健、康复服务的基层医院、卫生院，规模多在100病床以下。

（2）二级医院——是向多个社区提供综合医疗卫生服务和承担一定教学科研任务的地区性医院。其规模多在101～500病床之间。

（3）三级医院——是向几个地区提供高水平医疗卫生服务，执行高等教育、科研任务的区域性以上的大型医院。其规模多在500病床以上。

病人应先到最基层的一级医院就诊。当其不能有效诊断时，再由基层医院荐往二级医院或三级医院就医。这些医院接受其负责范围内的初诊医院的转诊需求。可以用医疗保险的报销制度引导患者到基层医院就诊，如到基层医院可报销90%～100%；但如果一开始就到三甲医院看病，就只能报销50%。

二、制定区域卫生规划的原则

（一）卫生资源配置的公平性原则

根据医疗保健需要和卫生资源的配置利用等情况，找出供求矛盾，确定规划目标，以保证基本医疗服务的公平性。对卫生资源应本着规划总量、调整现量、优化增量的原则配置。

（二）卫生事业发展的均衡性原则

区域内的一、二、三级医院及医疗、预防、保健等相关设施和人员构成，都应有合理的配合比，做到均衡协调发展。

（三）医疗卫生服务的可及性原则

由于经济发展的不平衡，在一定时期内，在地区之间必然存在医疗设施水平的差异。在制订规划时，不应盲目攀比，而要因地制宜，面对现实，合理规划利用卫生资源，使规划切实可行，能适应经济发展水平和居民的医疗需求。

（四）医疗设备配置的成本效益原则

医院的技术装备水平应与医院的技术等级相适应，对高档医疗仪器更应严格控制，在同一层次不宜重复配置，而应面向社会，资源共享，以求充分发挥高档仪器的社会经济效益。

三、医疗发展建设规划

一个地区的医院发展建设，应纳入卫生事业规划中统筹安排。

（一）发展建设的几个方面

（1）医疗机构：主要是指医院、疗养院、独立门诊部的发展数量及其规模（含床位数、卫生技术人员数和门诊人次）。

（2）医疗机构的布局与分工：如按服务半径来

调整网点布局,按整体服务和专业分工来确定各类医院比例及病床分布,即综合医院、专科医院、康复中心(医院)、疗养院、急诊急救中心(站)及基层医院等医疗网络如何配置等,做到合理布局及合理利用卫生资源。

(3) 医疗机构的扩建与新建:凡属新建或扩建的医院,均应有可行性报告,说明新建或扩建的医院在任务上与区域内其他医疗设施及能力的关系,接收病人数量、医院专业水平、技术人员的工作能力及专科优势,设备需要情况及与本区域内其他医院的协调情况,服务半径及服务人口,预测5年内的财务分析(业务开支、国家补贴及业务收入)。可行性报告要报主管卫生行政部门审核。

(4) 医疗设施的购置、维修与保养。

(二) 发展建设的重点

(1) 根据等级原理,划分医院等级,制订医院技术分级标准,逐渐使医院分级从单一的行政隶属关系转向技术分级,形成合理的网点布局。

(2) 根据整体服务的原则,发展综合医院为主,加强或建立重点专科,一般不新建或扩建专科医院。

(3) 根据资源共享的原则,建立检验、影像中心,减少或避免重复建设投资。

(4) 控制医院规模,放慢病床增长速度,一个医院一般限制在600张床以内。

(5) 扩大医院功能,加强社区服务,防止盲目新建或扩建医院。

(6) 加强或兴建急诊及康复服务设施,充分考虑院前急救设施的建设。

(三) 地区(区域)内病床及医务人员需要量核算方法

1. 基本核算方法

一个地区要设置多少医院病床,配备多少医务人员,主要决定于当地居民的医疗服务需要量、病床的工作效率、医务人员能提供的医疗服务量以及现行的保健制度。从理论上讲,可按下列公式计算:

$$每千人口所需要的医务人员数 = \frac{年内每千人口所需要的门、急诊人次数}{年内平均每名医务人员可提供的门、急诊人次数}$$

$$每千人口所需要的医院病床数 = \frac{年内每千人口所需要的住院天数}{年内平均每张病床工作日}$$

2. 医疗服务需要的决定因素

一个地区居民的医疗服务需要量决定于该地区的人口数量,人口的性别、年龄及职业结构,发病率及疾病构成,居民的经济文化水平及医疗服务保健制度,地理及交通条件等因素。

(1) 人群性别、年龄因素:男女性别和年龄组人口的健康状况不同,其发病率、就诊率及住院率都不相同。一般讲,妇女就诊率及住院率高于男性,儿童及老年人的就诊率及住院率高于青壮年。

(2) 人群发病率及疾病构成因素:发病率及疾病构成是影响医疗服务需要量的重要因素。在以急性传染病及其他急性病为主的地区或人群中,门诊人次比较少,住院天数比较短,所需要的门诊及住院医疗需要量就比较少。在以心血管病、肿瘤等慢性病为主的地区或人群中,由于每个病人的就诊次数多,住院时间长,门诊及住院医疗需要量就比较大。

(3) 社会经济水平及医疗保健制度因素:社会经济及文化水平,居民所享受的医疗保健服务制度,对医疗服务需要量影响很大。一般讲,居民的医疗服务需要量随社会经济水平的提高而增加。在我国,享受公费医疗及劳保医疗的职工医疗服务需要量明显高于享受合作医疗的农民及自费医疗的居民。据9省市城市卫生服务调查,公费医疗组与劳保医疗组的两周就诊率与年住院率明显高于部分免费组,而自费医疗组居民的门诊及住院利用率最低。

此外,对某一地区(城市或农村、内地或边远地区)来讲,所需提供的医疗服务量还取决于当地的地理及交通条件,交通比较方便的城市不仅要为本地居民,还要为邻近地区的农民提供医疗服务。

某一医院的病床工作效率及医务人员所能提供的医疗服务则主要决定于医院管理水平、医务人员的业务能力及积极性。有关这方面的具体数据可以从当地各类医院的工作统计资料中找到。

3. 人口平均医疗设施的最低限度

这是指每千人口至少拥有的床位数、每一病床最少所需的建筑面积数及占地面积数、每一门诊人次平均建筑面积数、医疗用房平均单方造价数等医疗设施的制度化标准。我国现行的标准是:一般县以上城市每千人口医院床位4~7张,县及县以下地区每千人口医院床位2~5张。

每床平均建筑面积指标为100m² 左右,院内如设有采暖、幼托、制剂及其他大型或特殊医疗设施时,按综合医院建设标准,再增加相应的建筑面积。

每床平均建设用地指标为 $103\sim117m^2$，必要时可按不超过 $11m^2/$床的指标增加用地。有研究所的医院或教学医院应另行增加教学、科研设施用地，生活区停车场应另加用地。每平方米建筑面积造价指标，可按该建设地区相同建筑等级标准的住宅单方造价的 1.5~2 倍确定。

综合医院的临床工作人员指标按每病床与工作人员之比为基数计算：200~400 床为 1：1.4~1.5；500~800 床为 1：1.6~1.7。高校教学医院按编制人员基数另加 12%~15% 的编制。

新建医院的建筑覆盖率为 25%~30%，绿地率不应低于 35%；改建医院建筑覆盖率不宜超过 35%，绿地率不应低于 35%。

4. 计划一个地区卫生服务需要量的一般方法

计划一个地区需要的病床数时，可以先用抽样调查方法，了解各年龄组居民的住院率（包括每千人口中已住院的实际人数及已登记而尚未住院的人数）及当地人口的年龄结构，再结合当地住院病床的平均工作日来估计。

例如通过调查，已知某地各年龄组居民的年龄构成及各年龄组居民的住院率如表 3-1-1。

某地人口年龄结构及各年龄组居民住院率 表 3-1-1

年龄组(岁)	人口年龄结构	住院率(‰)
0~14	233	25
15~44	534	40
45~64	168	160
65 以上	65	180
合 计	1000	66

据表 3-1-1 所列，可估计出当地平均每千人口中的住院率为 233×25‰＋534×40‰＋168×160‰＋65×180‰＝66‰。

如该地平均住院日为 20 天，平均病床使用率为 80%，则可以估计该地每千人口所需要的病床数为：

$$\frac{20 \text{天} \times 66}{365 \text{天} \times 80\%} = \frac{1320}{292} = 4.5(\text{床})/\text{千人}$$

如果该地住院天数中，29% 在县以下基层医院，35% 在县医院，36% 在城市医院，则每千人口病床数的分配：

县以下基层医院为 4.5×29%＝1.3 床/千人
县医院为 4.5×35%＝1.6 床/千人
城市医院为 4.5×36%＝1.6 床/千人

得到该地区千人病床数分配指数后，乘以地区人口规划数减去现有各级医院床位数，则可得出各级医院的发展床位数，以此为医院建设的规模、选点提供依据，就知在什么地区，什么时候应该建什么级别，多少床位的医院。

四、医院建设基地的选择

在区域卫生规划和医疗发展规划的指导下，布点工作大体完成后，接下来就是新建医院的选址和扩建医院的选点工作。一般应考虑以下条件。

（一）新建医院的选址要求

（1）交通方便——对服务半径较大的县及县以上医院来说，交通是首要条件。调查资料表明，各乡镇来县医院的就诊率与时间距离呈负相关。以公共汽车的时间距离计算，10 分钟距离 8.5 人/千人，20 分钟距离 7.2 人/千人，40 分钟距离 5.7 人/千人，140 分钟距离 2 人/千人。因此医院选址应适当邻近城市道路，位置比较适中，便于居民就近医疗，但也要避开繁忙的交通枢纽地带。

（2）环境安静——应远离噪声源、振动源，避开闹市区、车站、空港、靶场、屠宰场等地。应有良好的空气质量、绿化植被条件，远离垃圾、污水处理场和有烟尘污染的场地。场地应利于排水，地下水位较低，利于采光通风。

（3）接近管线——最好能就近利用城市公用设施，有良好充沛的供电、供水、供气和电信线路。能两路供电、供水则更为理想，能方便利用城市下水道系统。

（4）用地完整——有较大的缓坡或台地，长宽比例适当，一般不宜超过 5：3，以利布置。有安排发展用地和生活区用地的可能性。

（5）注意发展——要特别关注未来城市、道路交通的发展规划及其对医院产生的正面和负面影响，以便在设计规划中采取对策。

（二）扩建医院选点

主要是在几个候选医院中选择一所，以扩建科室增加床位。除参照上述新建医院选址条件外，还要看候选医院的专业技术力量、场地容量等情况而定，以便能充分利用原有资源条件，挖掘潜力，节约投资，扩大效益。

第二节 医院的功能分区及总体布局

医院的功能分区主要是针对绝大多数非"一栋式"医院来说的。"一栋式"医院则是在建筑内部进行竖向功能分区,在第二章中已有论述。

一、功能分区

功能分区是将医院构成中性质相近的建筑成组配置,并依据整体功能关系形成医院有机整体。一般分为以下各区:

(1) 医疗区——即门诊、医技、住院所形成的医院主体,应布置在相对平坦、日照、景观条件较好的部位,同时也要兼顾工程地质等方面的条件。

(2) 感染医疗区——主要是传染病房、放射性同位素治疗用房等,应布置在医疗区和职工生活区的下风向,并有一定间距。

(3) 清洁服务区——包括住院医生宿舍、职工食堂、幼儿园、营养厨房等,一般介于医疗区与职工生活区之间,便于双向服务,职工上下班就近顺道接送幼儿,就餐取食。营养厨房应接近住院部,必要时可设于住院楼内。

(4) 污染服务区——包括洗衣、锅炉、冷冻机房、动物饲养、太平间等,应在用地边远地带。其中锅炉房应接近营养厨房和职工食堂;冷冻机房应接近负荷中心,一般设于住院楼地下层。

(5) 职工宿舍区——贴邻清洁服务区布置,有单独出入口对外,以免对医疗区造成干扰。家属宿舍区一般不设在医院内部,其用地、投资也都计划单列。但宿舍区若离医院过远、过散,院内必须设置大片工作人员停车场。为了有利医疗抢救,职工宿舍仍以毗邻医院设置为好。

二、外部出入口及洁污流线组织

(一) 外部出入口

即设在院区围墙上的与城市道路衔接的出入口,出入口的设置原则是在洁污分流的前提下便于管理。

(1) 主要出入口——供门诊、急诊病人,入院、探视和其他工作人员出入的主要出入口,位置明显,常设于城市主要道路上。

(2) 供应出入口——供食物、药物、燃料出入的货运出入口,最好布置在次要道路上,如与主要出入口在同一道路布置时,则应拉开两者间的距离,以免混淆。

(3) 污物尸体出口——由次要道路运出,该出口应远离医疗区与生活区,最好邻近太平间后院,直接开门对外,垃圾车也由此进出,该处平时上锁,专人管理。

(4) 传染病房出入口——传染床位在25床以上时,宜单独设置出入口。为便于集中管理,传染门诊也可与住院部合设共用出入口。

图 3-2-1 为上海第六人民医院总图及功能分区。
图 3-2-2 为杭州邵逸夫医院总图及功能分区。

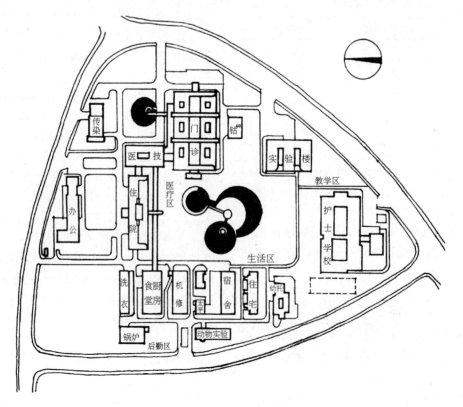

图 3-2-1 上海第六人民医院总平面

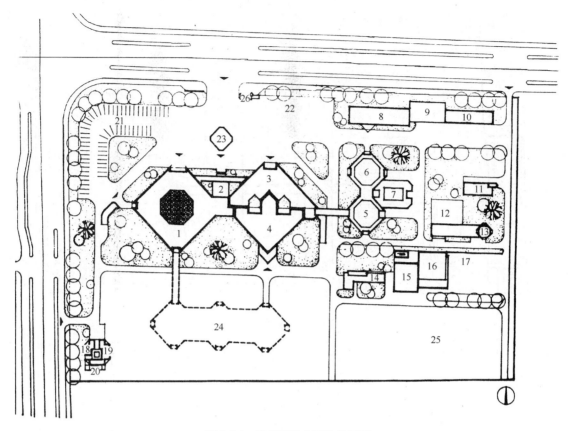

图 3-2-2 杭州邵逸夫医院总平面

1—门诊部；2—报告厅；3—急诊部；4—住院部；5—营养厨房；6—职工食堂；7—职工厨房；8—院办公、卫校、图书；9—职工自行车库；10—汽车库；11—总务库房；12—洗衣房、消毒间；13—发电机房；14—交电所；15—冷冻机房；16—锅炉房；17—堆煤场；18—危品库；19—太平间；20—污水处理；21—汽车停车场；22—自行车停车场；23—雕塑台；24—扩建病房楼用地；25—专家楼用地；26—门卫

（二）外部流线组织

外部流线组织在于洁与污、传染与非传染的人员、器物在总平面上的运行路线加以区分。至于病人与非病人员、儿童与成人在流线上实难分开，因为医护人员、探视人员、陪护人员都必须与病人相交相伴，既不可能也无必要各设专用路线。某些特殊部门如手术部、放射诊断、传染病房应专设医生和病人廊道，以区分内部洁污路线的问题，将在以后的章节加以论述。

1. 传染与非传染分开

传染门诊、传染病房在总平面上独处一隅，其常用诊疗设施单独设置。或在卫生区域规划时在一定范围内专设传染病医院，不必每个医院都设传染科，从宏观上将传染与非传染加以分离，以简化普通医院的流线处理，限定传染病患者的活动范围。

图 3-2-3 为浙江医科大学附属第一医院。其在门诊楼西侧专设传染病楼，传染门诊与传染住院病人集中诊治。

2. 洁净与非洁净分开

两种流线不产生交叉干扰，而应各行其道，单向运作。图 3-2-4 为医院各种流线相互关系分析图，从中可以看出：

（1）洁衣污衣——主要应注意住院部污物电梯出口要设于住院楼主入口的背面一侧，经专用道路送至洗衣间的接收入口，洗净后由洁衣发送口经另一条路线由主入口送入。图 3-2-5 为北京积水潭医院总平面图可满足上述要求。

（2）营养厨房餐车——可与洁衣共用同一运送路线，其他非污染供应品也可用此路线运送。但仍应遵循洁污分流的原则。

（3）垃圾尸体——由病房楼经污物电梯，急诊、手术部经辅助楼梯循污衣运行路线送往焚烧炉或太平间。

（4）人流线与污物、尸体运送路线应绝对分开，必要时可采用地下通道的方式来解决污物、尸体的运送分流问题。

（5）探视流线——应以最短捷的路线直达出入院或住院楼出入口，不应穿越门诊或其他科室，适当位置应设门卫，以便管理。

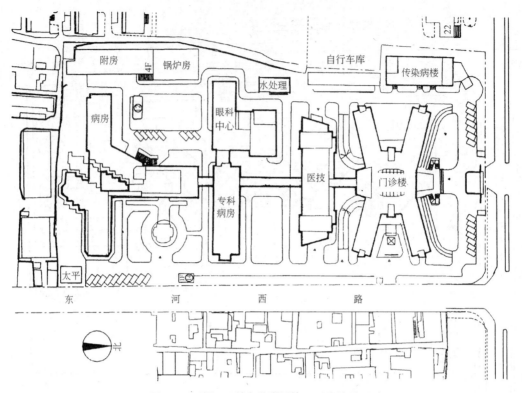

图 3-2-3　浙江医科大学附属第一医院总平面

	1. 急诊部门	2. 医护人员	3. 管理人员	4. 辅助人员	5. 受济人员	6. 外宾病人	7. 传染病人	8. 探访人员	9. 化验器物	10. 污物垃圾	11. 洁净器物	12. 食品饮料	13. 病床担架
1. 急诊部门		○	●	●	○	●	●	●	⊘	●	◐	◐	◐
2. 医护人员	○		○	○	○	⊘	⊘	⊘	⊘	●	○	⊘	○
3. 管理人员	●	○		○	◐	⊘	●	⊘	⊘	●	○	◐	⊘
4. 辅助人员	●	○	○		◐	⊘	●	⊘	⊘	◐	○	⊘	○
5. 受济人员	○	○	◐	◐		◐	●	◐	⊘	●	⊘	⊘	⊘
6. 外宾病人	●	⊘	⊘	⊘	◐		●	○	⊘	●	◐	●	◐
7. 传染病人	●	⊘	●	●	●	●		●	⊘	●	●	●	⊘
8. 探访人员	●	⊘	⊘	⊘	◐	○	●		⊘	●	●	●	●
9. 化验器物	⊘	⊘	⊘	⊘	⊘	⊘	⊘	⊘		◐	⊘	⊘	⊘
10. 污物垃圾	●	●	●	◐	●	●	●	●	◐		●	●	⊘
11. 洁净器物	◐	○	○	○	⊘	◐	●	●	⊘	●		⊘	◐
12. 食品饮料	◐	⊘	◐	⊘	⊘	●	●	●	⊘	●	⊘		⊘
13. 病床担架	◐	○	⊘		⊘	◐	⊘	●	⊘	⊘	◐	⊘	

● 全不相容必须分开

⊘ 尚可相容　○ 允许相容

◐ 部分相容分开更好

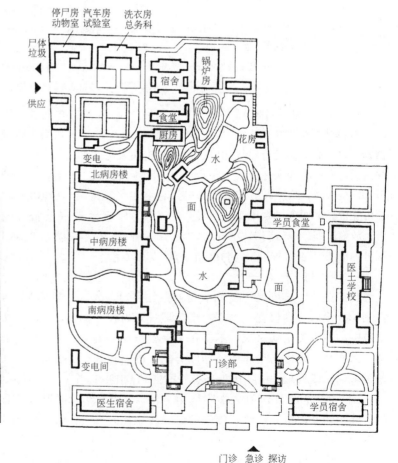

图 3-2-4　医院各种流线相互关系分析图

图 3-2-5　北京积水潭医院总平面

3. 住院与门诊病人分开

为保持住院部的病房安静和正常秩序,应严格控制非探视时间的外来人员进入。因此,主廊道或医院街在进入住院区之前应设门卫以控制,使门诊和住院病人,各有其活动范围,以防止对住院部的干扰。

4. 过境流线避开病人庭园

洁污过境流线都不允许穿越住院和门诊的庭园绿化区,以保证其完整性,使病人的活动不受干扰。

第三节 建筑及绿化配置

一、建筑配置

要强调集中、紧凑,避免零乱、松散。

(1) 以门诊、医技、住院为主体并加以综合,将行政办公、单身宿舍、中心供应、制剂、总务库房、变配电、空调设备用房等加以归并,利用主体建筑的地下层、顶上层或附设于其他楼层等方式,以增加主体建筑层数,缩减其基地面积。

(2) 一些大型、特殊医疗设施,如加速器、钴60、氧舱、核磁共振、同位素等,采取一定措施后也大都可以设于医技楼地下层或底层,营养厨房也可附设于住院部顶层或半地下层,减少建筑栋数,简化流线。

图 3-3-1 为上海东方医院地下层平面布置,包容了各种医辅设备用房。

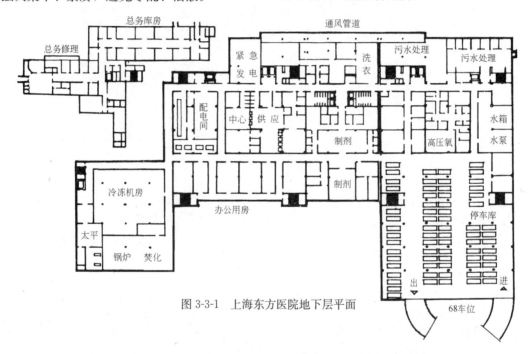

图 3-3-1 上海东方医院地下层平面

(3) 利用基地的某些突出部位,布置传染、太平间等间距要求大的建筑,并充分利用街道、水面等的自然间隔来满足间距要求。

图 3-3-2 为四川崇庆县人民医院。其利用基地突出部位布置间距要求大的部门。

图 3-3-3 为天津市第一中心医院总平面。其利用河道加大与城市道路的距离。

(4) 职工厨房、餐厅、管理用房、洗衣房、车库、动物房等也应设法分类组合归并,提高层数,节约基地。

(5) 医院紧凑布局的目的是保证留出足够的绿化用地和扩建预留地,为医院的可持续发展创造条件。医院按用地标准批拨的土地,不能移作他用。医院生活区、院办产业等均不应挤占医院用地,以

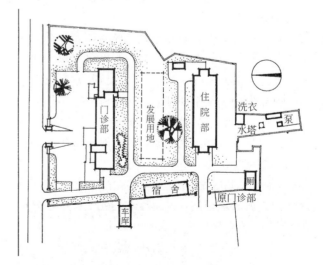

图 3-3-2 四川崇庆县人民医院总平面

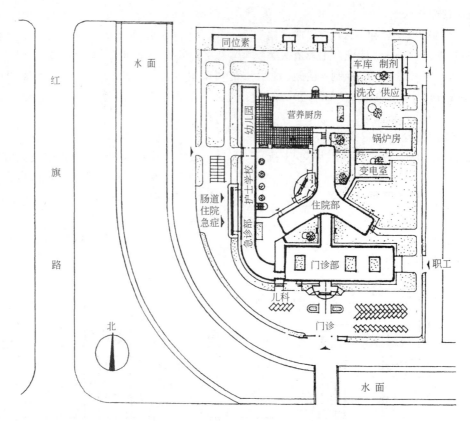

图 3-3-3 天津市第一中心医院总平面

保证医院的绿化面积和环境品质。

二、间距要求

间距要求在医院建筑中应是栋与栋之间的要求，同一栋建筑有平行的若干个翼，翼与翼之间的距离则应区别对待。"一栋式"医院不在讨论范围之内。

（1）住院楼因病人平均住院期一般在 15 日左右，有的更长，一般应以日照间距确定其与相邻建筑的距离。

（2）医技楼内放射要遮光，检验防直射光，手术靠无影灯，且大都需要空调，平面多采取板块式布置，除与住院楼相邻一面应考虑病房日照间距外，其余按防火间距即可。

（3）门诊楼，因门诊病人在此停留时间最多两小时，可采用自然采光通风，其与医技楼的间距按防火要求确定即可。

（4）一般传染病房与非传染病房之间最好有 30m 以上的心理距离，尤应注意与住院和厨房之间的间距。

（5）太平间与病房、厨房、食堂之间应有 50m 以上的心理距离，其他如锅炉、动物、洗衣等服务用房与医疗用房之间应有 20m 以上的间距。

三、绿地配置

绿色环境不仅有滞尘、降温、保湿、净化空气、涵养水土的作用，而且还可调整和改善人的机体功能。据测定，在绿色环境中，人的体表温度可降低 1～2.2℃，脉搏平均减缓 4～8 次/分，呼吸均匀，血流舒缓，紧张的神经系统得以松弛，对高血压、神经衰弱、心脏病和呼吸道疾病能起到间接的治疗作用。

派泊尔里克（PiPerek）根据心理反应理论进行的研究发现，在自然环境中，人所感受到的心理效应有 55%～85% 是良性反应；而在城市的技术环境中则有 55%～62% 为不良反应。这是因为在城市中使人镇静的绿色、蓝色减少，使人兴奋的红色、黄色增加，人的生理活力减弱，而在浓荫下的绿色环境，才是使人类回归生命起源、激发生命活力的最佳场所。因此，欧洲和北美的很多医院依傍在远郊密林近处，可以享受而又不破坏原有绿化环境。

根据我国 1996 年的综合医院建设标准，床均用地面积约 110m²，其中绿化面积按 35% 计算，约为 38.5m²，而同时在院人员约计 2.5～3 人/床，每人占有绿化面积 12.8～15.4m²，根据瓦尔特 1950 年提供的资料，在天气晴朗的正常生态条件下，25m²

的叶表面积(即叶片面积的总和)所释放的氧气,可供一个人在同一时间内使用,但由于光合作用在晚上和冬季大为减弱,因此,每人至少需要 $150m^2$ 的叶表面积才能满足其年均需氧量的要求。由于我国城市人均公共绿地面积仅 $5m^2$/人左右,医院外部的平衡补偿功能有限,因此,扩大医院内部绿化面积和绿化覆盖面积就显得更为重要。

办法之一:设置屋顶花园,过去不少人认为天台绿化不安全,现在技术问题已得到解决,人造轻质土、防水布毡、灌溉施肥等都有成套经验,种植屋面技术规范也在一些地区颁布。中医院熬药间的大量药渣和厨房废料可制作有机混合土肥,可用于屋顶扩大花木或药苗养植(图 3-3-4)。巴西坎多纳利大学医院将台阶式的屋面绿化与地面绿化系统组成富于起伏变化的有机整体,扩大了楼层病人的户外活动空间和自然景观界面(图 3-3-5)。

办法之二:是提高绿化覆盖率和树冠体积系数,地面绿化应实行套种,广铺草坪,并多配置常绿乔木,建筑近处种植稀疏,远处浓密,使建筑掩映在碧树浓荫之中。

据德国 Herbst 资料,一棵树高 25m、冠幅 15m 的水青冈树,可满足 10 个人的需氧量,如果这棵树被砍掉,就需种植 2700 棵树冠体积为 $1m^3$ 的小树才能达到同样的效果。可见,在我国医院绿化面积人均占有量较低的情况下,提高其体积系数是至关重要的。对已有成年林木一定要珍视和保护,必要时应采取因树制宜的规划和设计方案,上海瑞金医院在这方面的经验值得学习借鉴。在医院总平面设计中应使建筑和绿化面积都能相对集中,使医院各部联系紧密,节省交通和管线,同时可留出成片绿化和发展用地,便于育林和经营管理。

随着家用小车的增长,道路、车

图 3-3-4(a) 广州中医药大学附属医院药圃绿地

图 3-3-4(b) 华盛顿州思科瓦普康复医院屋顶花园

图 3-3-5 巴西坎多纳利大学医院的台阶式屋顶绿化

场在医院中的占地面积也在增加，为扩大绿化覆盖率，除常见的林荫道外，美国底特律收容医院将停车场设在花园下面，车场的排气口作成庭园雕塑处理，提高了文化品位（图3-3-6）。试想，如果把该车场升上地面，将地下的柱变成地上的树，则可使整个车场处于浓荫覆盖之下，这在消防和技术经济等方面更为合理一些。

此外，还可利用树墙绿篱，以封闭视线，划分不同功能空间，组织限定各种流线的活动区域。充分利用水面组织庭园绿化，并作为天然屏障隔离干部病房、传染病房，以控制外部人流。

图3-3-6 美国底特律收容医院地下停车场上部的花园

第四节 山地医院的总体设计

中国是一个多山的国度，有占总人口52%的山地居民，在占国土面积70%的山地面积中，环境优美、地价低廉的医院建设用地有待合理开发。然而，在一个个医院工地上，往往是一声炮响，青山秀水，顿时夷为平地，医院的山地特色也就荡然无存了！当前，种种过度的工业行为和商业开发，锐减绿地，破坏环境，加剧了我国医院建设的非自然化倾向，这是一个十分值得关注的问题。

从环境医学的角度来看，山高气凉，使人体阳气内敛，耗散降低，少病长寿；山上俯瞰大地，胸襟开阔，血气调匀，有益生理；山林密茂，万物欣荣，树增龄、人增寿，聚气养元，生机和畅。因此，名山大川，历来是修身养性、祛病延年的理想场所。

一、多层接地，亲和自然

山地医院的建筑特色之一，就是亲自然的近地特色，山是托举起来的地，立体的山比平面的地具有更大的展开面积，并缩短了楼层与地面的距离。一般平地医院只有一个接地层，山地医院则可能有多个接地层，这一特性对医院建筑来说，具有特殊的功能意义。多层接地为分层入口、多元分流创造了条件，医院建筑的地面层历来是医家必争之地，很多科室都希望在地面层单设出入口。这些要求在平地医院很难同时兼顾，而分层入口的山地医院则易于满足。

近年来，欧洲兴起低层村落式医院热潮，强调贴近地面，回归自然，病人庭园已成为未来型病房护理单元的基本组成要素。这些要求，在人多地少的中国是很难办到的，而在山地医院则不再是难题。图3-4-1是垂直于等高线布置的台阶式护理单元，"Y"形平面，坡向多变，病房楼由3个翼端组成，中间部位为交通枢纽及医辅用房，固定不变，西向两翼随地形层层跌落，每层收两间，东端靠山每层放两间，西消东长，以保持床位的相对稳定。跌落端可作单元的屋顶花园，靠山一端可通山地林园，从而大大改善了自然生态环境，扩展了病人的户外绿化空间。图3-4-2为意大利托斯卡纳矫形医院，坐落在平缓均匀的南向坡段上，建筑沿等高线顺坡分台布置，病房层与庭园绿化融为一体，建筑的坡顶与自然坡地协调一致，并采用高架索道缆车作为主要交通手段，具有浓郁的山地建筑氛围。

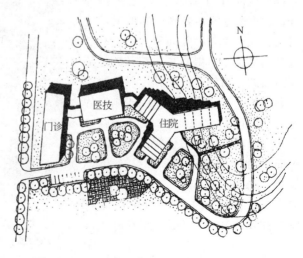

图3-4-1(a) 垂直于等高线布置的台阶式住院楼

图 3-4-1(b) 垂直于等高线布置的台阶式护理单元

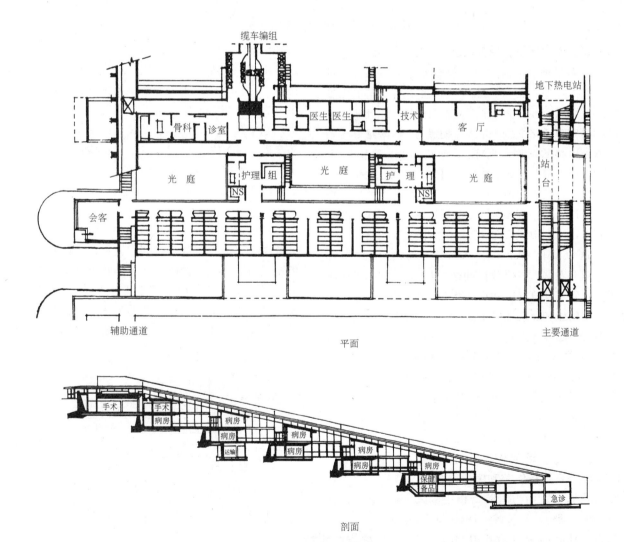

图 3-4-2 意大利托斯卡纳矫形医院(一)

外景

图 3-4-2　意大利托斯卡纳矫形医院（二）

二、能上能下，双向发展

一般平地医院除少许条件较差的地下层外，都只能向上发展，能上不能下。而采取高位入口的山地医院，则具有能上能下的双向发展优势。为此，在选址和与城市道路衔接的主入口配置上，医院最好布置在城市道路的低侧，使门诊、医技、住院顺坡而下，从而形成"降"式医院格局。门诊、医技、住院可分设三栋，分处不同地面标高，其间联以架空桥廊，形成与门诊入口平齐的医院街，并与各垂直交通枢纽衔接起来，从而形成横向和竖向的立体交通网络。

这种"降"式医院由入口层进入后，可向上和向下双向发展，在层数相同的情况下，因其由中间层进入，建筑计算高度和垂直流线可大大缩短，特别适合大型门诊和住院楼的布置。以门诊楼为例，高度一般最好不超过3层，为此，大型医院的门诊常占用大片基地，而山地的"降"式医院可从入口层向上向下各3层，则可布置6层，在不增加垂直和水平流线的情况下，可大大节约门诊建筑基地，扩大绿化面积。

在一些地形陡峻的医院，为紧缩基底，宜于将住院和医技楼合并，竖向叠加布置，与医院街相连的入口层，一般设出入院、住院药房、花店、礼品店及其他共用部门；入口层以上为住院部，以下为医技部。医技部各层可顺地形接地贴岩布置，可随山体变化，增减面积和层高，以满足不同要求。由于医技部分大都采用板块式紧凑布局，集中空调，对自然采光通风的依赖程度不高，在入口层下贴岩布置当无不良影响。

这种高位入口的"降"式医院，可布置高位消防车道，对于住院医技楼来说，只要消防车道标高以上的楼层控制在24m高度线以下，还可下吊若干层数，总高虽大大超过24m，在平地医院应为高层，在山地医院则为多层，可享受多层建筑的消防待遇。

这种能上能下、双向发展的住院医技楼，住院部分常脱开山岩布置，以利采光通风；医技部分则可贴岩而降，上与岩顶或挡土墙顶面平齐，稍加整治，则可在住院楼前形成宽敞开阔的屋顶广场花园，供游憩或车辆停降，借助医技楼外延的屋顶弥补了住院楼前地面空间不足的缺陷。图 3-4-3 为重

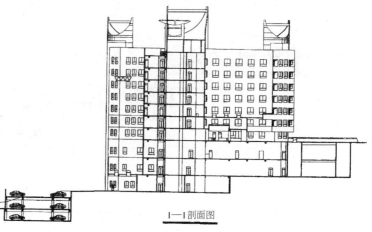

Ⅰ—Ⅰ剖面图

图 3-4-3　重庆儿童医院住院医技楼方案剖面

庆儿童医院住院医技楼方案剖面图。

三、靠山居洞，隐秘屏蔽

靠山近水，负阴抱阳是我国传统建筑的择地准则，对医院建筑来说还可利用地形，以山为门，屏蔽城市道路的尘土和喧嚣，屏蔽有害射线和不良视线的干扰。

利用天然和人工洞窟是保护生态、节约土地资源的有效手段，早在数百年前，人们就发现患有咳嗽、心悸、头晕的病人，只要在山洞歇息一段时间，症状就会缓解或消失。前苏联和匈牙利等国也相继开办了一些洞穴医院。近年来，我国广西桂林地区，在岩洞内设病房收治肺气肿、哮喘及其他呼吸道疾病患者，也取得满意疗效。据科学家研究表明，在洞穴空气中，尘埃微粒和有害生物极少，温度相对较低，湿度较高，富含大量负氧离子，对人体的植物神经系统有良好的调节作用，并可增强人体的机能协调能力。因此，山地天然洞窟和20世纪六七十年代为战备而挖掘的人防洞窟，是一笔宝贵的医疗卫生资源，根据实地情况，除可用作医疗外，太平间、解剖、动物房、车库、油库、危险品库等，都可以适当的方式利用洞窟解决，由于山体的隐密屏蔽特性，可大大减轻对医疗和生活区的干扰。

图3-4-4为瑞士康德光明医院。其放疗的直线加速器部分，全为地下掩土建筑，可利用岩壁或土层来减薄墙体的防护厚度，可利用厚重的防护墙体来取代挡土墙，并且还得到一块与道路平齐的屋顶广场花园，可谓一举三得，在节约用地和材料的情况下扩大了绿化生态环境。

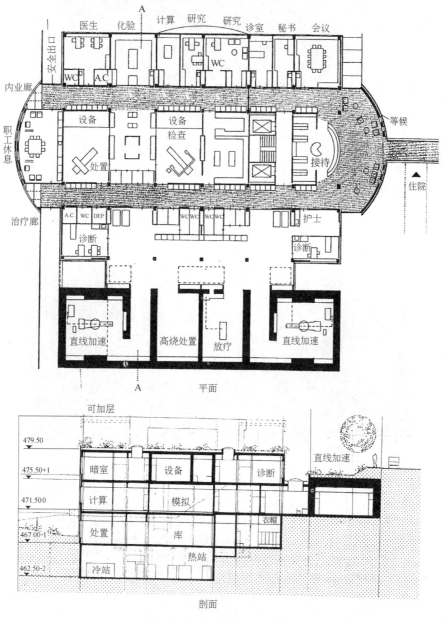

图3-4-4　瑞士康德光明医院

四、重力自降,高进低出

由于受地心引力的影响,山地运动具有易降难升的特点,对于以病人为中心的医院建筑来说,合理利用这一特性,更具特殊意义。可利用高进低出、自降机升的流线组织形式,把病人、地形、重力和建筑特色有机结合起来,易取得良好的社会经济效益和空间艺术效果。

图 3-4-5 为法国巴黎罗伯特底布里医院。建筑呈弧线形顺等高线层层跌落,门诊高位入口接弧线形的玻璃廊医院街,医院街衔接门诊中庭,中庭向下跌落 3 层高度,底层接地面庭园和出口,形成高进低出的流线格局,也可借助电梯形成自降机升或机降机升的流线组织方式,以满足病人的多种需要。

(a) 总平面

(b) 中庭内景

(c) 剖面

图 3-4-5　法国巴黎罗伯特底布里医院

在山地医院中，可利用重力自降的位能优势，来解决物品的定向供应问题。图3-4-6为美国马里兰州道森市巴尔的摩医疗中心。其集中布置的5层楼房，依山而建，分层入口，层层接地。营养厨房、中心供应、中心库房等居于高位，并设汽车进货平台。饮食、消毒器材及其他供应品，则通过环形坡道由电瓶车牵引特制拖车，借重力自降送往各供应点，卸货后轻车牵引而上，达到省力节电的目的。

五、谨慎动土，浮筑巢居

远古时代，有巢氏为避野兽侵袭，教民构木为巢，居住在树上，这是一种"天人合一"与自然共融的原始生态建筑。为了保护自然，减少破坏，现代医院当然不可能架在树上，但却有可能架在钢筋混凝土的柱上。法国某建筑事务所为上海浦东东方医院所做的方案，为了保护地面自然生态，采取占天让地的策略，将医院的门诊、医技、住院合并布置，提升到25m以上的高空，只有垂直交通枢纽形成的4根巨形管柱支承接地，颇有横空出世的飞升意味，让出了地面层和24m高度以下的近地层。然而，这些楼层乃"医家必争之地"，花园绿地虽好，代价实在太高！如果这个方案移植到山区，利用陡峻地形作高位入口，与城市干道标高基本平齐，门诊、医技、住院贴近入口层向上发展，顺山势作负20m左右的下沉式园林，其间任山石林泉自由伸展流泻，这种吊脚楼式的浮悬建筑，在山地早已司空见惯，是完全可以实现的。

这种浮悬建筑，其底面局部或全部凌驾于山体地表之上，像平板仪一样，由长短伸缩的支柱支承在高低不平的山岩上。这种浮悬架空建筑手法，最大限度地压缩了触地基面和土石方量，最有利于稳

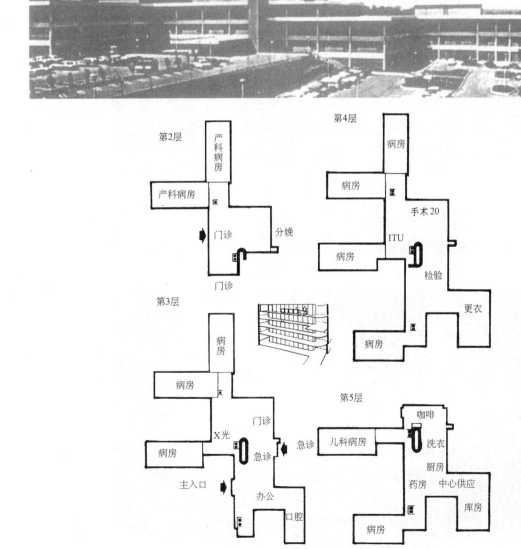

图3-4-6 美国马里兰州道森市巴尔的摩医疗中心

定山体，保持生态，有利于通风、防潮、排洪、导流，且支柱可在任何地形落地生根，因而具有广泛的适应性。支柱层的架设高度，除满足下部车、船通行要求外，应利于阳光入射，以利植物生长。

图 3-4-7 为美国波特兰多伦伯奇儿童医院的著名桥式建筑。它把南边旧医院中的急诊部和北面的儿童发展康复中心与新医院在功能上联成有机整体。

图 3-4-8 为美国印第安纳州哥伦比亚昆考精神病医疗中心，是一所桥式医院，横跨在一处溪流之上，环境极佳。

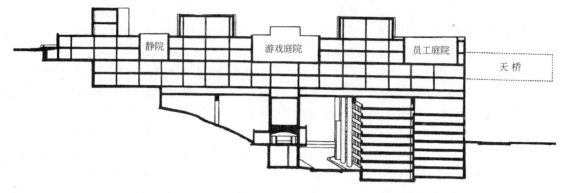

图 3-4-7(a) 美国波特兰多伦伯奇儿童医院剖面

图 3-4-7(b) 美国波特兰多伦伯奇儿童医院外景

图 3-4-8 美国印第安纳州哥伦比亚昆考精神病医疗中心的桥楼

第四章 医院建筑的"变"与"应变"

一所医院的设计建设,都是在当时当地的医疗需求、医疗技术、医院管理、建筑技术的具体条件下完成的,在当时是适用的。但随着时间的推移,上述条件也就逐渐发生变化,医疗需求及其相关条件的不断演变,医院建筑的凝固难变,就上升成为现代医院建筑设计的主要矛盾。因此,在设计中,如何防止医院建筑自身的过早"老化",增强其适应发展变化的能力,为未来的可持续发展创造条件,成为中外医院建筑专家关注的焦点之一。

第一节 变因分析与变量评估

一、变因分析

（一）医疗需求量的增长

由于人口的不断增加,经济的不断发展,人均寿命的延长,生活水平的提高,原来一般小病大多不去医院或自己采药治病、或待其自然痊愈,大病也很少住院。家庭经济收入提高之后,卫生投入增加,使过去应住院、应门诊的隐形需求,变成现实需求,从而导致门诊人次和住院床位的增长。据统计,从1950～1980年的30年间,我国每千居民的医院床位指标从0.147床/千人增至1.94床/千人;从1980～1993年的13年间,床位从1.94床/千人发展到2.39床/千人。千人床位指标的提高主要是通过原有医院的扩容增床来实现的。

（二）病谱改变

新中国成立初期,传染病是危害健康的主要疾病,20世纪60年代结核、霍乱、血吸虫、伤寒、痢疾等传染病在全国范围内得到根本控制;肿瘤、脑血管、呼吸系统疾病上升为主要矛盾;改革开放以来人民经济收入增加,生活水平提高,受西方生活方式的侵染,又出现肥胖、性病、吸毒、艾滋病等。这些变化必然带来医院科室结构、空间分配的一系列变动。

（三）医疗技术装备的发展更新

解放初期,一般医院只有X光和普通的临床、生化检验设施,随着技术经济的发展,又出现CT、自动生化检测、超声、激光、核医学、磁共振、加速器等诊断治疗设施,而且更新周期越来越短。人工肾、ICU、生物洁净病房等新的治疗科室也不断出现,这些对医院建筑必然提出新的要求。

（四）医学模式、医院管理模式的变化

由生物医学模式转向整体医学模式,强调整体护理,这就出现整体护理模式病房,出现母婴同室的温馨病房,从而打破了产科病房产休、婴儿、分娩的固有模式,必然引起内部空间结构的调整变化。医院的信息化管理模式对原有医疗程序也必然带来一定的冲击,在建筑空间上也会有所反应。

（五）医院经济体制的变革

主要表现在从供给型医院向经营型医院的转化,院办产业,沿边开发,非医疗空间的介入,也必然对医院的原有格局带来正面或负面影响,需要采取相应措施,加以协调解决。

（六）建筑老化

根据1989年全国卫生部门房屋建筑情况调查结果分析,在县以上城市医院中,1940～1960年期间建造的房屋占25.65%,砖木、土坯结构占28.9%,综合测算全国约有1300万 m^2 的医院建筑物需要改建。意味着21世纪的最初10年,将迎来又一个医院改建的高峰期。

二、变量评估

一所医院的成长变化过程,具有某种生物学特征,表现在医院各组成部分的有机增长,技术装备的新陈代谢,以及医院功能逐渐老化的生命过程。据荷兰的资料估计,20世纪60至70年代中的10年间,医院病房部分的增长率为20%;门、急诊部分增长10%;医技部分增长40%;后勤医疗辅助及空调管道空间增长100%。以每5年内每床平均增长的建筑面积计算,美国为6～8m^2,英国10.2m^2,日本10m^2。我国医院的床均建筑面积指标,从20世纪60年代的30～40m^2/床,提高到90年代的65m^2/床左右。这种增长速度必将给现代医院带来很大的扩建压力。与此同时,医疗技术装备的更新周期也越来越短,西欧国家一般5～10年,瑞典7～12年,放射治疗设备一般不超过10年。新的医疗技术装备必然带来新的建筑需求,加速医院的老化和改扩建过程。据日本对6所医院平均16.6年间的改扩建统计,大小改建平均为24.83次,大、小扩建为9.7次，平均每年改建1.5次，每年扩建0.58次，每年床位平均增长7.23%(表4-1-1)。

日本6所医院各部门改扩建频度分析统计表　　表4-1-1

病院名			A	B	C	D	E	F	合计	每院平均	备注
时间跨度			18年间	9年间	21年间	10年间	21年间	21年间	平均16.6		
病房	改建	更新	1	1	2	0	6	1	11	0.66	
		小改	9	1	9	12	9	8	48	2.89	
		大改	1	0	4	1	2	0	8	0.48	
	扩建	小扩	0	1	0	1	0	0	2	0.12	
		大扩	2	2	3	3	2	4	16	0.96	
手术	改建	更新	2	0	2	0	2	0	6	0.36	
		小改	2	1	5	5	6	6	25	1.50	
		大改	0	0	0	0	0	0	0	0.00	
	扩建	小扩	1	0	1	0	0	0	2	0.12	
		大扩	1	0	1	1	2	2	7	0.42	
放射	改建	更新	1	0	0	0	0	0	1	0.06	
		小改	4	2	2	4	2	2	16	0.96	
		大改	1	0	2	0	0	0	3	0.18	
	扩建	小扩	0	0	1	1	0	0	2	0.12	
		大扩	1	0	1	1	0	2	5	0.30	
检验	改建	更新	0	0	0	0	2	0	2	0.12	
		小改	4	1	2	2	0	5	14	0.84	
		大改	1	0	1	0	2	0	4	0.24	
	扩建	小扩	0	0	0	0	0	0	1	1	
		大扩	2	0	1	1	0	1	5	0.30	
急诊	改建	更新	0	0	0	0	1	0	1	0.06	
		小改	0	0	0	0	4	2	6	0.36	
		大改	2	0	0	0	0	0	2	0.12	
	扩建	小扩	0	1	0	0	0	1	3	0.18	
		大扩	1	0	2	0	0	0	3	0.18	
床位增加率			172%	22%	385%	69%	67%	5%	120%	7.2%	

医院建筑的结构寿命多在百年以上，设备管线等基础设施的寿命虽只有20～30年，但只要采取"置换"手术，就可继续维持其功能。就医院的整体寿命而言，至其使用功能衰竭为止，一般为50～60年。医院建筑的废弃率因其应变能力的强弱而异，每年约为3%～20%。因此在医院建筑的总体规划设计中，如何适应改、扩建和功能转换的要求，增强自身的应变能力，以延续功能寿命，实为现代医院关注的焦点问题。

应该指出的是，上述评估资料是在1975年以前医院处于二战后的大发展时期统计的，1975年以后这种增长势头渐趋稳定并开始回落。医院的千人床位指标从10床/千人左右降至4.5床/千人左右；英国医院的床均面积从1975年的65m²/床降至55m²/床，同期教学医院从175m²/床降至110m²/床。因此，对变量的评估应结合当时当地的实际情况和发展需要进行全面客观的分析论证。

第二节　医院的应变策略与原则

一、基本原则

（一）扩改必须以规划为指导

一个好的医院设计，必然顾及将来的发展，无规划的发展就不能正确反映医院建筑内在的功能关系和变化规律。另一方面，规划又必须切实可行，不能无限制地发展，如果超过客观条件所能允许的规模和水平，就难于继续维持使用和经济上的合理性，或根本无法实现。因此，制订规划时，应对医院的最终发展规模、装备水平和技术经济条件作全面分析，尽可能预见到发展的需要，争取做到统一规划、一次设计、分期实现。为应付某些捉摸不定的情况，规划应留有余地，便于根据情况灵活修改调整。

据了解，目前不少医院的规划工作，常受投资左右，尤其是中小型医院，原有基础较差，"投资不多年年有"，反映在医院建设上就出现"见缝插针、零扩碎改"的散乱局面。在投资不足、规划欠周的情况下，如果匆忙设计施工，其结果往往是近期并不适用，远期拆了可惜，反而给发展安下钉子。看来死盯着眼前的一点投资是作不出长远规划来的，要做好规划似应把投资和规划的顺序改变一下，即先根据卫生区域规划的远期发展需要制定医院规划和总图，然后按规划要求和国家经济情况做出相应的投资计划，对原有医院进行重点投资排队，有计划地逐步扩建和改造。

经科学论证和审批确定的医院规划和总图，应在规划时段内具有实施的连续性，不能随意改变，对医院规划必须依法进行管理。

（二）医院设计要远近期结合，以近期为主

应在首先满足近期基本要求的前提下，考虑将来的发展，而不能舍"近"求"远"。按远期要求的"合理设计"，往往造成近期的"不合理使用"，真正发展到远期，这样的设计也未必就会合理。

（三）扩建必须使新老建筑形成统一协调的有机整体

在平面组合上应从全局着眼，处理好各部分及其相互间的功能关系，解决好扩改中出现的新问题，并为后一步扩改创造条件。

我们在医院调查中发现，医技科室布置散、乱，几乎是这类医院的通病，使门诊人流深入住院部，整个医院无法管理。在扩改中，若能将这些科室集中起来，在门诊和住院之间适当位置设置医技楼，易取得较好的效果。此外，在立面和空间处理、建筑风格上，也应使新老建筑协调统一。如果原有建筑质量较好，格调较高，则可"以旧统新"，扩建部分可按原来的调子发展；如果原有立面处理不当或过于简陋，则应"以新统旧"，按扩建部分的要求对原有立面进行改造。当然，扩建部分的立面处理方式也要有利于原有建筑的改造。

（四）要充分利用原有房屋设施，减少拆迁

扩建工程，在不影响基本规划意图的前提下，应尽量"避实就虚"，让开原有建筑向空地发展，以减少拆迁、节约投资。对以前的一些旧建筑，也可加以改造，做到物尽其用。四川阆中县人民医院，就曾把旧市房作为门诊和传染病房使用，投资不多，稍加改造就能满足现阶段的使用要求，将来发展、拆建也很方便。此外，还应注意保护基地内的山、石、林、泉，如能把它们组织到庭园中去，往往会收到经济的、意想不到的空间艺术效果。当然，如果规划和现状的矛盾难以解决，在权衡轻重之后，为顾全大局，有少量拆迁也是无可非议的。

（五）尽量减轻扩建期间对医疗业务的影响

改扩建的范围应尽量集中，而且应避免在病人活动的中心部位进行。施工方案应有利于缩短工期，减轻干扰，便于尽快竣工投产，增加收益。在拆建的顺序安排上，一般应先建后拆，当原有业务用房必须拆除方能另行建造时，应先考虑临时替换措施，或建过渡房屋，以维持门诊和住院业务的正常运行。

二、应变策略——机变论及其作品

（一）随机应变的机变模式

"机变论"（Theory of indetesminacy）是英国建筑师李维尔·戴维斯（Liewelyn-Dawies）和约翰·威克斯（John-Weeks）首先倡导的。他们认为复杂的医院系统，不应禁锢在一个僵硬对称的外壳之中，而应是若干单栋建筑松散联结体系，以满足总体或单体的发展变化要求。约翰·威克斯指出："功能变化很快，初始的功能要求本身，并不是医院固定不变的设计基础，设计者不应再以建筑与功能一时的最适度为目的，真正需要的是设计一个能适应医院功能变化的医院建筑"。根据这一理念并参照村镇发展模式，在伦敦洛什维克公园医院设计中，他将各个单栋建筑用一条医院街串联起来，形成有机整体，医院街和各单体都有自己的开放尽端，可以自由伸展，散而不乱，利于扩建和改造。如果把这些建筑物适当归并集中一些，就可克服占地较多的缺陷。这种横向分栋连廊的发展模式在发达国家和发展中国家都广为流传。这种模式可视为机变论的第一代作品（图4-2-1）。

（二）以不变应万变的"通用空间"模式

为节约用地，缩短流线，提高效率，英国卫生部主任建筑师W·塔敦—布朗及其继任者H·古德曼提出了"通用空间"方案。他们把医院设计为多层的整片连续空间，像一个大集装箱一样，可以把医院的各个部门通通包容进去，并可随时加以调整，适应任何功能转换要求。大跨距的结构空间兼作设备层，设备管线的维修和调整非常方便（图4-2-2）。这种通用空间，一般将病房沿周边布置，医技、门诊设于底层或核心部位，辅助服务部门设于地下层，整个医院集装在一栋全空调建筑物内，有利于控制感染，在廉价能源供应充沛的20世纪60年代是很受欢迎的。伦敦的格林尼治医院、加拿大安大略马克斯特大学的医疗中心，都采用这种布置方式。芝加哥推出的一种"通用空间"定型单元，每层812m²（30.5m×26.6m），其特点是将管井和垂直交通设施布置在四角，其余部分为无墙柱分隔的连续空间，护理单元和医技科室可有多种布置方式。这种"通用空间"的主要问题是建筑空间利用率低，能源消耗大，全空调和廉价能源抹煞了建筑的地区特色。据南非估计，由于大面积的人工照明和空调费用，至少每年每平方米多花费26美元。一个350床的医院，由于采用大进深的"通用空间"，仅护理单元和管理部门每年的附加费用就高达20万美元。连最富有的欧洲国家也感到这是

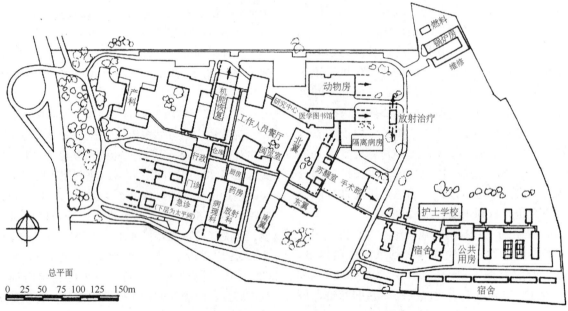

图 4-2-1 伦敦洛什维克公园医院总平面及鸟瞰

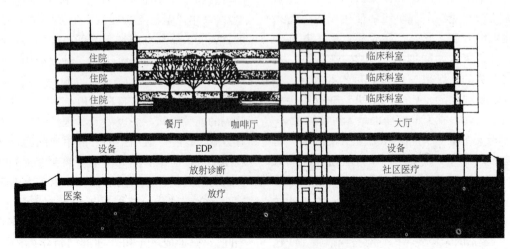

图 4-2-2 某通用空间型医院剖面示意

一个沉重负担。过度机变要求的高昂代价，引起了设计者对其必要性的反思。医院各部门的大动荡、大改组是极为罕见的，不可知的未来需求通过院外承包或迁出另建等方式更易得到满足，看来医院的功能分区仍具必要性和相对稳定性。

对通用空间进行必要的修正之后，产生了竖向分层叠加的集中式布局方案，即"机变论"的第二代作品。其地下为辅助服务部门，低层为门诊医技部门，高层为住院部。整个医院仍集中在一栋楼内。然而，根据各部门的特点采取不同的布置方式，医技诊疗部门在低层，仍采取成片的布置方式，以增强其应变能力，高层的住院部分则压缩进深或拉槽、抽井，解决自然采光通风问题，以降低能耗。这种布置方式在基地较紧的城市医院得到广泛流行。丹麦的赫利夫医院，日本的神户市民医院是这种布置的典型例子。关于高层部分住院部的发展问题，一般多采用预留空间或按远期规模一次建成的方式解决（图 4-2-3）。

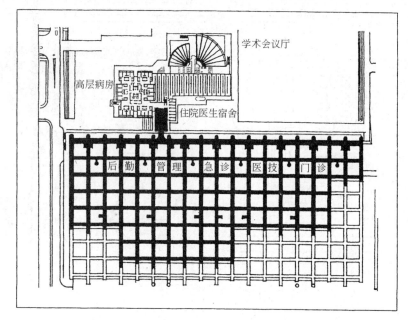

图 4-2-3(a) 丹麦哥本哈根赫利夫医院总平面

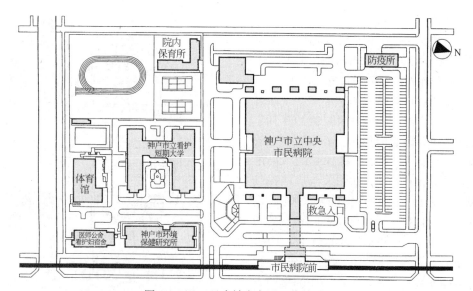

图 4-2-3(b) 日本神户市民医院总平面

（三）新陈代谢的渐次更新模式

即在原基地上利用空地或拆除部分次要建筑后，按医院发展规划建设第一期工程，第一期完成后，再拆除部分原有建筑作第二期扩建用地，拆除建筑的功能转入第一期建成的楼房内，依次进行第二、第三及以后的拆、建作业，最后达到全面更新的目的。

如北京 301 医院（图 4-2-4），首先利用原西北角

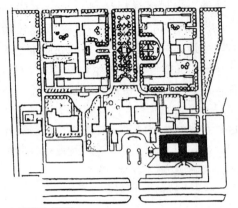
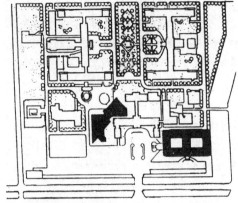

1. 建造地点现状　　　　2. 一期工程与旧建筑关系

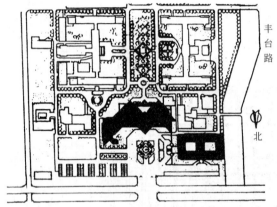
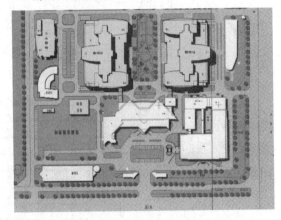

3. 二期完成　　　　4. 三期完成

图 4-2-4　北京 301 医院渐次更新示意图

一侧的空地并作少量拆除后建设新门诊楼，再利用旧门诊楼东侧空地并局部拆除，先建住院楼东面两个单元；老门诊楼的功能转入新门诊楼后，将旧门诊楼全部拆除，再建另一个护理单元及裙房，从而将门诊、住院楼房全面更新，旧住院楼迁入新楼后，原有空间或功能转换或拆除另作安排。

这种渐次更新模式可对原来的整体布局，通过拆建逐步改变。日本富山县立中央医院建立于 1951 年，经过几十年发展，已成为当地主要的医疗急救中心。从 1989 年起开始对原来分栋连廊的布局进行大规模的改扩建。工程分三期进行，第一期建设 11 层的住院楼和设备楼，由于扩建用地的缺乏，在基地北侧建立了过渡周转房，以转移拆除建筑的功能。第二期由 1992 年 12 月开始，拆除原住院用房，增建 5 层诊疗中心，经三期扩建，到 1996 年 2 月，已由原来较分散的布局转变成一个 800 床的集中布局的现代化医院（图 4-2-5）。该医院不仅提供了大面积停车场地，而且缩短了流线，体现了城市医院建筑走向集中化的发展趋向。

除此之外，还有一种介于拆建与扩建之间的方式，即当医院有足够大的扩建用地时，可以暂时保

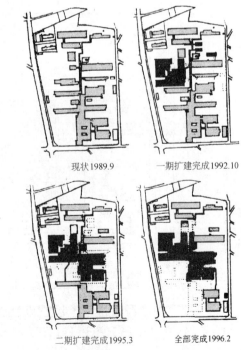

图 4-2-5　日本富山县立中央医院更新示意图

留原有建筑，在扩建基地上独立地建设新建筑，当新楼建成后，旧楼可以拆除，作为新楼的扩建用地。这是一种较理想的扩建方式，新建筑可以少受

原有建筑限制。日本小牧市民医院从1994年至1996年对原有187床医院进行大规模的扩建。扩建工程分五期完成，综合利用了竖向叠加、延伸、添栋等多种扩建方式，最后组成一个544床的大型医院。尤其值得一提的是，小牧市民医院虽然也采取了分幢连廊的布局，但由于布置紧凑，并将相关科室同层布置，形成按楼层分区的布置方式，渐次更新最后组成一个有机的医院整体(图4-2-6)。

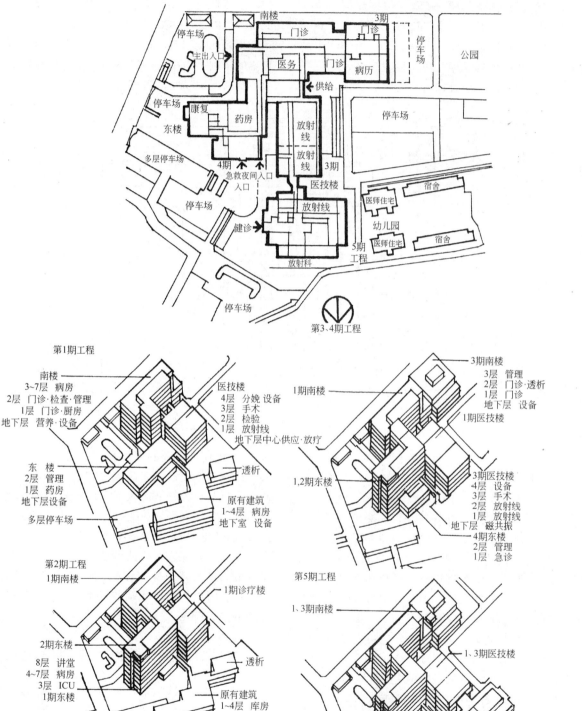

图4-2-6　日本小牧市民医院分期渐次更新示意图

（四）按远期规模的计划发展模式

医院按远期发展规模征地，统一规划，分期实现，扩建在预料之中，对其功能结构已作全面考虑，一般能取得良好的效果。现在的新建医院就预计到将来的改、扩建问题，因此，对扩建预作规划对防止造成被动局面是十分有效的。

我国白求恩医科大学新建医院是一所 600 床的教学医院，总体规划采用了将门诊、医技、住院分幢建楼的组合方式。医院街将三者串联起来，形成简捷高效的交通联系。当远期发展为 900 床规模时，门诊、医技、住院都可向东面的预留发展用地按比例扩展，为保证护理单元和门诊、医技科室的独立性，设计中已规划了平行主街的第二条医院街，形成双街双枢纽格局，为目前我国分幢叠楼的混合式医院的发展提供了新的思路（图 4-2-7）。前一章中提到的英国 Nucleus 体系、北京中日友好医院、日本的千叶肿瘤中心、日本的谏访中央医院等都是采取这种发展模式，值得新建医院学习借鉴。

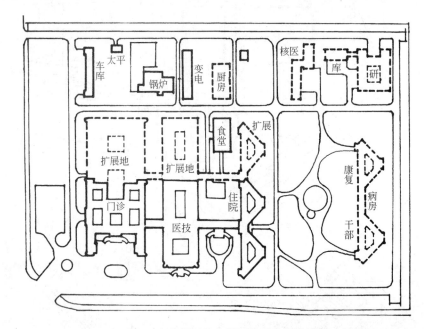

图 4-2-7　白求恩医科大学医院同步发展示意

（五）稳定医院规模，增加医院数量的发展模式

医院是因人口数量的增长而逐步发展的，因此，医院也不应走单纯规模发展的道路。

1988 年国际建协卫生建筑小组莫斯科—列宁格勒会议，强调了尽可能在居民住地和基层医院进行更多医疗护理的方针，阐明了医院形式追随生活、适应变化的原则。随着近程流动医疗和远程信息医疗的发展，一般的常见病和多发病都可在家里或住地基层医院得到高质量的治疗，病人不必再向大医院集中，从大型集中转向小型分散，可能是未来世纪医院发展的基本特点。因此，床位的发展应向基层医院分散，增加医院数量，稳定医院规模。

由于人口计划管理和卫生区域规划管理的强化，医院发展的透明度和预见性相应提高，按设定规模统一规划，分期或一次实现，是更为切实有效的发展模式，也更有助于改变医院由小到大、盲目无限增长的被动局面。

在医院达到设定规模或环境允许限度时，医院的发展重点应转向提高质量和效率，转向加强管理，缩短出院病人的平均住院天数，加快病床周转。这样就能使一张床位的收容能力变成一床半或两床，这是更为经济有效的发展模式。现在我国城市医院出院病人平均住院日为 16.5 天，而美国只有 7 天，说明提高质效是大有潜力可挖的。

此外，为适应医疗技术装备的代谢要求和建筑空间的功能转换，保持医院内部的灵活应变功能，完善对有限增长的自我调节机制，仍然是保持医院活力的关键所在。

第三节　医院的应变能力及改扩建方式

医院"变"的目的，在于三个方面，或求数量的增长，或求品质的提高，或求秩序的合理。量的增长主要是通过扩展得到解决；质的提高、序的合理，主要是通过建筑空间的内部调整、重组、改造得到解决。

一、扩展方式

从医院主体建筑的发展情况看，可归纳为以下几种扩建方式：

（一）平面延伸

在总平面的规划预留发展用地上，原有建筑可采取接长、加宽、添栋等方式处理。

（1）接长：一般将枝状建筑的尽端延伸出去，不改变原来的平面功能关系，不影响采光通风，最宜于医技科室的内部扩展。但除底层外，一般不宜在发展端另设科室或护理单元，以免产生科室穿套或护理路线过长等缺点。

（2）加宽：就是增加原有建筑的进深，适于把原来的外廊式建筑变为两面安排房间的内廊或天井式建筑，使平面更趋紧凑，有利于节约用地和管线。这种发展方式，科室并列，便于克服穿套现象。图4-3-1是美国大卫医药财团医院从80床发展到300床的前后方案比较。图4-3-2是勒·柯布西耶设计的意大利威尼斯医院，采取低层高密度的组合方式，设计中以水平交通体系代替通常采用的垂直交通体系，以天窗取代了侧窗，因此，可在进深方向使单元毗邻，任意发展。

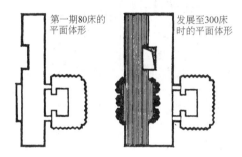

图4-3-1 美国大卫医药财团医院平面发展示意图

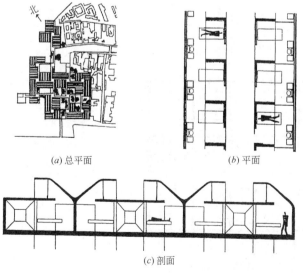

图4-3-2 意大利威尼斯医院平剖面图

（3）添栋：用于较大规模的扩建，即在原有建筑的适当位置，增设一栋医疗用房，并与之联成整体。一般在医院主廊道上与新建筑的交通枢纽衔接或用天桥联系过渡，并以之协调新老建筑的标高差异。这种方式在国内外采用较为广泛（图4-3-3）。

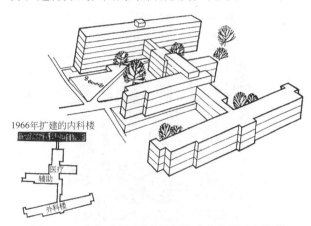

图4-3-3 重庆西南医院住院部扩建内科楼后之体形

（二）竖向加层

最宜于有标准层平面的住院部的扩建，可使床位成倍增长而不增加用地。广州河南医院门诊楼按5层基础设计，先建3层，以后可加两层作为科研用房。图4-3-4是美国康涅狄格州的威廉·鲍克尤斯医院，将住院部的3层楼房加至6层，使容量提高一倍，扩建部分仍采用钢筋混凝土框架填红色水压模砖的处理手法，使之与原来的新英格兰式建筑风格协调一致。图4-3-5是美国圣约瑟医院，为使住院部增加150床位，而在原来的屋顶上方增加了两个圆形护理单元的塔式建筑。这种发展方式应预先考虑基础和主体结构的加层负荷。如因加层而需设电梯时，根据我国情况，最好留出梯井位置，待电梯落实后再行建造，以免有井无梯，长期备而不用，增加管理上的困难。

图4-3-4 美国康涅狄格州的威廉·鲍克尤斯医院

图 4-3-5 美国圣约瑟医院平顶上加圆形塔楼

（三）填平补缺

即将某些房屋端墙之间的空地填补起来，"合二为一"联短栋为长栋，这种利用零星空地的发展方式，有利于节约用地。图 4-3-6 是美国某牙科诊所利用墙端空地扩建办公室的实例。

此外，某些医院，如果庭园空间过大，必要时也可向庭园发展；某些有天井的护理单元，将来条件许可，也可将天井填起来变成双走道平面，以补充医疗辅助用房（图 4-3-7）。

（四）取代换位

此种方式多用作科室的局部扩展。一般将行政办公、单身宿舍、库房等放入主楼，发展需要时就逐步取代这一部分面积，而将其迁出主楼另建。图 4-3-8 是美国某医院迁出部分行政办公用房扩建 X 光部的实例；而四川射洪县人民医院采用这种方式

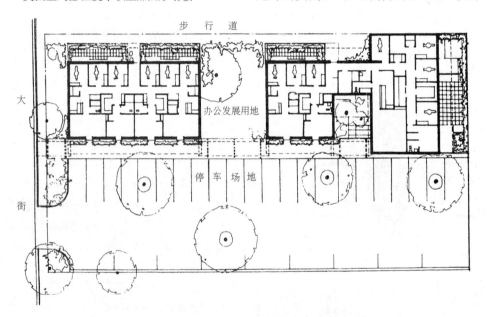

图 4-3-6 美国某牙科诊所发展平面

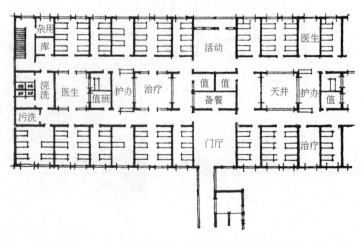

图 4-3-7 四川大竹县医院护理单元填井示意图

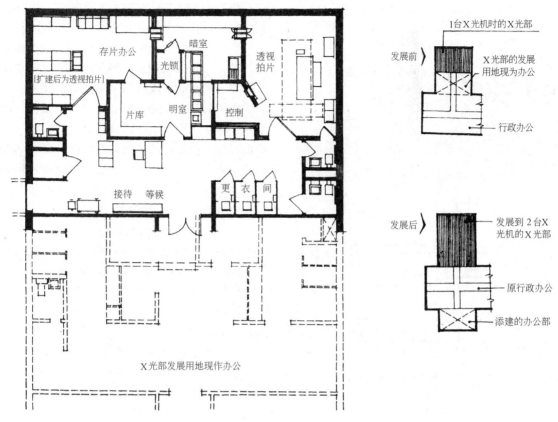

图4-3-8 美国某医院X光部平面及发展示意图

作了更大规模的扩展,该院主楼按中远期规模一次建成,近期将多余的面积作办公和宿舍使用,发展需要时再迁出另建,使门诊、住院、医技三部门都能平行发展。但是,这种方式难于准确预测远期实际需要,将来可能仍需拆改,而且因为取代面积过大,不得不将家属宿舍也放入主楼,近期在使用管理上也不方便,宜审慎采用。

二、增强医院建筑的应变能力

医院建筑不仅要适应当前的使用要求和技术经济条件,而且还必须经受时间的考验,满足长远的功能和技术经济发展的要求,在设计中除应适当增加机动面积外,还需注意增强医院建筑自身对发展变化的适应能力。

(一)选择便于灵活发展的建设基地和平面体形

建设基地除应满足一般要求外,对一些发展可能性大的医院,基地最好能有2～3面临空,可供发展。图4-3-9是美国亚利桑那州的萨玛丽顿沙漠医院,原为275床,到1990年发展为1100床;该院基地开阔,四面临空,发展用地很大。

医院建筑应变能力的大小,与其平面体形所包含的尽端数量密切相关。例如,在传统的"工"字形平面中,医技科室居中,处于门诊和住院的联系体上,前后受阻,没有尽端,除采取加层和换位的

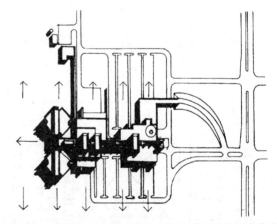

图4-3-9 美国亚利桑那州萨玛丽顿沙漠医院发展示意图

办法外,很难发展。在"王"字形平面中,医技科室虽仍居中,但由于有两个尽端,可向两个方向发展,每层可满足两个科室的扩建要求。图4-3-11为日本千叶县仁户名町肿瘤中心,其医技科室并列四个枝状尽端,每层可满足四个科室的发展要求,具有更大的适应性。

(二)选择适应性较强的护理单元形式

医院的改扩建受原有基地和现状的制约较多,其护理单元除应满足一般要求外,最好还能短小紧凑一些,以适应不同地形和朝向要求。图4-3-12是美国萨玛丽顿沙漠医院所采用的由两个三角形护理

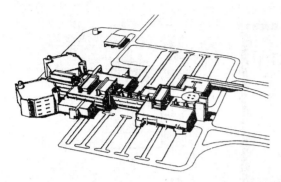

图 4-3-10 美国亚利桑纳州萨玛丽顿沙漠医院鸟瞰

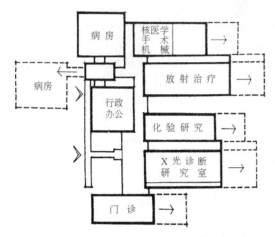

图 4-3-11 日本千叶县肿瘤中心扩展示意图

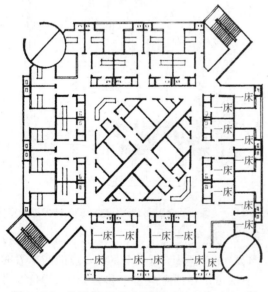

图 4-3-12 美国萨玛丽顿沙漠医院护理单元平面图

单元组成的正方形平面，其特点是两单元间有一条公共走道，走道尽端可像插座一样插入同样的护理单元，而仍能保持其功能上的独立性。此外，该医院为适应沙漠气候特点，病房设有较深的凹廊，受朝向限制较少，布置亦较灵活。前面提到的威尼斯医院(图 4-3-2)，其护理单元可长可短，且由于采用了高侧窗和独特的剖面形式，病室不受直射阳光影

响，对地形和朝向具有更大的适应性。但因病房只宜作单层，其适用范围受到一定影响。

（三）选择平面布置灵活的结构体系

现代医院的很多医技科室，如数字减影仪、磁共振室，供心血管或脏器移植使用的手术室，有自动生产线的制剂室等，都要求有较大或较长的连续空间，且使用多变，不能分隔太死。日本千叶县仁户名町肿瘤中心，其医技科室的四个枝状体中，枝的宽度为 15～18m，结构上按一跨处理，使内部空间可按需要灵活分隔，以适应功能要求的发展变化。根据我国国情，医技科室最好能采用框架、轻板框架等结构类型，必要时可以调整平面布置。

（四）有增建设备层、调整剖面形式的可能性

国外某些医院，在每个使用层之间都设有设备层，设备层有足够的高度，以适应任何建筑体系为安装新设备、器械或管线检修所引起的空间变化。美国底特律医院，利用 2m 高的结构层兼作设备层，由于桁架结构的跨度较大，内部隔墙可自由调整。设备层可满足防火自动喷淋装置和照明设施的需要，可在不妨碍病人的情况下，调整或改变设备系统。

根据我国情况，现在尚无普遍设置设备层的必要，但对某些卫生技术要求较高的医技科室或特殊病房，应考虑有增建设备层的可能性。美国洛克福特纪念医院，将检验、放射、手术等都设在底层，并作部分平房处理，平面发展灵活，扩建设备层很方便，急诊与手术部的联系也很便捷(图 4-3-13)。

（五）设置一定的灵活空间

即使空间具有一定的伸缩性，可根据需要互相调剂补充。例如，可将候诊室或候诊廊与庭园联通，以分散候诊人流，适应门诊量的起落变化；在两个相邻护理单元之间，也可设几张归属不定的床位，既可属左边单元，也可属右边单元，也可左右均分，便于根据需要灵活调整(图 4-3-14)。

（六）选择便于分期扩建的构造方案

应根据扩建方式选择相应的构造方案，如需作加层处理的屋顶应作平屋顶，并采用便于将来改作楼面的隔热、防水措施；在需作平面延伸的外墙一侧，应留窗洞或用梁柱承重，必要时可改窗为门，或拆除隔墙使新旧建筑有连通使用的可能性。

此外，对新旧建筑紧贴在一起的扩建方式，还须考虑分期线的位置问题，最好使之留在平面或立面体形变化的转折线上，使新旧建筑衔接自然。前面提到的美国圣约瑟医院，在矩形平屋顶上扩建圆形塔楼，塔身稍退入外墙线，使接缝不致暴露在人们视线范围之内(图 4-3-5)。美国威廉·鲍克尤斯医

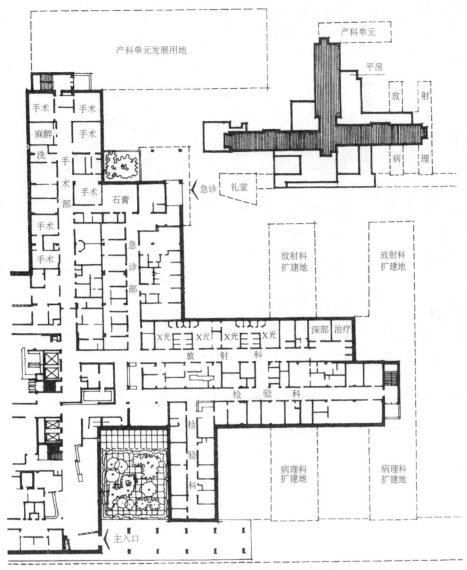

图 4-3-13 美国洛克福特纪念医院扩展示意图

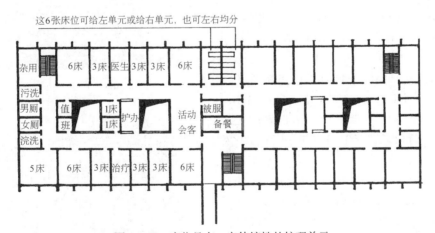

图 4-3-14 床位具有一定伸缩性的护理单元

院(图 4-3-4)加层部分的立面处理与下部完全一样,仅将新旧衔接处的第 4 层,收进一圈凹廊,作为儿科的游戏平台,从而使接缝隐蔽起来,即使新旧建筑的材料和色彩稍有差异,但由于有凹廊的过渡缓冲,也就显得上下衔接自然了。

在一些旧住院楼中,多为病人集中使用的卫生间,进入 20 世纪 90 年代后,很不适用,很多医院需增设病室独用卫生间。美国新泽西州东桥医院采用玻

77

璃钢外舷式卫生间的作法可供我国南方地区借鉴。

图 4-3-15 为德国科隆圣法兰克医院住院楼扩建电梯厅及外舷式卫生间前后的平面、剖面图，由于底层和地下层为设备或辅助用房，不需设置卫生间，因此采取顶层外挑楼面梁悬挂下面 3 层卫生间的方式，具有更大的适应性。

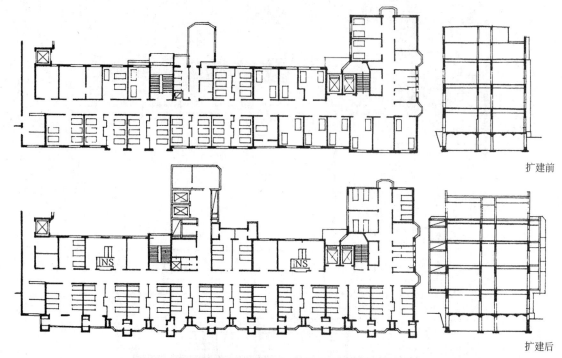

扩建前

扩建后

图 4-3-15　德国科隆圣法兰克医院住院楼扩建卫生间示意图

三、收购改建

某些用地紧缺的医院，采取收购相邻周边房地产的方式，以达到改扩建的目的。2003 年北京同仁医院通过竞拍，买下隔路相望的金朗大酒店，经过装修改造使之变成了医院。具有 118 年历史的世纪名院，终于结束了只有"26 亩半"用地的历史。目前同仁医院东区每床每天的收费为 800～1200 元，这个收费标准已经超过原金朗酒店。目前，同仁医院的住院率几乎就是 100%，而酒店的入住率仅为 53%，因此，这说明在经济上是可行的（图 4-3-16a）。

医院收购酒店并非偶然，其物业扩张是基于医疗市场的需要，而需求量最大的门诊诊室和住院病室都不需要大空间，一般酒店客房正好满足要求。酒店的设计标准较高，其抗震性、保暖性、密闭性都较好，停车场、餐厅、公共空间等配套设施较为齐全，收购后不用对建筑主体进行大的改动，因此是较为经济的。而医疗界则认为，正是由于酒店建筑的诸多好处，医院的环境才得以改善，整体舒适度才得以提高。此外，日本横滨的福若爱（Fureai）老年医疗中心，也是由多层旅馆改造而成的。上海华山医院为解决院内绿化面积紧缺的问题，也是通过收购比邻的私家园林才得以实现（图 4-3-16b）。

图 4-3-16(a)　酒店改医院

图 4-3-16(b)　上海华山医院新扩园林

第五章 医院环境与病人心理

过去的医院建筑，多是从治病的需要提出功能要求，并以此为依据来进行设计。这些要求多半是医院负责基建的管理人员综合领导和各临床科室负责人的意见后提出来的。对病人的身心需求，一般没有给予足够的重视。随着现代医学模式的转化，医院从以管理为中心，转移到以病人为中心，医院必须更加关注病人的生理、心理和社会需求。医院建筑设计还必须研究病人对环境的感觉、经验和评价，并作为设计的依据和内容，这样才能设计出与整体医学模式相适应的"整体医学环境"。

当然，要把病人的心理、社会需求全面地体现为建筑空间环境，必然受到种种制约，产生诸多矛盾，需要协调和解决，但只要我们明确了努力的方向，并一步一步地前进，设计就会一步一步地接近病人的需要和理想。

第一节 病人需求及其空间体现

人的一切行为总是因一定的动机而产生的，动机的萌发则源于需求。因此，人的行为都是某种需求所驱动的。早在春秋战国时代，我国的政治思想家墨子就曾提出"…故食必常饱，而后求美，衣必常暖，然后求丽，居必常安，然后求乐，为可长，行可久，先质而后文"。即先求温饱，后思美乐，先物质后精神的需求观。歌剧白毛女中的杨白劳也反应了这种需求取向，他唱道"集上称了二斤面…欢欢喜喜过过年"——生理需求；"门神门神两边排，大鬼小鬼进不来"——安全需求；"扯上二尺红头绳，给我喜儿扎起来"——审美需求。美国心理学家亚伯拉罕·马斯洛则更为系统地把人的需求划分为五个层次，即

(1) 生理需求——饥餐渴饮；
(2) 安全需求——秩序安定；
(3) 社会需求——信息交往；
(4) 尊重需求——荣誉地位；
(5) 自我实现需求——成就理想。

这些需求呈现出互相依存和重叠关系，生理需求是基础，基本满足之后则向更高层次递进。图 5-1-1 为马斯洛需求层次示意图。

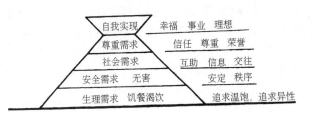

图 5-1-1 马斯洛需求层次示意图

一、病人需求的层次性

按整体医学模式将病人需求归纳为生理、心理、社会三个层次加以论述。

(一) 生理需求

包括医疗康复需求，日常生活需求，安全保障需求，性别比例需求等几个主要方面。

1. 医疗康复需求

这是病人择医住院的基本目的。有病要治病，治病少痛苦，不留疤痕残疾，疗效高费用省，就医方便，不排队等候。病愈后求体形健美，健康长寿。

2. 日常生活需求

生病住院求床位，求少床病室带卫生间，然后讲求采光、通风、朝向、空调、装修等。外部环境要求有良好的绿化和景观条件。餐饮要富含营养可口卫生，选择多样。有的医院设咖啡厅、快餐店，为空腹抽血者供应牛奶点心，很有人性味，使病人深受感动。

3. 安全保障需求

药品纯真，无毒副作用，手术不损伤其他机体，良好的空气品质和环境卫生，无噪声及烟尘污染，无蚊蝇鼠害之患，利于消防疏散，为保护特殊病人有专用的安全防护设施等。

4. 性别比例需求

人员组成中，性别比例要适当。医学心理学发现，在单一性别的环境中，不论男女职工都易感疲劳，工效不高。据研究，异性气味，在协调身心，改变情绪，调节内分泌等方面有着奇特效果，且异性比以达到 20% 左右为佳。因此，当今的妇产科、宇航站、登山队、南极站等都要选用一些异性员工，看来不是没有道理的。

(二) 心理需求

主要满足人性的心理感觉方面的需要。

1. 尊重需求

病人需要被医护人员和同室病友所认识和理解，有较高社会地位者可能有意无意间显示或透露自己的成就和身份，让别人知道他的重要性，希望得到与其身份相称的医疗和生活待遇。如称呼其职务、职称就感到被尊重，如称其床号或病名则感到伤心。中国的干部病房，国外的VIP（Very Important Person）病房都是尊重需求的空间体现，一般少床病室较易使病人获得被尊重感，因为病室的布置陈设病人有较大的决策权和自主感。

2. 适应需求

病人从家庭到医院，什么都很陌生，有一个熟悉适应新环境的过程，需要了解病房的管理制度，内外设施，医护人员的专业特长，医风态度；同室病友的生活习惯，性格爱好等，以便互相适应，在情感上融入新的环境，这是病人调整自己的生活方式来适应医院环境的一方面。而另一方面更重要的是医院环境也应尽可能适应病人的身心需求，接近居家环境，以缩短病人从家庭到医院的心理距离和适应过程。

3. 信息需求

病人住院前，与外界有着千丝万缕的联系，住院后联系中断，顿显孤寂冷清，消极情绪难于排解。病人急于了解疾病治疗的方法和前景；病人希望看到病房走道和窗外庭园，以获取院内信息；希望通过电视、探视人员了解院外或世界的信息；通过录像、资料了解自身疾病的防治知识，这些对消除病人的孤寂、紧张、忧郁情绪将起到关键作用。

（三）社会需求

病人入院后希望建立良好的人际关系，保持原有的社会交往，并对重返社会实现自身的存在价值抱有希望。

1. 交往需求

需要与人友善和睦相处，交流医院生活及养病经验，希望得到别人的支持和帮助，需要有一定的集体活动空间，如谈话、活动、文娱室等，咖啡厅、休息厅、会客厅等也多作为交往空间使用。

2. 陪护、探视需求

保持与家庭和社会的联系。陪护是医学社会学的需要，对维护患者的心理平衡，加速康复过程均具积极意义。友人的探视慰问、亲属的陪护鼓舞，可缓解病人的孤独感、被遗弃感和无助感，老人和儿童应适当提高陪护率。根据我国医院的问卷调查，希望有家人在场陪护的占被调查总数的91.3%。

3. 实现成就的需求

尤以中青年知识分子、干部表现强烈，他们正当壮年，迫切希望展现个人才能，实现理想抱负，因而学生要学、作家要作、画家要画、歌唱家要歌唱，一旦这种需求因病受挫，往往痛不欲生，心灵受到极大的伤害。因此，现代医院要帮助病人尽可能完美地恢复其机能和创造力。为此，有的医院设有职业疗室、色彩疗室，儿童医院病室还有课桌、黑板等，都是为病人重返社会创造条件（图5-1-2、图5-1-3）。

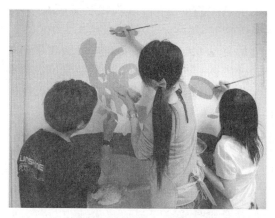

图5-1-2(a) 香港伊丽莎白医院供作色彩疗法的画廊

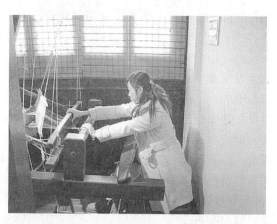

图5-1-2(b) 可作职业疗法的织布机

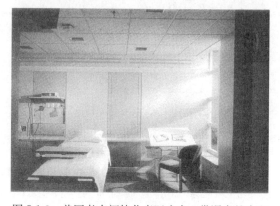

图5-1-3 美国考克福特儿童医疗中心带课桌的病室

二、病人需求的差异性

因年龄和病情的差异,病人需求的重点、表现强度、环境评价也有较大差异。

(一)危重病人心理及环境需求

住重病房、重症监护单元(ICU)的患者,由于持久的静脉滴注、体位固定、鼻饲插管等,病人痛苦难受,诱发对死亡的恐惧反应;目睹病友的抢救无效,顿感"唇亡齿寒",加重恐怖紧张心理;病房24小时隔离,少有亲人探望,易产生孤独无助感;ICU病房昼夜不分,灯火通明,扰乱了病人的生理节律。

对于清醒状态的病人应入住ICU单人间,减轻病人的相互干扰。生死瞬间,珍贵而神秘,病人临终前有许多话急于交代,周围的其他人无疑是一种侵袭,此时,近亲陪护给弥留者的精神安慰是不能代替的,因此,在采取适当卫生处理后应允许亲人进入陪护。

重危病人环境应舒适明亮,抢救器械仪表等应布置整齐美观,建议引入一些充满生机的室内绿化,以柔化高技术环境,缓和紧张气氛。重病室的病人应能看见护士站,以增加安全感,对无人陪护的危重病人更需强调易于观察,并加强室内防护设施,以防病人绝望轻生。重危病房多为高技术环境,一切服从于抢救生命,对于病人诸多痛苦和不良心理反应,则主要是通过药物和其他技术手段来加以控制和缓解。不过,现在的ICU环境过于理性化,适当渗入一些人性因素也是必要的(图5-1-4)。

(二)普通病人心理及环境需求

主要是无生命危险或处于中等护理或康复护理期的病人。据上海曙光医院对83例内科病人的调查,有33%的人主观焦虑,42%的人有焦虑症状,36%的人有孤独感。这些人敏感多疑,怕病情反复或加重,常处于戒备状态,情绪波动较大,对外界声、光、热刺激的适应能力下降,生活自理的信心不足,依赖性强,其需求是全方位的。总的来说在温饱不愁,生命无忧的情况下,安全、私密、信息、交往、娱乐、探视等成为新的需求热点。

病人怕看到病友的惨痛情景,也不想把自己的痛苦示人而有损其强者形象,因此讳疾而不忌医是现代中青年患者的普遍心理反应,他们大多希望暂时隐居静养。病人对公厕有一种深恶痛绝的情绪,也不愿使用床上便器,并视之为病情升级的不祥之兆,带卫生间的少床病室受到普遍欢迎。如果病情好转,病人就喜欢下床活动,恢复机能获取信息,康复期病人喜欢交往,乐于助人,喜欢电视或娱乐消遣,也常去庭园绿地活动(图5-1-5)。

(三)老年病人心理及环境需求

对老年人的身心特点,宋人周必大在《二老堂诗话》中曾有过生动描述,大意是"不记近事记远事,不能近视能远视;哭无泪,笑有泪,夜不能睡白日睡;不肯坐,多步行,喜欢食软怕食硬;儿子不亲亲孙子,大事不问小事问…"。现代老人除具有这些特点外,生病住院期间的表现则更能反映其社会心理需求的一面。

老人多为一地或一家之长,曾经有过事业上的辉煌,家人、邻居多尊重老人意愿、唯命是从。一

图5-1-4 护士站与病人的视线交流

图5-1-5 病人可游息的庭院绿化

但住进医院,事事要遵照医嘱,听从护士安排,一时难以适应,强烈希望受到尊重。希望别人知道他的身份和成就,尊重他的意愿和习惯。为缩短老人从家庭到医院的心理距离,瑞典弗林勒委医院,特许老人将在家用惯了的软椅、电话、电视、盆栽等心爱之物通通搬进病室,墙上陈列着他年轻时的照片,充满生活气息与美好回忆,充分体现了对老人生活意愿的尊重(图5-1-6)。

图 5-1-6　瑞典弗林勒委医院具有居家气氛的病室陈设

老人特别怕孤独,生病住院总希望有人探视陪护。老人往往童心复萌,表现天真,喜欢与孙辈嬉戏。新加坡的托老所常与托儿所相依而建,互相照顾,其乐融融,可缓解老人的孤独感。住院老人喜群居,爱交往,有一种怀旧的情感,对同年龄段的人有一种自然的亲和力,常聚在一起谈古论今,欣赏戏曲,交流养生之道。据弗雷德曼·E·P研究发现,其交往选择60%是同层病友。

老年病人的生活环境要特别注意安全,不应有室内高差,以免步履难适,且轮椅不便通行,避免使用浅色或镜面玻门,以免引起空间假象,发生撞碰,忌用折叠家具,避免凹凸轮角。老人因视力减退,一切印刷品、标志牌、房号等字体要大而鲜明,以利识别。对动过白内障手术的老人来说,应避免眩光和直射光。卫生间、通道要注意防滑并安装扶手。老人对庭园绿化情有独钟,喜欢种菜养花,调养身心,自得其乐。台湾的老人福利园区规划中设有菜圃认养区,设计者可能是深知老人心意的(图5-1-7a)。

对子女远在异国他乡的"空巢"老人来说,最好教会他们在互联网上收发信件和照片,也可和亲人网上聊天。在活动室、餐厅等处设置网络摄像头,他们的子女只要登录网站就可见到亲人的情景,以缓解相互牵挂惦念之情(图5-1-7b)。

(四)儿童病人心理及环境需求

我国的儿童多为独生子女,父母疼爱,百依百

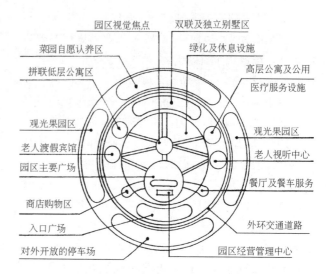

图 5-1-7(a)　老人福利园区规划概念图

图 5-1-7(b)　某敬老院上网室

顺,一旦住院他们就得服从护理人员的管理,因而陷于被动,并引起抵触情绪。儿童天性贪玩好动,住院治疗限制了他们的活动自由,尤其怕打针吃药,对强制性的治疗更为反感,幼儿离开父母到一个陌生环境会感到孤独忧伤,控制情绪的能力很弱,与家人的隔离对幼儿来说比疾病本身更为有害,因此,应允许父母陪护住院,并增加探视时间。

儿童根据以往的认知经验,一见到白衣、白墙、白口罩就会联想到注射的痛,服药的苦,抽血的怕,从而产生"白色恐怖"的心理反应。心理学家研究发现,孩子们喜欢能激发欢乐情绪的鲜明色调,国外很多儿童病房走廊、病室挂着彩色画片,动物模型标本,抽血床、幼儿床上方挂有各色玩具。有的医院把病房设施玩具化,如把病床做成汽车、火车、拖鞋等样式,病房色彩也接近儿童喜爱的食品色,如蛋黄、橘红、果绿等。儿童医疗环境要尽量做到寓医于乐,游戏与治疗相结合。美国休斯敦得克萨斯儿童医院入院时安排看木偶戏,治疗

中常采取游戏、赏鱼等疗法；英国有专门从事医院题材的画家，他们把儿童用的 X 光室画成幽暗茂密的森林，里面有儿童喜爱的动物在嬉戏，从而大大缓解了高技术环境的紧张心理，儿童在林间照光观赏，很乐意与医生配合。医护人员的服饰要改变"白大褂"印象，应接近儿童母亲或幼儿园阿姨的服装式样，用米老鼠、唐老鸭、大熊猫等图绣代替医院标志，使病儿感到亲切自然。

儿童环境要注意安全防护，防止跌、滑、碰、撞，防止攀爬阳台、外窗发生意外。儿童病房不宜使用呼唤装置，以免当玩具戏耍。儿童病情变化起伏较大，自身表达力差，主要靠直观监护，游戏活动室、病室都应利于观察。因此应更加强调缩短护理距离（图5-1-8、图5-1-9）。

图 5-1-8　某医院儿童候诊厅的积木式布置内景

图 5-1-9　佛罗里达健康园医疗中心儿科候诊

第二节　医疗空间及人群的行为特性

利用空间手段按人的空间行为特性来调节人与人之间、科室与科室之间的相互关系，以建立协调、安定、有序的医疗空间环境。

一、私密性

私密性是调控人际界限适宜度的一种需求，包括限制接近与寻求接近两个方面。

（一）私密度的需求变化

人在特定时空条件下有与他人接近的理想程度，称为理想私密度，它随时、空条件的变化而改变。

（1）在暴露身体隐秘部位的时间和空间其私密度要求高，如浴厕、分娩、妇科诊断、检查室等，都要严格控制无关人员进入，杜绝视听干扰。

（2）在人们处于非警觉状态时私密度要求高，处于警觉状态时私密度要求降低。住院病人睡眠休息时私密度要求高，要熄灯，关门。起床后方可对外开放。

（3）在熟悉的环境和友人相处时私密度要求低，在陌生环境与陌生人相处时私密度要求高，以满足安全防范的需要。

（4）有干扰行为的空间私密度要求高，如危重病室、精神病、传染病的隔离室等应严格控制接近；太平间、解剖及其他易产生视听干扰的房间也应有较高私密度的要求。

（5）需要特殊保卫的部门，如高干病房、机要档案、金库等要求高度的私密性，也必须严格控制接近。

（二）空间私密度的调适

（1）专用空间，少床病室——这种空间为病人独用，有自主感，有全部或部分的空间支配权；有自在感，可自由表达自身的情感；有安全感，可谢绝外界干扰，又可控制与外界的联系，因而私密度的调幅较大，使用灵活，适应性强。

（2）灵活空间，适时分隔——利用活动隔断、轨道帘幕等将多床病室加以临时划分成私密度更高的空间，但这是一种只能控制视线的分格，因为它难于阻断音响和气味的干扰，所得到的私密性是不完整的。

图 5-2-1 为医院的双床病室灵活空间，用灵活隔断调控私密度。

图 5-2-2 为帘幕分隔的多床病室空间。

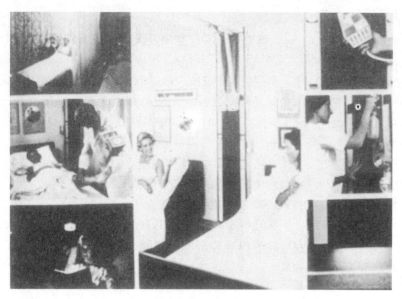

图 5-2-1 美国某医院可调整私密度的双床病室

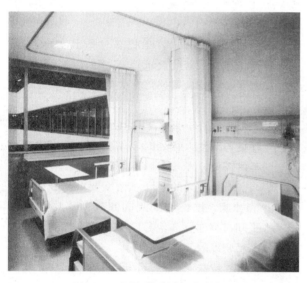

图 5-2-2 用帘幕分隔的多床病室

(3) 图标提示，行为自控——相关场所的图标提示，如闲人止步、请勿打扰、请安静等，使相关人员能自觉控制避让，并采取耳语、手势、眼色等方式传递信息，以保持环境的相对私密性。

二、领域性

领域行为是个人或团体对空间的占有并加以控制，预防他人侵扰的一种行为。

(一) 领域的分类

领域依使用者的控制程度，时间长短大致可分为三类。

(1) 专属领域——为个人或团体的全时占用，与别的领域划分清楚，具有使用上的独立性，不允许穿套。如住院部的各护理单元、医技部的各临床科室、门诊部的各主要科室等，都各有独立尽端，不允许外人穿越。入口处明确标示出科室名称，具有强烈的中心性和排他性。

(2) 兼容领域——该领域为几个科室共用，但时间错开。如示教室、值班室等。对一些使用频率不高的科室也可采用这种领域，如同一组房间一、三、五为内科门诊使用；二、四、六为中医门诊使用，以提高空间利用率；又如在两个护理单元的结合部设几间归属不定的病室作为兼容领域，以调节不同科室的床位需求变化，增强空间使用的灵活性与适应性。

(3) 公共领域——使用人、使用时间经常变动，难以限定，进出自由无排他性。如门诊综合大厅、公用交通设施、医院街及其他公用设施等。但一些公用科室如挂号、收费、取药等其公用性是就服务对象而言的，公用科室内部仍为专属领域，不允许外人进入。公共领域应具开放性、流动性、识别性，利于人流集散。

(二) 领域的层次

上述领域类别实际上是以科室为单位来划分的，除科室外，还有由多个科室组成的上级领域，如门诊部、医技部、住院部，往下则有组成科室的子级领域。组成各科室领域的内部用房，也可按专属、兼容、公共进行分类。子级专属领域在科室内部又具有不可穿越的独立性。如产科病房内的分娩部、婴儿部；检验科内的病理、细菌、生化等。就门诊部而言，其内、外、儿、妇、急诊都属科室专属领域，而急诊科内分设的内、外、儿、妇诊室等，则属急诊科内的子级专属领域，在组合时必须分清其领域归属、类别、层次及亲疏关系，才能把各级领域内部和外部的关系理顺。

(三) 专属领域的形成

(1) 翼端原则——面积较大的专属领域至少要占有一至两个翼端，翼端就意味着非通过、独立性。在科室尽端内，子级专属领域中面积大的又居于尽端。面积小的居前。子级兼容领域布置则较为灵活。子级公共领域为科室内部走廊，对内具有公共性，对外具有专属性，因此应有科室门与外界分隔开来(图 5-2-3)。

(2) 闭合原则——每个专属领域都必须处于闭合状态，只有 1~2 个门开向公共领域，不允许非领域内的房间介入而破坏其闭合性(图 5-2-4)。

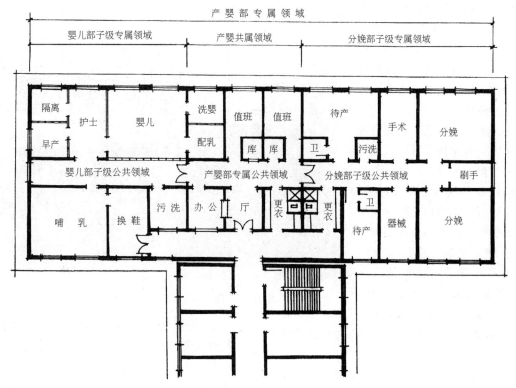

图 5-2-3 专属领域的翼端原则示例

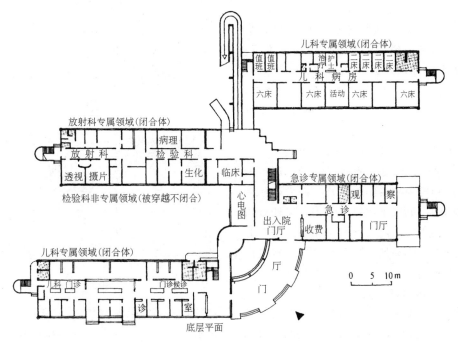

图 5-2-4 专属领域的闭合原则例图

(3) 同层原则——科室一级的专属领域均应在同层布置，否则应配置内部楼梯或升降机，以保证其专属性。同一专属领域的子级领域间不得通过外部公共廊道进行联系。

三、识别性

医院组成复杂，科室繁多，走道纵横，为患者提供一个易于识别的环境就显得特别重要。

(一) 易识别环境的特性

(1) 简明性——空间模式、交通体系要简单明确，避免繁杂隐秘。在一定范围内，视线关注的目标应比较单纯，以 2~4 个为宜，多了分散注意力，就难于记忆。一般常见的工字形平面，左右各两个翼非常明确；"王"字形平面左右各三个翼依前中后定位，也较明确；如果中间再横加几个翼就不太明确了。这时就只能编号、命名才能确定其位置。如果"王"字形变成"田"字形就形成四个封闭庭院，空间界面首尾相连，就更难确定其位置了。因此，空间形体的简单明确是易于识别的首要条件。

（2）规律性——科室配置要有规律，分层次。一般先找大目标，如门诊、医技、住院；大目标无误后再找中目标，即该部所属的各相关科室；中目标无误后再找小目标，即该科室内的诊室或病室。科室的布置要有章法，前后有序，主次分明，左右对称，这样就易于定位。医院的乱多由医技科室布置散乱引起，因此，病人直接使用的医技科室要集中布置在一栋楼或特定的范围内，才能达到治乱的目的。

（3）习惯性——人们在日常生活中有丰富的寻的导向的行为经验。1）归巢本能，原路来回，在医院内人们主观上绝无随意乱走的动机；2）登堂入室，有通过大厅进入各科室的习惯；3）走街串巷，沿医院街或主廊道寻找科室；4）顺藤摸瓜，按系统线索寻找目标，如普内、消化、呼吸、心血管、内分泌是内科系，住内科楼；普外、胸外、泌尿、整形、五官、烧伤、骨科是外科系，住外科楼等。

（4）差异性——目标与背景之间形成较大的反差，利用体形、色彩、温度、光线等差异，形成地域标志，作为寻的导向的参照物。尤其在大面积的板块式空间结构中，如果十字路口太多，又处处雷同，形成迷宫，则很容易使人迷乱；无始无终、方向性不强的环状空间也易使人迷乱，这时设置定向标志就更加必要了。

（二）环境识别的辅助手段

（1）图像诱导标志——在道路节点、走道交汇点设置地形区位图和路标，标明前后左右的去向，加以引导。有的将X轴向、Y轴向的房间用不同的颜色区分，以便判明方向；有的将去不同科室的路线用不同的颜色标在墙面或地板上，由大厅一直延伸到所在科室，并与挂号单据的颜色一致，病人跟着色标前进就可找到目的地。这种图标恰似医院的脸谱，只有经过统筹规划，精心设计才能收到良好的效果。

图5-2-5为四川省肿瘤医院门诊色标导向。

图5-2-5　四川省肿瘤医院门诊大厅的色标导向处理

（2）分科导医地图——在门诊大厅挂号或问询处，初诊病人可领到一张到该科室的导医地图，图上标明由领图处的位置到目的地的路线，走向、楼电梯位置等。

图5-2-6为比利时鲁汶大学医院的分科导医地图。

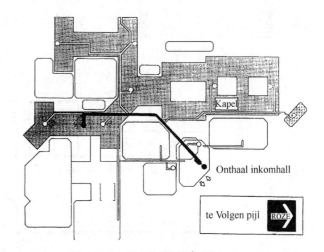

图5-2-6　比利时鲁汶大学的分科导医地图

（3）多媒体导医系统——汕头大学医学院第一附属医院自行设计了一套多媒体导医演播系统，可由病人或导医小姐触摸演示，具有科室位置、医院概况、病种分科、医生、收费、科室等情况的咨询导医功能，有详细的彩图和文字介绍，必要时可打印出书面资料供病人随时查阅。

图5-2-7为广东佛山第一人民医院门诊的微机导医查询系统。

图5-2-8为国外医院各部的图形诱导标志示例。

图 5-2-7 广东佛山第一人民医院门诊大厅的微机导医查询

德国汉瑟诺斯开发的图标

墨西哥社会保险医疗机构的图标

纽约E·克里斯托弗克鲁门为城市医疗部门设计的图标

图 5-2-8 医院各部的图形诱导标志示例

第三节 医院的知觉环境

人们的心理愉悦感是在生理舒适感的前提条件下产生的，生理舒适则源于知觉环境的优化，知觉环境的影响要素很多，有关空气、水体、净化、温度控制等问题，相关专业文献早有论述，在此仅就色彩、音响、气味等问题进行讨论。

一、医院的色彩环境

了解色彩的功能特性，加以正确运用，有助于缓解疲劳，抑制烦躁，调节情绪，改善机体功能。美国色彩学家吉伯尔（W. Gerber）认为色彩是一种复杂的艺术手段，可用于治病，因为每种色彩都有其电磁波长，并由视觉传递给大脑，促使腺体分泌激素，从而影响人的生理和心理，达到调整体内色谱平衡、恢复健康的目的。

（一）色彩的辅助医疗功能

（1）红色——能促进血液流通，加快呼吸，焕发精神，促进低血压病人的康复，对麻痹、忧郁病患者有一定刺激缓解作用。

（2）粉红——给人安抚宽慰，能激发活力，唤起希望。美国加州圣伯纳迪诺县监狱门诊部主任保罗·伯克米尼认为，"粉红色比镇静剂和镣铐更管用"，休斯敦医学城的安德逊医院率先用粉红色大理石建成。

（3）橙色——促进血液循环，改善消化系统，活跃思维，激发情绪，对喉部、脾脏等疾病有辅助疗效，为医院的餐厅、咖啡厅所喜爱的色彩。

（4）黄色——温和欢愉，能适度刺激神经系统，改善大脑功能，对肌肉、皮肤和太阳神经系统疾患有一定疗效，浅色调的米黄、乳黄是医院室内色彩的基调。

（5）绿色——生命之色，安全舒适，降低眼压，安抚情绪，松弛神经，对高血压、烧伤、喉痛、感冒患者均为适宜。国外有人提出"绿视率"理论，认为绿色在人的视野中占到25％左右时，人的心理感觉最为舒适。

（6）蓝色——平静和谐之色，用以缓解肌肉紧张，松弛神经，降低血压，有利于肺炎、情绪烦躁、神经错乱及五官疾病的患者。

（7）紫色——可松弛运动神经，缓解疼痛，对失眠、精神紊乱可起一定调适作用。紫色可使孕妇安静，在相关科室可选用浅紫罗兰色调。

（二）色彩知觉的交感性

（1）温感——红、橙热，黄色温，蓝绿冷。浅黄色对高热病人有退热着用，寒病患者则宜于暖色调环境。

（2）声感——热色闹，冷色静，热色扬，冷色抑。狂躁病宜于冷色调，抑郁症宜于暖色调。

（3）距感——色有进退之别，透过小窗观察相同距离的不同颜色，其感觉距离是不同的，由近及远依次是红＞黄≈橙＞紫＞绿＞蓝。在视距100cm处观察红色的感觉距离为95.5cm（进4.5cm），蓝色的感觉距离为102.0cm，（退2cm），因此，警示标志常用进色，消除压抑，扩展空间感常用退色。

（4）重感——色有轻重之别，明度高的轻，明度低者重；彩度低者轻，彩度高者重。由轻到重的顺序是白＜黄＜橙＜绿＜紫＜蓝＜黑。因此医院中的重型、大型结构物和医疗设备都漆成浅色调，以消除笨重感。

（三）医院建筑色彩实施要点

（1）除有医疗功能的专用空间外，一般大面积的色彩宜淡雅，宜用高明度、低彩度的调和色，建筑群体色彩应统一协调形成基调。

（2）小面积的标志物、诱导图标色彩亮丽，对比鲜明，各类标志、名牌应按领域对色彩、字体、尺度、图案等统一设计，既要协调统一，又要利于识别。

（3）住院期短的科室，北向或北方寒冷地区的医院多用暖色调；住院期长的科室，南方炎热地区或南、东、西向的房间，宜用冷色调。

（4）儿童病室环境，可用色彩亮丽、明快的饰物、玩具、家具，以活跃气氛，其大面积的背景色彩仍宜沉着淡雅。

（5）为使色调协调统一，在同一领域内的墙面、地面、顶棚、墙裙、踢脚线等处的做法、用料和色彩应协调一致。不同领域可稍有变化。

（6）注意光色变化、视觉残像对医疗工作带来的负面影响，一般诊断治疗用房不用彩色玻窗、深色面砖，以免反射光改变病人皮肤和体内组织器官的颜色，干扰医生的正确判断。

二、医院的音响环境

（一）乐音与噪声影响

音响能影响病人的情绪及对客观事物的评价和态度。病房过分寂静，容易加重病人的孤寂感，过分喧闹会影响睡眠和健康。适度悦耳的乐音，可以调节病人与环境的关系。据德国赫勒森体育医院对35000多名病人的测试，麻醉师拉尔夫·施平特格认为，在音乐作用下病人心脏工作量和需氧量减少，紧张激素分泌下降，痛觉随之减轻，麻醉药物的剂量比通常减少一半。南斯拉夫有71所医疗机构开展音乐疗法，瑞典医院90%的牙科手术采用音乐麻醉。我国长沙马王堆疗养院1984年建成音乐疗法病室。1975年7月毛主席晚年的白内障摘除手术，也是在"仰天长啸，壮怀激烈"的"满江红"乐曲声中完成的。

医学家的研究表明，人的脑电波运动、肠胃蠕动、心脏搏动都有一定的节奏，每分钟约70~80次，当音乐的节奏与人的生理节奏合拍时，就会产生生理快感。生病时则生理节律紊乱，选取适当的乐曲加以调节，使之恢复正常就可以达到治疗目的。因此，国外医院病房普遍设有低音量的背景音乐。医院的音乐疗法，分感受式与参与式两种，前者只需给病人带上耳机，去感悟乐曲中的旋律、节奏和场景气氛。参与式则是让病人和治疗人员一起参与即兴表演或演奏，这就需要在适当的地方设置音疗室（图5-3-1）。

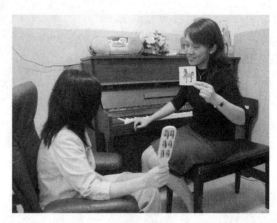

图5-3-1 香港某医院的音疗室

医院噪声则是泛指人们所讨厌或对别人造成干扰的声音，是噪声还是乐音因人因时而异。当病人需要睡眠休息时，乐音超过一定的响度也就转化为噪声；同样是戏曲音乐，对戏迷来说是乐音，对不懂戏曲的青年来说则可能是噪声。

噪声对睡眠有较大影响，医院把安全声级定为35~40dB，当$L=35$dB(A)时，睡眠良好；$L=50$dB(A)时，难以入睡；$L=40$dB(A)时，唤醒率为5%，$L=70$dB(A)时唤醒率为30%，睡眠干扰率为60%。

噪声引起神经衰弱，心跳加快，心律不齐，血压波动和肠胃功能紊乱，引起头晕、呕吐、恶心等不良反应而加重病情。

（二）音响调控要点

（1）控制病房内部通讯播放系统的音量和时间，让打鼾、梦呓、重病人住单床间，以减轻干扰，护理单元以少床病室代替多床病室。

（2）加强对声源的管理控制，对泵房、空调机房、精神病房、儿科治疗室、产科分娩、待产、婴儿室等重点部位加强隔离屏蔽措施。

（3）对声音敏感的科室，如测听、子痫、破伤风等病室等要远离声源，同时作好自身的隔离和屏蔽措施。

（4）采取防噪设施减轻外部环境噪声的干扰，限制内外车辆在住院区的通行范围和时间。

（5）注意门窗构造选型，减轻振动和碰撞，加强其气密隔声性能。桌椅家具接地部位应加皮垫，进入病房的推车、餐车应为软胶轮，车轴定期上油。

（6）加强医辅、陪护人员的管理培训，禁止说笑打闹，提倡步履轻盈，轻声细语，谢绝穿硬底鞋的人员进入病室。

三、医院的嗅觉环境

（一）气味及其对身心的影响

一些新的研究成果表明，香气确能影响人的精神、情绪，改善人的生理和心理反应。我国自来就有熏炉焚香，以驱邪净气改善嗅觉环境的悠久历史。相传华佗用丁香、檀香等香料制作香囊治疗肺痨病。民间也有用银花、菊花作填料制作香枕的经验，这种香枕有祛风、降压、安眠等功效。前苏联塔吉克共和国曾建成一个香花医院，临床实验表明15种香气对心血管疾病、气喘、高血压、肝硬化、神经衰弱、失眠等患者有辅助治疗作用。

然而在现实生活中，医院往往产生多种不良气味，使病人难以适应，常引起厌烦、恶心、呕吐等反应，从而影响食欲和睡眠。这些异味主要来源于消毒剂的药味，卫生间、床用便器、脓血的臭味和烧伤病人的焦痂味；此外还有现代建筑材料如油漆、涂料、胶粘剂、洗涤剂、杀虫剂等的残留气味。这些气味会使80%以上的病人产生厌恶、恼怒情绪。

（二）嗅觉环境的改善

改善嗅觉环境的首要问题是正本清源，消除不良气味。

（1）采用少床病室控制不良气味的影响范围，适当增设单床间供病重不能下床者使用。

（2）设病室独用卫生间代替公用卫生间，所有卫生间和污洗间、配餐间应有良好的排气通风装置，使之处于负压状态。

（3）病室的废弃排泄物应及时处理清洗，加强通风换气，改善空气质量，并喷洒有适当香味的空气清新剂。

（4）尽可能使用天然建筑材料制品，自然采光通风，使医院建筑本身成为无害的"绿色建筑"，慎用刺激性强的消毒灭菌药品，并严防气味外逸。

（5）医院的空调系统也是改善嗅觉环境的重要环节。随着现代科技的发展，日本推出了"森林浴"空调系统，其突出特点是在系统中脱臭除CO_2，加入植物杀菌素气体和森林效果音响，起灭菌、镇静、消除疲劳的作用。在欧洲也在研究在空调系统中输入香气，创造香味空间的可行性。这为改善和香化医院环境提供了新的思路。不过如能通过医院的生态绿化环境达到净化、美化嗅觉环境的目的则更具可持续发展意义。

四、医院的光学环境

自然光是人类感受时间变化的重要信息，对人体生物钟及睡眠、情绪、健康产生较大影响。"自古逢秋悲寂寥"，秋日阳光照射减弱，树叶飘零，人就感到精神不振，抑郁寡欢。在挪威北部一些村镇，在每年两个多月没有阳光的日子里，尽管灯火辉煌，可当地居民仍然心神不宁，行为反常。因此，自然采光对医院环境是非常重要的，建筑师们正在把阳光引向门诊中庭，引向病房深处和中间走廊。医院内外变得更明亮的趋势日益明显。

但研究显示在灯火通明的地区，乳腺癌的发病率是黑夜地区的近两倍，人造光源带来的危害不仅是"白日作梦"，而且危害健康和野生动物的生长。据统计，30%的户外照明和室内灯光是浪费的，试验表明，夜间处于白光或蓝光照射下，会影响荷尔蒙的分泌，扰乱生理节奏，促成肿瘤生长。长期上夜班的女工患乳腺癌的几率更高，上夜班的男性会提高患前列腺癌的可能。研究人员对以色列夜间卫星图和乳腺癌高发区分布图的对比显示，该国照明最强区的乳腺癌患病率，比灯光最弱地区高出73%。因此，除某些急救、监护需要外，长时间高亮度的人工照明是有害无益的。

第六章　综合医院门诊部设计

门诊是医院的重要组成部分，是医院的前沿窗口，是接触病人最早、最多，并对大量病人进行诊断、治疗的场所。病人对医院的第一印象是从门诊经历中得来的。为抑制医疗费用的增长，在西方国家中，医院的重心也有向门诊倾斜的趋势。

第一节　门诊部的类型、特点和任务

一、门诊病人类型

可分为一般门诊、急诊、保健门诊。

（一）一般门诊

求诊者自己或他人觉得其躯体上、精神上有异常表现而来医院就诊的病人，医院门诊部分设若干科室。门诊科室的设置与住院部病房的分科大体对应。一般综合医院按照当地的疾病发生情况设置不同规模的门诊科室，如内科、外科、儿科、妇产、眼科、五官、口腔、皮肤、中医等临床科室，并独立或与住院部联合配置放射、检验、药房等医技科室。一般门诊病人是门诊的主体，其门诊人次和所占面积占较大比重。

一般门诊又可依其来院情况分为预约门诊与非预约门诊，预约门诊制可避免同一时间病人的大量集中，可缩短等候时间，减轻拥挤情况，欧洲国家的医院比较强调预约。我国多是诊后预约，即医生认为病人有必要复诊时嘱其离院前办好下次的复诊预约手续。还可电话预约或由基层医务室代办预约。一般门诊和保健门诊是在规定的时间内应诊，有的医院已开始节假、双休日照常应诊的承诺，在门诊高峰季节适当延长应诊时间，以方便患者。

（二）保健门诊

是对自我感觉健康的人进行预防性检查和卫生知识咨询指导的门诊。其主要工作内容是定期健康检查、婚前检查、防癌、防龋普查以及妇、婴保健工作等。今后随着人民文化、经济水平的提高，对优生、优育、健康、保健的咨询需求可能会有更大的增长。

（三）急诊

是专门接待病情紧急必须及时治疗抢救的病人，时间性很强，一般24小时开放，接待急诊病人（关于急诊的问题，将在第六节详述，这里从略）。

二、门诊部的任务和特点

（一）早期诊断

有利于疾病初起时的早期诊断、早期治疗、早期康复。阻断病情加重或继续发展，这对急性或慢性病都是十分重要的。

（二）时间短暂

门诊病人当天来回，每名患者在院诊疗时间极为有限，因此，一切诊疗活动都必须在一定时限内完成，这就需要相关科室的密切配合，强调效率和紧凑有序的功能结构和相应的建筑布局。

（三）经济方便

病人定期或不定期来院检查治疗，基本上不脱离原来的生活工作环境，患者比较适应，花费时间也较少，经济上破费不大，易于承受。原来门诊规模较小的美国医院，为了控制医疗费用上涨，也把部分住院病人改在门诊治疗，一些住院手术也改在门诊进行。我国也在进行这方面的探索和尝试。

（四）人流复杂

大量病人、陪伴人、健康咨询的健康人、医务人员等等，都集中在门诊部，形成健康人与病人混杂的局面。而病人中，病种复杂，病情各异，易于造成病人与病人、病人与健康人之间的交叉感染。因此合理组织人流集散，防止人员高密度地集中，就成为关键问题。

三、门诊部的组成

（1）各门诊科室——即内、外、儿、妇、五官、口腔、皮肤、中医等科室，每个科室又由相应的若干个诊室、候诊室、办公、治疗、检查用房组成，各科室的大小根据其门诊人次的多少来决定。

（2）各医技科室——门诊手术、门诊化验、X光、功能检查、理疗、核医学等，规模较大的医院，使用频度高的医技项目门诊部专设；一些贵重医疗设备或使用频度不高的项目则设在医技部，进行中心化管理，便于共同使用。

（3）各公用科室——门诊所属的各公用科室如挂号、收费、结账、取药、门诊办公、综合大厅；非医疗服务设施如小卖、咖啡、花店、礼品店等；教学医院的示教室、研究室等。

四、门诊就诊程序

根据患者就诊行为的先后顺序划分

（一）分诊

很多初诊病人不知该找哪个科的医生诊治，同时现代医院门诊分科很细，病人也难以准确判断应去科室，有时造成挂号错误，多次挂号转诊，增加病人痛苦，其中传染患者若不能及时识别送传染科就诊则影响更大。因此，对初诊病人进行分诊，根据情况分别指明其应去科室，以提高挂号就诊的准确率，就显得更为必要。根据上海杨树浦区中心医院对门诊病人的初检结果，传染病检出率约为1.71%。这种分诊主要是由经验丰富的医生或护士长，在门诊问询或挂号处作初诊病人的就诊咨询，并观察发现传染可疑患者。另一种方式为多媒体电脑病情查询。儿科和急诊则对每位患者都有较为严格的分诊、初检程序。

（二）挂号

挂号分集中挂号，分科挂号，自动挂号几种形式。现在大部分医院在挂号处集中挂号，初诊（第一次来院就诊者）与复诊（再次就诊者）分设不同窗口挂号，为避免人流混杂，将传染、儿科、急诊独立设置收费挂号室。由于病人来院时间比较集中，集中挂号常引起人流大量集聚，为尽快分散人流，中国医科大学第一附属医院率先取消集中挂号，在门诊大厅设导医咨询服务台，引导患者直接到各科室挂号候诊。

随着"金卫"金卡工程的实施，以及门诊信息网络的开通，患者就医前先在大厅导医台填写就诊单，然后在存款结账窗口预存一笔现金，输入电脑后建立起该病人的电子档案，并发给就诊卡（称为金卡）和门诊病历。病人凭此去科室就诊，划卡时网络系统自动将该医生挂号、检查费记入病人账户，挂号就只有一个刷卡过程，从而大大缩短了等候时间。

（三）候诊

病人挂号后分别到各科候诊室候诊，值班护士核对病历，简单了解病情后，进行诊前准备，如测体温、量血压、数脉搏等；有的可开给化验单，利用候诊时间进行常规检查，护士还要巡视候诊病人，如有急重患者可优先安排就诊，如遇传染可疑患者应及时隔离，并安排诊治或转科。候诊时间可利用图片、录像等方式进行卫生宣传。除在分科候诊厅集中候诊外，一些门诊人次特多的科室还在诊室外面的内廊上组织二次候诊，以保持诊室的秩序和安静的就诊环境。

（四）就诊

门诊护士依顺序把病人分配到各诊室就诊，病人或陪护人介绍病情，医生询问病史、进行检查，提出治疗意见。如诊断存有疑问要请上级医生或相关科室医生会诊，或需进行特殊检查，根据检查结果再行处方。其中部分病人或经相关科室医生治疗，或收归住院治疗。

（五）医技检治

门诊病人的检查可在就诊前作常规检查，就诊后根据医生意见需补作特殊检查者，查完后持结果再回诊室就诊，无特殊检查的病人可经治疗后离院。在现行程序中，每次检查、治疗、取药前都要先计价收费，从而造成多次排队，奔波往返，耗时费力，实行整笔费用暂存，统一结算的金卡工程后，使网络系统具有自动挂号、自动传递、自动估价、自动收费入账的功能得到充分展示，避免了多次估价交费的中间环节，大大降低了病人的体能和时间消耗，也大大减轻了医院窗口的工作量。

（六）终结离院

终结离院根据病人情况有三种可能。

（1）交费取药——现行流程的绝大多数病人拿着医生处方经门诊大厅划价、交费后取药离院，或取药注射后离院。

（2）观察——少数病人需留在观察室观察后离院，观察后病情明朗，需住院者办理入院手续住院治疗，每100门诊人次中入院人次约占1.9%~2.0%。县及县以上医院的入院人次约占总人次的2.19%~2.30%。

（3）取药结账——实行金卡工程网络化管理的医院，医生直接在微机上开处方，此时药剂部的电脑就已显示该处方，调剂配方就已开始，医生处方的同时，药费则自动从存款中扣出，病人取药时将金卡交窗口人员核对，划卡后发药，不需估算交费。取药后病人到结账处结账，取得门诊收据，余款不必取出，下次继续使用。

图 6-1-1 为普通门诊就诊程序图表。

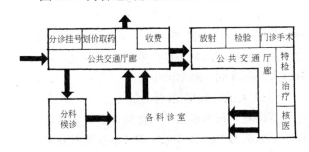

图 6-1-1 普通门诊就诊程序图表

图 6-1-2 为网络化管理门诊就诊程序图表。

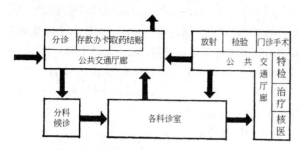

图 6-1-2 网络化管理门诊就诊程序图表

第二节 门诊部的流线组织

一、门诊部的人流特点分析

（一）人流向县以上医院集中

由于目前基层社区医院医疗技术装备和医疗水平与县以上城市医院存在较大差距，使基层医院的分流作用大为降低。随着人民收入的增长，医疗消费水平的提高，小病也愿上大医院，因此造成人流向大医院过分集中，向大医院的内、外、儿、妇等科室集中，从而形成人流空间分布的不均衡性。

（二）人流时间分布的集中

受发病率季节性因素的影响，受人们生活习惯的影响，就诊人流波动较大。在一年中，门诊高峰多出现在夏季6、7、8月；多出现在每周星期一；多出现在每日上午8～11时，据统计上午约占全日门诊人次的2/3，下午占1/3。这就形成了人流在时间分布上的不均衡性。

（三）人流性质的多样性

据统计，不包括医院工作人员，平均每100门诊人次中就有298.88人次的病人及其陪伴者跨入门诊大门。这些人中，有病人，有健康人；病人中，有急诊与一般病人；有传染与非传染病人；有成人与小孩，人流的多样性，决定了流线组织的多样性与复杂性。

（四）医疗设施的集中性

很多医院为节约人力物力，对医技科室实行中心化管理，集中设置，为全院各门诊、住院的相关科室共用，门诊的公用科室也为门诊各科室共用，这样就必然造成门诊不同科室病人之间或门诊与住院病人之间在同一时空的集聚。

（五）人流在院滞留时间长

据调查，每名病人平均在院停留时间为146分钟，军医院为102.89分钟，其中医生直接诊病时间仅占滞留时间的7.5%～16.5%，等候时间占全程时间的2/3，从而形成挂号排队时间长，候诊候药时间长，等候检查治疗时间长，诊病时间短的"三长一短"现象。

二、门诊流线组织原则

集中与分散相结合，做到集而不挤，散而不乱，低密度的集中，高明度的分散。

（一）宏观多渠道空间分流

健全基层医疗服务体系，加强医院间的双向转诊协作联系，使基层医院真正负担起所在社区的常见病、多发病的诊治工作。此外，要改进公费医疗管理，使部队、厂矿、集体、个体门诊机构向社会开放，提供医疗服务，参与竞争。随着全民保健意识的增强，非处方药物的公开销售等措施，也使得发病就诊人数总体下降，达到多元分流的目的。

（二）压缩门诊峰值，加强时间分流

就医院自身而言，则应利用医院管理手段调控门诊流量，削峰填谷，使之运行平稳。

（1）加强对季节性疾病的预防宣传，降低发病率和就诊率，以抑制季节性门诊峰值；改革节假日停诊制度，双休日不停诊，1周7个工作日比5个工作日的日均门诊人次必然有所下降，对削减双休日造成的周一门诊高峰有显著效果。

（2）实施电话预约咨询服务，设专线专人全天为病人服务，解答常识性的医疗问题，指导就医，为患者预约挂号、检查，方便那些只需简单询问的病人，不必来院苦等，又能指导病人选择适当的科室和来院时间，这样可以避开高峰时间，合理分流病人。

（3）提高门诊确诊率，压缩复诊人次，提高应诊医生的层次和水平，把首诊确诊率提升到一个较高水平，减少病人的多次复诊，降低不必要的门诊人次和经济负担。

（4）引进先进的网络化管理系统和化验检查手段，简化门诊手续，提高工作效率，缩短候诊、候药、候检时间。对当天不能出结果的检查，可由医院邮寄，以减少不必要的人流集聚。

（三）不同性质的人、物流线分别处理，防止交叉干扰

（1）人、车分流，一些乘车患者虽人随车至，但车行道、人行道必须区分清楚，且停车场的出入口和门诊主要出入口之间应保持适当距离，以保证下车步行患者的安全。

（2）传染与非传染患者分流，并各有其活动范围，挂号、收费、取药以及有患者参与的医疗设施，传染科应独立配置。

(3) 儿童与成人患者分流，并各有其活动范围，挂号、收费、取药最好能独立设置。门诊人次不多的中小医院，若不能独立设置，则由工作人员或陪伴人代办手续。

(4) 保健门诊人员与普通、传染、急诊、儿童病人分开，保健门诊是健康人，最好不与普通病人混在一起，应加以区分。

三、门诊流线设计要点

(一) 医院门诊的三级分流模式

(1) 广场分流——对于需单独设置出入口的传染、急诊、儿科、保健等科室应在门诊广场与普通病人分流，然后分别进入各专用出入口。

(2) 大厅分流——各科普通病人经门诊综合大厅分流，进入各科候诊厅。在门诊大厅将不同科室的病人分开。

(3) 候诊厅分流——同一科室的病人经候诊厅分流，把将要就诊的部分病人依次引入二次候诊和诊室就诊，以保证流程秩序。

(二) 门诊人次流线平均距离最短原则

防止门诊人次多的科室的"大部队"、长距离流动。门诊量大的内科、外科、儿科、妇产、中医科的位置要接近地面层，紧靠门诊大厅布置，以压缩水平和垂直流线的人次距离。同时平面布局要紧凑，缩短由门诊大厅到各科室候诊厅之间的距离。

(三) 科室的专属领域原则

每个主要的门诊科室保持独立尽端，不允许无关人员通行，不允许其他科室的用房及公共领域介入，严格防止串科现象，以保持正常的门诊秩序。

(四) 房间安排与门诊流程协调一致，保证顺序流畅减少迂回

互有联系的科室相邻布置，以便组成专科、专病中心，利于会诊，减少病人在科室间往返。

(五) 流线设计的高"明度"、低"密度"原则

所谓高"明度"是指交通流线，空间组织要简明易找，视线通畅，易于识别。所谓低"密度"，是指在同一时空的人流集聚量要明显低于计算允许量，使空间感觉舒适宽松，除前述的时空分流外，设计中必须保证必要而充裕的空间量。

(六) 特殊流线的处理

一是外宾、高干特优门诊，二是残疾人门诊，均应从地面层入口，可与普通门诊入口合用，但应各有电梯上至应去楼层和科室。外宾、高干在特优诊室就诊，各有关科室适时派医生前往；残疾人则在应去科室就诊。此外，在门诊人流中，约有1/3的患者要作常规检验、化验标本的流线常被忽视，经常可以见到一些病人无可奈何地拿着痰、便等标本为交付检验而寻寻觅觅。为摆脱这种尴尬处境，设计中可将临床化验的洗涤间与卫生间前室贴邻布置，并在间墙上设双向开门的标本传递窗，在卫生间前室即可交付标本。使标本从采集到交付之间的距离，压缩到最低限度。

第三节　门诊建筑类型及空间组合

一、街巷式

从门诊综合大厅到各科室候诊厅之间通过"街"来联系，各科室的内部通道则为"巷"，并可适当扩宽作为二次候诊廊来使用。这种空间组合模式是以广大人民群众"走街串巷"的空间认知经验为依据而设计的，因而识别性强，易于辨认。但要注意区分大"街"与小"巷"的尺度，街必宽（大于6m），巷必窄（约4m左右）；街必长（大于50m），巷必短（约30m左右）；应避免出现各方宽窄、长短近似的"十"路口，以免迷失方向。根据我国的情况，医院街应在住院楼前一定的保护距离外设置门卫，防止"街"上无关人员对住院部的侵扰，可参考以下案例。

(一) 北京同仁医院门诊部

1街6巷，每层可布置6个科室，各有独立尽端，布置十分紧凑，且采光通风良好，街巷主次分明，街巷交接处用"T"形节点代替了"十"字形节点，以利识别。在纵街与横街交接处仅有的一个"十"字街口，在首层平面上也做了处理，因其中一角有光井而易于区分。底层门诊大厅与上层医院街之间有自动扶梯联系，衔接紧密自然，导向性强。第四层的阶梯教室利用楼梯中间平台入口，处理干净利落，简练老到。惟第三层眼科候诊大厅位置隐蔽，与医院街及科室间的关系不够直接，一次候诊与二次候诊之间的路线稍长（图6-3-1）。

(二) 厦门市第一医院门诊部

为短齿"梳"形不对称平面，柱网5.6m×5.6m，1街5巷，每层可布置5个科室。街的一侧为门诊科室，另一侧为公用科室，空间划分灵活自由，布局紧凑，易于识别，采光通风良好。5个齿有一大、二中、二小三种面积，适应性强。大厅的自动扶梯与医院街联系紧密，并有4部医梯一部客梯分设医院街两端，这在门诊楼中是不多见的。1~3层均有连廊与医技楼衔接，只是结点如选择在电梯厅端部效果可能更好一些，以防科室穿套。设计中将急诊、儿科设在地面层，各有单独出入口，

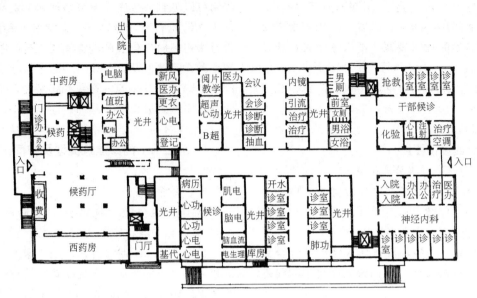

图 6-3-1(a) 北京同仁医院门诊部首层平面

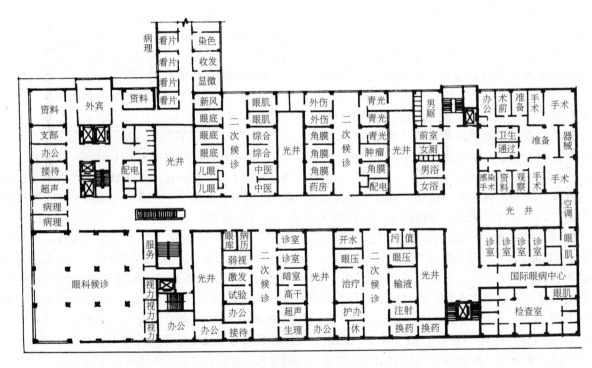

图 6-3-1(b) 北京同仁医院门诊部 3 层平面

人次特多的内科在第一层，与门诊大厅平齐，坡道引至大厅前沿，大厅宽敞，交通部分与等候部分划分清楚，各不相扰(图 6-3-2)。

(三) 上海市第六人民医院急诊部

为"双街双巷"式组合，患者通过门诊大厅左右两条平行的医院街联系各门诊科室。门诊科室呈双巷组合，双巷内有小庭，外有大庭，采光通风良好，两端四组"双巷"可布置四个大科室，也可布置八个小科室。中间两组双巷可布置公用科室，两街共用，左右逢源，也可布置 4 个门诊科室，使用灵活，适应性强。急诊设在地面层，抢救、手术、观察既分又联，急诊观察靠近医技住院端，联系方便(图 6-3-3)。

(四) 山东省立医院门诊部

大厅与主廊道在中部长边相连，这是与上三例厅在街端的不同之处，且其医技科室也在中部，门诊科室居南北两侧，布置自由，门诊楼高 6 层，每层可布置 5~7 个科室，各有独立尽端，急诊、儿科在地面层有独立出入口，急诊、ICU、急诊观察自成体系，使用方便，挂号室介于普通挂号厅与儿科之间,便于两面服务。由于楼层较高,在第4层适中部位分设中、西取药厅,以分散人流。底层的挂号、取药厅与门诊大厅联系直接,易于识别。该门诊楼医技、研究用房占有较大比重,将来如果迁出另建后,给门诊的后续发展留有较大潜力(图6-3-4)。

二、庭廊式

由围绕庭园或中庭的通道来联系各门诊科室,是围合与放散相结合的一种组合形式。庭周围合部分布置公用设施,放散尽端部分,安排各门诊科室。视野开阔,视线通畅,绕庭一周就能找到应去的科室。

(一)北京中日友好医院门诊楼

门诊楼共4层,地面层为需单独出入口的科室,如急诊、儿科、传染门诊及传染病房,它们集

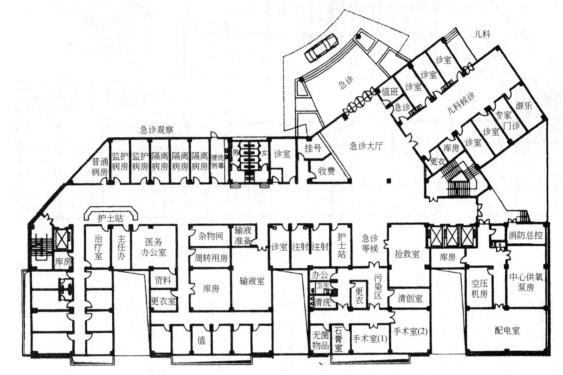

图 6-3-2(a) 厦门市第一医院门诊部首层平面

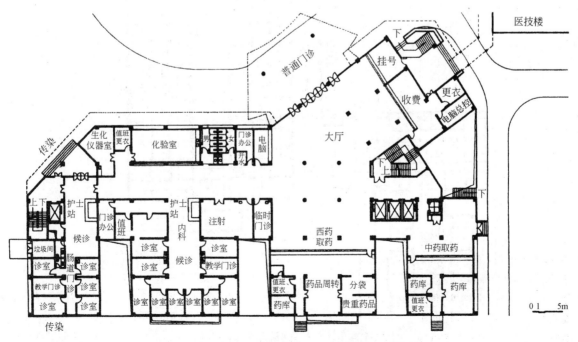

图 6-3-2(b) 厦门市第一医院门诊部2层平面

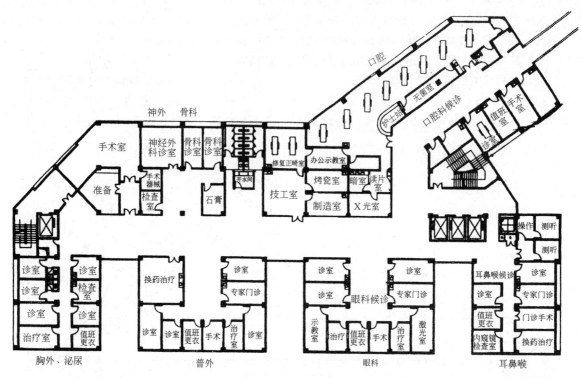

图 6-3-2(c) 厦门市第一医院门诊部 3 层平面

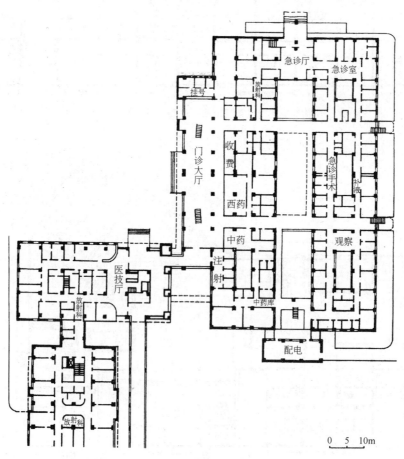

图 6-3-3 上海市第六人民医院急诊部首层平面

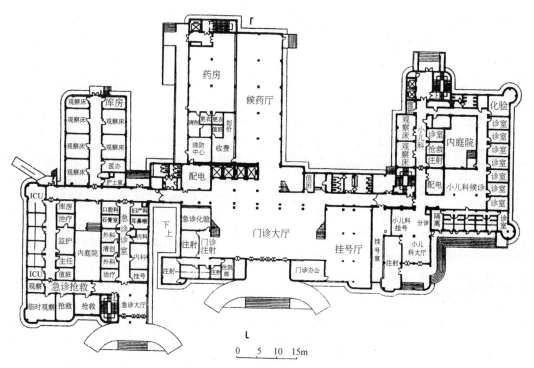

图 6-3-4(a) 山东省立医院门诊部首层平面

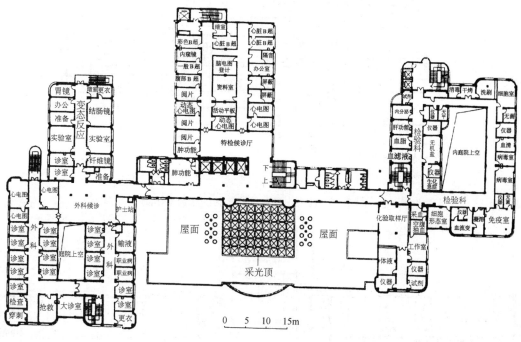

图 6-3-4(b) 山东省立医院门诊部 3 层平面

中在两个翼端内,便于集中管理。外宾和残疾人也从地面层入口,进入大厅后经电梯上至应去楼层。普通门诊则由室外大扶梯引至第 2 层,每层有 5 个尽端可布置门诊科室,另一尽端因与医技、住院的主街通联,因此只能安排公用科室。廊道的北端为开放端,可向北扩展延伸,以满足发展要求(图 6-3-5)。

(二)沈阳中日医学教育中心医院门诊部

门诊科室沿开敞的门诊大厅和两个庭园的环廊及延伸部分布置。翼端有长有短,以适应不同科室的要求。每层可布置 6 个科室,地面层布置了需要单独出入口的科室,急诊与医技和住院有较好联系。门诊部的平面构图自由潇洒,建筑与庭园绿化溶为一体,各部采光通风良好(图 6-3-6)。

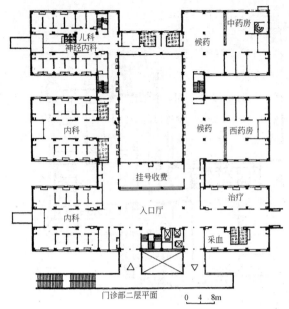

图 6-3-5 北京中日友好医院门诊楼 2 层平面

(三) 天津市肿瘤医院门诊部

通过门诊大厅及左右两个庭园环廊来组织门诊科室，门诊按肿瘤部位分为 12 个科室，将相邻部位的科室设在一个诊区，围合一个庭园布置，便于转诊、会诊。每个诊区都分二次候诊，秩序井然。候诊室自然采光通风良好，又面对庭园绿化，对缓解病人的紧张焦虑情绪有一定作用。门诊大厅，开敞明亮，结合方案特点设置了一部剪刀楼梯，沟通南北两廊，使用灵活，利于转换（图 6-3-7）。

三、套院式

一些大型或特大型门诊，由于层数限制在 3 层以下，又强调良好的自然通风采光和庭园绿化，因受北方四合院民居的影响，形成较为复杂的套院式建筑，平面多呈"日"、"四"、"田"、"曲"等形式。这种复杂平面有三个问题需要很好解决：第一是如何简化平面交通体系，增强环境的自明性。第二是

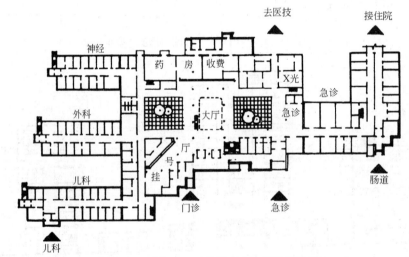

图 6-3-6 沈阳中日医学教育中心医院门诊部

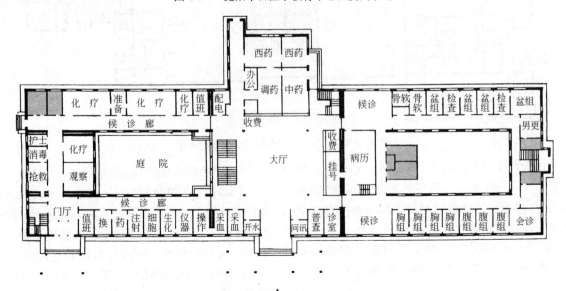

图 6-3-7 天津市肿瘤医院门诊部

庭园围合的环状空间如何保持科室的独立尽端。第三是如何减轻不利朝向的影响。

（一）东莞康华医院门诊楼

为解决特大型套院门诊人流的复杂性，设计者利用医院街将多个门诊单元串联起来，每个门诊单元楼的首层均设有出入口。这种开放式的组合方案，克服了人流过于集中入口大厅的弊端。每一单元根据门诊量的大小可设2～4个科室，并各有独立尽端，互不交叉干扰，便于快速识别，集散人流（图6-3-8）。每个门诊单元楼都设有药房、收费、注射、输液，三个单元合设检验室和标本收集处，以免门诊人流的大范围、长距离转移。儿科独立设有收费药房、检验、输液及卫生间，避免与成人患者流线交叉。

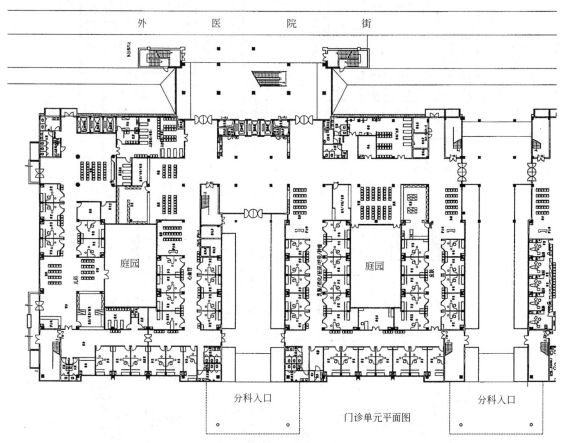

图6-3-8　东莞康华医院门诊单元

（二）中国医科院肿瘤医院门诊部

为两个"日"字形平面的组合体，中间以门诊综合大厅衔接，与白求恩医科大医院门诊比较，因为前面少了两个科室，西面廊道仅起防西晒和内部联系的作用，虽有4个庭园，但科室分布很有规律，仍沿中部南北向通道排列，每层可布置8个科室。房间布置上避免了西向房间，使得主廊道一面实，一面虚，且所有科室都由主廊出入，科室位置易于寻找。一个庭园布置两个科室，面积大小可互相调剂，划分灵活，一但划定，其领域界限亦属清楚。略感不足的是大厅的主梯位置不太理想，正好把2层的主廊道卡断了，两边的联系要绕一个"U"形大弯，稍感迂回（图6-3-9）。

（三）沈阳市儿童医院门诊部

平面呈四角横出的"甲"字形平面，由于下方一横很长，面积大，因此设有三个枢纽点，分为4个科室，东西联系体如不承担与医技部分的联系任务，也可各安排一个科室，或公用科室，中部候药厅可为各科室共用，前端作圆形分诊、挂号空间，分诊出的传染病人在传染门诊就诊，普通病人进入挂号廊挂号。该门诊楼由于设有三个枢纽点，枢纽点之间的科室被穿套的可能性较大，东西端的科室到候药厅或医技的路线较为迂回。主要问题是没有把公共交通廊道与科室内部廊道区分清楚（图6-3-10）。

四、厅式组合

即通过门诊综合大厅直接与各科室候诊厅联系，减少中间环节，科室位置一目了然。这种厅式组合多用于小型医院，各科室沿大厅周边布置，若用于大型门诊，必须解决科室数量繁多与大厅周长有限的矛盾；必须解决交通面积与候诊面积，一次

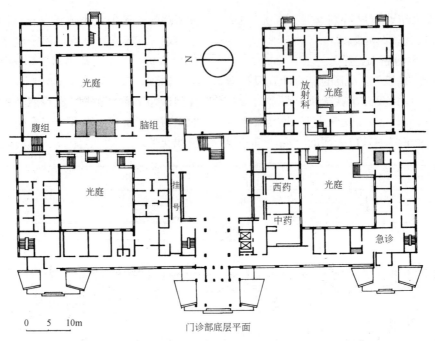

图 6-3-9 中国医科院肿瘤医院门诊部

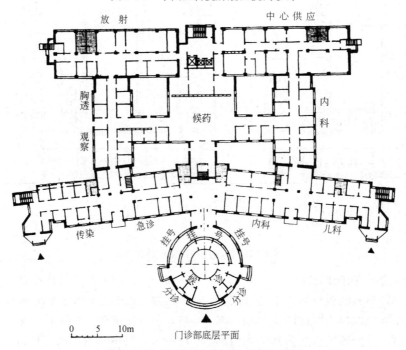

图 6-3-10 沈阳市儿童医院门诊部底层

候诊与二次候诊同在一处难于划分的问题。因此，一般中小形医院多采用环厅式布置，大型医院则采用指掌式、齿轮式布置。

（一）环厅式布置

这种布置方式又分单环廊与双环廊两种。单环廊多见于小型医院，人次少，科室穿套问题不会有大的影响。如日本丰冈医院，各个方向直接向大厅或环廊开门，候诊与交通共用廊道，留足必要的宽度就行了。大科室在地面层，科室的尽端划分清楚，候诊与交通面积也有所分隔（图 6-3-11）。双环廊式则见于中等医院，如杭州邵逸夫医院门诊，靠内侧的一圈廊为交通廊，中间的断续圈廊为科室内部的廊道，可作二次候诊用。交通廊有 4 个开口，3 个开口接科室一次候诊厅，另一个开口接通往医技部分的廊道，布局紧凑，联系方便，科室领域划分清楚。八角环廊一边设有开敞楼梯，可上 3 层，可作为定位参照物以利识别。中庭高贯 3 层，视线通畅，环廊 4 个开口部位科室分布一目了然。由于采用全空调，靠内环一圈房间可不开窗，并采取相应措施，以解决通风和视听干扰等问题（图 6-3-12）。

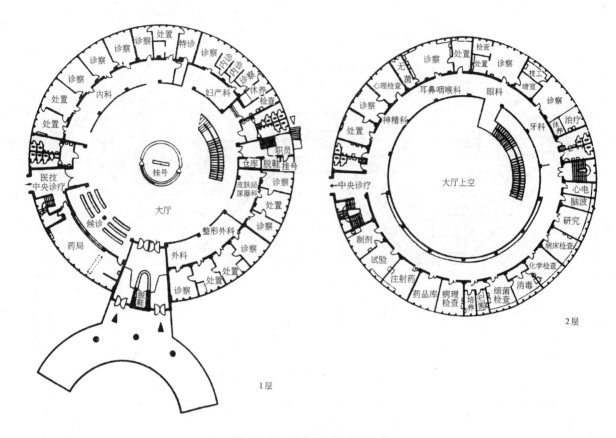

图 6-3-11 日本丰冈医院门诊部

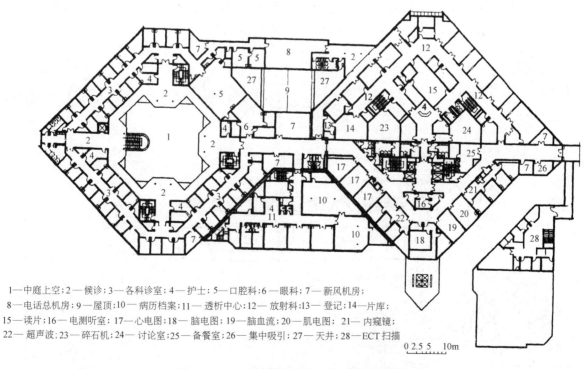

1—中庭上空；2—候诊；3—各科诊室；4—护士；5—口腔科；6—眼科；7—新风机房；
8—电话总机房；9—屋顶；10—病历档案；11—透析中心；12—放射科；13—登记；14—片库；
15—读片；16—电测听室；17—心电图；18—脑电图；19—脑血流；20—肌电图；21—内窥镜；
22—超声波；23—碎石机；24—讨论室；25—备餐室；26—集中吸引；27—天井；28—ECT 扫描

图 6-3-12(a) 杭州邵逸夫医院门诊 2 层平面图

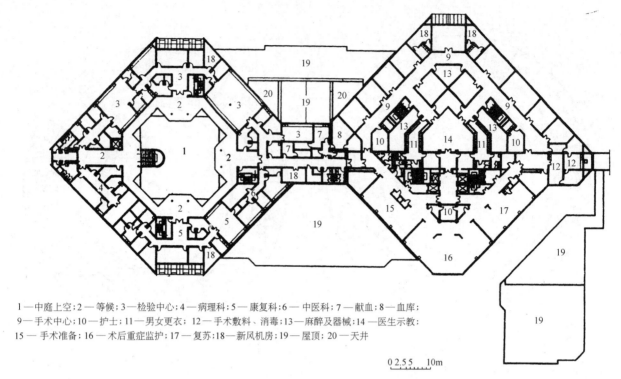

1—中庭上空；2—等候；3—检验中心；4—病理科；5—康复科；6—中医科；7—献血；8—血库；
9—手术中心；10—护士；11—男女更衣；12—手术敷料、消毒；13—麻醉及器械；14—医生示教；
15—手术准备；16—术后重症监护；17—复苏；18—新风机房；19—屋顶；20—天井

图 6-3-12(b) 杭州邵逸夫医院门诊 3 层平面图

(二) 指掌式布置

为解决厅式组合与门诊规模的矛盾，产生了沿大厅周边呈放射状布置各门诊科室的构想，公用科室或人次不多的小科室沿大厅周边布置，人次多的大科室像手指一样放射排列在大厅周边，形同指掌。如重庆大坪医院门诊，该设计将六个"手指"两两归并集于角点，形成"Y"形平面，这种"Y"形结构使 2~3 个科室汇于一点，各有尽端，兼具关联性与独立性。大厅主梯采用开敞式连续直梯的处理手法，一往直前可达 3 楼，水平与垂直流程同步到位。与一般沿地转圈只攀升高程的双跑梯相比较，每上升 3.6m 可缩短水平流线 13.5m，且导向性强，流线短捷自然 (图 6-3-13)，达到了集而不挤，散而不乱的预期效果。

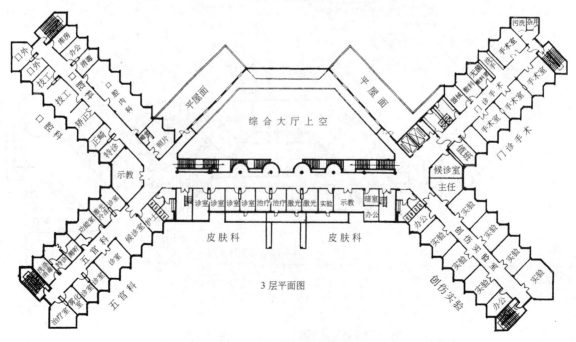

图 6-3-13(a) 重庆大坪医院门诊部平面

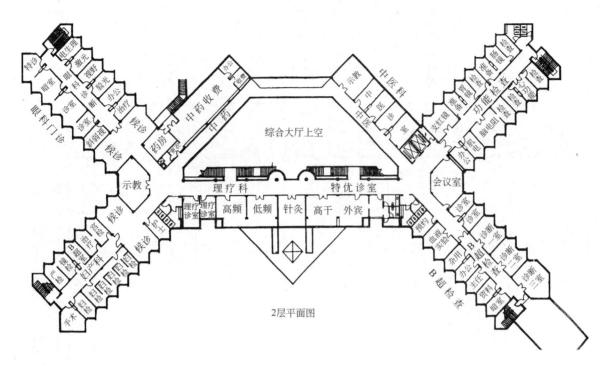

图 6-3-13(b) 重庆大坪医院门诊部平面

五、板块式组合

由于门诊病人在院停留时间不长，现代医院用地紧张，为了节约用地，缩短流线，提高效率，日本的一些大型医院，多采取大面积板块式的门诊布局，平面极为紧凑，采用人工照明和全空调环境。

（一）日本筑波大学医院门诊

为舷廊式板块布局，两条外弦廊一为医护人员廊道较窄，一为病人廊道较宽，每一科室占一个舱位，内分若干诊室，候诊室贯通两端舷廊，采光通风尚好，但诊断治疗等室全靠人工照明和人工气候调节。在总体布局上，急诊、入院设在住院楼底层，与各部联系方便，急诊配有X光、手术室，利于及时抢救；门诊大厅、候药厅的纵向廊道直通医技部，门诊内科部位还另有廊道与医技部的舷廊联通，识别性极佳（图6-3-14）。

（二）日本圣路加国际医院门诊

门急诊和理疗、肾透析、ICU、手术部集于一栋，矩形板块式布置，一层为急诊、放射、门诊公用科室及服务设施。由自动扶梯上至二层，该层布置内、外科，分科挂号登记，然后进入中廊候诊，医护人员另有通道由接诊柜台可到各诊室。一次集中候诊在柜台外面，二次候诊在柜台内面，划分清楚。靠外墙一面为医护人员使用，设有宽敞的休息、会诊廊道。门诊人次较少的科室设在三层，除保留医护休息、会诊廊道外，平面采取诊室背靠背布置的方式，取消了与候诊廊平行的医用内部通道（图6-3-15）。

（三）上海东方医院门诊

为集中一栋式医院。门急诊设于裙房板块的一、二层，并与医技布置在一栋楼内。一层设门诊、急诊、儿科门诊、传染门诊，除设急诊入口外，专设救护车出入口，救护车可直入抢救厅，门诊公用科室和VIP诊室也在一层大厅周边布置。由于门诊、医技、住院集中在一栋楼内，门急诊和住院部分的楼电梯也有明确划分。住院主要从北面进入，用标准层范围内的楼电梯，门诊主要用自动扶梯和南面4个楼梯。门诊科室主要在门诊大厅东西两边背靠背布置。平面十分紧凑，门诊、急诊与医技相关部门联系极佳（图6-3-16）。

（四）日本欧米医院门诊

为光井板块式，在板块中挖出光井，光井两侧布置二次候诊廊及各科诊室，从而大大改善了候诊和诊室空间的自然采光通风条件。阳光、绿化的引进，给建筑注入了勃勃生机，使枯燥的候诊有了几分情趣，从而形成更为宜人的候诊环境，同时也更有利于节约能源，改善自然生态，实现医院建设的可持续发展原则（图6-3-17）。

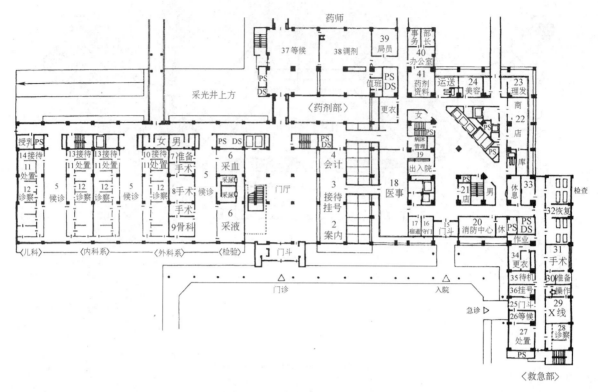

图 6-3-14 日本筑波大学医院门诊

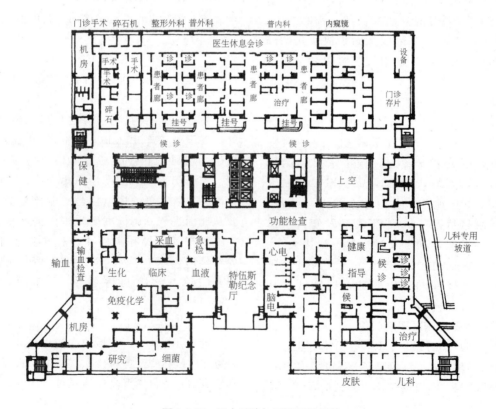

图 6-3-15 日本圣路加国际医院门诊

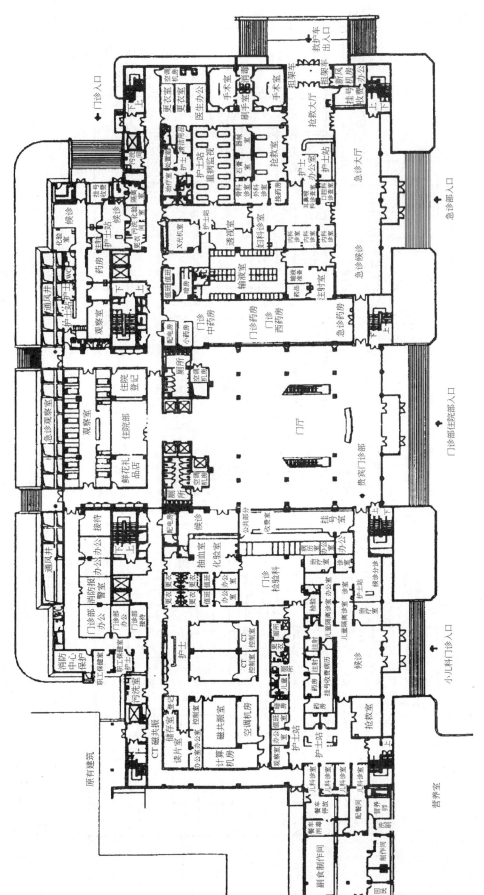

图 6-3-16(a) 上海东方医院门诊一层平面

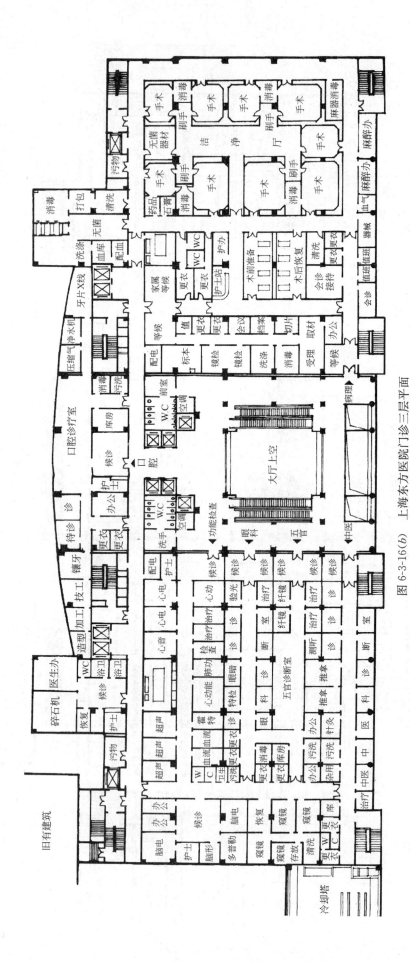

图 6-3-16(b) 上海东方医院门诊三层平面

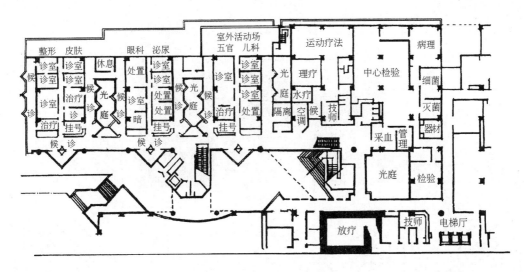

图 6-3-17　日本欧米医院门诊

第四节　门诊综合大厅及公用科室设计

门诊综合大厅具有挂号、收费、取药、化验、注射、分配人流等功能，公用科室及某些非医疗设施如咖啡厅、礼品店等也多在大厅附近设置。近40年来我国医院的门诊综合大厅经历了"合而后分，分后又合"的反复过程。实践经验证明，将综合大厅加以分解，分成挂号、收费、取药各厅的结果，总面积明显增加，但就每个单厅而言，面积并未扩大，其所承担的专项作业量并未减少，在业务高峰时段，因回旋余地受限，拥挤在所难免，高峰过后又显萧条冷落，且厅多难寻，反而增加流线长度和交通面积。因此，这种绝对分隔的多厅式布置已较为少见。另一种方式是在各层分设综合小厅，分层挂号收费取药，这对分散人流，减少层间往返无疑会有一定作用，但由于放射、检验、理疗、手术等医技科室不可能每层设置，一定的层间往返在所难免，且挂号、取药为门诊程序的首尾，挂号后进入，取药后离去，除临时转科者外，与层间往返关系不大。而造成这种不必要往返的主要原因，在于作各种检查治疗之前都有一个划价交费过程。为此，规模较大，层数较多的门诊楼可适当增设楼层收费点，中药房也可与中医科同层设置，以适当分散综合大厅的人流。随着医院门诊信息化管理水平的提高，门诊"金卡"工程的逐渐普及，门诊流程中的挂号，将由大厅转移到各专科门诊的接诊柜台，微机划卡挂号、收费，门诊大厅则保留存款办卡、结账、取药、化验、注射等业务和分配人流的功能。门诊的挂号、收费、取药、化验等，往往时空交错、人流多变，一般挂号高峰出现在早上7~8时，候诊、检查高峰为9~11时，取药高峰在11~12时，采取合厅方式，流程衔接紧密，空间忙闲互补，具有多种功能的包容性与诠释性。因此，合厅和联厅是现代门诊大厅的基本形式。

一、合厅式

将挂号、收费、化验、取药等合设在一个完整的大厅内，现在多为贯通3、4层的中庭式综合大厅，大厅面积多在 600m² 左右，公用部门和各门诊专科的入口环大厅周边布置，既集中在统一大空间内，又分散在视线所及的不同位置和楼层，科室分布一目了然，空间高朗明亮，一扫传统门诊的压抑阴冷气氛，如重庆大坪医院、浙江邵逸夫医院门诊大厅（图 6-4-1、图 6-4-2）。

这种合厅方式大厅面积指标，根据7所近年来新建的医院门诊大厅轴线面积统计，平均每一门诊人次约 0.3m² 左右。一所3000门诊人次的医院大厅面积在 900m² 左右。这一指标可作参考，大厅内应适当布置等候椅，位置最好离服务窗口远一些，但又能看到窗口的情况，这样病人休息时看得见替他排队的陪护人，心里比较踏实。

二、联厅式

即由2至3个厅联在一起，常见有若干凹入空间，分别布置不同的公用科室，往往由门厅（交通厅）空间向前、向左、向右延伸出联体空间，其联结面最好宽一些，这样视线较为开阔通畅，联结面过窄只剩个门洞，则与分厅式无异，其空间的互补功能就会下降。

图 6-4-3 为山东省医院门诊大厅。

图 6-4-4 为西安西京医院门诊大厅。

大厅内景

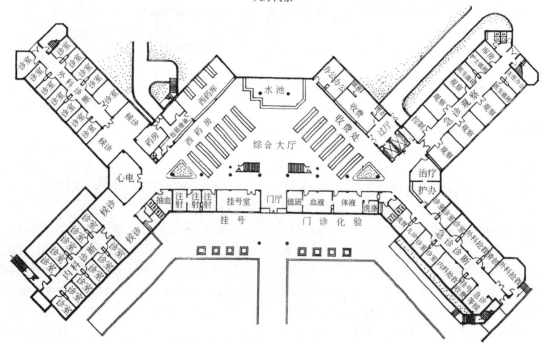

图 6-4-1 重庆大坪医院门诊大厅平面及内景

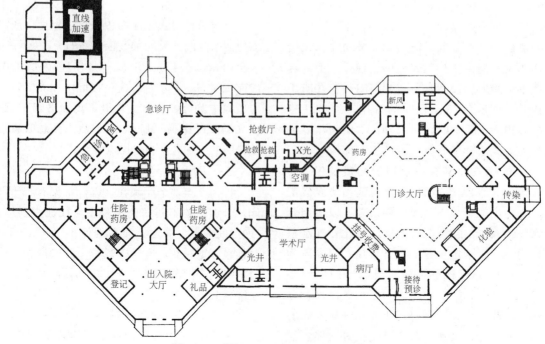

图 6-4-2 杭州邵逸夫医院门诊大厅平面

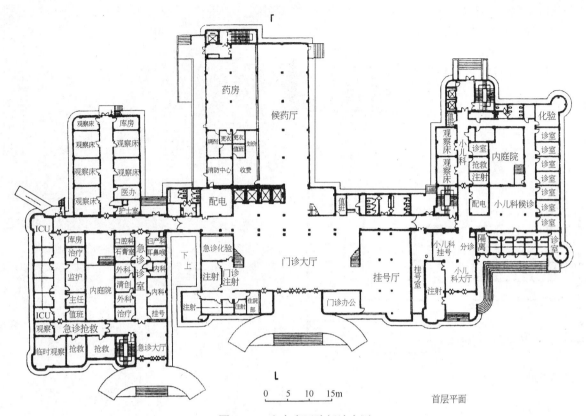

图 6-4-3 山东省医院门诊大厅

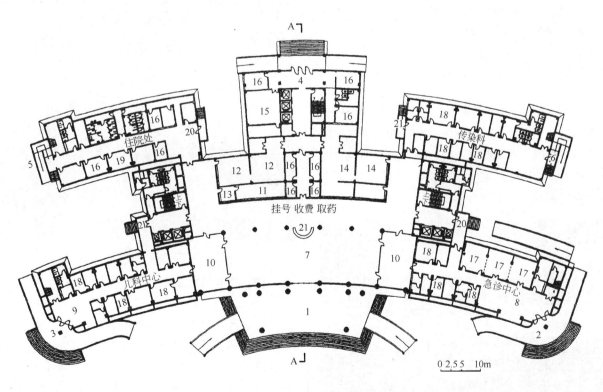

图 6-4-4 西安西京医院门诊大厅布置

1—门诊入口；2—急诊入口；3—儿科入口；4—病房入口；5—住院出口；6—传染科入口；7—门诊大厅；
8—急诊大厅；9—儿科门厅；10—休息；11—挂号；12—中药房；13—划价；14—西药房；15—消防控制室；
16—办公；17—抢救室；18—诊室；19—理发；20—内部出入口；21—服务台

潮州医院门诊大厅规模较小，结合气候特点采取厅廊相续的纵向布置方式，廊的两侧布置了几块凹入等候空间，以提高舒适安定感(图6-4-5)。

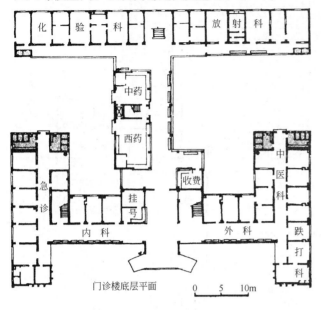

图 6-4-5 广东潮州医院门诊大厅平面

三、街厅式

即较长的纵向大厅，高贯3～4层，西方医院称为医院街，街两侧布置公用科室，依就诊程序次第排列，规模不大的门诊，街、厅合一；规模大的门诊则前端扩大面宽为厅，安排垂直交通枢纽、挂号、收费、取药等功能；街的两侧安排人流不太集中的公用服务空间和专科门诊候诊厅的出入口。如康华医院，1000床位，除有分设的大厅外，门诊大厅端部设有一条长逾万米高贯4层的医院街，聚碳酸酯透明拱顶，高朗明亮，将门诊各科和医技住院联成整体，楼层有天桥回廊将街道两侧联通。

参见图6-4-6～图6-4-9。

图 6-4-6(a) 东莞康华医院医院街

图 6-4-6(b) 重庆开县人民医院门诊医院街

图 6-4-7 美国洛彻斯特马约医院门诊大厅

图 6-4-8 某公爵大学医院门诊大厅

四、公用科室设计

（一）挂号

过去挂号与病历在门诊占有较大面积，挂号室在北方地区多设于室内，南方地区也有在大厅外面另设挂号廊的做法。在实行"金卡"工程信息化管理之后，挂号室有可能取消，其功能为专科门诊刷卡时就自动挂号所取代，原有的病案和其他医疗档案及固态传送装置也为计算机的信息存储传输所取代。专科门诊候诊厅则应设接诊柜台，办理接诊刷卡业务，需要适当增加面积。

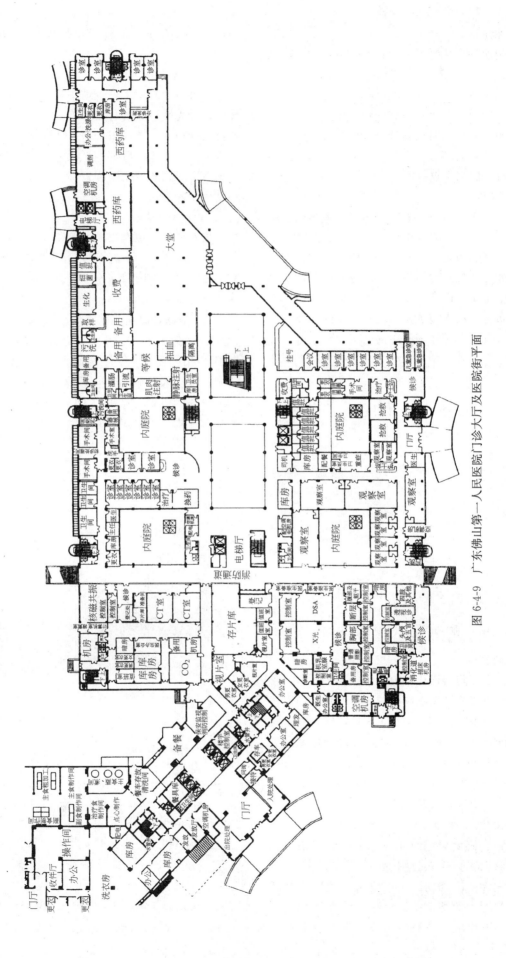

图 6-4-9 广东佛山第一人民医院门诊大厅及医院街平面

（二）收费

实行门诊信息化管理和"金卡"工程后，除初诊时需存款交费办理"金卡"，或"金卡"余额不足支付需适时补存交款外，现金收费业务将大幅减少。病人就诊中的每次费用都分别在科室刷卡时从存款中扣除，最后只需结算打出报销单具。反复排队交费的现象将会消失。在实施金卡工程前，大型医院应分设楼层交费点。

（三）取药

药房的调剂、制剂、库房等占有较大面积，而且有中西药之分，如果集中设在底层，则必然占去大片面积，影响布置。因此一般将药剂部的面积加以分解，如将住院药房与门诊药房分开；制剂与调剂分开；中药房与西药房分开，中药房随中医科在适当楼层布置，药库布置在半地下层用内部楼梯与药房联系等方式，压缩地面层的药房面积。若成品药库设在门诊楼外，则其补给路线不应与病人流线交叉（图6-4-10）。

图6-4-10　张家港第一人民医院的取药厅

（四）化验

一般在大厅附近设化验窗口，主要是提取、接收标本、发放化验结果或作些较简单的化验，这样在大厅周边所占面积不大，易于安排，标本则送往中心检验部门，门诊检验与中心检验之间可通过计算机网络及时将结果转回窗口，打印发放。此外，化验窗口宜与卫生间前室适当靠近，并于前室设标本收集箱，以便病人就近交付。

（五）卫生间

不可能分科设置，但儿科、妇产、传染、急诊则需单独设置。病人公用卫生间应设在门诊大厅与专科候诊厅之间的适中而隐蔽的位置，与楼梯间适当靠近。此外，在每科尽端可设医护人员专用的内部卫生间。一般门诊楼底层人数明显多于楼层，且有化验标本采集的任务，蹲位可适当增加。

（六）更衣

一种方式是集中设置若干男女更衣间，以分科集中设置为好，但有时面积不好分配，设在走道上的更衣壁柜，夏天衣服单薄，使用多有不便。另一种方式是每间诊室设壁柜，化整为零分散设置，既不另占房间又便于使用和管理，一般以占用门后空间贴柱设置为宜。

（七）注射输液

男女分设，规模较大的医院还应专设引流、穿刺室，并与注射室靠近布置，以利人员调配，输液室可适当靠近急诊观察，一般设在大厅与急诊的接合部较为恰当。

五、非医疗服务用房

如咖啡店、礼品店、鲜花店、书报、小卖等，在国外的医院中是经常见到的，多布置在医院街两侧，门诊大厅附近，但欧美医院门诊流量比我国小得多，布置这些非医疗空间对人流组织影响不大。因此，在我国则应在满足门诊需求，不影响流线组织的情况下有选择地布置（图6-4-11、图6-4-12）。

图6-4-11　比利时根克圣约翰医院的书报亭、鲜花店

图6-4-12　美国罗彻斯特马约医院门诊大厅一侧的咖啡厅

第五节 门诊候诊及各科诊室设计

一、候诊空间设计

一次候诊是患者花费时间最多的一项程序，患者对时间的忍耐程度与环境舒适度、情趣性关系极大，在一个舒适而又充满文化氛围的环境中，往往时光易过而流连忘返；在拥挤、嘈杂、阴暗、压抑、充满异味的环境中，就会感到焦躁、恼怒，更觉时光难熬。因此，为患者创造一个宽松明亮、舒适温馨的候诊环境非常重要。首要条件必须具备足够的空间量，在高度一定的情况下一般以面积控制。据调查，候诊厅的面积，以该科日门诊人次量的15%～20%作为高峰在厅人数，再按成人1.2～1.5m²/人，儿童1.5～1.8m²/人计算，公式如下。

成人＝分科人次×30%（高峰比例）×60%（候诊比例）×1.2～1.5m²

儿童＝分科人次×30%（高峰比例）×60%（候诊比例）×1.5～1.8m²

在满足空间量的前提下，应使候诊厅有良好的自然采光通风和适宜的温度，可以观赏庭园绿化或室内绿化，候诊中可以观赏电视。英国画家彼得·斯内亚曾在曼彻斯特一家大医院举办画展，轰动一时，病人在候诊时不再感到时间难熬，他们在候诊的艺术长廊里自由欣赏、评论、迷恋、陶醉，因而进入忘我境界。在英国2500多家医院中，有300多家的候诊空间挂上了各种流派的绘画作品。候诊空间可分为厅式候诊、廊式候诊和绿荫候诊。

（一）厅式候诊

主要用于分科候诊或小型门诊的多科室集中候诊，这种厅多为一次候诊使用，人员较为集中，候诊时间较长。因此要有一个舒适温馨的候诊环境。为了保持诊室的安静和秩序，一次候诊厅与诊室之间不宜贴得太紧，宜以治疗、处置等室缓冲一下，再进入二次候诊廊道。候诊厅的形式又有单面、双面厅和中厅之别。

（1）单面厅——多为门诊人次较少的科室作一次候诊用，这种厅只占一面外墙，厅的对面安排治疗、处置等室，若用于大科室，则单面厅拉得很长，有的与诊室各占一面外墙，结果一次候诊与二次候诊只能背靠背的布置，难于保持诊室的安静和正常秩序(图6-5-1)。

（2）双面厅——多见于门诊人次较多的科室，这种厅占对应的两面外墙，采光通风好，与诊室的二次候诊区短边相邻，易于管理，诊室秩序有保证，在我国应用较多，如北京天坛医院、重庆大坪医院(图6-5-2)。

（3）中厅——将中间走道扩大到6m左右，在中线上背靠背设置座椅，如北京中日友好医院、日本香川县立中央医院、南京鼓楼医院。这种方式由于是内厅，通风采光较差，依赖人工照明和空调设施，作为时间较短的二次候诊较好(图6-5-3)。

图 6-5-1　东莞康华医院的单面等候厅

图 6-5-2　重庆大坪医院的双面候诊厅

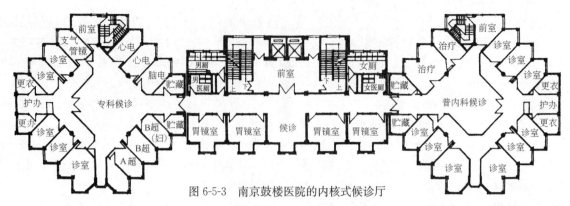

图 6-5-3 南京鼓楼医院的内核式候诊厅

(二) 廊式候诊

多作为诊室外面的二次候诊使用,又有中廊与外廊之别。

(1) 中廊候诊——顺走廊内墙安排座椅,走道宽度宜在 3.5m 左右,用作二次候诊,或小科室的一次候诊,这种方式只宜用于科室内部走廊,不能用于公共走廊。廊道不宜过长,否则光线和通风都受影响(图6-5-4)。

(2) 外廊候诊——沿外墙设候诊廊,采光、通风、景观条件都很好,考虑到气候影响,应以暖廊为佳,座椅靠窗布置,或间以绿化花池,是较为舒适的候诊环境。中廊则作为会诊联系的医用通道。如重庆某医院外廊候诊(图 6-5-5)。

图 6-5-4 张家港医院的中廊式候诊

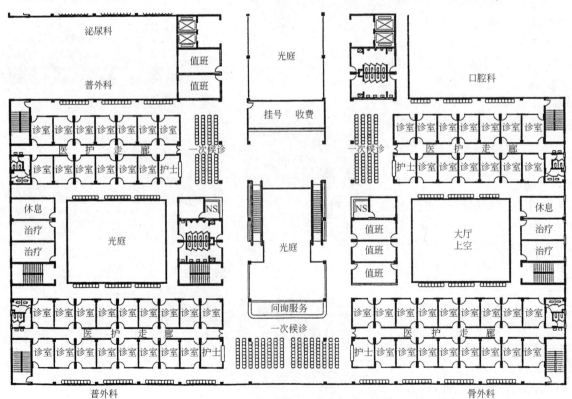

图 6-5-5 重庆某医院的外廊候诊方案

（三）绿荫候诊

将上述外廊候诊再延伸至庭园绿荫的一种候诊方式，在庭园树荫、棚架之下设庭园椅，供作夏季门诊高峰季节的附加候诊空间。如果把内科、儿科等人次多、波幅大的科室设在地面层则可分流部分候诊病人。冬天、雨天因门诊量受气候调节而下降，室内足以容纳患者候诊。结合庭园设置儿童户外活动场地也是很受欢迎的（图6-5-6）。

二、门诊专科诊室设计

（一）门诊各科诊位数的确定

诊位即每位诊病医师及所属的诊病设施所占的空间位置。诊室数量则与每室容纳的诊位有关。在诊位的计算上，以上午占日门诊人次的2/3为依据，计算公式如下：

$$诊位数 = \frac{全日门诊总人次 \times 该科所占人次比}{每名该科医师半日接诊人数} \times \frac{2}{3}$$

图6-5-6　南方地区与外廊结合的庭园候诊

$$诊室数 = \frac{该科半日总诊位数}{每诊室平均诊位数}$$

各科门诊人次占总人次的比例及各科每名门诊医生每小时接诊人数可由表6-5-1、表6-5-2查得。

各科门诊人次占总人次的百分比（1986年调查资料）　　　　　　　　　　　表6-5-1

科　别	省市级医院	市区级医院	县市级医院	1985年全国农村卫生调查	北京医学院三附院资料 1977~1981年	北京积水潭医院资料 1977~1981年	2004年规范征求意见稿
普内科	18.06	21.36	24.37	28.05	26.60	23.98	28
神经内科	5.03	0.86	—	—	3.53	—	—
普外科	7.75	11.09	12.81	9.83	9.29	6.69	25
骨外科	3.42	1.79	1.11	—	5.70	17.31	—
泌尿科	—	—	—	—	1.35	—	—
妇产科	5.24	8.08	6.68	6.55	8.25	6.95	18
儿　科	11.94	14.26	12.87	8.04	8.50	—	8
眼　科	9.64	5.18	4.27	2.82	7.50	5.25	共10
耳鼻喉	6.59	4.94	3.20	4.24	7.45	5.30	
口腔科	5.25	5.92	6.54	3.14	6.20	6.66	
皮肤科	9.07	6.56	2.18	2.49	8.60	7.65	
中医科	7.72	9.68	14.97	22.30	4.27	11.78	5
针灸科	2.87	—	3.93	—	—	2.60	—
中医骨伤	—	1.00	2.61	—	—	3.82	—
传染科	—	—	—	1.65	—	—	—
其　他	7.42	9.28	4.46	10.69	2.86	2.00	6
总　计	100	100	100	100	100	100	100

每名门诊医生每小时门诊工作量　　　　　　　　　　　　　　　　　　　　表6-5-2

科　别	平均	外科	皮肤	妇产	眼科	耳鼻喉	传染	结核	内科	儿科	中医	口腔
门诊人次	5	7	7	6	6	6	6	6	5	5	5	3

注：1. 医学院校的教学医院每名医生的小时工作量应乘0.8的系数，以利带教讲解。
　　2. 外科工作量包括小手术，眼、耳、鼻、喉科包括直观检查、验光和门诊小手术在内。
　　3. 各科门诊人次比例应根据医院实际和专科特色调整。

诊室的大小及尺度，大体上可分为分间式、合间式与套间式等形式，但都以分间式的基本间为单位来进行组合。根据多数医护人员的意见，每间诊室设两个诊位比较合适，以便高年资医生带一名进修或见习医生使用。诊室尺度以 3～3.3m 开间×4.2～4.5m 进深为宜，教学医院如后部有联系通道，进深可增至 4.8～5.1m。

（二）各科诊室设计要点

1. 内、外科

内、外科多为分间式或少量套间式组合。内科除诊室外，还有治疗室，一些大型医院将灌肠、注射、穿刺、引流、输液等从内科中分出，专设门诊治疗室，也为其他科室服务。内科诊室中应有一间隔离诊室，在无传染科的情况下，可在此诊断。此外，还需设会诊室。

外科诊室一般为分间式。骨外科要求有两个开间大小为好，以便抬送扶持，练习走动；泌尿外科诊室则应注意隐秘，防止视线干扰。泌尿科与内镜、骨外与放射科有较多联系，如不同层，最好有电梯输送。外科的换药处置室分为有菌与无菌，前者供换药，后者供术后拆线、切开、封闭、注射之用。换药、治疗室的位置靠近分科候诊厅为宜，以尽可能缩短复诊换药患者的水平流线。外科手术室在小型医院设于外科，大型医院则专设门诊手术部，占一个独立翼端，按手术部要求设计（图 6-5-7、图 6-5-8）。

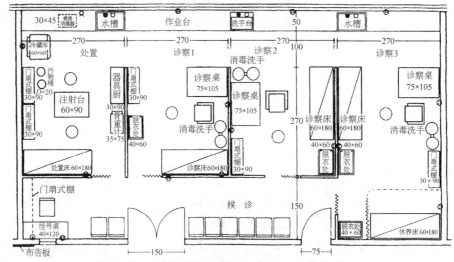

图 6-5-7(a)　内科诊室处置室平面组合（尺寸单位为 cm）

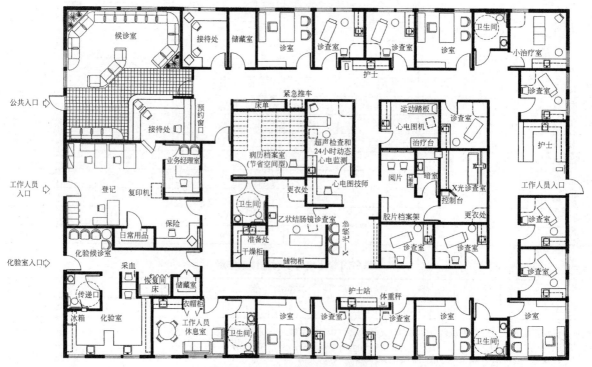

图 6-5-7(b)　内科诊所的平面设计

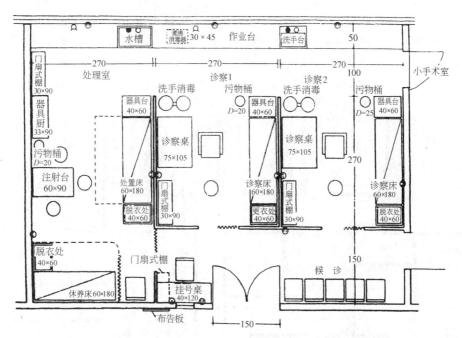

图 6-5-8(a) 外科诊室处置室平面组合（尺寸单位为 cm）

图 6-5-8(b) 普外科的平面设计

2. 儿科

(1) 小孩年幼体弱，机体抵抗力差，易受感染，因此，儿科门诊独立性强，初诊传染病儿、急诊病儿都在儿科就诊，急诊室可不专设儿科诊室。

(2) 挂号、收费、药房、化验、卫生间等都应单独设置或与普通门诊合设，但使用路线必需划分清楚，使之各行其道，互不干扰。

(3) 儿科治疗室也应在僻静处设注射、穿刺、输液等，以免儿童哭闹，影响门、急诊秩序。

(4) 现在每个家庭都是独生子女，生病陪伴特多，据近年统计，就诊患儿陪伴率为 96.62%，其中 1 人陪伴占 5.5%，2 人陪伴占 83.22%，3 人陪伴占 3.29%，每一儿童平均有 1.82 人陪同前来，因此候诊面积应相应增加。

(5) 儿科必须设置预诊隔离诊室，严格控制传染。预诊室设置多间，两端开门，非传染儿童顺利通过，进入挂号、候诊、诊断，取药后从另一出口离院；传染病儿则在该预诊室封闭隔离诊断，由陪人或医护人员代为挂号取药，诊断后原门退出离院，该预诊室封闭消毒后重新开放。

(6) 儿科诊室的候诊室要适合儿童的身心特点，爱玩好动是儿童本性，最好把医疗程序与游戏结合在一起。例如，美国圣地亚戈医院患儿初来时，发给孩子一张 VIP 卡（贵宾卡），上面有病儿的照片和医生的卡通画，激活儿童的兴趣；此外，医院还雇用了一些表演系的学生来表演名为"素肯"的木偶人，让孩子们在和木偶的嬉戏中，不知不觉地就完成了吃药、输液等程序，使他们觉得医院是个有趣的地方（图 6-5-9～图 6-5-11）。

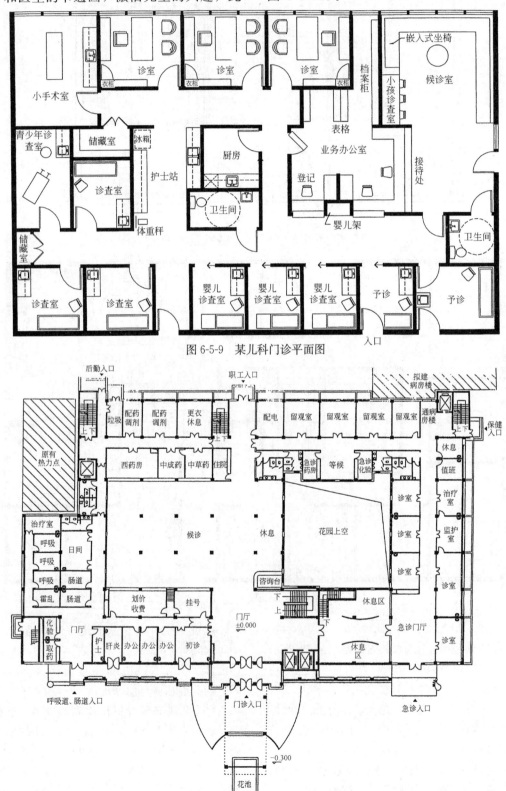

图 6-5-9　某儿科门诊平面图

图 6-5-10　首都儿科研究所门诊一层平面

图 6-5-11 香港玛丽医院的儿童游戏室

3. 妇产科

(1) 妇产科的位置从私密性、防视线干扰考虑设于二楼较好,行动不便者可乘电梯,大型医院产科与妇科分设,中小型医院合设者居多。

(2) 产诊室要听胎音,要求环境安静。设专用卫生间、坐式马桶,需采集尿液作化验标本。

(3) 设细胞学检验室,最好是北向,检验妇科患者中有无细胞病变,室内应设边台水池。

(4) 房间组成:产科由产前检查、化验、诊室、人工流产、术后休息、专用卫生间等室组成,妇科由妇科诊室、隔离诊室、细胞检验、冲洗室、洗消室、专用卫生间组成。此外需设宣教室(或与候诊合并设置亦可),参见图 6-5-12。

4. 耳、鼻、喉科

(1) 耳鼻喉科靠灯光和反光镜检查诊断,要防止阳光直射,最好朝北,避免东西向。诊室为大空间内分设小隔间,以不到顶的隔断划分。分隔间距 1.4m 宽,1.4m 深,1.8m 高。

(2) 测听室以耳语或轻微的音叉声测定听力,要求隔绝外部一切杂音。一般作屋内屋的双层结构,除顶部脱离外,墙地支连部位以软木或橡皮支垫隔音防震,六面都作隔音处理。隔音要求达到 15dB。耳语测听间距要求 5～6m,因此,测听室面积不宜过小。

(3) 前庭功能测定室作内耳神经平衡测试。在小型医院中可与测听室兼容,大型医院专设。测试内容为分动力试验,即患者在专用转椅上转动,测定晕眩情况。温水测试,则是将温水滴入耳内做试验。

(4) 治疗室的内容有鼻穿刺、换药、吸入疗法等。耳鼻喉可共用治疗室,治疗病人用过的器械需洗涤消毒后才能再用,因此应与洗消室相通。洗涤消毒的工作量较大,因此科内需单独设置,位置应介于诊室与治疗室之间,以利共用(图 6-5-13)。

5. 眼科

(1) 大型医院在眼科门诊专设眼科手术室,该室因无菌要求高,又有专用仪器设备,因此设在眼科而不设在门诊手术部,小型医院则与眼科治疗室合并。此外还应设置消毒间,位置应在眼科手术室与治疗室之间,以便共用。

(2) 眼科门诊环境避免强光照射,避免使用红、橙等刺激性色彩,要求光线稍暗而均匀、柔和,以北向为佳,避免东西向。

(3) 初诊患者在候诊室进行视力检查,复诊患者在诊室或验光室内检查,检查时间每人 3～5 分钟,视距 5～6m,有反光镜者距离可减半。

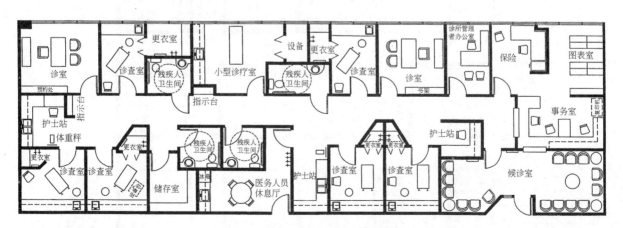

图 6-5-12 妇产科诊检室平面组合

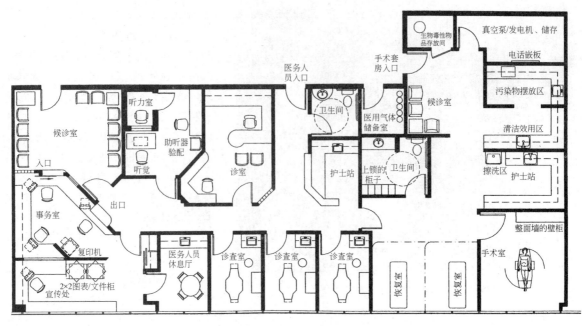

图 6-5-13 耳、鼻、喉科诊室及治疗室平面组合（尺寸单位为cm）

(4) 暗室是检查诊断的重要部分，主要作眼底、斜视、散视、复视等检查。室内设置裂隙灯（角膜显微镜）、眼底灯、斜视检查仪、复视灯等检测仪器。室内可分隔成小间分别测试。暗室长度不小于6m以利斜视检查。

(5) 验光暗室主要供近视、远视、散光患者配镜验光之用，室内应设视力表，测试距离5～6m。大型教学医院多将暗室隔成小间，间距1.4m，以利多人同时测试。中小型医院验光暗室可与检查暗室合并。

(6) 视野暗室主要作两种视野检查，中心视野是在距幕布1～2m的位置检测；周边视野用仪器检查，历时30分钟，检查是在暗室的日光灯下进行，要求遮光通风。

(7) 治疗室主要作眼外伤换药，小型医院的治疗室兼做小手术。对青光眼患者的饮水试验也可在治疗室进行，大型医院则专设饮水试验室。

(8) 激光诊疗室，用激光漫反射诊断早期白内障；测定白内障视网膜功能，以及激光视野、激光折射、激光巩膜适应等检查。眼科治疗方面如激光热效应封闭视网膜裂孔、光凝糖尿病眼底，治疗血管瘤等多种用途。激光是很有发展前途的眼科诊断技术，可设2～3个标准间，室内禁用反光材料。

(9) 门诊眼科手术室最小面积4.5m×5.5m。为了便于做玻璃体和视网膜手术，应设电动窗帘，随时使室内变暗，要有供氧吸引等设施（图6-5-14）。

图 6-5-14 眼科诊室处置室平面组合

6. 口腔科

（1）诊疗室内的治疗椅不宜过多，5～6台为宜，每台治疗椅的工作面积约9m²，治疗椅的间距2.0～2.1m。治疗椅过多影响安静。口腔诊室要求光线充足，但应防止阳光直射病人面部。

（2）每张治疗台都有电气及上下水管线，要求用暗管，一般在距外墙800mm的一条直线上铺设500宽倒槽板作为地板，上设可检修的盖板，倒槽板与外墙平行，贯通全室，供作各种管线敷设之用。

（3）诊疗室内应安装流水洗手设施，最好在两张治疗台之间设一个洗手盆，以便医生随时洗手，防止交叉感染。室内地板不宜采用普通水磨石面层，以免牙齿落地难于发现。

（4）口腔内科诊疗室应设密闭的银汞合金调拌室，并有良好的排风设施，以减少空气中的汞含量，保证医护人员的健康。

（5）矫形、技工室应有单独设置的焊接室、单体制作室，并有良好的排风装置，有条件时，应设托牙打磨室，注意吸尘，防止粉尘飞扬(图6-5-15)。

（6）口腔科器械重复使用率高，应在口腔内科和口腔外科之间设置洗涤消毒间。口腔X光室配备有牙科、体层平展、腔内X光机，根据病情需要拍摄牙片。

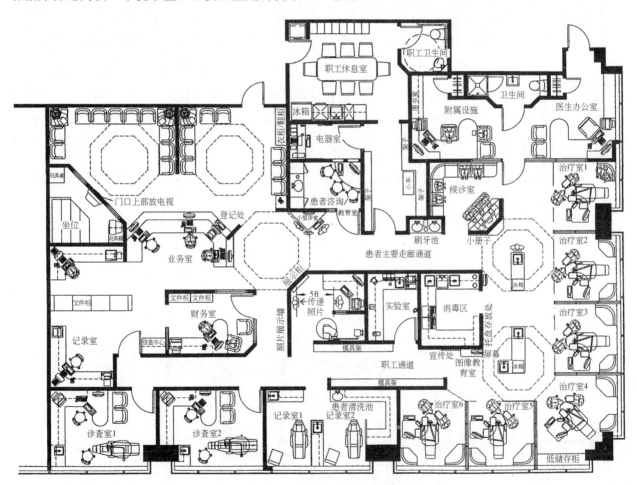

图6-5-15 口腔科诊疗室平面组合

三、生殖医学中心设计

随着辅助生殖技术的不断成熟，在不孕治疗方面取得了前所未有的成就，生殖医学中心是在取得卫生及相关部门的认证授权后成立的。在为人们带来欣喜和期待的同时，也带来巨大的精神压力。不育夫妇在接受治疗时，并没有一定成功的保证和承诺，其中的任何失误都可能造成前功尽弃，某些药物可能引起荷尔蒙变化和情绪波动。因此，设计要适应功能和患者心理的需要，建筑内外宜轻快舒展，使患者感到宽慰、柔和、温暖。空间宜适度宽松，避免锐角、眩光和冷硬的金属家具。候诊椅排列不可太过整齐严肃，以免引起视觉紧张。候诊室的装饰避免出现父母、儿童、胖妇等题材的艺术形象，因为不孕而接受荷尔蒙治疗的患者，自感身体肿胀，以免她们触景生情引起感伤。

（一）患者流程

始于初诊的妇科检查，回顾相关的不孕历史和问题，然后医生提出建议，考虑卵胞的取出与转移。一般在服用荷尔蒙35小时后到医院取出卵子，这是在超声波引导的清醒状态下进行穿刺吸出操作。此后，患者被送往恢复室观察休息。卵子和被采集的精子保存在胚胎学实验室的孵化器内，需要时，再经体外受精实验室变成受精卵胞，然后再送往手术室植入母体。

（二）空间关系

体外受精或称胚胎学实验室应与移植手术室相邻布置（图6-5-16）。取回的受精卵或卵胞，其转移的距离应控制在30m以内。由于卵子和胚胎必须在一定的温度和ph值的孵化器中培养，保持胚胎学实验室的消毒状态是非常必要的。此外，最好能将患者与医生的走道分开布置，以利安全和效率（图6-5-17）。移植手术室是将胚胞植入母体的地方，不需悬挂式手术灯，可利用无窗空间以保证其私密性和消毒需要。内部设计应平和温馨，以免情绪紧张引起子宫收缩，增加手术难度。

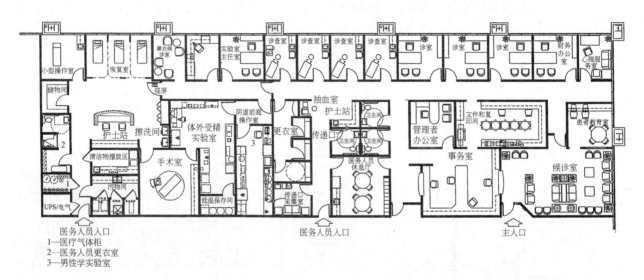

图6-5-16 生殖医学中心的平面布置之一

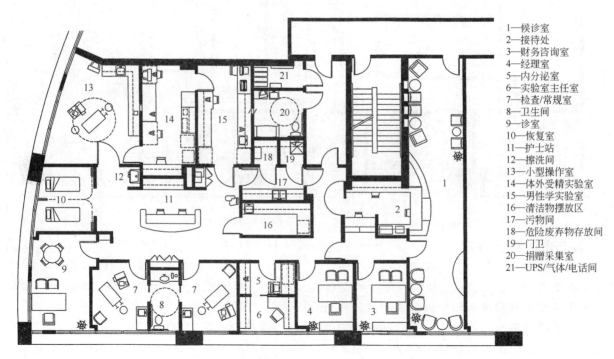

图6-5-17 生殖医学中心的平面布置之二

男性学实验室主要是作精液处理的地方，以便析出精子，培养孵化增强其活力。该室应靠近采精室布置，如相邻接，则两室之间的门应能互锁，以防偷窥。采精室或称捐献室，是优秀健壮男性捐献采集精液的地方，位置应较隐秘，防视线干扰。其与男性学实验室之间的隔墙上设无菌传递窗，传送精液标本，室内有电视录像装置，可按休息室的方式布置。

（三）房间组成——由管理办公、诊察实验、手术套房等三部分组成。

(1) 管理办公——包括接待、候诊、病历、财务、收费、医办、护办、主任、会议、休息、洗手、库房等。

(2) 诊察实验——包括诊察室、检查室、护士站、注射抽血、标本采集、男性学实验室、胚胎学实验室、男女更衣间、卫生间、储藏间等。

(3) 手术套房——包括手术操作间、诊断程序室、中心消毒间、术后恢复室、清洁物品存放间、未消毒物品存放间、污物间等。

（四）仪器设备——仅就几个主要实验室的基本设备提出如下要求（图 6-5-18）：

(1) 男性学实验室——包括层流罩、冰箱、大小离心机、暖箱、水封二氧化碳孵箱、干燥装舱箱等。

(2) 胚胎学实验室——包括层流罩、立体显微镜、阶段加热器、大小离心机、计算机、打印机、孵化箱、干燥加热箱、水净化装置、悬浮减振台、摄像监视器等。

(3) 超低温储存室——包括层流罩、平面细胞冷冻箱、热敏密封机、立体解剖显微镜、液氮箱显微镜、计算机精液分析仪、低温保存柜等。

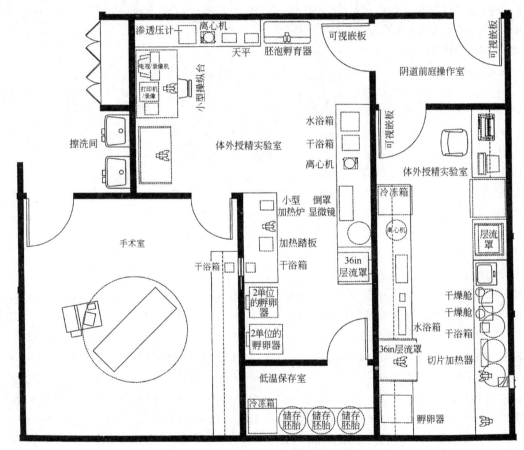

图 6-5-18 男性学和胚胎学实验室布置

第六节 城市或医院急救中心的设计

突发性自然灾害、交通事故、疾病疫情、恐怖灾难所引发的公共卫生事件，是当今社会需要应对的重大灾害。急救医疗服务体系（Emergency medical service system, EMSS）是由医疗救治机构、信息网络、技术装备和专业技术队伍组成的。急救机构则是由紧急救援中心、城市或医院急救中心、医院急诊部构成的急救网络系统。现代急救医疗体系分为三个阶段：一是现场急救和途中运送救护；二是后方医院急救，根据伤病情况由二、三级医院承担，进行决定性救治；三是病情缓解后的康复治疗。

现场急救阶段要求与救援程度相适应的社会参与，一般小规模救援，多由急救中心派出相应的救护车和医护人员即可；大规模的救援则需借助移动式医疗设施和社会参与。在汶川大地震中，北斗一号卫星为灾情提供通讯保障，遥感测绘机提供精确的地面信息，黑鹰直升机运送人员和物资，野战净水车、运血车提供净水和血液。解放军的野战方舱医院、俄罗斯的战地移动医院都参与了现场急救。这种野战移动医院最大优势在于将医院完整地搬到救灾现场附近，赢得抢救的黄金时间，可同时进行五台手术，每天能救治约300名伤病员。在伤情得到初步控制后分别接送到后方医院。图6-6-1为解放军野战方舱医院。图6-6-2为俄罗斯战地移动医院。

图6-6-1　解放军的野战方舱医院

我国的城市急救中心大体分为两种类型，一种为独立型，如北京市急救中心，有独立的院外、院内的抢救设施和ICU病房，有专职的人员和技术装备，不附属于任何医疗机构。另一种为附设型，即附设在一所大型综合性教学医院内。如重庆市急救中心附设于第四人民医院，成都市急救中心附设于四川省人民医院。附设型可充分利用依托单位的医疗设施和技术力量，病人度过监护期后即可就近转入医院普通病房，可以相应节约卫生资源，这种类型较为多见。不少大型医院的急诊部多是急救网络中的分中心，承担一个片区的急救任务。

图6-6-2　俄罗斯战地移动医院

一、城市急救中心的运作程序与功能组成

（一）城市急救中心的运作程序

——院前急救由城市急救中心负责。该中心24小时接受全市各处的急救呼叫信号。我国急救电话为"120"。信息经微机储存处理后，立即指令伤病人员所在地区的急救分中心或急救站派车辆、人员前往，进行初步的急救处理，并安全转送到指定的接收医院。急救车本身有完善的抢救设施和人员配备，如遇呼吸道传染急救，应派出负压急救车和相应的人员、装备。

（二）绿色生命安全通道

接收医院一般开设有"绿色生命安全通道"，重病人送来后，在接诊、检查、住院、手术、监护等一系列环节上，实施一套高效的全程急救服务。病人一到就由前台导诊区将病人分成危急、紧急、普急三个等级。危急病员启动绿色通道直接送达抢救室，由急诊领班医师负责指挥抢救。紧急和普急病员经专职护士引领至联合诊室就诊，紧急病员直接进入中央重病诊查区由相关医师床边诊疗。普急病员经协诊护士分诊后，送至相应的诊区单元。诊区内及诊区间的协作、会诊无须病员移动，由主班医师负责巡回协调。

（三）急救中心

急救中心的基本功能组成包括：①初诊区——各科诊室或联合诊室、临床检查室（X射线、CT、MRI、化验等）、观察室等；②治疗区——手术室、急救ICU等；③恢复治疗区——留观病房、输液室等。在基本功能设置的基础上，合理的调整功能空间的数量及规模，是应对大量伤病患者集中入院的有效手段。如在可能的条件下，急诊的EICU应与中心手术及ICU布置在邻近的位置,以便相互借用转换。急诊观察可适当增加床位,可利用底层优势,作内外廊处理,特殊情况下可变成隔离区的感染病室。

（四）急救医疗模式

我国的急救医疗模式已从专科支援、急诊分流型向急诊救治一体化模式转变。将急诊、医技、抢救、重症监护等功能集于一体,形成高效、完善的生命抢救机构。其目标是尽最大可能简化和缩短医疗流程,减少病人及家属在医院内的流动时间和距离,为抢救生命赢得时间。其次是与医院的其他科室、部门形成整体的联动系统,如急诊手术与医院中心手术部、ICU建立便捷的联系,可以及时救助和监护大量重患;与住院部建立直通对接关系,及时转移需进一步治疗的患者,保证医院急救中心的正常运转。

二、急救中心的建筑设计要点

（一）急救中心规划布点

急救中心的规划布点应考虑位置适中,交通方便。国内学者研究认为其城市服务半径4～6km较为理想,郊野以15分钟内救护车或直升机能到达现场为原则。急救中心布点取决于急救反应时间,即接到呼救信号到救护车到达现场的时间,这是国际上用以衡量急救水平的重要标志。日本东京急救反应时间为4分40秒;大阪5分30秒;法国巴黎15分钟;北京急救中心为16分钟。

（二）急救中心位置

位置要明显易找,规模较大者占门诊楼的一翼,其入口与门诊入口应有适当距离,以免相互干扰。急诊入口前沿应有较宽敞的花园或广场,在平时作为一般停回车使用,必要时可作为应急缓冲空间,容纳更多的病患和相关人员。某些特大型医院,将急诊与急救入口分开,前者供人员、担架进出;后者主要供急救车进入。急救车应能直达急救大厅,以便更有效地组织抢救运送伤员。但一般病家恐难区分该进那一个入口,所以最好邻近布置较为理想。图6-6-3为四川渠县人民医院利用庭园疏散震灾病人。图6-6-4为杭

图6-6-3　四川渠县人民医院利用庭园疏散病人

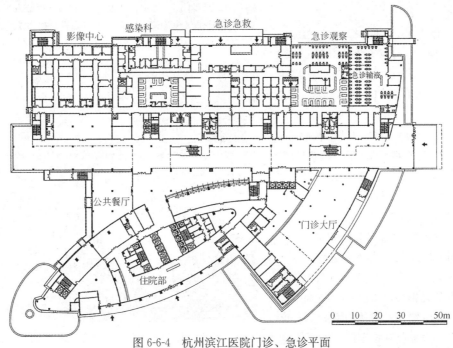

图6-6-4　杭州滨江医院门诊、急诊平面

州滨江医院。图 6-6-5 为天津泰达医院的急诊和急救入口布置情况。图 6-6-6 为比利时鲁汶大学医院的急救大厅，救护车驶入。

（三）急救中心的灵活空间设置

具有一定规模的医院急救中心中，应设置一些灵活空间，以应对急诊量突然变化。急救中心的依托医院，应设置一定数量的传染病房和负压病室，以便快速应对突发性传染疫情，并应采取技术措施，使之具有平疫结合的适时转换能力。广东省第二人民医院为应对"非典"等突发卫生事件，新建应急病房，平时做普通病房单元，应急时可作传染病房使用。传染病人由专用电梯经外走廊进入各病室，医护人员由专用电梯和通过式更衣室进入医护清洁区，二次更衣后进入病区的半清洁廊，再经过渡前室进入各病室。洁净物品、餐饮由洁净电梯经清洁廊再经传递窗送入病室；病人用后物品经病人通道一侧的传递窗和污梯送出。作普通病房时，外廊用活动隔断分隔成阳台，作为病人的户外活动空间使用，请参阅第七章的图 7-7-7、图 7-7-8。

（四）急诊和急救中心的观察病房位置

约有 60%～80% 的急诊急救病人需要住院治疗，急诊和急救中心的观察病房的位置，应适当靠近入院处，或将其直接设在住院楼下面，按急诊护理单元管理。其与中心手术部也应有适当联系。

三、急救中心的主要用房设计

（一）诊室组

一般省市急救中心，均设有内、外、儿、妇、五官、口腔、神经、骨科等急诊诊室，或根据情况设置联合诊室，以应对某些复合伤病患者。诊室设施与一般相应的门诊科室基本一致。

（二）抢救室

抢救室一般分设内科抢救与外科抢救室，儿科与传染科则在各自的门诊专科内设抢救室。抢救室约 36m² 左右，设置悬挂式或移动X线机、自动生理监护仪、悬吊式麻醉机和人工呼吸器、起搏器、除颤器等抢救设施。采用悬吊的目的，是使地面没有过多的设备管线，以免忙乱中绊倒医护人员（图 6-6-7）。

（三）手术室

手术室设手术无影灯，以便作开胸剖腹等紧急救治手术，其位置与外科抢救室相邻，必要时可连通使用，内部设施按普通标准手术间

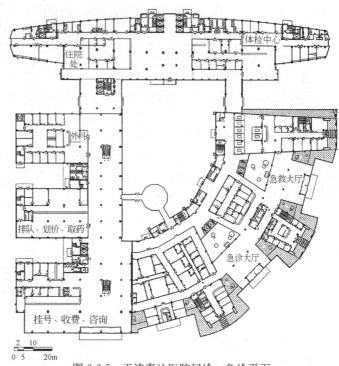

图 6-6-5 天津泰达医院门诊、急诊平面

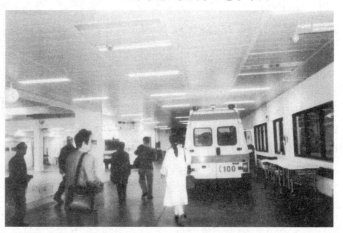

图 6-6-6 比利时鲁汶大学医院的急救大厅（救护车可驶入）

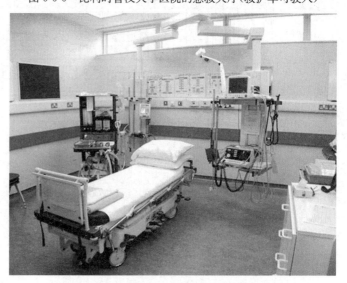

图 6-6-7 美国某医院的急诊抢救室

设计要求，面积 36m² 左右(图 6-6-8)。

（四）治疗处置室

治疗处置室，主要是作注射、穿刺、灌肠、洗胃、导尿等操作，并应设置分间安排的输液室，其位置以接近观察病房布置为好，便于两面兼顾。

（五）急诊监护室

急诊监护室，即专属急救中心的 EICU，主要监护急性心肌梗塞、心律失常、严重休克、脑溢血和其他功能衰竭病人，配备监护仪器及抢救设施，其位置最好适当靠近手术室，床位 2～3 张即可(图 6-6-9)。

（六）观察病房

对病情急重一时难于确诊的病人，或已确诊暂时难以住院的病人则在观察病房留诊观察，一般设 30～40 床左右，其规模按医院编制床位的 5％计算。病房设施与护理单元大体相同。观察病房应与急诊抢救部分同层布置，否则应有电梯联系。

（七）急诊厅

急诊厅为接诊大厅，要宽敞明亮，国外的大厅急救车可以驶入，必要时可登车抢救。急诊值班、挂号收费应在大厅设置窗口。(图 6-6-10)为急诊输液室，其位置靠近急诊观察或介于门急诊之间。

（八）CT、B 超、检验、药房

CT、B 超、检验、药房等最好也能单独设置，或 24 小时有人值班，随时配合急诊抢救。

（九）护士站

护士站位置介于急诊部与急诊观察病房之间，便于两面兼顾，节省人员。应与治疗处置室邻近布置。

四、急诊部设计

与急救中心大致相同，但设置规模、标准、专用性等方面有较大差别，对医院门诊、医技、部分的依赖程度较高。急诊病人在抢救室抢救，待病情大体稳定之后就必须向中心 ICU、手术室、住院部等部门转移。急诊部的中转特性较为明显，这就必然影响急救效率和质量。

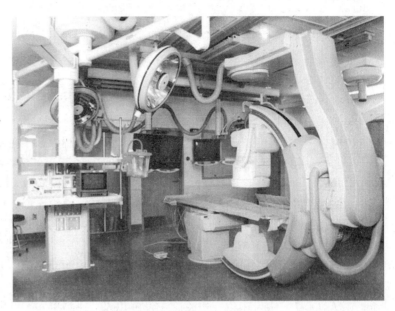

图 6-6-8　美国某医院的急诊手术室

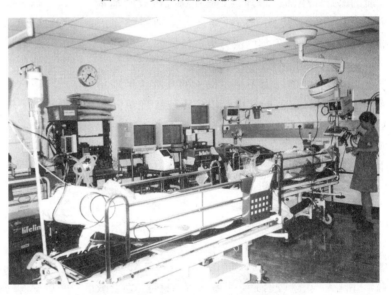

图 6-6-9　香港东区尤德夫人医院的急诊监护室

图 6-6-10　某妇儿医院的急诊输液室

第七章 住院部设计

第一节 概 述

一、住院部的组成、规模与设计原则

（一）组成

住院部主要是由各科病房（或称病区）、出入院处、住院药房组成。各科病房则由若干护理单元组成。护理单元则是由一套配备完整的人员（医生、护士、工人）、若干病人床位、相关诊疗设施以及配属的医疗、生活、管理、交通用房等组成的基本护理单位，具有使用上的独立性。在护理单元内部，可对其所属病人集中或分组进行护理。

（二）规模

100多年以前，南丁格尔提出的开敞式护理单元床位数不超过32床，尽管以后医院护理单元发生了巨大变化，但这一床位数却变化不大。20世纪80年代初，英国考克斯与格罗夫斯（Aurthonycox & Philip Groves）指出，一个护理单元床位数应在28～30床，儿科可减至20～24床。也有一些研究学者认为护理单元床位数应考虑管理效率、病人特点与医护人员素质等因素。护理人员少、护士工作繁重的护理单元床位应适当减少。据统计，我国医院护理单元床位数20世纪70年代一般在40～50床左右，并认为50床较合适，儿科及传染科应适当减少。从80年代至今的二十九年中，随着人民生活水平的提高及医疗观念的进步，护理单元床位数已普遍降至40床左右，个别新建的高标准医院甚至降至20～30床。此外，受PPC体制的影响，许多医院设置了科室监护病房（ICU）。由于每个护理单元有一套独立的人员、设备和房间，根据我国的经济发展水平和护理人员短缺的情况，护理单元的规模多在40床左右较为适宜。单元太小不利于卫生资源的合理利用。1963年，国际医院基金会在巴黎宣告：超过40床的护理单元不可能在一位护士长监督下的"护理组运行"，从而促使Duplex（二元式）病房的出现，一个护理单元分为两个各20床位的护理组，设两个护士站，共用一套医辅用房。

除单元规模外，一个护理层还可设几个护理单元。在用地许可的情况下，在国内外的许多大型医院中，往往由两个或多个标准护理单元组成护理层。这不仅可以避免大型医院楼层过高的弊端，而且同层单元间可水平联系，相互照顾。交通和医辅面积比重降低，更具管理、经济上的优势。对此，比利时鲁汶大学医疗技术研究组专门提出"护理层"的概念，认为"同层布置60床过小，不经济，90床适宜，120床最好"，以求最大可能地发挥护理人员和设备的工作效率，其优势在于同层多个护理单元，可合用医疗设施，医护人员可同层互相支援，减少夜班护士及值班室等。

（三）病房护理单元的设计原则

护理单元是组成病房楼的基本要素，在总平面中占的比重大，尤其是大型医院病房楼，其标准层重复多次使用，设计得好，医院的受益面积就大，设计得不好，受灾面积也大。因此对护理单元从方案到细部都应该精心设计，仔细推敲。

（1）保证护理单元的独立完整

护理单元是一个独立完整系统，不受公共交通和其他科室的穿套和干扰，每个护理单元均应保持独立尽端，公共交通枢纽应在护理单元大门之外，单元内部的楼梯应为封闭楼梯间，楼梯平台不能占单元走道，平台与走道间设门分隔。

（2）在一个护理层有两个以上护理单元的时候，同科单元同层布置，利于人员、床位的相互关照调剂。外科系统的单元最好能与手术部同层或邻层布置。

（3）根据巡行效率的原则，应尽可能缩短护理距离，护士站应居中布置。巡视频率高的重病室和单元内部的ICU、CCU应紧靠护士站布置，这对缩短护理距离起到关键性作用。

（4）单元内部应便于护士站的直观监护，这点对重病房和ICU尤为重要，其余病室也应便于从走廊上观察到病人的面部表情，这对病室卫生间的位置和形式影响较大。护士站、治疗室相互间联系紧密，宜靠近布置，其他医辅用房应相对集中，有内部走道联系则更为理想。

（5）合理利用底层单元，一般将要求单独出入口的非标准单元设于底层，以便专设出入口，扩大面积，布置专用室外场地等。

（6）护理单元要定型，为简化结构和管线布置，各层的楼梯、电梯间、配餐、浴厕等室必须上下对位。

（7）病室应有良好的朝向和视野，主要使用房间应能自然采光通风，减轻对人工气候的依赖，节省费用和能源。

二、渐进护理（PPC）与我国的护理制度

（一）PPC

是美国学者在20世纪50年代后期提出的，是根据病人病情轻重和对护理的依赖程度进行分级护理的方式。PPC（Progressive Patient Care）根据病人情况分为5个级别。

（1）重症监护——即ICU（Intensive Care Unity）危重病人需24小时监护。集中在ICU单元护理。后面有专节介绍。

（2）中等护理（Intermediate Care）——约占普通病人的3/4，虽病重，但已度过危险期或无生命危险。在医院急性病区住院治疗。

（3）长期护理（Chronic Care）——多为慢性病，在疗养院或一般医院的康复病房进行护理。

（4）自我护理（Self Care）——住社区养护院或康复医院，在医护人员指导下自行护理。

（5）家庭护理（Home Care）——即设家庭病床，多用于慢性病人，医院定期巡察诊治，对医院固定医疗设施的依赖性不强，家庭居住环境、生活习惯比医院更加随意，在远程信息医疗和近程流动医疗日益普及的21世纪，这种家庭护理可能有更大的发展空间。

PPC护理制度，并非集中体现在一栋病房或一所医院，而是将不同的病人、不同的护理阶段加以分解，由不同的医疗机构和家庭共同来承担不同的护理职责。

（二）病人的分级护理

按国家卫生部的规定，除特别护理外，按病人的病情可分为三级护理。

（1）特别护理——病情危重，需随时进行抢救的病人，相当于ICU病人，有专人昼夜守护，严密监视病情变化，有全院集中的ICU或专科ICU或CCU。

（2）一级护理——重症病员或大手术后需严格卧床休息者，应密切观察病情变化，每30分钟巡视一次，生活上应周密照顾，其病室最好在护士站周围，便于直观监护。日本病房的HCU与此近似。

（3）二级护理——病情较重，生活不能完全自理的病人。能适当在病室内活动，生活上需要协助，应注意观察病情变化，以防反复，每1~2小时巡视一次。

（4）三级护理——一般病员，在医护人员指导下生活自理，大都可以下床，根据病情可参加一些室内、外活动。注意观察，不必定期巡视。

（三）护理的组织模式

1. 功能护理模式

护士按护理工作中的环节进行分工，不面对固定病人，除护士长有其固定的职责外，其余护士分为治疗护士、临床护士、发药护士、外勤领药物护士、内业护士（书写病案，整理报表等）。是一种机械的固定分工，其优点是护士对其分管的工作较为熟练，效率高，可发挥每个人的特长，节省人员、设备、经费和时间。我国因护理人员短缺，经济不发达，一直采取这种护理模式。其缺点是对患者缺乏整体、连贯的了解，忽视心理护理，病人没有责任护士，护理质量不高。护士从事单一工作易疲劳、厌烦。与这种护理模式相对应，一个护理单元设一个护士站，由护士长统筹安排分配工作。

2. 小组护理模式

即将40床位的病人分为两个组，每组20名病人，由3~4名护士组成的护理组负责。其优点是对病人全面负责的连续性有所改进，护士和病人的关系相对稳定，病人有一定的归属感。缺点是对病人仍缺乏整体、连贯的护理。小组负责，并未落实到护理责任人，易造成护士责任心不强的弊端。这种模式适宜采用双护士站，两护理组的床位，条件均等，以便开展竞赛，互相激励。

3. 责任护理模式

这是20世纪70年代美国明尼苏达某医院开创使用的一种护理模式，能提供整体性、连续性护理。所谓整体性是指将病人的生活、心理、社会等需求视为一个整体，连续性是指病人从入院到出院、一天24小时由一位责任护士负责全面的活动安排，并负责与其他医护人员沟通协调。可以根据病人个体需要制定护理计划。

这种护理使护士责任感增强，积极性提高，病人有"我的护士"的归属感，安全感、满意度提高，加强了病人身心的整体护理，护理质量明显提高。

这种护理模式是整体医学模式在护理工作中的具体体现，是发展的必然趋势，虽然它对护理人员的业务素质和人员数量要求较高，但我国正在从各方面创造条件，逐步推广普及。这种护理模式更加强调护理工作要做到病人床头，以密切医患关系。

因此，设计时要特别关注如何缩短护理距离。国外护理单元出现的双护士站或多护士站单元是这种护理模式的必然选择。

三、病室床位及私密性与开放性问题

1963年，国际医院基金会在巴黎宣布，不再欢迎6～8床以上的病室，每床各占一个墙角的4床病室是最令人满意的，在经济压力较大的情况下，6床病室仍然是可以接受的，单床间在欧洲国家一般保持在20%，由于种族隔离等原因，单床病室在某些国家占有更大的份额。在我国，单床间主要用于重病室，或用以隔离对其他病人有干扰的患者。

1977年，北伦敦理工大学医院建筑研究所（MARU）对圣·汤姆斯医院的三种病房作了调查和评价。第一种是1871年建成的30床南丁格尔式开放病房，第二种是1961年建成的车厢式半开放病房，第三种是1976年建成的全空调一、三、六床病室组成的封闭式病房。研究人员在开放病室采访了235名患者，其中很少有人喜欢单床病室，有27人表示有时需要更多的私密性。病人、医护、管理人员认为，三种病房各有优缺点，但在病人满意度、易于观察、消除孤独感、工作满意度方面，却以南丁格尔病房得分最高。

这是因为，大病房直观监护条件好，护理人员可以看到每一个病人，及时了解各种需求，可顺便进行一揽子护理，减少往返，提高效率；病人则感到护士就在身边，且有众多病友作伴，不感孤寂，能增强安全感；病人能看到每个病友、护理人员和公共卫生间的使用情况，有危重病人时会自动推迟呼唤，在卫生间出现无人信号时才会前往，不会徒劳往返；开放病室更有利于节约面积，缩短护理距离，加强自然采光通风，在经济上具有明显优势。

病人不喜欢单床病室，是因为感到孤寂，有"关禁闭"的感觉。据耶鲁大学调查，有30%住单床间的病人不能起床，要呼唤护士来开门，以获取外面的信息。医护人员不喜欢单床病室，是因为直观监护差，病人掉床也难于发现，而且护理距离加长，增加体力消耗。圣·汤姆斯医院的调查表明，健康人的想象与病人的实际感受是存在差距的。病人需要私密性，但在某些情况下更需要与医护人员的直观交流，需要人际交往，以满足"人"的社会、心理需求。全空调密闭病房注意了"病"，却忽视了"人"的更为复杂的本质需求。

当然，30床的南丁格尔病房，也存在严重缺陷。每个病人都要分享其他29位病友的痛苦；病友相伴固可消除孤独和烦恼，但如病友病重或病逝，反而会增添更多的恐惧和烦恼；病友的探视过多过频，也会造成对旁人的干扰和冷落。不少病人反应，只有不吸烟、不打鼾、无臭味，有相同的探视人员，有相同的电视节目爱好的病友才会受到欢迎。但这在多床病室中几乎是不可能办到的。

多床开放病室对保护病人的私密性和个人隐私极为不利，护士和病人之间可朝夕相望，却难以推心置腹地深谈、对听力不佳的病人就更为困难。多床开放的南丁格尔病房，本为1854年克里米亚战争的随军战地医院而建，其对象多为男性青年士兵伤员，用于现代普通医院，很不利于按性别、病种分室隔离，必然增加感染机会，降低床位使用率，病人的舒适度也就更加难于顾及了（图7-1-1）。

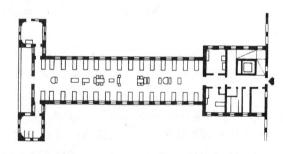

图7-1-1 伦敦圣·汤姆斯医院南丁格尔病房30床单元

由于上述原因，据美国1952年的调查，有73.7%～84.4%的病人更喜欢私密病室，尤其对带卫生间者评价甚高。病人对群居要求极低，大多数50岁以上的病人把私密性列为第三项最重要的需求，而一般低收入者则只有20%的病人愿意选择私密病室。

1974年，联邦德国西伐利亚北亥利的调查表明，6.6%的病人喜欢单床间，45.7%喜欢两床间，39.6%喜欢三床间，8.1%喜欢四床以上的多床病室。这与北京医学院对1000名患者的调查结果——90%的病人希望住三床以下小病室，十分接近。

私密病室可保护患者的私密性，有完整的领域感和家庭气氛，可根据不同情况安排病室，以显示病人的个性和身份，也更有利于控制感染。美国萨姆豪斯顿堡一所外科研究所对213名患者的实验表明，将房间由4～8床间改为单床间后感染率从58.1%降至30.4%。

少床私密病室与多床开放病室之争，虽众说纷纭，仁智互见，然而都各有其合理性与局限性，都在各自的基点上避短扬长，自我完善，求得两者的兼容协调。办法之一是区别对待，除危重病人采用开放病室集中监护外，中等护理及自我护理则采取

带观察窗的私密病室,前者靠近护士站,以利直观监护,后者适当靠近,定期巡视。办法之二是在开放的多床室中采用帘幕、隔板、吸声顶棚和地毯等,进行视线和音响控制,以类似景观办公室的办法来弥补其私密性的缺陷。伦敦的圣·汤姆斯医院的30床南丁格尔病房也加了分隔,增加了6间单床间,余为车厢式病房(图7-1-2)。私密病室则以大面积观察窗,对讲装置及电视监护等先进技术手段弥补其直观监护之不足。办法之三是采取紧簇式、放射式平面布置方案,或设双护士站,以协调直观监护与私密性的矛盾。

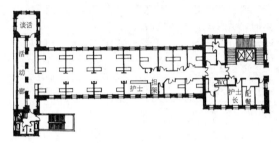

图7-1-2 伦敦圣·汤姆斯医院南丁格尔病房的改造方案

四、巡行效率

护理工作通常包括:看护病人、观察病情、作一般护理治疗工作;常规巡视、照顾病人起居、饮食、睡眠等活动。为满足这些要求,护理单元应提供尽可能方便快捷的护理路线。

1947年在美国芝加哥召开的第一次医院建筑设计会议上,建筑师L.沙韦斯(Lewis J. Sarvis)指出:据调查,护士每天至少有40%的工作时间用在走路上。因而护理单元设计的一个主要目标应是尽量减少护士行程,增加与病人接触,以提高护理效率。20世纪50年代后,耶鲁大学汤姆森(Thompson)和贝勒弟尔(Pelletier)通过对病房交通流线的统计研究,提出"耶鲁交通指数",即按合理的交通流线指数来选择护理单元。但这一指标是把所有流线都估计进去作为衡量标准,上午9时最高,约180来回,凌晨4点最低,约12个来回,却没有考虑不同人员、不同医疗用房使用频率的差别。20世纪70年代初,美国医疗计划协会综合采用了护理单元设计路程的控制指标,即把护士每天最常用、最急需的工作活动中心作为护理核心的测量基点来计算并衡量其效率。这种控制指标主要有以下几项:

(1)护理活动中心到病床的平均距离,测试公式为:

$$护理活动中心到病床的平均距离 = \frac{护理中心分别到各病床距离的总和}{病床数}$$

(2)护理活动中心到最远病床与最近病床的距离,这一指标旨在促使护理活动中心至病床具有较均衡的距离。

(3)护理活动中心到病床平均距离系数,该指标表示如下:

$$距离系数 = \frac{护理活动中心到各病床的平均距离}{病床数}$$

显然,距离系数愈小,护理效率愈高。

这三项指标说明,提高护理单元效率的关键因素,是要减少护理中心(护士站)和病室之间的距离,以增加护理病人的次数和病床数,从而达到最高的护理效率。至今大多数医院设计仍把缩短护理路线作为衡量护理单元效率的重要控制指标。

我国护理人员紧缺,尤应特别注意控制这项指标,在设计实践中一般控制最大护理距离,即由护士站出口到最远一间病室门中线的距离,在护理单元均为6床以下病室的情况下,这一指标较易操作,计算简单。同时还应注意从护士站可以看到的床头数量应尽可能多一些。

五、病室独用卫生间与单元公用卫生间

病房的卫生间,虽为区区小事,却关系病人的切身利益。对于凭嗅觉就可判明位置的公厕来说,病人往往会陷入一种既"深恶痛绝"又"离之不得"的情感冲突之中。有的病人最忌床用便器,认为是病情升级的不祥之兆。因此,为避免多找麻烦而自觉控制饮水进食;有的病人输液未完,也要挣扎起来,举着瓶子自己上卫生间……这就必然给病人身心带来不便和痛苦,同时也影响病房内部的环境质量。

在一般人的印象中,公用卫生间比病室独用卫生间更经济,其实这是一种假象,如果一个护理单元40床位,集中设置公用男女厕、男女盥洗、男女浴室,至少占两个3m开间,约合建筑面积84m²左右。每两个床位设一个卫生间,只需20个卫生间;每个卫生间3.6m²,只需72m²,省12m²,但设备管线肯定增加。根据天津市建筑设计院每4床设专用卫生间与集中公用卫生间比较,分散式较集中式节约建筑面积0.69m²/床;但设备费用增22元/床,分散式每人每天缩短入厕距离153m。护理路线因缩减了两个开间而相应缩短。因此,病室专用卫生间取代公用卫生间是切实可行的。我国80年代后期以来的新建病房楼大都采用了病室专用卫生间。

六、病房楼、电梯数量的确定因素与计算公式

(一)病房电梯的确定因素

1. 电梯平均行程时间

电梯平均行程时间是指乘客在电梯厅和轿厢等候、停留时间的总和。这表明，无论在电梯厅或是在轿厢停留时间过长，都同样令人烦恼。美国标准认为，平均行程时间小于1分钟较为理想，1.5分钟尚可，2分钟视为极限。有学者认为，可控制在3分钟之内。除去医护人员专用梯之外，医用电梯应为低速梯，一般选用1～2m/s，以确保患者安全舒适。对于规模大、楼层高的医院建筑，可将电梯分成单、双层两组，以减少停靠站数量，使之在30秒内到达停靠层；也可选用大容量电梯，如1.6t可载21人，2.5t可载33人的病床梯，以提高运输效率。

2. 多少层的建筑应设电梯

4层及4层以上的病房楼应设病床梯，且不得少于2台；当病房楼高度超过24m时，应设消防电梯和污物梯；少于4层的病房楼若未设坡道，则应设电梯。

3. 一部电梯服务多少床位

每部电梯可服务60～90病床。此外，还应增设1～2台供医护人员专用的客梯，且应与病床电梯分开设置。

（二）病房电梯台数的计算公式

公式一　$N=KPT/240R$

该式分子表示电梯一上一下实际需要运送的总人数和时间（秒）；分母部分为设定每台电梯一上一下需时4分钟（240秒）内所能运送的人数，相除即可得出所需电梯台数

式中　K——高峰时段每5分钟乘客集中率，住院楼$K=20\%$，内科楼$K=18\%$，外科楼$K=22\%$；

P——使用电梯的总人数，医院建筑$P=1.1$床位总数；

T——电梯往返一周总的运行时间，$T=2H/V+1.25F(V+3.5)+3R$，$H=$电梯运行高度$=$（层数-1）$\times$层高；

V——电梯速度，医院病床梯$V=1\sim2.5$m/s，多层$V=1$m/s，高层$V=2$m/s；

F——每班电梯预计停站数，医院一般$F=0.6\sim0.9$楼层数；

R——电梯额定人数，为了能与消防电梯共用，$R=11\sim20$人。

公式二　$N=$床位数$/100+$楼层数$/5$

（该公式是笔者根据意大利的计算公式，结合我国高层医院的实际演化而来，即在每100病床一台病床梯的基础上，每5层增加一台电梯。）

（三）演算示例

以1000床15层住院综合楼为例，层高3.6m，$K=0.22$，$P=1100$，$V=2$，$R=14$，$F=12$，$H=50.4$。$T=50.4+82.5+42=174.9$

代入公式一　$N=0.22\times1100\times174.9/240\times14=42325.8/3360=12.5969$　　设13部电梯

代入公式二　$N=1000/100+15/5=10+3=13$

设13部电梯

（四）住院楼电梯设置统计表

医院名称	床位数	地面层数	电梯台数	百床电梯数	备注
上海长征医院	980	34	15	1.530	含裙房电梯数
武汉协和医院外科楼	700	32	12	1.714	
四川省人民医院	750	17	10	1.333	
中山大学第一附属医院	1200	25	18	1.500	
天津大学医院外科楼	630	16	10	1.587	
东莞康华医院	1500	5	28	1.866	含特需病房楼
天津医科大学附属第二医院	700	15	10	1.428	
解放军总医院外科楼	1500	17	24	1.600	
杭州邵逸夫医院	400	14	6	1.500	
上海东方医院	650	12	8	1.230	
常熟第二人民医院	697	21	12	1.721	
张家港第一人民医院	1000	16	12	1.200	
曲阜人民医院	700	12	8	1.142	
上海华山医院住院楼	500	21	9	1.400	含裙房电梯数
杭州滨江医院	1200	24	16	1.333	
宁波医疗中心	714	21	12	1.680	
佛山第一人民医院	840	19	10	1.190	
广东省人民医院	1080	25	16	1.481	含裙房电梯数
重庆西南医院	1300	23	17	1.307	含裙房电梯数
台北忠孝医院	600	10	8	1.333	
大阪市医疗中心	1063	15	16	1.505	
东京圣路加国际医院	520	11	10	1.923	
横滨大学附属医院	623	10	10	1.605	

第二节　护理单元的形态类型

一、中廊式条形单元

中廊条形护理单元利用一条内走廊作为主要交通联系空间，易取得自然采光及通风、日照、朝向的良好效果，且有建筑结构简单，易于实施等优势。国外在20世纪初普遍采用这种形式代替早期的开敞病房。我国从20世纪30年代起也一直将单廊条形平面作为护理单元的主要形式而沿袭至今。但是，随着单元床位规模加大，护理路线加长，占地大，管线长的缺点就愈加突出。为克服上述缺点，由单面布置病室改为双面布置病室，对于住院时间仅15天左右的普通病人而言，日照与否与治疗效果并无大的影响。

国外在20世纪40年代首先打破单一长条形式而采取T形护理单元，即将医辅用房集中在T形垂直翼布置，护士站位于交叉点处。这一变化使辅助用房获得了独立的区域，避免了病人穿越干扰，同时具有双面巡视效率，如伦敦圣汤姆斯医院在20世纪60年代初扩建的住院部东翼采取了T形单走廊护理单元。我国重庆某医院护理单元，属于"db"双厅式组合的倒T形护理单元，上海华山医院、天津市第一中心医院的Y形的护理单元则属于将电梯厅外迁或内移，以缩小中部空间，使平面功能更趋紧凑的护理单元（图7-2-1、图7-2-2）。

图 7-2-1　重庆某医院护理单元

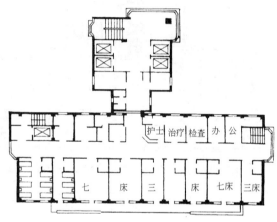

图 7-2-2(a)　上海华山医院的"T"形护理单元

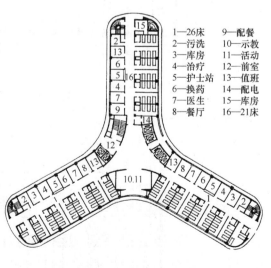

图 7-2-2(b)　天津市第一中心医院的"Y"形护理单元

将两个T形对接形成工字形单走廊的护理单元，是另一种简单高效的布置形式(图7-2-3)。这种形式的楼梯、电梯及辅助面积可为两个护理单元服务，提高了使用效率，同时在晚上值班护士减少，每层两个护理单元的两个护士可以互相照顾，因而单走廊条形双护理单元较一个护理单元优越。

二、复廊式条形单元

20世纪50年代起源于美国的复廊式护理单元将病室沿周边布置，辅助用房布置在当中，从而突破了漫长、单调的单走道形式，缩短了护理路程，提高了效率。中间一排医辅用房两边开门，左右逢源、路线极短，两条走廊可分别安排不同病种和性别的病人，也较灵活，因此在国外广为流行。在20世纪80年代后期我国也相继建成一些复廊单元，如中日友好医院，南京鼓楼医院等，对复廊式单元的主要意见为：

(1) 缩短护理路线不多，增加交通面积不少；

(2) 中间一排房间不能自然采光通风，也影响两边病房的空气对流，对健康和效率不利；

(3) 由于有较多面积需要机械通风和人工照明，能源和维持费用增加。

将单廊条形单元与复廊护理单元进行比较(图7-2-4)可以发现，在理想情况下，复廊式能比相同病床和辅助用房的单廊式单元大幅度缩短护理路程(图7-2-5)。但是相对于双面布置病室的中廊式单元而言，复廊式在缩短护理行程方面的效能则不尽理想。单廊式护理单元护理行程约为复廊式的1.24倍，而后者却增加了65%的走廊长度，交通面积相应增加。为此应缩减医用内部专道的宽度，以节省交通面积，如图7-2-6所示。

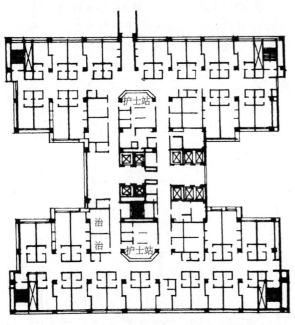

图7-2-3 台北台大医院的"工"字形护理单元

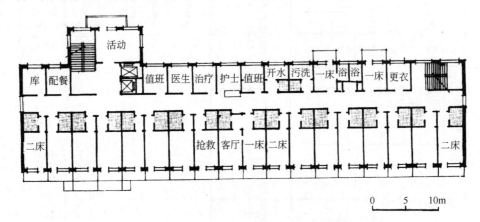

图7-2-4(a) 甘肃省人民医院的单廊式条形单元

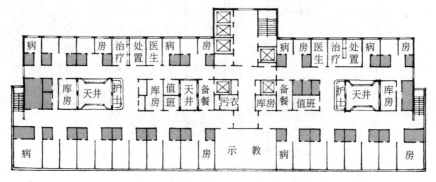

图7-2-4(b) 北京整形外科医院的双廊式条形单元

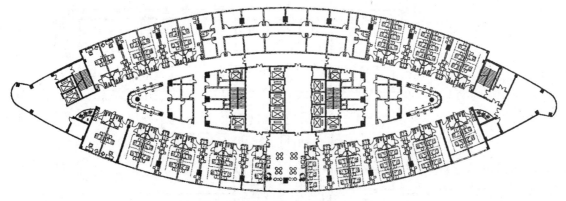

图 7-2-5　杭州滨江医院护理单元

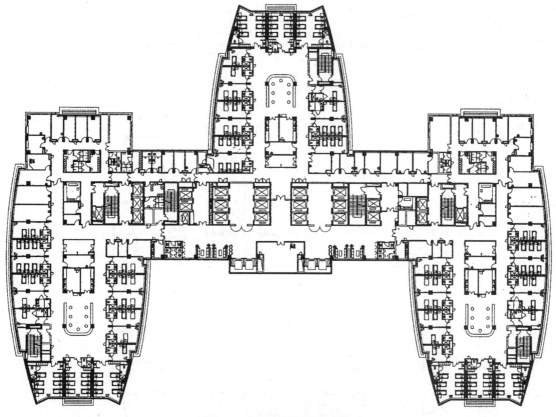

图 7-2-6　解放军总医院护理单元

为克服复廊式单元中间一排房间的采光缺陷，采用较多的办法是加小天井，从而形成天井式复廊单元，如四川大竹县人民医院、上海第六人民医院、武汉同济医科大学医院等。加光井之后对4～5层的楼房而言，效果明显，对高层建筑来说意义不大，除自然通风有所改进外，压缩了使用面积，增加了交通面积的比重，带来隔声、消防、视线上的负面影响。从使用效果看，用在北方寒冷地区和南方的多层或少层病房楼效果较好。对某些受地形限制的医院来说，也不失为一种较好的选择方案。

三、单复廊式单元

如将复廊单元一侧的房间减少，在平面上形成不一样长的局部复廊式 Z 形护理单元，使绝大多数房间具有自然采光通风，这种形式尤其适宜于双护理单元的组合。日本宗像水光会综合医院护理单元将医辅用房独处一隅，避免干扰，平面比条形中廊式更为紧凑（图 7-2-7）。

对于一层只有一个护理单元的另一种改进方式是将医辅用房置于护士站后部，形成局部复廊式。相对于原来普遍采用的病室南向布置、医辅用房北向布置的条形中廊式，这种方式可以缩短平面长度，保证护士站与医务用房最直接的联系，并使电梯厅靠近护士站，便于管理，如上海第一人民医院和上海闸北区特色专科医院病房护理单元（图7-2-8）。

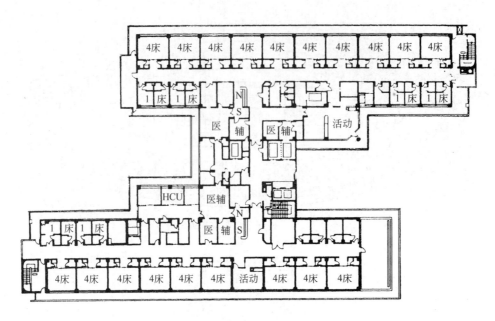

图 7-2-7　日本宗像水光会综合医院护理单元

图 7-2-8　上海闸北特色专科医院半复廊式护理单元

四、方形环廊单元

在复廊单元的基础上，进一步压长加宽，形成环状走廊的方形单元，平面更加紧凑，护理路线更短，重庆西南医院标准层东单元（图7-2-9）两面布置病房，位于中部核心一侧的护士站难以观察到另一侧的病房，因而在方形护理单元中，病房或护士站往往二面布置，如上海曙光医院（图7-2-10）。日本千叶县肿瘤中心三面布置病室，又将护士站置于入口处，虽然能控制来访人员，但却大大增加了护理距离，降低了护理直观性（图7-2-11）。日本爱知县海南医院的护士站位置适中，每床都临窗布置较为舒适（图7-2-12）。重庆第二人民医院则将方形变成六角形，病室呈放射状布置，中部形成开敞的共享厅，条件许可时可作双护士站，护理路线极为短捷。如图7-2-13，中部暗空间得到压缩，精心地切角处理使更多房间也"得见天日"，是一个很有借鉴意义的尝试。

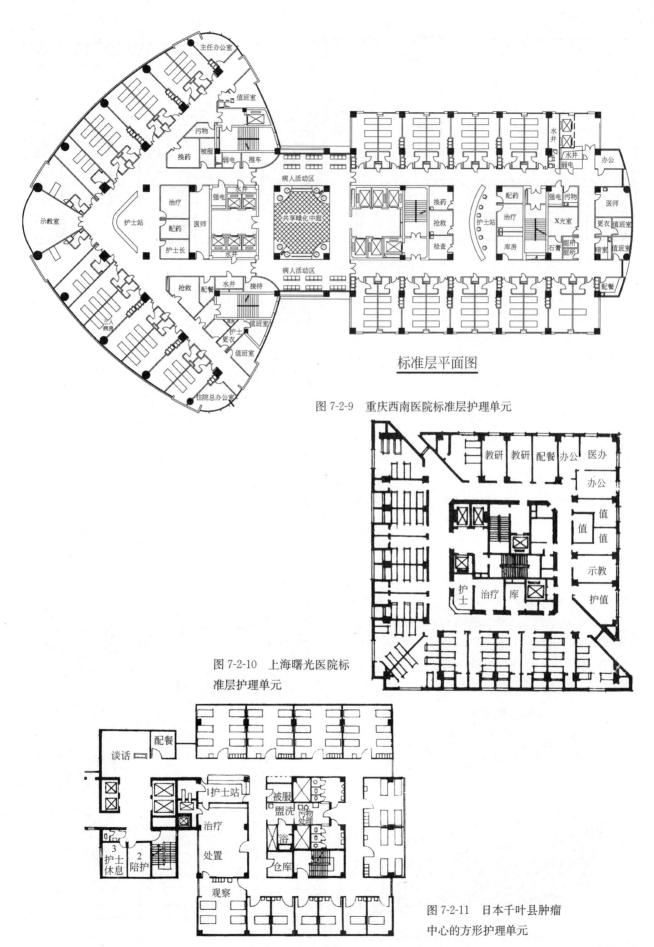

图 7-2-9 重庆西南医院标准层护理单元

图 7-2-10 上海曙光医院标准层护理单元

图 7-2-11 日本千叶县肿瘤中心的方形护理单元

137

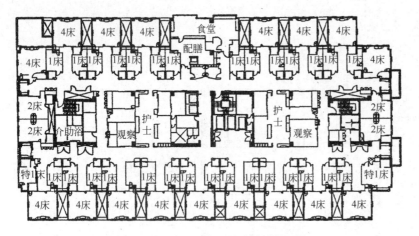
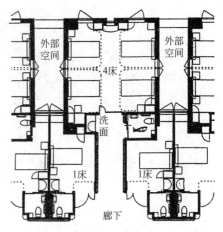

图 7-2-12(a) 日本爱知县海南病院护理单元　　　　图 7-2-12(b) 局部放大

与此类似的是瑞典斯德哥尔摩威士比医院，在方形中央交通枢纽和公用医辅用房的两角各设15床的圆形单元，中部为开敞的护士站和相关设施，护理路线短捷，直观监护条件很好；中间相当于一个开敞的大厅，开创了护理单元厅式组合的新风（图 7-2-14、图 7-2-15）。

五、圆形、多角形单元

为缩短护理距离并使护士站到各病室的距离均等，圆形平面自然显示出特殊的优势。护士站设于圆心部位，各病室绕厅布置，距离均等，视线开敞，透过玻窗可看见每个病人的表情。病室卫生间靠外墙设置，有利于缓解不利朝向对病室的影响（图 7-2-15）。与此类似的还有美国加州帕洛拉马城的开塞基金会医院，将圆形

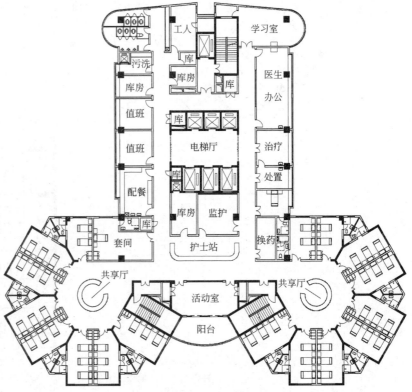

图 7-2-13 重庆第二人民医院护理单元

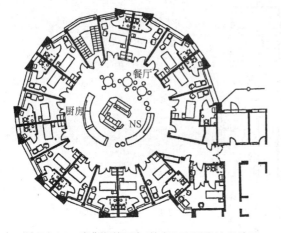

图 7-2-14 瑞典斯德哥尔摩威士比医院护理单元

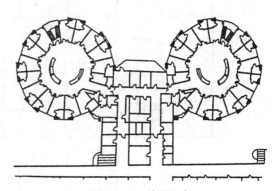

图 7-2-15 单元组合

平面用于22床护理单元，仍保留护理路线短捷均等的优势，由于卫生间靠内墙布置，对直观监护稍有影响。值得注意的是两个辅助梯外迁横置，可起遮阳挡板的作用，但交通面积稍多一些。联邦德国洛敦哈姆医院、重庆西南医院烧伤病房单元，则采用八角和六角形厅式组合单元，也都取得同样的效果，在结构上更为简单一些（图7-2-16～图7-2-18）。

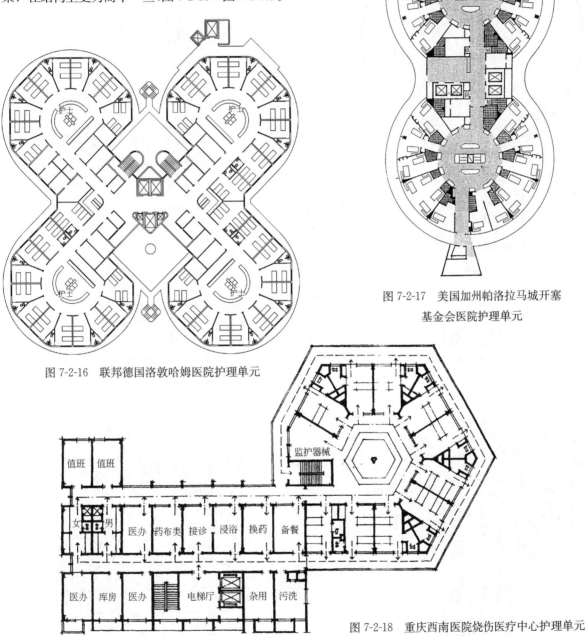

图7-2-16 联邦德国洛敦哈姆医院护理单元

图7-2-17 美国加州帕洛拉马城开塞基金会医院护理单元

图7-2-18 重庆西南医院烧伤医疗中心护理单元

由于病室的进深有一定限制，护士站及周围环廊面积有限，因此这就注定了圆形单元的半径不能过大，床位也只能在25床左右，为了扩大规模，就须扩大核心部位面积。如图7-2-19，美国加州维纽斯医院38床护理单元，虽也为圆形平面，但护士站的直观监护条件、护理距离的短捷均等的优势也就大打折扣。图7-2-20为美国北卡洛来纳州的哥伦布市立医院，为满足40床单床病室的要求，要解决每间病室采光通风、压缩核心部位面积等难题，因而采取由里向外分三个层次的同心圆式布置病室的办法，并开漏斗式的全方位采光槽，除直观监护条件稍逊外，较好保留了圆形单元的特点和优势,其不利朝向的两面均为交通医辅用房占用,当无不利影响。

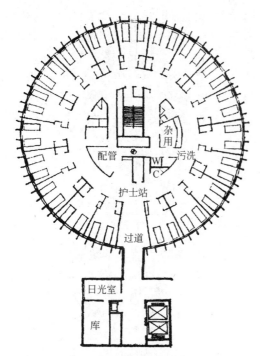

图 7-2-19 美国加州维纽斯医院护理单元

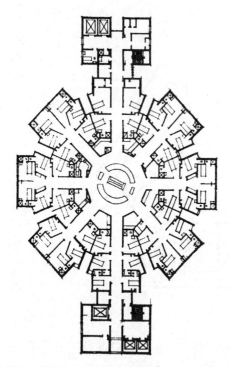

图 7-2-20 美国北卡洛来纳州哥伦布市立医院护理单元

与圆形相关的扇形单元,见于上海东方医院护理单元(图 7-2-21),平面布置也颇有新意,其病室靠南侧弧线排列,使夹在双内廊之间的护士站获得舒展的扇形视野,并在一定程度上缩短了护理距离。12 间三床病室全部南向,一床与二床间朝北靠近护士站,可收治较重的病人。两护理单元间设置 ICU 或 CCU,由专门护士直接监护,并可按需增减床位。东方医院这种分科监护病房的设置是 PPC 渐进式护理原则的有益尝试。根据每层科室的布置不同,这一开放病房又可作为婴儿室(妇产科)、血液透析室或教室、会议室等,是两护理单元间的弹性空间,具有较大机变性。

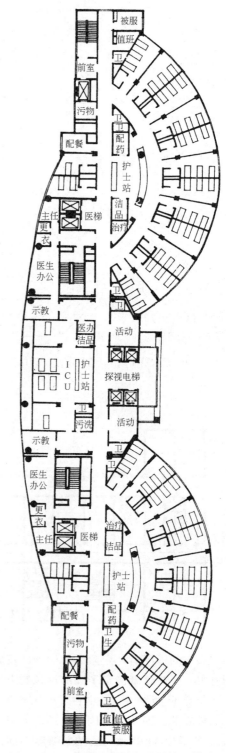

图 7-2-21 上海东方医院标准层护理单元

六、三角形、菱形单元

在这种单元中，为使医院病房与医院总体的矩形柱网相协调，采用60°的等边三角形者较少，而采用45°的直角三角形者为多，且多以直角中线朝南，这样两边朝南一面朝北，病室易于安排，否则将用齿窗来调整朝向，日本20世纪80年代建成的圣路加国际医院即是典型的例子。该医院护理单元的特点在于：核心部位设双护士站，使周边病室均在值班护士视线范围之内，以便实行定人定点的责任制护理，一反过去日本常用的多床病室，而全部采用单床病室。为增强三角形周边病床数，病床倾斜布置，以压缩开间，齿形窗缓解了不良朝向的影响；护理观察的可视度有所提高，转角处的护士站能看到两条走廊，且病床与走廊呈斜角布置，便于从走廊观察病人（图7-2-22）。

为解决中部医辅用房采光通风问题，在一些三角形护理单元中引入了光庭。如日本欧木塔综合医院（图7-2-23），护士站分置在两个45°角上，中部光庭给这个7层高的住院楼带来充裕的光线和怡人的环境。图7-2-24为日本稻城市立医院，由两个直角相对的等腰三角形组成住院病房单元层，其特点是充分利用光槽，使靠内走道的床位也拥有各自的采光窗。图7-2-25为天津医大总医院。其由两个45°直角三角形组成半圆形单元组合体，中心部位布置交通枢纽及病人活动空间、医辅用房；护士站居中，可兼顾病房、病人活动和访客空间；两护理单元在曲线和直线之间设有宽敞的凹口，形成呼吸式幕墙。单元邻接的弧形顶部开有凹槽，以改善采光通风条件；直角柱网与45°和135°的变形平面布置得十分自然协调。

图7-2-26也做了与图7-2-25类似的柱网处理。

由于我国护理单元医辅用房所占比例较大，且对采光通风要求较高，往往难以在三角核心部位布

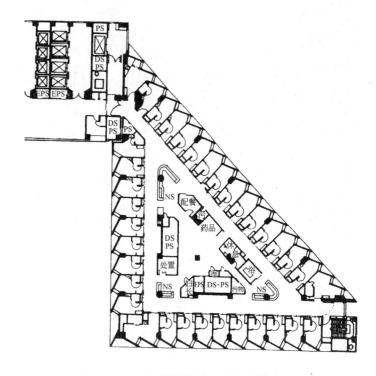

图7-2-22 日本圣路加国际医院护理单元

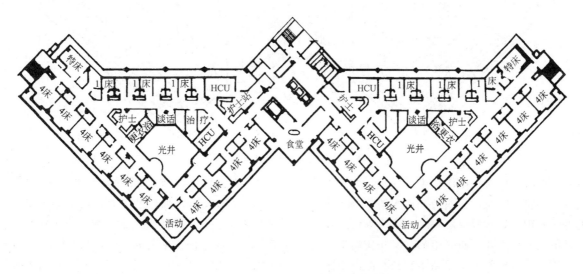

图7-2-23 日本欧木塔综合医院护理单元

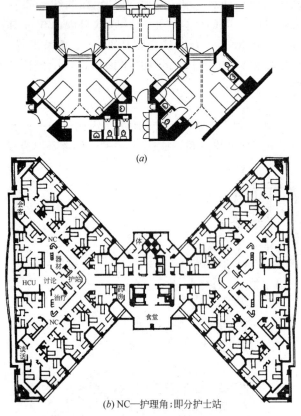

(b) NC—护理角；即分护士站

图 7-2-24　日本稻城市立医院护理单元

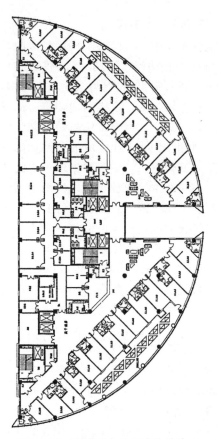

图 7-2-25　天津医大总医院外科单元

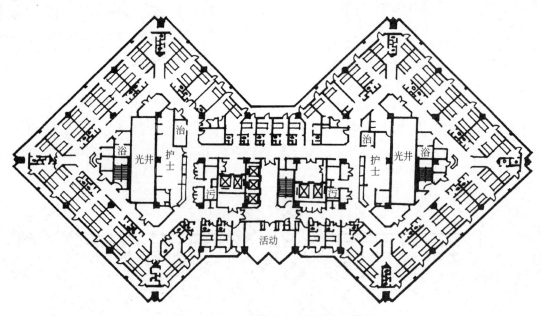

图 7-2-26　日本熊本赤十字医院护理单元

置完成，而必须将医辅用房从中部迁出，另占三角形的一边布置，同时，在斜边开设光槽，以减小中部无光区面积，如解放军总医院、重庆巫山医疗中心护理单元。与国外普遍采用的三面布置病房的双护士站相比，这种单护士站路线稍长。但由于医辅用房自成一体，不受干扰，病房朝向采光容易保障，走廊与护士站呈斜角布置，便于护士观察监护；容易形成丰富独特的外观，因而较受欢迎（如图 7-2-26～图 7-2-28）。图 7-2-29 为美国加州克劳维斯医院的 34 床双护士站菱形单元，双护士站有内走廊相通，与内部医辅用房联系方便，利于互相照顾。护士站面对漏斗形光槽，改善了采光通风条件。

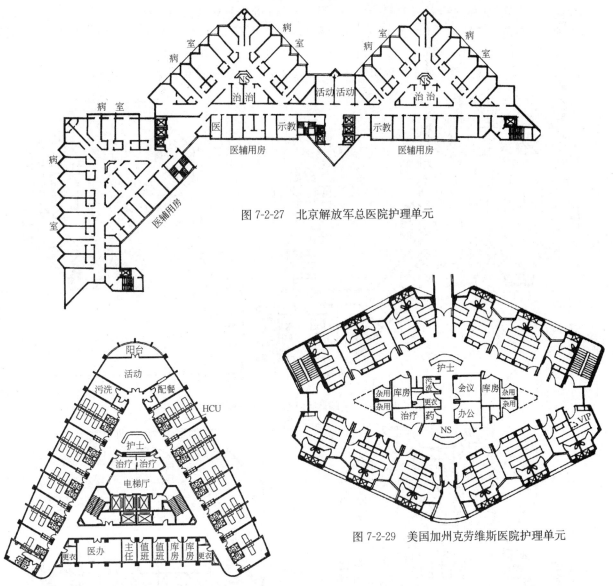

图 7-2-27 北京解放军总医院护理单元

图 7-2-28 重庆巫山医疗中心护理单元

图 7-2-29 美国加州克劳维斯医院护理单元

七、组团式护理单元

将一个护理单元的病室和医辅用房分成若干组团，这些组团围绕多个中心布置，并实行责任护士分组护理，其核心部位较大者可设开敞式护士站及医生、药品等类似景观办公室的空间，一个护理单元有多个护士站。核心部位较小者，仅是联系各病室的平台空间，集中设置护士站。

奥地利的韦特市立医院（图 7-2-30），每护理层有 4 个组团的单元平面。单元四角各布置了 18 床的护理组团，病室围绕中心的小平台呈放射状布置，几乎没有什么走道，平面极为紧凑，加之医辅用房较少，使护理单元每床建筑面积仅 14m²，相当于我国 4~8 床病室护理单元的指标。

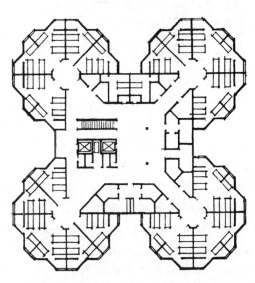

图 7-2-30 奥地利韦特市立医院护理单元

图 7-2-31 为美国达特矛斯汉考克医疗中心，将 36 床护理单元分成 4 个组团、4 个护士站，儿科在核心部位集中设置护士站。成都中医学院附属医院病房楼采用两个"蜂窝"形 25 床护理组团，中央核心部分形成较前两例宽敞的共享厅，提供了放置护士站的可能，每床平均建筑面积仅 22m²，与我国近年新建的高层病房单元大体持平，然而住院条件和病房档次却有显著提高(图 7-2-32)。

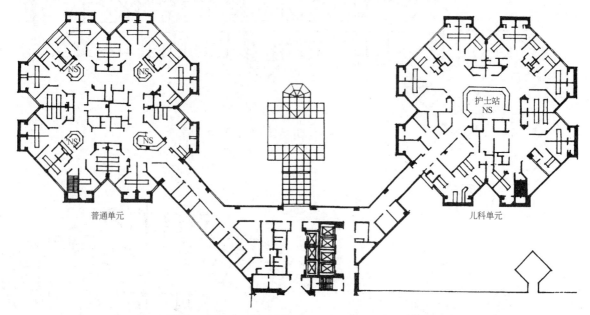

图 7-2-31(a)　美国达特矛斯汉考克医院护理单元

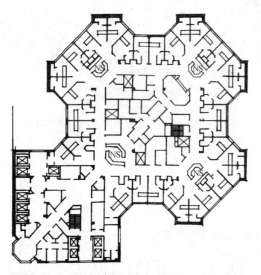

图 7-2-31(b)　耶鲁新港医院护理单元

图 7-2-31(c)　哈斯布洛儿童医院护理单元

尽管组团式多护士站护理单元无论从护理效率、病人心理感受上都有显著优势，技术经济也是可行的，但目前在我国仍运用较少。除医院管理的原因外，也由于这种护理单元要求护理制度的相应变革。实际上，20 世纪 80 年代我国即引进了国外较先进的责任制护理制度，由责任护士对一组病人实行全面整体护理。近年来随着护理水平的提高和整体医学观念的深入，新的护理工作要求从关心病人局部性症状发展到以生活护理、基础护理、心理护理为主要内容的整体护理，要求护士最大可能接近、熟悉病人，分组护理的优势更为明朗。湖南医科大学湘雅医院建立整体护理模式病房，将 47 床心血管内科分成三组，每组 1 名组长，3～4 名护士，每位临床护士分配一定数量病人。新的护理模式使护士主动性和责任心大大加强，几个月来，该病房的护士工作满意度在 95% 以上。可以预见，随着基础护理质量的提高，分组护理有可能成为主要形式，多护士站的组团式护理单元也将受到更大的关注和欢迎。

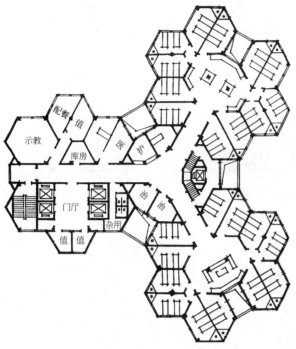

图 7-2-32 成都中医药大学附属医院护理单元

第三节 护理单元的组成及细部设计

一、病室设计

（一）床位布置及床周空间

一般急性病医院病室空间可分为病人区、医护区和家人陪护区。病人区即病床所在区域；医护区在进门及病人门侧；陪护区靠窗，靠病人窗侧和病床对面空间，见图 7-3-1。病人与医护、陪护区相互交融。病床应三面临空，床头靠墙，床的两侧可供医护人员活动、检查和护理病人。康复和疗养床位可以长边靠墙以示区别，使患者感到自己正在一天天地好起来。

我国生产的 DYC 系列病床为 2000mm 长，900mm 宽，500~750mm 高，具有升降、起身、屈腿等功能。儿童床的长度为 890mm、1400mm、1800mm，宽度为 500mm、700mm、800mm，高度为 500~1050mm，可升降。按我国成人现在的标准，床周空间为长 3.3m，宽 1.8~2m，高 3.3m。欧洲南丁格尔病房床周空间为长 3.6m，宽 2.4m，高 4.8m。据英国 1950 年调查，患者上、下担架，使用氧瓶，床上拍片所需的病床间净距需在 1.2m 以上，考虑到急救复苏、帘幕分隔等床净距宜为 1.5~1.8m。病床长边距内墙应为 600mm，距外墙应为 800mm，床头距墙应留 100mm 空隙，以便清洁擦洗。靠窗部位最好能留出起坐空间。根据这些要求，2~3 床

间病室净宽≥3.3m，净长应≥4.5m、6.0m；4、6床病室的开间净宽应≥6.0m（图 7-3-1、图 7-3-2）。

图 7-3-1(a) 病室分区示意图

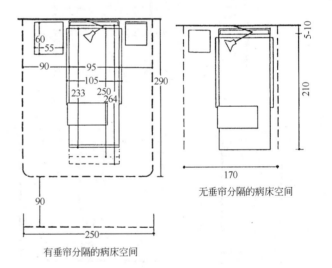

图 7-3-1(b) 病床及床周空间界限的确定

（二）卫生间

卫生间最好病室独用，两间病室合用卫生间的作法在使用者的性别分配上缺乏灵活性。洗脸盆设在病室内的优点是盥洗与入厕不相矛盾，缺点是难以保持病室的整洁、干爽，设在卫生间内其优缺点正好相反。我国因病室空间有限，面盆多设于卫生间内。除面盆、坐便器外，一般炎热地区多要求设淋浴间，病人坐在塑料有孔凳上洗浴。坐便器和淋浴都应在一侧或两侧安装扶手，淋浴地面用带吸盘

荷兰赫尔辛基理工大学病房设计方案

图 7-3-2(a) 单床病室布置示例

具有多角度、开阔视野的病房平面

图 7-3-2(b) 二床病室布置示例

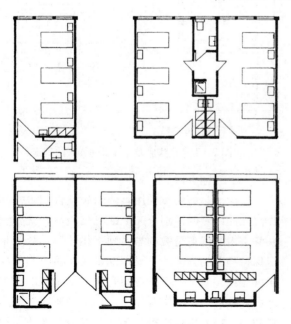

图 7-3-2(c) 三床病室布置

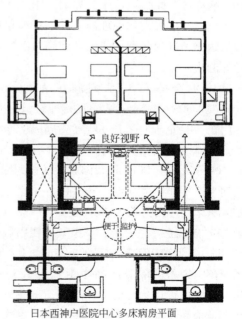

日本西神户医院中心多床病房平面

图 7-3-2(d) 四、五床病室布置

的橡皮垫子，防止病员滑跌。卫生间的门应外开，不需上锁，卫生间内应有呼唤信号按钮，以便与护士站联系。

病室卫生间的位置在一定程度上影响病室平面和使用上的合理性，主要包括以下几种布置方式（图7-3-3）。

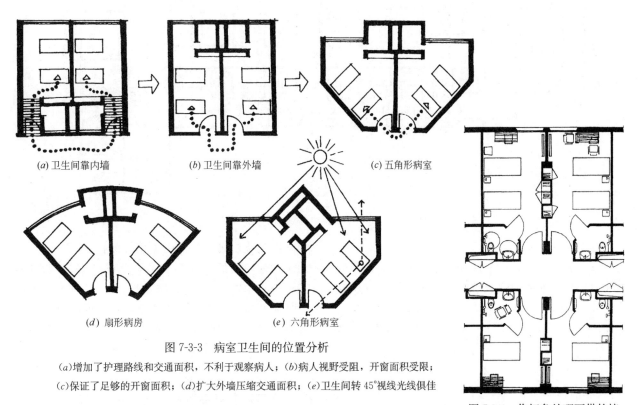

图 7-3-3 病室卫生间的位置分析
(a)增加了护理路线和交通面积，不利于观察病人；(b)病人视野受阻，开窗面积受限；
(c)保证了足够的开窗面积；(d)扩大外墙压缩交通面积；(e)卫生间转45°视线光线俱佳

图 7-3-4 作切角处理可供轮椅病人使用的护理单元

1. 卫生间靠病室内墙设置

这种类似于旅馆客房的布置方式，虽然使病室获得了完整的开窗面积，并有利于卫生间管道维修，但增加了护理路程，护士必然走过卫生间侧的走道才能看到病人，降低了护士直观度。由于卫生间前这段短走廊在使用上没有多大意义，一些医院将入口凹进，以改变护理单元内廊的单调景观。凹进的空间为医疗设备与病床通行提供了方便，如台大附属医院护理单元。此外，卫生间的布置使入口空间狭小，对病室开间要求较高。重庆西南医院采用凹曲线型护理单元，使病室呈内长外短的扇形，从而使入口处获得了较宽裕的空间。此外，有的采取卫生间切角、退缩等方式，解决走廊上的医护观察问题（图7-3-4）。

2. 卫生间靠外墙布置

为了避免护理路线的增加卫生间靠外墙布置已成为目前采用较多的一种布置方式，突出的矛盾是占据了病室外墙采光面积。为解决这一问题，一是利用扇形病室较长的外墙边，如法国瓦连先斯医院护理单元；还可将卫生间倾斜布置，使卫生间墙面与病室开窗面呈钝角，以利阳光照射和开阔视野，如法国阿尔勒医院护理单元（图7-3-5）。此外，通过对卫生间内部空间精心组织也可获得同样效果，如广州中医院二沙岛分院病室卫生间经过"精打细算"，将外部淋浴空间缩小，从而改善了外墙采光与景观效果（图7-3-6）。

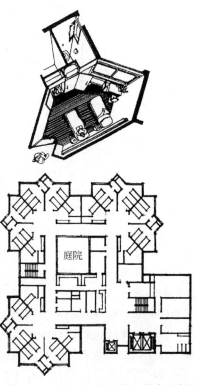

图 7-3-5 法国阿尔勒医院及其病室布置

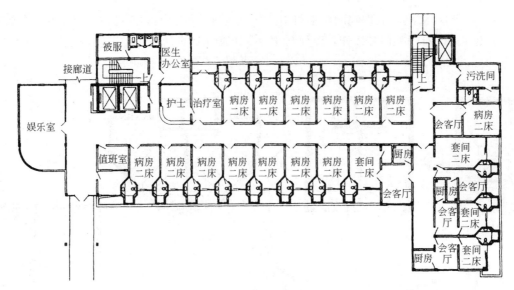

图 7-3-6　广州中医院二沙岛分院护理单元

3. 楔形卫生间

这种方式通常是将不规则病室平面"切角"处理成卫生间。如德国洛敦哈姆地区医院将扇形病室"切"成矩形,"余下"的空间两个病室共用一个卫生间,既不占外墙面,又保证了功能的合理使用,西南医院烧伤病房也采用了相似的作法(图 7-3-7)。由于这种切角的方式要求有合适的"夹角"空间,需要精心布置,才能取得好的效果。这种方式不影响外墙开口,有利于走廊观察,兼具前两种布置的优点,且卫生间可自然采光通风。

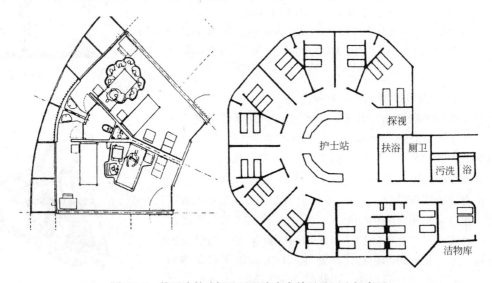

图 7-3-7　德国洛敦哈姆地区医院病房单元及卫生间布置

(三) 室内设施

病房的固定设施有中心供氧、中心吸引的管道接口,护士呼唤装置,灯光、窗帘、床间分隔帘幕的调控按钮等,这些设施的控制器多被安置在床头板内侧,我国已研制生产 ZKB 系列多种型号的医用综合控制板,对病室内的电气系统、对讲系统、氧气、吸引气系统进行综合控制,使室内显得整齐美观。病室是否设置氧气和吸引接口要视病室性质和当地经济发展水平而定。另有一些医院在床头设有电视接受线路,电视机挂在顶棚下适当位置,也有由病人租赁迷你电视的作法。

壁柜每个病人分开,也可在床头柜上方设置吊柜,集中设置的壁柜多在进门处利用柱间空间设置,每个病人可用 500~600mm 宽,550mm 深,1800mm 高的壁柜即可。壁柜的上部空间可由护士管理,用以存放换季的寝具,如夏天存棉絮、冬天存凉席等。

病室门应满足输液患者的担架进出,因此门宽应为 1200mm,一般开 800+400mm 的大小扇双开门,平时小扇固定,大扇开启。门扇可装透明玻璃，便于医护人员观察室内动静。病室门为便于护理人员查房巡视，不应上锁，所以门实际上只是为满足病人心理上的"安全"需要，国外有不少与中间走道融为一体的车厢式开敞病房，但在中国这种"夜不闭户"的病室，病人是难于接受的。

病室的窗户现在多用铝窗或塑铝窗，低窗台离地600mm，便于病人观赏户外庭园景色，从安全考虑，外窗的开启扇下口离地板应在900mm以上，因此应设护栏。根据日本鹿岛建设株式会社设计本部的调查研究，多数人认为，病室窗户以横窗为宜，其高宽比为1：1.5以上，接近影屏的比例最感舒适。窗户应安装竖向软百叶，以便调整光照明暗。

可动设施还有病人床头柜、床桌。床桌可供看书、书写、用餐。把桌面的活动板翻起来背面有镜子，浅盒里有梳子，可供梳理。此外，每个床位还配有坐椅，临窗开阔处可布置起坐谈话的桌椅或茶几，作为交往空间，小桌上可放置花瓶，增加病室的温馨和生气，床头柜也应有花瓶，放置探视者送的鲜花(图7-3-8)。

（四）病室照明

1. 一般照明

一般照明应考虑整个房间的工作需要与舒适程度，在多床病室，无论在床头或中心部位，照度都应能满足一般护理操作和病历记录书写，最低要求有几十勒克斯照度即可，舒适要求达几百勒克斯。日本、美国达200lx。但对病人面部的照度不应过高，以免形成眩光，中国建筑科学研究院的推荐值为50～100lx。室内大面积的装饰表面材料应具较高反射率，以减轻亮度对比形成的眩光。

2. 阅读照明

阅读或床上的其他活动照明，应由病人自行控制，其照度比一般照明略高，推荐值为75～150lx。

应限制灯具的亮度范围和投射范围，使这种局部照明灯具不致影响其他病人或产生眩光。除儿童和精神病患者外，一般病床床头都应装设。对儿童和精神病人可在其不能触及的位置安装耐干扰、可移动的灯具。

3. 观察照明

观察照明主要用于夜间病人休息时一般照明关灯后，为了医护人员进行连续观察而设置，只需较低的观察照度即可，照度值约为10～20lx。这种观察照明的开关应设在病室外面的走廊上，靠近各病室门的入口部位，由医护人员控制，也可只设夜间照明，查房时护士自备弱光电筒。观察照明装置应设在病床高度以下，以免对病人形成干扰。

4. 夜间照明

夜间照明应能覆盖病室通道和内走廊，以便夜间顶棚灯关闭后医护人员能迅速通行，在床头上的照度宜在0.1～1(儿童)lx，以便不致干扰浅度睡眠的病人。我国多采用安装在踢脚线上方的地脚灯，其位置介于内走道与病室之间，三、六床间可在病室之间的横墙的床间位置适当增设，可两面借光。

此外，为防止内、外窗户透射进室内的灯光，晚10时后应关闭走廊顶棚灯，外窗应拉上厚窗帘。医学家认为，顶棚上微弱浮现的光影，最易使仰卧的病人引起噩梦或幻觉效应，对发烧的病人，尤其是儿童，全暗的顶棚更为适宜一些。

5. 诊断照明

诊断照明既用于夜间紧急诊断，也用于白天，其照度要求应高于阅读照明，推荐照度为150～300lx。如病人床头的阅读灯不能满足要求时最好设置可移动的灯具作为诊断照明之用，不用时移去。多床病室有一台移动灯即可(图7-3-9)。

二、护士站

在我国，护士站和护士办公室合并在一起，当一个护理单元分两个护理组设双护士站时，应在适中位置设护士办公室作为护士长的工作基地。护士站的位置应在病室群的适中部位或走廊转角处，护士站应面向病室。现在虽有传呼对讲装置，但仍难代替护士与患者之间的直观交流，这更为适应高效率、高情感的发展趋势。南丁格尔开放病房正体现了她能看到所有病人的细微变化，这样使病人感到更安全，护士感到更踏实。护士站多以开敞式柜台分隔内外，柜台宜突出

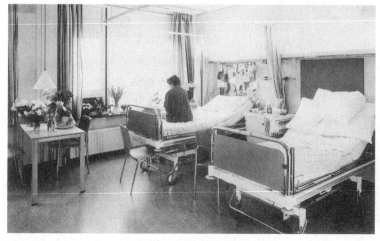

图7-3-8 温馨闲适的病室氛围

图 7-3-9(a) 香港养和医院病室的照明系统

图 7-3-9(b) 瑞典弗林勒委医院病室的自然光照

于走廊内墙,以拓宽视野。护士站是护士的工作基地,包括接待病人和探视人员、编写存放病历、接收病人和医生的呼叫信号等。开敞式柜台比封闭式显得更为直接、亲切,护士站最好能看见所有病人床头,其次能看到各病室和单元主入口,再次能看到走廊及病人活动室的情况。站内设桌椅、病历柜、黑(白)板、电话、洗手盆、呼叫信号主机等(图 7-3-10)。

除靠外墙的护士站有自然采光外,一般高层病房楼和四周布置病室的护理单元多为岛式护士站,只能间接采光,并辅以人工照明。现代医院强调信息化管理,医嘱抄写、病案整理、表格文件等案头工作逐渐向无纸书写的微机操作过渡,这时自然采光并非优点,光线过强还要遮暗。在强调护理到病人床头的今天,护士多处于流动状态,如何缩短护理距离才是关键,日照、自然光等在护士站已显得次要。护士站的人工照明应提高其环境照度,以便护士在进出有较强光照的房间时,视觉能尽快适应。夜间因病室的各种照明设施启动,护士站的人工照明如无高亮度灯具也不会对病室产生眩光。深夜,当病室关灯之后,则应调低护士站的照度。护士站、护士办公室的推荐照度为 100~200lx,应有多路开关控制。

三、病人活动室

这是病人的活动、交往空间,可供起坐、会客、阅读、文娱、用餐、观景、日光浴等,能与阳台和庭园相连则更为理想。病人在此可获取外界信息,交流养病经验和其他社交活动,也是鼓励病人尽早下床活动的康复性措施,以转移病人对疾病的注意力,缓解其孤独感和焦虑感。室内各种设施应兼顾轮椅病人进出方便,活动室与交通廊道之间可不分隔,作一体化处理,以扩大空间感,使视线更加通畅,利于观察。室内可以参考家庭起居室或客厅的布置方式,使病人感到亲切、自然、温馨,近窗部位可布置室内绿化,以焕发生机,激发病人战

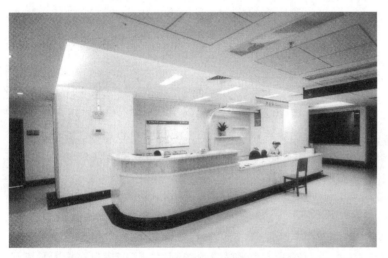

图 7-3-10(a) 张家港第一人民医院护理单元护士站

图 7-3-10(b) 美国克里夫兰儿童医院病房护士站

胜疾病的信心和勇气(图 7-3-11)。

四、医辅用房

(1) 治疗室、处置室——应靠近护士站布置，在使用上与治疗护士联系较多，如准备输液、配药备车，准备敷料、器械等；室内应设有治疗台、药品器械柜、消毒剂、洗手池、冰箱等。治疗处置室设在治疗室近旁，作为穿刺、灌肠、备皮等治疗之用，设诊查床、治疗柜及放置各种医疗器具的长桌；室内设有消毒锅、洗手池、电炉等。

(2) 换药室——设在治疗室附近，专供外科病房换药用。最好分设清洁、污染诊查床各一张，另有器械台、换药车、外用药柜、污物塑料桶等，并设空气消毒设施和洗手池。

(3) 配餐——位置适当靠近电梯厅，有燃气管线引入，便于食品的加工分配、餐具的洗涤存放，并负责开水供应；应有良好通风，以利废气排除；内设碗柜、灶台、电热水器、微波炉等。

(4) 医生办公室——与护士办、主任办相邻或成组布置，便于联系，也可在大空间内用矮隔断划分，作景观办公室处理。

(5) 示教室——教学医院设置，供实习医生在此办公、学习、讲课，设黑板、桌椅、幻灯屏幕、闭路电视接收装置等设施。

(6) 值班室——护士、医生值班室各一间，有时与男女更衣室合设。室内最好能放两张床，或双层床，另设存放被褥衣物的壁柜，这样医护人员各有专用寝具，如男、女医生不同时值班，可只设一间医生值班室。国外也有在医生办公室设多用沙发，晚上改成床，成为医生值班室，这样即可压缩医辅用房的面积。

(7) 污洗室——作为处理污物之用，内设便盆消毒器及存放架、拖布池、污衣袋及袋架等。现代医院由于病室自带卫生间，有的医院还带有便盆消毒器，这样一来就简化了污洗室的功能，其面积约在 9m² 左右。

(8) 库房——如被服、杂用、轮椅、推车、非常用的医疗器械设备等，都需要存放空间，被服、杂用库最好适当靠近护士站布置，非常用物品库可利用某些边角空间布置，多利用内走道两侧的柱间设置储藏空间。

图 7-3-11(a) 日本某医院的餐室兼活动室

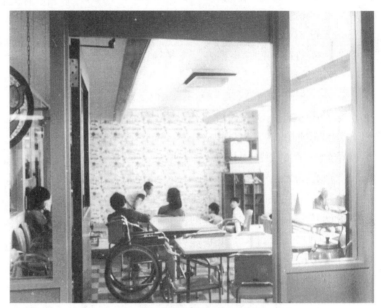

图 7-3-11(b) 日本某医院的餐室兼活动室

第四节 重症监护及白血病单元设计

一、重症监护单元(ICU)设计

重症监护病房单元主要是收治多脏器功能衰竭、严重复合伤、大手术后的病人及心脏、呼吸骤停的病人，这些人多来自急诊、手术部或专科ICU。重症监护的床位数量一般为急性床位的3%～5%，或按手术台数的1.5～2倍考虑。ICU的管理形式是集中、分类、分级管理。集中管理，是指把重危病人、医疗设备、医技人员集中于一个独立的业务单元，以达到节约、高效、便捷的目的。分类管理，是按病人需要的专业技术分类，如心肌梗塞病人常并发严重的心律不齐，为准确识别及时救治，常划归 CCU(Coronary Care Uunit)病房，由内科管理；新生儿抢救则纳入 NICU(neonated ICU)，由儿科管理；OICU(Obstetrical ICU)由产科管理；而一般 ICU 患者中 80%以上是外科手术后病人，心脏、颅脑术后病人，全由 ICU 护理。在 ICU 的平均停留时间，内科 3～4 天，外科 4～5 天，少数依靠人工呼吸器的患者监护约 7～10 天，如有感染或脏器衰竭则需 2～4 周。

分级管理是按病情危急程度分为三级，一级管理在普通病房设重症病室，主要用于大手术后的病人或临终抢救的医疗护理。二级管理是在拥有几个单元的大科室和重点科室，收治具有相同专科特点的危重病人，如 RCU，即呼吸不全的病人监护单元。在分科较细的大型综合医院，二级管理是其主要形式。三级管理是把一个大型医院或地区范围内的两个以上系统或脏器功能衰竭的极危重病人集中起来进行治疗，这类病人已不属个别专业科室，而是根据病情发展的需要，实行综合性、平衡性、支持性治疗。

（一）设置条件与方式

一般 200 床以下医院，可不单独设置 ICU 单元；200～500 床医院可设综合性 ICU 单元；500 床以上分科较细的医院可同时设置综合性和专科性 ICU 单元。设立专科 ICU 病室，其规模应常保持 3～5 名危重病人，一般低于 5 床就不太经济，因为它要占用一套完整的医护人员和房屋设备，但一个监护单元最多 12～15 床，再多则应按病人类别分设。

除 CCU 宜与介入治疗部就近布置外，ICU 的位置，许多医院把它和手术苏醒室联系起来，因为手术后监护病人占 ICU 床位的 80%以上，并把手术后监护视为苏醒的延续；监护过程中涉及较多吸入疗法，要由麻醉师负责，因此，二者有一些共性要求。一般 200 床以下小型医院，监护与苏醒可以合一，200～500 床二者可相邻设置，500 床以上者，外科 ICU 最好靠近手术部，如离得太远，在 ICU 单元内应增设一间手术室，以利抢救。ICU 与苏醒室靠近或合设，省面积，床位使用灵活，可相互调剂。人员设备可共用，对麻醉师和外科医生来说较为方便。缺点是 ICU 与苏醒二者互有干扰，对可能引起感染的病人是不允许进入手术部苏醒室的。共用的苏醒室床间以帐幕分隔，这对 3～5 小时的术后苏醒是足够了，但对重症监护中的尚清醒警觉的患者，如果看到周围全是危重病人，就会感到恐惧，且病人间的互相干扰也对康复不利。因此，床间用 1.2m 高，上为玻面，下为隔板的隔断为好，既便于医护人员观察，又较私密隐蔽。大间监护室每床占建筑面积

6.5～9.3m²，隔板分隔者占 9.3～13.0m²，单间者 13～16.7m²。就监护单元而言，其总面积应为床位面积的 2～3 倍。日本 1977 年制定的 ICU 标准，病室平均为 20m²/床，单元平均为 50m²/床，相当于普通病房单元 2～3 倍的床均建筑面积。

（二）ICU 单元的房间组成

（1）护士站——应在适中位置，视线通畅，便于观察监护病人的面部表情，设有报警监护仪，用电算机进行数据记录、分析、存储。护士站与监护室处于同一空间。

（2）准备间——与护士站接近，或合并为一间，在准备工作时也能观察病人，因此面向病室一面应为玻璃隔断。

（3）化验室——进行与抢救密切相关的一般化验，如血常规、血气、血电解质、肾功能等时间性强的项目，可由护士操作，如 ICU 距手术部较远时应设一大间检查室兼作手术室，以利抢救和紧急化验。

（4）储存间——存放敷料器材、药品及其他备用床具杂物等。

（5）卫生通过间——换鞋、更衣、浴厕等，如果 ICU 的位置靠近手术部的术后清洁区时，也可与手术部的卫生通过间合并设置。

此外，还应有医护休息、办公、会议、会诊及家属探视等候等用房。探视等候和医生室可通过电视随时观察病人。探视室应自带卫生间，与病人和医护卫生间分开。

（三）ICU 的布置方式

主要以床位与护士站的相互关系来分类：

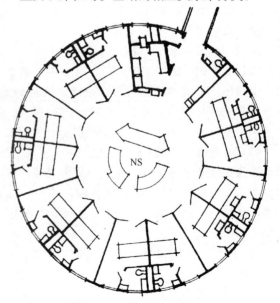

图 7-4-1　环绕式布置的 ICU
（美国洛彻斯特美以美教会医院）

(1) 环绕式——核心部位设置护士站和医生记录室，病床绕护士站布置，护士站周边设玻璃隔断和柜台。医护人员可以边工作边观察，护理距离短，有利于提高效率。缺点是前后左右都有病人，不是集中在一个方向，观察难于专注。ICU护士站与其他医护用房脱开，联系稍感间接（图7-4-1）。

(2) U形三面式——与环绕式类似，前、左、右三方布置床位，后面可与医辅用房直接联系，保留了环绕式的优点，避免了其缺陷（图7-4-2）。

(3) 两面式——多用于双走道平面，中间设护士站及工作间、化验室等支持用房，护士站面临两条走廊，路线较短，但也有前后难于兼顾的缺陷，最好有两名护士各照顾一面（图7-4-3）。

(4) 单面式——护士站面向一个方向，其余三个方向与辅助间相连，面向病床注意点集中，但病床一字排开，床位多时，战线过长，护理距离较大（图7-4-4）。

ICU患者，主要是抢救生命度过危险期，对治疗要求高，大部处于昏迷状态，对私密性、舒适度无太高要求。为便于直观监护多集中开敞布置，而CCU病人则大多清醒，因此宜于分设单间为好，对易于感染他人的ICU患者也宜用单间，并维持负压，以免空气外溢。

（四）环境要求

(1) 监护室应保持10000级空气洁净度，相对湿度50%～60%，通常氧气增湿效果欠佳，因而应设增热加湿器，室温24～26℃，洁净度高的空气应向洁净度低的房间流动，防止倒流，每小时换气4次。

(2) 室内照明应采用显色性好的光源，其照度不应低于500lx，且应能分2～3档调节，还应为每床床头设紧急处置的手术聚光灯。病室照明应有低照度的夜间照明。床位上方的吊灯要减少，使病人不感刺眼。

(3) 每个病床应有2～3个吸引插头，可供胸腔引流、胃肠减压和气管吸引等同时操作，床旁至少应设两个电插头，一路为高安培保险丝，供冷却毯用；一路为电源照明系统和紧急供电系统。

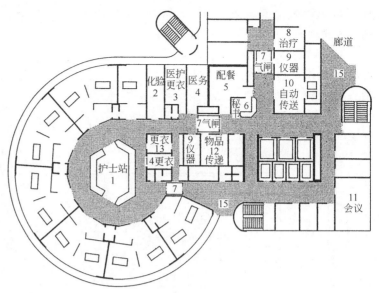

图7-4-2 德国穆恩斯特大学医院ICU

图7-4-3 双面式布置的ICU

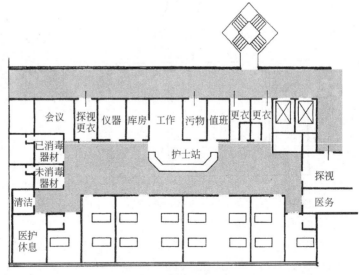

图7-4-4 单面式布置的ICU

二、白血病单元

白血病表现为白细胞不成熟，导致对病菌的抵抗力低下或丧失，当前主要通过化疗和骨髓移植疗法救治，因此，需要在无菌环境中治疗，才能防止感染其他疾病。治疗周期两个月左右，病人易产生烦躁、激动和孤独感。为扩大视觉空间，这种病房多采用全透明涤纶片及铝合金骨架组装的单床病室，为使洁净空气首先达到病人的口鼻区，多采用由头部一侧送风的100级水平层流。为使病房少受干扰，其位置应是独立尽端，外部环境空气清新、含尘量低，最好能在顶层（图7-4-5）。

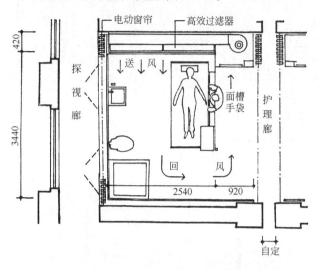

图7-4-5(a) 供护理白血病人的层流病室

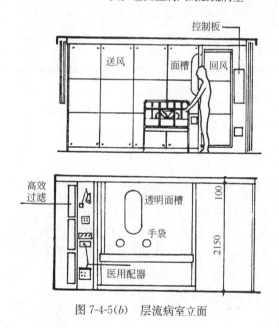

图7-4-5(b) 层流病室立面

（一）白血病单元组成

白血病房由病室、洁净廊、医护办公、配餐、值班、卫生通过间及外周探视走道系统组成。

（1）病室——可分为主病室和过渡病室，主病室为骨髓移植或强化疗后的病人专用空间，洁净度为100级，水平层流，过渡病室为手术前病人或手术后免疫功能恢复较好的病人使用，多为顶送侧回的乱流室，洁净度为10000级。医护人员对主病室病人的护理只能在洁净走廊一侧的透明涤纶帐外通过固定在上面的医用手套接触病人。室内应有医用气体接口、呼唤信号、应答指示灯、电视、电话等装置（图7-4-6、图7-4-7）。

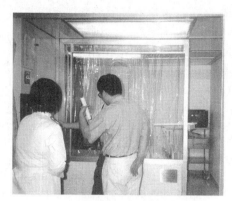

图7-4-6 香港某医院的层流病室

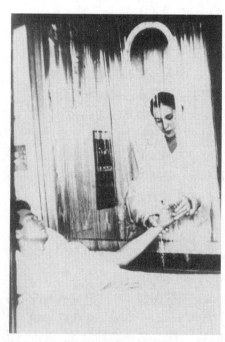

图7-4-7 白血病房护士在隔离帐外通过手袋护理病人

病室内的厕卫位置应在回风一侧。病人卫生间应有淋浴、洗手盆，厕位单独设置，宜将密封塑料袋固定在有孔的坐凳上，用后扎紧袋口由污物传送窗口送出处理。同时卫生间应保持负压，以免污染空气，用无菌水或药液冲洗厕位的办法仍有可能引起污染，已渐少用。

（2）医护办公室——洁净度为10000级，设有空调、信号、背景音乐等的控制台和电视监视屏及相应的办公设施。

（3）洁净廊道——洁净度为10000级，一切人员、器物都必须经卫生通过程序才能进入洁净走廊。其与病室之间应保持适当的空气静压差。

(4) 其余各组成用房除外周探视廊为非洁净空间外均为100000级洁净室。

(二) 卫生通过程序

(1) 病员——进入单元前剃光头，剪指甲，服抗菌素，进无菌食物。进入单元的缓冲气闸换鞋，脱外来衣，进入洁净廊经药浴浸泡后穿无菌衣裤进入过渡病室。

(2) 医护人员——由非洁净区经卫生通过间换鞋、更衣、洗手后再换灭菌鞋，穿隔离衣，经风淋后进入洁净廊和医护办公室。

(3) 洁净器物——由非洁净区送入的器物须经无菌传递窗转医护人员消毒灭菌后才能转送使用，外部带入的书籍应逐页紫外线严格消毒后方可交病人阅读。

(4) 污物、垃圾——应及时就地装袋密封经专用传递窗送出，由非洁净区的工人由污物箱定时送出处理。

(三) 空调系统及相关要求

(1) 各洁净病房应采取多个独立系统，各病室在使用、消毒和维护时各自独立，不相关联。室内温度以22～26℃，相对湿度在45%～60%为宜，温度过高易引起病人烦躁，湿度过高则有利细菌繁殖。空调器的风机应至少有两档风速可供调整，白天病人活动或治疗时取较大值；晚上病人休息时取较小值，风速0.15～0.3m/s。噪声白天应低于55dB(A)，夜间应低于45dB(A)。

对于数量较少如仅1～2间洁净病室，就不必采取上述土建式构筑方式，而采用装配式洁净病室或空气洁净屏蔽床，如采用这种系统，则要注意辅助区域的配套设计、前室气闸处理以及不同洁净空间之间的压差处理。同时也应严格执行人与物的消毒作业程序。

(2) 由于病室使用前、后和使用过程中经常使用消毒药液喷雾、擦洗、蒸薰消毒，因此，室内一切家具装修材料应耐侵蚀性。选用送风配件及过滤器、阻尼层器材时也应考虑这一因素。

(3) 给排水及医用气体——对来自城市管网和高位水箱的给水水质除须符合饮用标准外，还应进行深度净化及水质消毒。医用气体主要是氧气和负压气，应提高使用的可靠性。

(4) 电气设备——空调系统要设计备用电源，洁净病房的独立系统宜采取双机并联互为备用的布置方式。此外，还应有电视天线用户盒、电视监视摄像探头、对讲呼叫信号装置和电话等，以满足患者与护士和探视者之间的联系，缓解病人的孤寂焦虑情绪。

(5) 由于患者治疗时间长，室内空气品质要求高，室内空间的限定性强，因此病室多采用适合人体活动的最小空间，具有狭窄、低矮、封闭的特性，如果处理不当易使病人产生被监禁的憋闷焦躁情绪。因此，在建筑细部装修上，应多使用透明、镜面材料，以扩大空间感，内部陈设简明，色彩淡雅，以免产生紧迫、压抑的空间感受。

洁净无菌病房分类特性及要求见表7-4-1。

洁净无菌病房分类特性及要求　　　　表7-4-1

室　名	特　性	宜设洁净度	宜设温湿度
白血病房	治疗时间长，特别强调其居住性，要有外窗及与探视人见面的窗口，能互相通话。噪声低、无吹风感。病人缺乏对感染的抵抗力，对室内消毒灭菌要求严格。住院天数40～60天	100级	22～26℃ ≤60%
烧伤病房	重度烧伤病人需要实行开放疗法，痂皮在2～3天内可生成。居住性减弱而治疗护理工作量大，人员出入频繁，最好在治疗室内设置隔离小间。人体大面积裸露，室温要高一些。住院天数10～15天	100级	30～35℃ 50%
呼吸器官病房	病人生活能自理，对治疗有信心。医护人员无需经常出入，管理比较方便。但病人对气象参数十分敏感，室内温湿度必须可以调节，严格控制室过敏因子	100级至10000级	23～28℃ 40%～60%
脏器移植病房	必须在高度无菌条件下治疗，要求手术室和病室相邻，组成一个新的手术与治疗系统。强调与其他人流无任何交叉，实行严格的无菌管理	100级	23～28℃ 40%～60%
新生早产儿室	对于免疫缺损的新生儿和早产儿的保育，必须放在洁净隔离器中，过了哺乳期后才出隔离器，移到洁净儿科病房。温湿度要求偏高，细菌浓度小于200CFU/m^3	100000级	24～28℃ 50%～60%

第五节　烧伤医疗单元设计

20世纪以来，由于石油、化学、冶金工业的飞速发展，现代火器的杀伤效力越来越高，无论是在战争时期或和平时期，烧伤事故都更加频繁，对人类的危害也日趋严重。为适应这种势态，烧伤外科逐步从普通外科中分离出来，形成独立的学科体系和相应的烧伤医疗机构。

一、烧伤医疗机构的特殊要求

(一) 应有利于烧伤病人隔离，防止感染

据统计，有30%的烧伤病人受到感染，其中有近50%的病人死亡。因此，烧伤医疗机构的设计应便于控制感染源及其传播途径。

感染的途径包括直接感染和间接感染。间接感染是指污染物通过飞沫由空气间接传播，控制空气感染已成为高难技术领域。空气净化（如各种层流装置）和"超隔离"（如"生存岛"或"净化舱"——Axenic)是空调的最新技术，但其效果与代价相比仍不理想。美国密歇根大学烧伤中心，按常规控制感染的办法，即工作人员戴口罩，病人相互间隔一定距离，并用帘幕或隔板隔开，再采取一定的消毒灭菌措施。空气抽样检查，结果很少发现病原体。直接感染是由于不勤洗手，接触污染器械、衣物和脏敷料而引起的。因此，每个病人必须有自己的供应品，并应严格消毒。床边应设脚踏或膝开关的水盆；人员和推车进出烧伤病房都应有严格的卫生通过程序，以污染走道进入清洁走道的卫生通过式布置为好，其位置应靠近入口和交通枢纽。

隔离的最终形式是使病人呆在病房内部，离开病房就意味着增加感染的危险性，这种危险与外出往返的次数和时间成正比，因此，直接为烧伤病人服务的部门都应设在烧伤机构内部。

（二）为烧伤病人提供专用、舒适的环境

在设计上应保证烧伤医疗机构在使用上的独立性，人员、设备、房屋的专用和稳定大大有助于提高医疗技术和医疗效果。

烧伤病房一般分三级护理，即对重危病人的监护；非急重病人或度过危险期病人的综合护理；对完成自体植皮或轻伤员的康复护理。设计时应使监护病人、综合护理病人、康复护理的病人各有专室，互不干扰，便于集中配置相应的设备。

（三）为烧伤治疗提供适当的教学、科研基地

这对烧伤中心特别重要，烧伤中心必须有监护和临床研究单元，在漫长而单调的烧伤治疗中，很多致命的潜在并发症可能出现，对此应做更多研究。烧伤医疗机构也将用作教学科研点，应有病人的电子监护装置，还应该有一定的附加面积，以适应观察和探视要求，专用示教室应设在烧伤医疗机构内部，这对教学是必要的。

（四）要具有适应发展变化的能力

烧伤医疗机构多经历由低到高的发展过程，常利用医院原有建筑进行改造，因此设计时，既要考虑对原有建筑结构和设备体系的针对性，又要考虑对将来发展变化的适应性。在烧伤医疗机构范围内，对原有支承结构一般应完整保留，并以此作为房间的分隔界线；原有辅助服务设施及位置，也应尽可能保留利用，如果要改变地漏、下水道、排气管、供气管及升降设备的位置，所付出的代价是很高的。对原有交通体系如走道、楼梯、电梯等也不宜过多修改，而应与之统一协调。

二、烧伤医疗机构的设计

（一）烧伤医疗机构的位置

应根据原有医院建筑的开间进深何处最为符合烧伤医疗机构的要求而定，该机构可利用原住院部的一部分，如密歇根大学烧伤中心就是采用这种方式定位的。

第二种办法是对医院的组合体系作较大变更，而将医院的所有监护病人集中在一起，因为不管病人致伤、致病的原因如何，对他们的监护是基本相同的，这样有利于合理调配人力、设备和供应品。将烧伤病房、临床研究、监护病房、手术室、心血管监护等对空调、无菌技术要求较高的部门组合在一起，各部门既有分隔又便于联系，使用后的污染器械经外部环形走道，送入供应室清洗消毒后经内部清洁走道分送各室，洁污路线十分清楚。探视和参观人员只能在环形走道停留，一般不进入内部清洁走廊，以利管理（图7-5-1）。

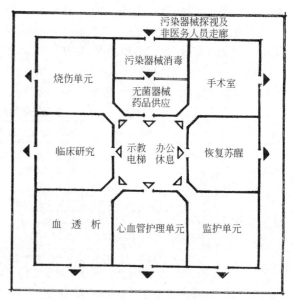

图7-5-1 重危病人的典型护理设施
（不同的监护单元可以有效地布置在一起）

（二）房间分类及设计

烧伤医疗机构的业务用房，可分为4个主要部分，即病人用房、病人辅助用房、医护用房、附属用房。

1. 病人用房

为病人使用或占用的房间，约占烧伤医疗机构使用面积的50%～65%，应设在烧伤医疗机构内

部，简要介绍如下：

（1）病房——为便于病人隔离，应分为监护病室、综合护理病室、康复护理病室，但要确定各种病室的床位数却较为困难。据统计，监护、综合护理、康复护理的比例分别为20%、40%、40%，密歇根大学烧伤中心采用的比例为30%、30%、40%。

1）监护病室——室内病人要求持续监护和观察，室内应有护士站。护士站可透过玻璃隔断看到所有病人。由于大面积烧伤，病人肾功能衰竭的可能性增高，因此，应有一个监护床位设置血透析洗池和排放装置，以代替床边的洗手盆。

2）综合护理病室——这是病人的过渡病室，病人先送到监护病室，伤不太重的也可直接送到这里，其设备与监护室类似，附加工作面积可减少。在多床病室中可将某些突然性的抢救活动（如心停跳等）延伸到床间走道。

3）康复护理病室——其面积与设备要求与普通外科病室类似。其实，一天的多数时间应鼓励病人去休息室，只在检查治疗和睡眠时才回病室。该室能否接待监护病人，关键在于能否满足装备上的要求，在多床病室中可以通过减床的方式来补充监护的额外工作面积。

（2）浸浴室或称水疗室——浸浴室设在病房内部。因为烧伤病人浸浴时间比普通病人长，而且每天两次浸浴，如果将它并入理疗科的话，少数几个烧伤病人就足以妨碍水疗室的正常使用，而且病人往返于理疗和烧病房之间易受感染。如水疗室设在烧伤病房内部，还可设一种专用衡器测定病人净重（没有衣服和敷料），因体重变化是烧伤病人的一项重要指标。一般每8~10名病人需设一个浸浴池。

（3）接诊入院——接诊入院过程包括观察、静脉输液、插导尿管、体检、清洁剃毛、敷料消毒、包扎等。由于全身清洗是入院处理的程序之一，通常接诊多与浸浴相邻或合并设置。

（4）治疗包扎——设专室比在病室操作效果好得多，该室如与浸浴室相邻，形成一个"创面处理点"则更能节约时间和面积，有利于提高护理质量，省去病室存放敷料和包扎的操作面积。将该室与浸浴或手术室合并也是可行的，因为它们都要求灭菌消毒。

（5）手术室——清创、植皮、整形修复是创面处理的基本内容。据统计，烧伤占体表面积20%以下的病人，住院期内平均作1~2次手术；烧伤面积占20%~40%以上的病人，平均作4~5次手术。由于使用频率较高，为防止感染起见，手术室应设在烧伤病房内部；如不可能，烧伤病房则应尽可能靠近医院的中心手术部，并应将其中一间手术室作为烧伤专用，以免扩大感染范围。如果在使用时间上可以错开的话，烧伤病房内部的手术室可与包扎治疗室合并，这样病人可卧床直接送入治疗室，免去病床与担架之间的多次转换，从而减轻病人痛苦。手术室的面积，至少应有18m²，其中包括洗手池和必要的存放面积（图7-5-2）。

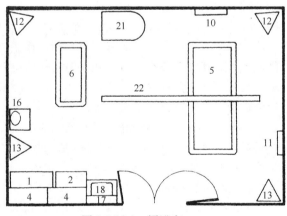

图7-5-2(a) 浸浴室

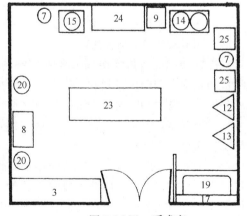

图7-5-2(b) 手术室

1—贮块柜（带轮玻璃钢容器）；2—平柜；3—固定在墙上的柜子；4—壁柜；5—全身水疗池；6—带搅拌器的移动水疗池；7—脚踏开关污物桶；8—手术室内升降架；9—马约台；10—充水用混合开关；11—测病人体重的传感器读数盘；12—敷料布类收集器；13—垃圾贮存器；14—双环架；15—单环架；16—地秤（测步行病人体重）；17—搁板；18—洗手盆；19—外科手术洗涤盆；20—高座凳；21—病人入池梯凳；22—悬挂式升降机；23—手术台；24—手术器械台；25—带轮手术准备台

（6）病人卫生间——应为监护和综合护理的病人设置独用厕所和盥洗，虽然这些病人不经常使用，但可使便器消毒能在病室内就近处理，有利于控制感染。此外，还应为康复病人另外设置卫生间。

（7）下床病人休息室——多数病人的疗程很长，他们在出院前就可以下床行走了。设置休息室的目的，是要把他们稳定在烧伤医疗机构内部，通过用餐、互访、娱乐、学习等活动重新回到社会生活中去，以免他们东游西逛，对其他部门造成干扰。

2. 病人辅助用房

由于烧伤病人应与污染源隔离，进入烧伤病房的人和物一律须经卫生处置，如擦洗、更衣等。如每日反复多次卫生处置，不仅麻烦而且增加感染机会。因此，必须将病人所需物品、常用器械放在烧伤医疗机构内部。其面积应占总使用面积的10%～15%，具体安排如下：

（1）药剂室——由于烧伤的药物需用量大，有必要在烧伤医疗机构内部专设药品存放间，并将药库、调剂、发药适当分开。

（2）病人用品库——须为经常而不固定使用的物品设库房，以免这些东西杂乱地堆放在走道上。由于每个病人都可能用三种病床（即普通式、护栏式和轮转翻身床）中的一种，烧伤病房内不应解决额外病床的存放问题，临时用床和大量性的轮椅、担架等应由医院的设备总库存放。静脉输液架、聚光灯、烤灯和血压计等宜放入壁龛或吊柜，以省地面。

（3）消毒、供应品和被服——烧伤病人要用大量敷料和包扎材料及无菌供应品，床上用品的更换周期为每天2～3次，需要量大，因而要求设置中心库房。该室的存放和业务操作面积宜合并设置，如不专设药剂室的话，也可将其并入。

（4）污染杂用间——烧伤病房隔离要求较严，必须在无菌区外设置一间作清洗用的杂用间，设备器械送出烧伤医疗机构或送往清洁度更高的房间之前，要清洗明显的污迹，以免感染。

（5）备餐间——多数烧伤病人要求进高流质、高热量食物，病房内应设备餐间，餐车可由污染走道进入备餐间，备餐间临清洁走道一侧可开窗口传送食品，避免餐车直接进入清洁走道。从电梯到备餐间的距离应尽可能缩短。

（6）收发室——因进出烧伤病房的器物要作卫生通过，为物品的传送设一间收发室是必要的，从无菌传递窗口可收进物品，也可将烧伤病房内部的标本、器械等发往医院其他部门。该室也可利用前室或走廊的一部分放宽的空间设置。

3. 医护用房

在烧伤医疗机构内部，为医护人员提供宽敞而舒适的办公、活动、间休、示教等用房，也是很必要的。如有紧急情况就可及时投入抢救。医护用房约占使用面积的25%～35%。

（1）男、女更衣室和卫生间——任何人要接近病人都要卫生通过，脱去外出服，换上洗手服和隔离服；外来的会诊医生要脱去白大褂换上隔离服；医护人员出入烧伤医疗机构之前都要在此洗手。卫生间内设浴厕为医护专用。

（2）通讯联络室——近似护士站的功能，该室主要是供病房管理人员在此处理病人呼唤、资料整理、校对医嘱和病房内部联系等，该室可靠近入口，使管理人员可以完全监视烧伤医疗机构的出入交通情况。

（3）医办兼值班——在教学医院，该室主要是住院医生、实习医生、研究员等看片、开会、学习和值班医生睡觉的地方，内设躺靠两用椅，而不另设床位和医生值班室。没有教学任务的烧伤医疗机构，如果主管医生另有办公室的话，该室可取消。

（4）杂用库——为清洗和贮藏某些清洁工具专设一间房间是必要的，各种用品和设备应各有专位，否则室内就会显得杂乱无章，该室应设在污染区内。

三、社会服务与特殊教育

社会服务是国外医院新兴服务项目之一，主要是帮助病人及其家属作些辅助服务性工作。因为病人及其家属经常受到心理的、经济的和社会的各种压力，患者长期与家庭隔离，外貌毁损、终身残废，并担心将来的社会就业问题。社会服务工作人员可调动病人和家庭的积极因素，促进医疗护理，尽最大可能争取在物质、精神、社会和经济等方面安排得更好一些。因为社会服务工作人员是病房少数几个"不会使病人痛苦"的成员之一，病人对他们感到亲切、融洽和信任。值得注意的是，已开展这项服务的医院认为，迫切需要社会服务工作人员。

社会服务工作人员的服务项目包括：在住院期间向病人及其家属提供精神支援，向医疗单位和家庭调查，介绍适合家庭护理的理疗方法；与附近的保健护士一道坚持家庭护理；走访护理学会、护理院（nursing homes）、康复医院以及慢性病医院，提供必要的护理介绍，帮助病人作院外康复计划；创造条件，安排交通工具使病人能坚持预约门诊；帮助病人在住院期间获得保险或财政资助。如因烧伤病人的家属无人照管，社会服务工作人员可代为操持家务安排，并在医院、病人、家庭之间起通讯联系作用，从而使病人不仅治病，而且受到心理和社会因素的综合治疗。估计每10～12名住院病人约需一名社会服务工作的专职人员（不包括出院病人），社会服务工作人员的办公室应靠近烧伤病房，以便联系。

特殊教育常在儿童烧伤病房开展，为孩子们提供教育和娱乐活动，以满足18岁以下病儿的特殊要求。因为烧伤儿童住院期很长，安定情绪，解脱苦闷，对他们的康复是必不可少的。一般面向儿童的烧伤医疗机构每 15 名病人设一名专职教师；另一种办法是由附近学校安排教师定时上课。在烧伤医疗机构内应有图书、游戏、手工艺和记录用品贮存间。

图 7-5-3 为美国佐治亚州奥古斯塔休拉玛医院烧伤单元平面。

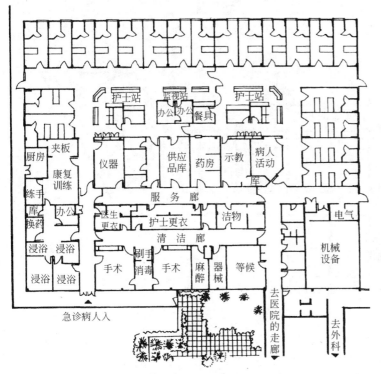

图 7-5-3(a)　美国佐治亚州奥古斯塔休拉玛医院烧伤单元平面

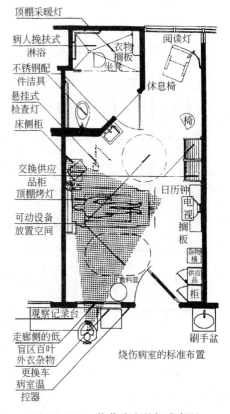

图 7-5-3(b)　烧伤病室的标准布置

四、案例分析

（一）重庆西南医院烧伤医疗中心

将联系紧密、使用频繁的烧伤手术室和部分放射、检验科室、营养厨房等，均单独设于楼内，使之在功能和组成上自成体系，独立完整，有利于简化外部流线，加强隔离，也有利于临床和科研工作的开展。为了减少设备和人员的重复配备，对于只需采集病人标本，或以便携式医疗器械足以满足使用要求的医技项目，仍以集中设置，并采取中心化管理为宜（图 7-5-4、图 7-5-5）。

图 7-5-4　重庆西南医院烧伤医疗中心护理单元内景

在楼层分布上：1～2 层为普通康复病房，3～4 层为放射特检实验室，5 层为普通烧伤病房，6 层为重危及监护烧伤病房，7 层为烧伤手术室，8～9 层为干部病房，10 层为营养厨房，其粗加工部分在楼外完成，以减少干扰。

平面及流线设计：

烧伤病房单元功能复杂，是烧伤中心的主体，其洁污分流、卫生通过程序与手术部的要求非常近似，所以平面体形及布置方式主要是根据烧伤病房的要求来确定，手术室和实验室等在此基础上稍作调整就可满足要求。

护理单元中的病室和医辅用房相对集中，分东西两段布置。病房在东段，取六角形放射布置方案，病室体形基本方正，避开了不利朝向。护士站居中心部位，透过大玻璃窗就可看到周围病室及输液情况，护理距离短捷、均匀，只相当于原中廊式条形单元的 1/4，大大减轻了医护人员的劳动强度，尤其对重症监护更为有利。病人隔窗就可看见医护人员，从而增强安全感。缺点是病人的一举一动都在监视之下，对非监护病人来说，其私密性受到影响。为此，在病人休息或有其他需要时可将窗帘拉

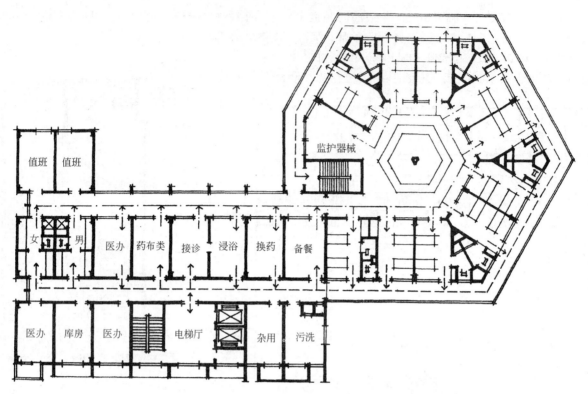

图 7-5-5 重庆西南医院烧伤医疗中心护理单元平面

上。在设计中，利用异形平面的边角为每间病室都设计了一套可自然采光通风的卫生间，方便了病人，也减少其外出感染的机会。监护病室也设卫生间和专用拖布池，虽病人不用，但可就近消毒便器和拖布，以免造成病室之间的交叉感染。

护理单元中的医辅用房集中布置在西端，病人使用的备餐、浸浴、接诊、换药等室靠近病房布置，医生办公、值班、示教、卫生通过等室稍远，以减少干扰。为照顾房间体形及朝向，医辅部分改用中廊加外廊的双走道矩形平面，较好地满足了使用要求。

在天桥桥头与普通走道的北侧，设门厅及交通枢纽作为进出烧伤中心的"总闸"，集中控制管理，同时也保证了各层、各部门在使用上的独立性，不受外部层间交通的干扰。

病房水平交通体系有内外两条平行走廊，通往护士站的为内廊，是无菌程度较高的清洁走廊；普通走廊与探视走廊合称外廊，是有污染可能的准清洁走廊。两廊并行为洁污分流、单向循环创造了条件。两廊之间分设若干两端开门的"通过间"，像一个个"分闸"，所有人流、物流都先经"总闸"，再经这些"分闸"过滤之后，才能进入病房内部的清洁走廊，从而保证了流线的有序和严密性。

参观、探视流线——经电梯厅、接诊室更衣后，由普通走廊进入探视走廊。

烧伤病人流线——经电梯厅、普通走廊进入接诊室，经体检、清洗、剃毛、消毒、包扎后，用内部担架车经清洁走道送入病室。

医护人员流线——经电梯厅、普通走廊进入男女卫生通过间，更衣、换鞋、淋浴后，经清洁走道进入病房或医辅用房。

供应品流线——食物由普通走道经备餐间供应各病室，外部餐车不许进入清洁走道。用后的餐具必要时可由探视走廊送入备餐间清洗消毒，形成单向循环路线。药品、清洁敷料、被服等经药品布类室清理或紫外灯消毒后，由清洁走道分送各室。

污物流线——脏敷料、脏衣物、垃圾、尸体等打包或密封，经探视走廊、辅助楼梯运出，移送路线与探视路线在时间上错开。

手术部的房间分三区布置，普通走道的北侧为污染区，南侧为清洁区，六角形部分为手术所在的无菌区。洁污流线布置与烧伤病房基本一致。

（二）美国辛辛那提瑞勒尔儿童医院烧伤研究所（图 7-5-6）

30 床位分两个护理单元布置，两个护理单元、手术室、供应室及相关设施在同一楼层，相互间联系紧密，两个护理单元各占一个尽端，手术及中心供应占另一尽端，两护理单元除病室、浸浴、游戏、探视更衣、护士站、探视外廊等由两单元分设外，其余医辅用房两单元合设共用，便于集中管理。

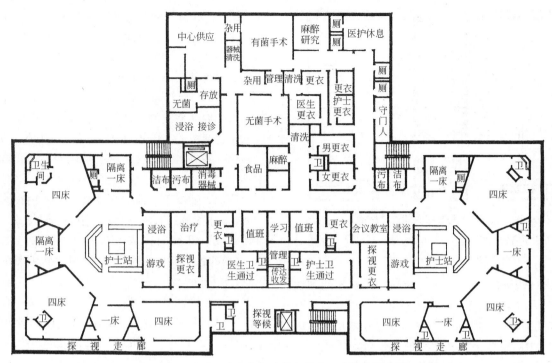

图 7-5-6 美国辛辛那提瑞勒尔儿童医院烧伤研究所

手术室分有菌及无菌手术,各有二次卫生通过及更衣间和通道,区分清楚,因为手术室与护理单元同层布置,因此,清创、植皮等治疗可在手术室进行,不必另设专用房间。

因系儿童烧伤病房,根据儿童喜群居,易感染,需隔离等要求,病室为1床、4床两种类型,4床间内可用玻璃隔断作床间分隔。此外,儿童病室强调直观监护,因此,病室绕护士站呈放射状布置,内墙一侧可设大面积的观察窗,病儿的活动、表情可一览无遗,护理距离极为短捷。

第六节 产科、儿科病房设计

一、产科病房设计

产科病房以往由产休部、婴儿部、分娩部三部分组成。产休部为分娩前或分娩后产妇休息的地方,与一般病房单元大体相同,只是要将生理产妇与病理产妇分开,特别要注意为发烧、子痫、重症或其他需要隔离的病人提供隔离病室;子痫室对隔离要求较高,最好设单床间。近年来,世界卫生组织和联合国儿童基金会于1989年发表了"保护、促进和支持母乳喂养的联合声明",我国政府作了承诺,从而促进了以母乳喂养、母婴同室为中心内容的爱婴医院建设,原婴儿部中的正常婴儿回到母亲身边,同室居住,早产、隔离婴儿则设置特别婴儿监护室,分娩部则没有太大变化。

由于产科病房单元在组成上比普通护理单元更为复杂,设计时又必须考虑产休部分与分娩部分的就近联系,因此,产科单元的楼层位置应有利于利用裙房面积布置分娩部分和新生儿监护室的可能,所以一般布置在较低的楼层,这样可保持产休护理单元的完整性。由于孕妇产后皮肤的排泄机能旺盛,易出汗受凉,因此应避风,有人主张病床靠墙角放置,并设玻璃封闭阳台,供日光浴和产后保健活动之用。

(一)婴儿室与产休室的关系

(1)母婴同室——母亲和婴儿同居一室,婴儿床放在母亲床侧,可就近喂奶、照料,体现出浓郁的亲情,这种房间最好设家庭式包房,占两床间的面积,带卫生间。因为产妇每天进餐4~5次,喂奶5~6次,婴儿夜哭不致相互影响,新生儿则由护士定时护理。

为避免婴儿哭闹影响产妇休息,母婴室最多各设两张床位,用三床间的进深,减一张床加两张婴儿床为好(图7-6-1)。

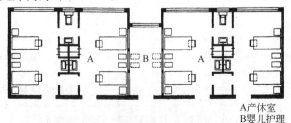

A产休室
B婴儿护理

图 7-6-1(a) 母婴同室的产科病室
为母婴同室,两室之间设婴儿护理室。

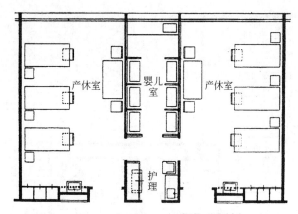

图 7-6-1(b) 母婴邻室的产科病室

为母婴同在一组套房内，婴儿室相对独立，与产休室联系方便，透过玻璃隔断，能看见各自的宝宝。

(2) 母婴邻室——将相邻两间三床病室的邻接处各减一张床位，用玻璃隔断围出一个婴儿室。并附设婴儿浴室、包扎台等。图 7-6-2 为婴儿室靠内墙设置。图 7-6-3 为婴儿室靠外墙设置，形成相互贯通的婴儿外廊，护士护理婴儿时由专线进入，不影响产妇休息。产妇又能方便地进入婴儿室探视、喂奶。

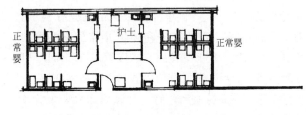

图 7-6-2 普通条形单元集中设置的婴儿室

(3) 母婴分组——婴儿室设在产休单元的核心部位，正常婴儿与隔离婴儿分开，便于集中护理，对产妇休息有利，由护士按时送婴儿到产休室喂奶。图 7-6-4 为美国芝加哥医院产科中心的护理单元，每层两个 24 床产休单元，每单元分两个半圆 12 床护理组，其核心部位集中设置婴儿室及其附属用房，分娩部与产休部不同层，由电梯衔接。

图 7-6-5 为普通条形单元集中设置婴儿室的情况，由于婴儿室组的介入，产科单元的标准病床数应低于普通单元，以控制在 30 床左右为宜。

(4) 多功能室——多见于美国医院的家庭生育中心，对一些正常分娩的产妇可住进集产休、待产、分娩、哺婴于一体的多功能室，室内设多功能产床，这样产妇不必在产休、待产、分娩室之间艰难地走动，其空间构成、室内陈设都接近居家环境，分娩时丈夫可在场协助，充满幸福温馨的家庭氛围(图 7-6-6)。

(5) 母婴分离——即传统的布置方法，在产休和分娩之间集中设置婴儿部，与产休和分娩形成三足鼎立的 Y、T 形格局，三者之间既互相联系又相对独立，各有尽端，婴儿室由护士专门护理，婴儿室贴邻哺乳间，产妇定时前来喂奶，有助于尽早下床活动，利于恢复。由于新生儿的哭声大都近似，一旦啼哭，每位母亲都牵挂着是否自己的孩子在啼饥叫寒，而影响休息。因此，要注意隔声处理。此种形式与母乳喂养并无矛盾，而且便于集中护理，仍不失为一种经济适用的布置方式(图 7-6-7)。

(二) 分娩部设计

分娩部由正常分娩室、难产室、隔离分娩室、待产室、男女卫生通过间、刷手间、污洗间等组成，自成体系，与婴儿部、产休部联系紧密，最好同层(图 7-6-8)。

(1) 正常分娩室——一间分娩室最好设一张产床，以免相互影响，最多可为两张产床，这样可以一张产床分娩，另一张为产后观察，一般分娩后常规观察 1～2 小时，若无特殊情况可送回病房休息。如有高血压、大出血、胎盘残留等情况，则在分娩室继续观察处理，待平稳后方可送回。产床数量一般按 10～15 张产科床位设一张产床，分娩室内设置无菌敷料、器械柜、药品柜、手术器械台、手术照明灯、婴儿磅秤、氧气、吸引气等装置，空气洁净度按 100000 级要求，室温 24～26℃，相对湿度 55%～65%。

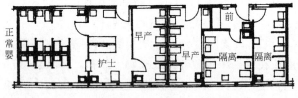

图 7-6-3(a) 母婴邻室婴儿间靠内墙布置

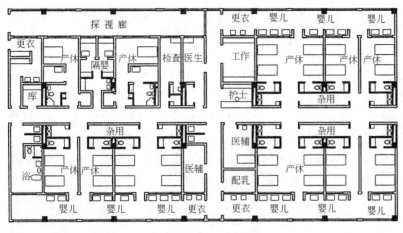

图 7-6-3(b) 母婴邻室婴儿间在外廊布置

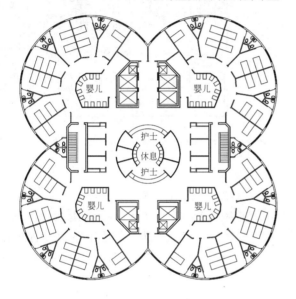

图 7-6-4 母婴邻室的向心式布置方案

图 7-6-6 待产、分娩、恢复多功能产科套房平面

图 7-6-5 瑞士基赫堡医院产休在婴儿两侧

图 7-6-7 多功能产科套房内景

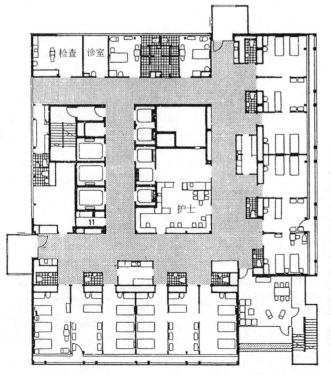

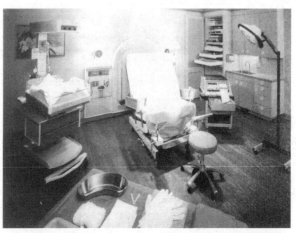

（2）异常分娩室——即难产室要求与正常分娩室一样，应设有难产器械柜、急救药品、抢救器械、输血、输液、新生儿气管导管、麻醉机等设施。

（3）隔离分娩室——供患有传染病的产妇分娩，其布局、设备除满足一般分娩室的要求外，还应便于隔离消毒、入口处应有专用口罩、帽子、隔离衣鞋等的更换空间，产后应严格封闭消毒。

在规模不太大的综合医院中，一般设 2～4 间分娩室，无异常、隔离产妇时均作正常分娩室使用。难度较大，需进行麻醉控制的难产或剖腹产，必要时送手术部处理。

（4）待产室——凡产妇进入第一产程，均应送入待产室。待产室应靠近分娩室与护士办公室，便于观察，及时移送。待产妇常排尿，光着下身，应设专厕，应有空调设施，待产室以 1～3 床为宜，以免人数过多互相干扰。待产时间约 5～6 小时，每张产床应有 2～3 张待产床位。

（5）卫生通过间——设有换鞋、更衣、淋浴、厕所等，其位置介于待产与分娩之间，医护人员经卫生通过之后方能进入分娩部的洁净通道。

（6）刷手间——介于 2～3 个分娩室之间，能容纳 2～3 人同时刷洗，刷手泡手设备要求与手术室相同。

（三）新生儿室设计

婴儿出生后的 28 天为新生儿期，此时器官发育不够完善，环境适应性差，抵抗力弱，要特别注意保护，以防感染，应避免新生儿在公共走廊上来回抱送，且应做好新生儿室的消毒隔离工作。

新生儿室由正常新生儿室、早产儿室、新生儿隔离室、配乳室、哺乳室等组成。

（1）正常新生儿室——室内光线柔和、空气新清，温度保持在 24～26℃，相对湿度 55%～65%，应有空调设施。新生儿床位数与产妇床位数一致，新生儿每 8 床一组，组与组之间用玻璃隔断隔开。孕妇产前暂空出的新生儿床可作为消毒转换之用。室内设新生儿洗浴装置，其水质最好是不带刺激性的蒸馏水或纯净水。室内有新生儿换尿布、更衣的工作台，存放消毒衣、被、尿布的柜橱、抢救药品器械柜、吸引器、氧气等设施。由于新生儿细皮嫩肉，要特别注意防止蚊虫叮咬，要设纱窗、灭蚊灯、吸尘器及空气消毒设施（图 7-6-9）。

图 7-6-8 按"待产休"模式设计的产科护理单元

（2）早产儿室——凡孕期不足 28 周或体重不足 2500g 者都应放在早产儿室，早产儿室应与隔离室分开，室内设保温箱 3～5 个，室内温度 28～30℃。早产儿比正常儿更加柔弱，其无菌隔离要求也更加严格。

（3）隔离新生儿室——收容疑有传染病的婴儿，经观察若无传染病则转入正常婴儿室，若确有传染病则转入儿科病房隔离治疗，隔离婴儿床与床间应用玻璃隔断分开。

（4）护士室——应介于三个新生儿室之间，与婴儿室之间应设玻璃隔断，便于观察。进入护士室之前应换鞋，更衣，进入新生儿室要戴帽子、口罩，工作前要洗手，就近应设专用卫生间，使护理人员少与外界接触，减少感染机会。所有患呼吸道、化脓性疾病或带菌的医护人员和探视者，均不得进入婴儿室，接触新生儿。

（5）配乳室——专为母乳不足或尚无母乳者设置，室内设工作台、冰箱、消毒柜、水池等，工作人员进配乳室应穿工作服、戴口罩和帽子。

（6）哺乳室——靠近正常新生儿室设置，室内设坐椅，鼓励产妇下床哺乳有利恢复，可免送婴儿去病房增加感染机会，同时还可利用喂奶的机会向母亲们宣讲婴儿保育知识。母亲进哺乳室要穿工作服、戴口罩和帽子。室温及清洁要求与婴儿室大体相同。隔离、早产儿和无力吸吮者由护士按时滴注配制的母乳喂养（图 7-6-10）。

图 7-6-9　日本爱知县海南病院产科、儿科单元

（7）污洗间——洗涤尿布和换下的衣被等，湿度大，气味浓，应有良好的排风装置，紧邻污洗间应有宽敞的阳台可供晾晒，洗净晾干后的衣被、尿布、浴巾等物必须经过灭菌处理后方可再用。婴儿出院后的床、被、褥、垫也需及时消毒。

二、儿科护理单元设计

儿科病房最好设在底层，比较安全，便于设独立出入口，与成人分开；也可与室外庭园结合，利于活动，便于陪伴人员出入，方便管理。

由于婴幼儿的机体抵抗力弱，对疾病的表述力差，缺乏生活自理能力，发病较快，易于感染，且活泼好动，贪玩好奇，除满足一般病房的共性要求外，应注意婴幼儿的隔离、安全、直观监护以及儿童教育设施等（图 7-6-11）。

由于儿童的护理工作量大于成年病人，而且有游戏、教育、陪伴（母亲）室等要求，其护理单元的床位多在 35 床左右，规模比普通护理单元床位少一些。儿科单元可分为新生儿病室、婴儿病室、幼儿病室和儿童病室，其中又有传染与非传染及病情

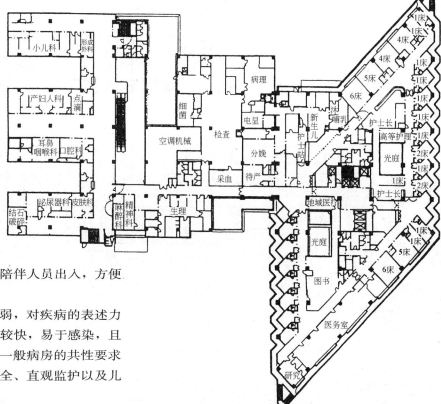

图 7-6-10(a)　日本岸和市民医院围产医学单元

轻重之别，因此，儿科单元应多设少床病室和隔离单人病室。此外还应有医辅用房和儿科特有的配乳、哺乳、浴室、游戏、教育等用房。新生儿、配

165

图 7-6-10(b) 哺乳室及其与产休和产婴部的关系

乳、哺乳等室与产科新生儿各室近似，可参照设计。

(1) 病室——应阳光充足、空气流通，有空调，每室 2～6 床，各室之间以及病室和走道之间应设玻璃隔断或大面积的观察窗，地面最好有弹性，用木地板或橡皮地面为好，防止摔跌。窗户、阳台应有防护装置，暖气应加安全罩，电源开头应位于高处，病室除装设吸引负压气、氧气外，不装呼唤信号。儿科床的长宽尺寸为 890mm × 500mm、1400mm × 700mm、1800mm × 800mm 等三种规格，供婴儿、幼儿、儿童使用，其高度为 500～1050mm，床边带有护栏，高度可以调整。因成人陪护较多，病室开间、进深应与普通单元一致（图 7-6-12）。

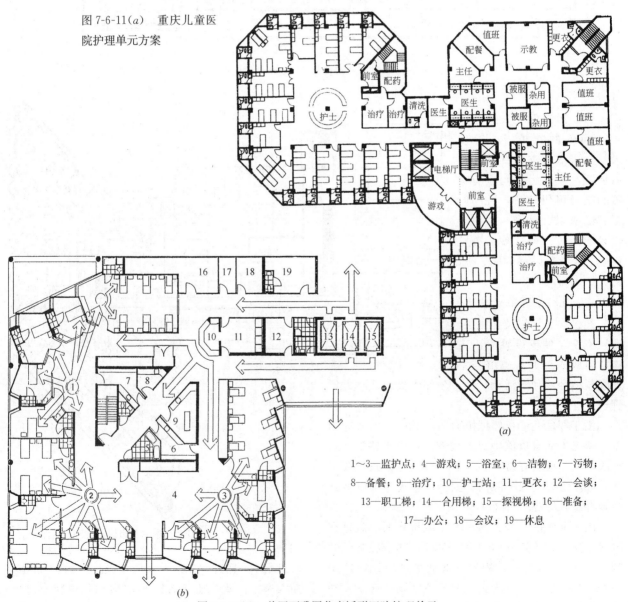

图 7-6-11(a) 重庆儿童医院护理单元方案

1~3—监护点；4—游戏；5—浴室；6—洁物；7—污物；8—备餐；9—治疗；10—护士站；11—更衣；12—会谈；13—职工梯；14—合用梯；15—探视梯；16—准备；17—办公；18—会议；19—休息

图 7-6-11(b) 美国西雅图儿童矫形医院护理单元

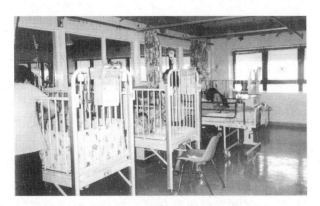

图 7-6-12　香港玛丽医院儿童病室

（2）治疗抢救室——设在护士办公室对面或邻近，因治疗时易引起儿童哭闹，有人主张离病房稍偏远一些，以免引起其他儿童的紧张情绪。从另一个角度看，医生护士应采用易为儿童接受的治疗手段，杜绝强制行为所引起的恐惧心理。治疗、抢救室应有氧气、吸引器等设施。

（3）活动室——供儿童游戏娱乐的空间，靠近病室，应在护士视线的监护范围内设置，内设木马、动物模型、电动玩具和小桌椅等，类似幼儿园的活动室，使儿童乐以忘忧，转移对疾病的注意力。活动室最好能与室外花园联通，以扩展绿化空间（图7-6-13）。

图 7-6-13　香港尤德夫人东区医院的儿童游戏室

（4）教育室——供长期住院且已处于恢复期的病儿复习功课，收看电视，内设桌椅、黑板等，学校的教师可来此为其补课（图 7-6-14）。

（5）新生儿室——新生儿室可分为新生儿、早产儿和感染隔离儿，产科的产妇出院后，婴儿由产科婴儿室转往儿科住院。为减轻这种转换，有专家建议将儿童医院、产科医院建在一起，集中人力、物力建立围产医学中心，将新生儿内、外科合并到产科医院，这对降低围产儿的发病、死亡、畸形率

图 7-6-14　香港玛丽医院的儿童学习室

是十分必要的。新生儿各室的要求与产科病房的新生儿室是一致的，不再复述。

（6）母亲陪伴室——在我国，一对夫妇只生一个子女的情况下，孩子备受珍爱，不仅婴儿需要母乳喂养陪伴，幼童也需要陪伴，离开母亲比疾病更加折磨幼小的心灵，一般处于哺乳期的婴儿，其父母最好包房常住陪伴，但母亲不能进入新生儿室和监护室，以防感染。幼儿和儿童的陪护人则可在病房内的母亲室或医院的招待所住院陪护，一般非重危儿童则可定时探视。

（7）监护室——儿科可分为新生儿监护（Newborn Intensive Care Unit NICU）和小儿监护（Pediatric Intensive care Unit PICU），集中设置护士站和医辅用房，病儿分室管理。ICU 单元设计已在第四节详述（图7-6-15）。

图 7-6-15　香港威尔士亲王医院的新生儿监护室

（8）儿童餐室——供下床儿童进餐喂食之用，内设洗手池、小桌、短椅、餐具柜、消毒柜等，该室也可与活动室合设共用。

（9）儿童浴厕——浴厕分别设置，新生儿室的洗浴与产科新生儿要求相同。幼儿和儿童可用浅槽淋浴或浴盆，注意防滑，淋浴时可用能滤水的床、椅，并应在护士协助下淋洗，地面或坐椅上

167

应有海绵垫，水头由护士操作，以防烫伤或受凉。厕所应设坐便器，并为幼小儿童设置便盆椅。

（10）污洗间——婴幼儿的尿布、内衣换洗较勤，应及时清洗晾晒，污洗间最好与阳台、凹廊相连，内设排风装置。

第七节　传染医疗区设计

传染医疗区内包括门诊、住院及配属的医技用房，一般在县以上的大中型综合医院均应设置，以减少医院内部的感染，并防止向院外传播。传染病房的床位一般占医院病床总数的5%～10%，传染病房与普通病房最好有40m以上的隔离间距，有条件时可与传染门诊集中在一块，布置在相对独立的地段，并设单独对外出入口，以减少与普通流线的交叉干扰。规模较大的医院，其营养厨房必要时也可单独设置。传染医疗区应在医院的下风向。

传染病房应严格按洁净度分区，一般分为清洁区（包括值班、更衣、配餐、库房等）、准清洁区（包括医护办公、治疗、消毒、医护走廊）、非清洁区（包括病室、病人用的浴、厕、污洗、探视走廊等）。跨越不同的清洁区应经过消毒隔离处理。传染病房的隔离措施——按病种分别提出不同要求。

一、基本功能要求

（1）除甲类传染病如鼠疫、霍乱、天花、炭疽等应住单床病室外，其他如消化道、呼吸道传染病同病种病人可合住少床病室，以二床为宜。病室应自带卫生间，病人不能擅离病室，只能在指定范围内活动，病人之间不能互相串门。

（2）病人的分泌物、排泄物、污物、污水必须经过严格消毒后才能排放或拿出室外。病人出院时需进行卫生处理，淋浴更衣。入院时的衣物需进行消毒后方能带出院外，病室的污衣经环氧乙烷消毒柜处理后送洗衣间。

（3）工作人员进入病室应穿戴好隔离衣、帽、口罩。甲类传染病及消化道传染病应穿隔离套鞋，离开病室进入另一病室前应洗手、换衣、帽、口罩及隔离套鞋，或在消毒毯上擦拭鞋底。

（4）除消化道和接触传染病房可免除空气消毒外，其他传染病室每天应用紫外灯或消毒液喷雾进行空气消毒。

（5）应注意防蚊蝇，装设纱窗，并在窗口设置杀灭蚊蝇的黑光诱虫灯，以防蚊蝇传播疾病。

（6）不允许家属陪护，探视人员只能在探视走廊通过对讲装置问候，不得进入病室。

二、总平面设计

（一）严格分区，合理布局

医院根据需要可分为清洁区和污染区。

1. 清洁区

指非传染的人和物所生活、停留、存放的空间，如医务和后勤人员居住、办公、专用通道及相关后勤保障用房，包括药房、中心供应、各类库房、营养厨房、锅炉房、供氧站、卫生通过间等。因为要限制有传染可能的人、物进入，又称限制区。

2. 污染区

指传染病人生活停留的空间，如诊室、病房、透视拍片、CT、手术等医技科室以及处理传染废弃物的场所，如病理解剖、空气吸引、垃圾焚烧等。因为进入该区都要经过一定隔离消毒措施，又称隔离区（图7-7-1）。

（二）分清流线，互不交叉

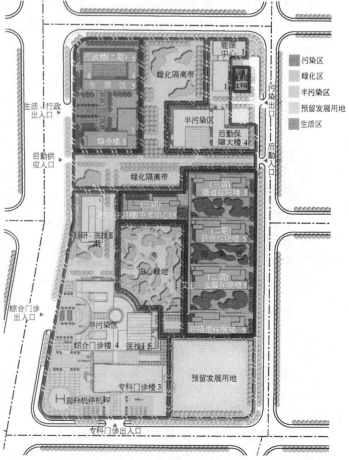

图7-7-1　功能分区图

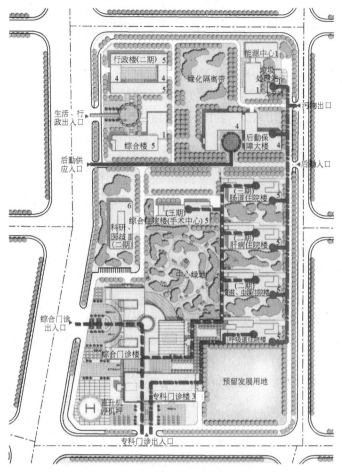

图 7-7-2 人流分析图

在收治呼吸道传染性患者的医院中，必须严格划分人流、物流、车流的清洁与污染流程，使洁污路线分开，互不交叉干扰（图 7-7-2）。

（三）控制交叉感染

为控制交叉感染，各建筑物之间应保持必要的距离，降低密度，确保自然采光通风。清洁区与污染区之间的房屋间距建议为 20~25m。如果达不到要求，应尽可能采取其他措施进行补救。

（四）其他设施的布置

院区内其他设施如液氧站或汇排流间可设在清洁区内；中心供应、环氧乙烷灭菌室可设在清洁区与污染区的交界处；污水处理站、污物回收口设在污染区边缘；洁物发放处设在清洁区内。空气吸引机房在污染区相对独立的位置。医用垃圾焚烧炉应设在远离居民区的下风向（图 7-7-3）。

三、设计要点

（1）病房多采取内外三条平行走廊的布置方式，两条外廊为病人廊，中廊为医用通道。与烧伤病房的布置有某些相似之处，区别在于烧伤病室为清洁区，防止污染空气侵入，传染病室则为污染区，防止室内空气外溢侵入医用通道。因此，传染病室的气压应低于医用走廊。

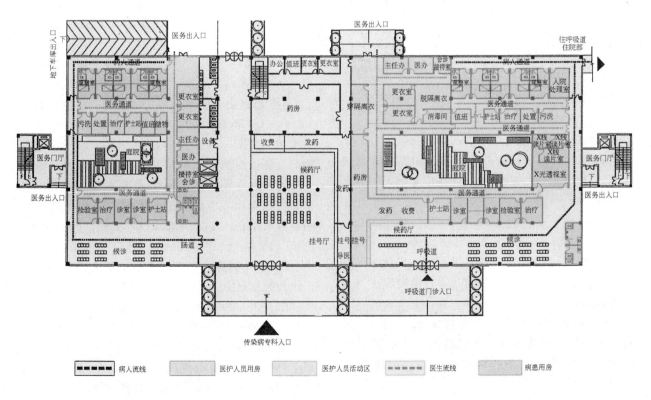

图 7-7-3 传染门诊平面图

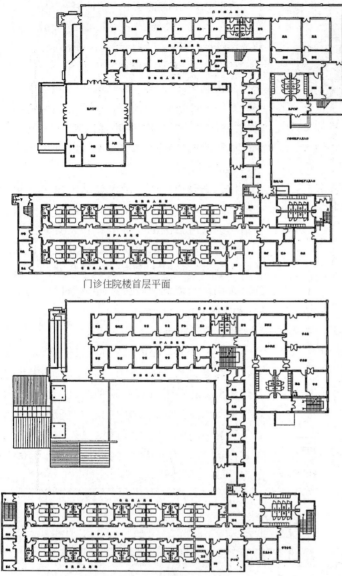

门诊住院楼首层平面

门诊住院楼二层平面

图 7-7-4 安康医院门诊住院楼

(2) 在传染病室与医用走廊之间应设前室，供医护人员出入病室前作卫生准备，如更衣鞋、戴口罩、洗手等。该室常与病人卫生间贴邻，组合在一起布置。该前室双向开门，形成空气闭锁（图 7-7-4）。

(3) 病室与医用走廊之间设洁物传递窗，以传递清洁物品及膳食，病人用过的衣物、餐具由病室与探视廊之间的污物传递窗送出，经消毒后送营养厨房或洗衣间。

(4) 值班医护人员需在病区内就餐，病区内应有医护人员专用配餐间。不同病种的病室区必要时应专设污洗室，各病区拖布专用，不得跨区使用。

(5) 传染病房设在楼层时应特别注意病人的出院与入院路线要分开，入院病人与医护人员、供应物品的路线要划分清楚，处于高层的传染病房应设专用电梯，除日本神户市民医院将传染病房设于第 6 层外，尚无他例，一般不宜这样布置。

四、平疫结合，综专互补

"非典"之后的传染病专科医院，面临疫情高发期的床位紧缺，也经历疫情过后的冷清和床位过剩的局面。为此，从医院管理的角度，提出了"平疫结合，综专互补"的体制。既考虑发生重大疫情的传染专科要求；也兼顾平时收治普通病人的综合需要，以求更加合理地利用医疗资源。

传染门诊、住院都应将传染与非传染、呼吸系传染与非呼吸系传染分开，并尽可能使呼吸系传染病人流线短捷明确。传染门诊和住院都应将医生走廊与病人走廊分开设置，并各有活动区域。由于医护通道的设置，在紧急情况下可快速加以隔离控制，一般消化系、血液系病房平时可按单元或楼层收治一定数量的非传染病人，但在一个单元内部还是不宜混收传染与非传染病人（图 7-7-3、图 7-7-4）。

广东省第二人民医院，为应对"非典"等突发性卫生事件而新建应急病房楼，平时作普通病房单元，应急时可做传染病房使用。传染病人由专用电梯经外走廊进入各病室，医护人员由专用电梯经通过式更衣间进入医护清洁区，二次更衣后（穿隔离衣、戴口罩、手套、鞋套）进入病房半清洁走廊，再经前室过渡进入各病室。洁净物品、餐饮由洁净电梯经半清洁廊道由传递窗送入病室；病人用后的物品经病人通道一侧的传递窗和污梯送出。改做普通病房时，外廊用活动隔断分隔成阳台，作为病人的户外活动空间使用（图 7-7-5、图 7-7-6）。

图 7-7-7 为意大利罗维戈省立医院传染病房的工作人员及厨房的卫生通过程序。

图 7-7-8 为探视廊与医用廊道的细部设计。探视人员带防护口罩。探视廊可作病人通道。呼吸系统的传染病人也应带防护口罩进入探视廊。图 7-7-4 安康医院的探视人员则是在医用走廊的凹室隔窗与病人走廊一侧和被探视人会面，通过对讲机问候。

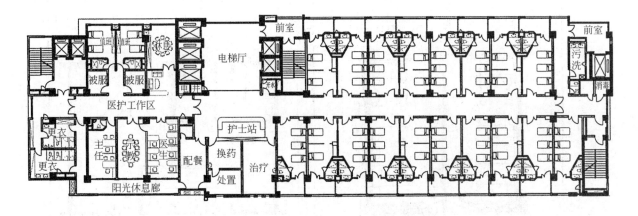

图 7-7-5 广东省第二人民医院标准层平面

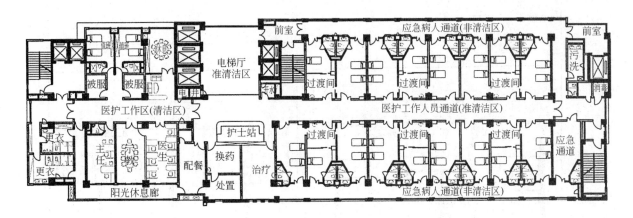

图 7-7-6 广东省第二人民医院应急改造平面

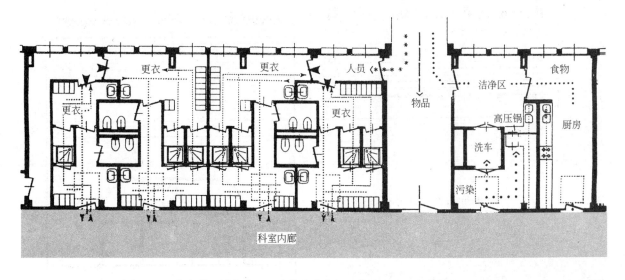

图 7-7-7 意大利罗维戈省立医院传染病房的工作人员及厨房的卫生通过程序

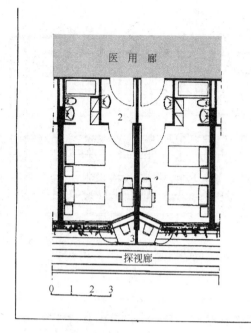
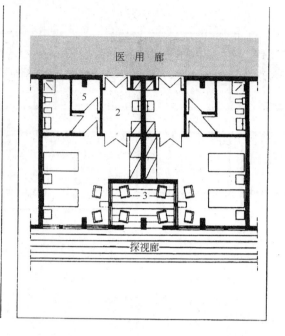
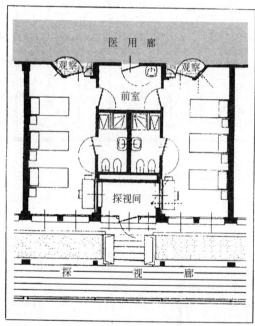
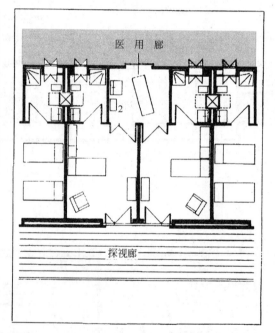
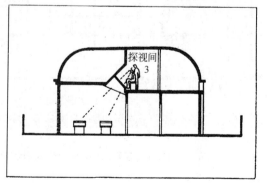

1—医用廊；2—洗手消毒；3—探视间；
4—探视廊；5—贮存间

图 7-7-8 传染病房的探视廊与医用廊道的细部设计

第八节 精神病护理单元设计

现代社会，各种竞争、风险和刺激加剧，长期生活在高度紧张和戒备环境氛围中的都市人，精神压力有增无减，神经系统易受损伤。据国家卫生部1984年调查，精神病患病率从20世纪50年代的2‰，增至80年代的12.69‰。据公安部透露，在近千万的精神病患者中，有可能危害社会者达120万之多。因此，如何收治精神病人，为他们创造人性化的医疗、康复环境，是值得认真探讨的课题。

精神病医疗机构有两种组织形式，一是设置独立的精神病专科医院，这在我国的医疗体制中较为常见；另一种则是在综合医院中设置精神科门诊和病房。近年来，一些学者认为后者更有利于密切精神科与其他临床科室的协作关系，减轻患者及其家属的精神压力，节省人员设备，有利管理。

对于精神病专科医院，国外已趋向小型化、家庭化、社会化。给人一种回归社会的感觉。医护人员不穿白大褂，而在胸前佩戴小花标志加以区别。病人也不统一着装，病室布置与家庭无异。室内外鲜花绿草，舒适温馨，除个别处于兴奋期的患者需隔离外，其余采取全开放管理，节假日可请假回家。工作人员与病人一起在餐厅用餐，密切医患关系。为适应精神病的治疗特点，精神病专科医院以不用"精神病"字样为宜。丹麦最大的SKT. Hans医院为400床，2/3为开放管理，医院没有院墙和围栏。据日本精神病协会调查资料，在日本的精神病院中2.6%为全开放，18.9%为全封闭，其余近80%为开放与封闭相结合，封闭病房主要用于极度兴奋、抑郁或严重丧失行为能力的患者。见图7-8-1及前面的彩图7美国德州圣安东尼奥月桂岭精神病院平面及外景。

过去，以便于管理和以免影响城市安定为由，主张将精神病医院设在偏僻的远郊，这既不便于病人就诊和家属探视，而且使病人产生与世隔绝的遗弃感，不利于康复。在总平面布置方面，综合医院的精神病房最好自成一栋，并有专用的活动绿化空间，以减轻干扰，如英国洛什维克公园医院，其精神病房远离普通病房单独设置。这是因为精神病患者除极个别者外，绝大多数不必卧床休养，而是需要足够的空间供病人活动。病人发病期间，有时缺乏理智和自控，吵、闹、唱、跳、悲喜无常，有时可能发生逃跑、斗殴、自戕等行为，因此应特别注意安全设施和直观监护。精神病院宜采

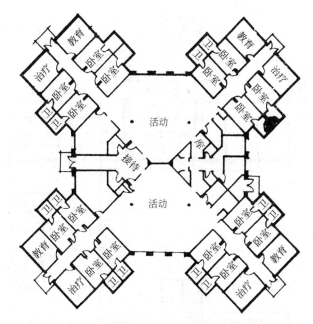

图7-8-1 美国德州圣安东尼奥月桂岭精神病院平面

取低层庭院式建筑，门诊、住院分栋布置，其用地标准比一般综合医院应有较大提高，以便留出足够的绿化面积和病人活动空间。如汕头大学精神卫生中心床均用地面积达433.33m²/床，为普通标准的4倍多。

精神病护理单元由特殊护理区、一般护理区和护理服务区等三部分组成，护理单元规模以35床左右为宜。男女病人分设不同单元收容，但两单元最好同层布置，活动室可以灵活分隔，节假日可供男女病人参与集体活动，以提示康复期的病人，在异性面前自尊自重，衣冠整洁，唤醒人性的复归。

图7-8-2为北京安定医院。

一、特殊护理区

其病床数约占单元床位的10%，主要收容隔离处于兴奋期的狂躁病人，以免发生轻生或意外伤害。这种隔离间应特别注意安全，凡病人能够接触到的地方，都应作柔化处理，室内不设床铺，以免跌撞碰伤，地面和2m高度范围内的墙面应满铺泡沫厚垫，像体操室一样，可任由病人坐卧摔打、宣泄胸中郁闷，这比过去把病人捆绑在床上的做法更为文明。兴奋室的门应向外开，以防病人推顶而无法开启，门上设安全观察窗，或在适当位置设电视摄像头，以利监护。兴奋室最好用高侧窗或顶光，以防病人攀越逃匿，设备管线都应暗装，以利防护。在特殊护理区除设兴奋室、观察室外，还需相应设置护理室和卫生间。

二、一般护理区

一般护理区是供病情较轻或处于康复期的病人

使用。除个别患有其他疾病，如心脏病、高血压等患者外，绝大多数都有较强的活动能力，生活上大都可以自理，除精神有某些反常外，不存在细菌、病毒感染等因素，因此，与普通护理单元应有所区分。护理单元规模以35床左右为宜，病室床位数多为2、4床间。

（一）一般护理区病室

空间形成可分为封闭式、车厢式、半隔式几种。

（1）封闭式——与普通病室一样，只是在门上或走道墙上必须设置观察窗口，可以看到室内各个角落。这种形式干扰少，有较强的私密性，近似家庭生活空间，易为病人所接受。

（2）车厢式——病室之间有到顶的横向隔断，病室与走道之间则完全敞开，这种形式夜间管理极为方便，利于观察。但干扰大，病人可各处流动，因此，护士站的位置应便于观察控制。

（3）半隔式——近似景观办公室的空间划分方式，即病室与病室，或病室与走道之间均采用半截隔断，站起来可看见全局，坐下或躺下来又有一定的私密性，可防止视线干扰，坐在护士站的高脚椅上，可看到各病室的情况。缺点是一旦有情况，声音干扰仍较严重。

（二）娱疗室设计

根据患者的爱好、特长组织活动，使之专心致意，减轻幻觉和妄想。

（1）手工室——又称职疗室，做些使病人感兴趣的简单劳动，如缝纫、操作旧式的手动纺纱机、织布机等，也为患者回归社会创造条件。

（2）音乐室——利用优美的乐曲进行治疗，以产生快感的音乐节奏来调节人体的生理节奏，达到治疗的目的。如李斯特的"匈牙利狂想曲"2号，可治疗精神抑郁症；波开里尼"A大调交响乐"可治疗情绪不安等等。

（3）彩疗室——据美国某些精神病院的实验证明，给患者经常欣赏色彩，甚至提供颜料和绘画工具，让他们任意涂抹，宣泄内心的郁闷，久而久

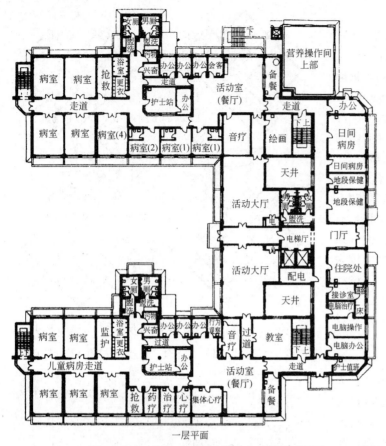

图 7-8-2(a) 北京安定医院精神病护理单元平面

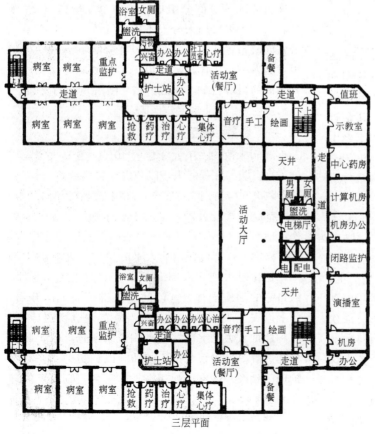

图 7-8-2(b) 北京安定医院精神病护理单元平面

之，就能使他们安静和顺，逐渐恢复健康。

（4）心理疗法室——通过医生和病人的谈话开导，消除疑虑，树立信心。此外，随着精神卫生工作的深入，心理咨询工作的开展，都是针对各种心理障碍进行咨询，指导和治疗的有效手段。

三、护理服务区

该区包括医护人员办公室、值班室、更衣、治疗、配餐、库房等。这一区应与护理区相对集中布置，其位置介于一般护理区的病室与工、娱活动室之间。白天，病人应在工娱活动室，除极个别者外，一般不宜卧床，晚上则在病室；介于病室与活动室之间，也便于日、夜监管，防止病人白天躲在病室发生意外。护士办公室仍以放在一般护理区为好，这样便于巡视观察病室情况。

四、精神病房的安全措施

（1）为便于护理人员直观监护，单元和病室设计应无视线死角。凡需控制病人出入的内外门应做拼板门，且应向外开启，病室门应有统一门锁，每个工作人员备有钥匙。窗可用高侧窗或直轴式旋窗，以减少空隙，并避免产生牢狱铁窗之感。

（2）病室和护士办公室应设置可循回贯通的疏散路线，并避免袋形走廊，当发生病人追逐驱赶时，医护人员有回避、撤离的可能。

（3）供病人使用的楼梯，应为封闭式，不留梯井和空隙，扶手不用栏杆而用栏板，或用砖墙分隔。顶层栏板末端也应封闭到顶，避免采用可攀登跨越的建筑配件或细部处理。

（4）病室和卫生间除备有软纸、塑料口杯、毛巾等柔性用品外，不允许有砖、瓦、木、石等可用以伤人或堵塞管道之物，病人绝不允许携带刀、剪、绳、棍等可以伤人或自伤之物入室，办公和管理用房的上述物品也应严加控制保管，防止病人取用。

（5）电气开关应统一集中安装在护士办公室控制，灯具需设保护罩，最好用不能触及的吸顶灯，线路应暗装。其他水暖设施也应暗装，病人使用的水龙头最好用不易松动的塑料制品。

（6）室外绿化要远离建筑窗口，不要选取有毒、有刺的花草树木，不宜采用过于浓密的灌木丛，3m以下的树干不留桠杈，以免病人攀爬藏匿，发生伤害。病人的户外活动也应在医护人员的监护之下进行。

五、空间形态与建筑色彩

精神病医疗建筑要安全、舒适、简洁、美观，符合患者的生理和心理特点。建筑形式趋于轻快、舒展，近似度假村式的医疗建筑。加拿大建筑师吉姆斯，为了弄清精神病患者的心理状态，他自己服用了某种致幻剂，暂时成为精神病人，这时他发现原来认为设计合理的走廊变得没完没了、阴森可

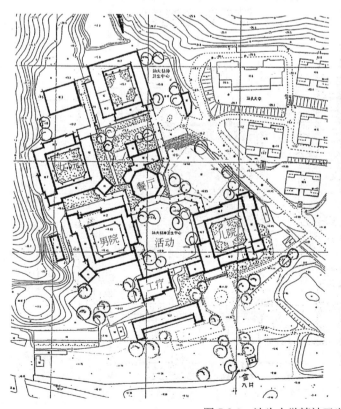

图 7-8-3　汕头大学精神卫生中心总图及外景

怖。针对精神病人的这种异常的长度感，他修改了设计，采用了病室围绕大厅布置的无走廊方案。我国汕头大学精神卫生中心则是采用病室和医辅用房绕庭园布置的单外廊方案（图7-8-3），护士站可看到所有房门及庭园的情况。充满生机的建筑环境、诚实美好的建筑尺度、平易近人的建筑空间界面，对消除紧张恐惧、减轻烦恼、舒畅心情、调节情绪、缓解妄想意识，无疑是一剂良药。

美国加州达士威·希尔精神病院，面向太平洋，环境幽静，碧草如茵，步行道蜿蜒其间，反映了病人自由活动与治疗相结合的医疗方式，室外场地的安排，是为了鼓励病人回归社会的日常生活。医院设有病人花园、露天餐厅、游泳池、运动场等设施。病房楼60床位，波浪形平面，曲廊与敞厅的活动空间联系紧密，沟通内院，富于情趣，这是针对精神病患者具有超常长度感而采取的另一种设计对策（图7-8-4）。

精神病院外观要显得开朗、轻快、自然，为淡化病人的戒备、抗拒心理，应避免使用高墙、铁窗等易引起恶性刺激的建筑处理。建筑色彩以安抚、镇静的粉红色或蓝色为宜。美国生物社会学研究所、临床心理学家亚历山大·肖恩，曾率先将关押少年犯的囚室刷成口香糖的粉红色，从而使喧闹躁动的少年犯安静下来。美国加州某监狱门诊主任保罗·伯克米尼认为，粉红色比镇静剂和镓铼更管用。而蓝色则有利于情绪烦躁、精神错乱的病人恢复镇静。图7-8-5为美国夏威夷卡西莫哈拉精神病院，总平面上为4组"口"字形院落，每个院落沿45°对角线方向用绿墙划分为男院和女院，管理和医辅用房设在对角线的两端，兴奋室紧靠护士站，利于管理。内庭与病室之间为宽敞的外廊，视线通畅，利于观察，角尺形走廊两端设有落地通窗，病人来去都可欣赏户外的宜人景色，以消除胸中的郁闷和幽闭感。

图7-8-6为美国加州约翰·乔治郡立精神病医院。因为是公益性质的，急性患者无论有无保险都可进行治疗。设计是按照不同病情分建的4栋平房，用走廊连成简洁明快的空间

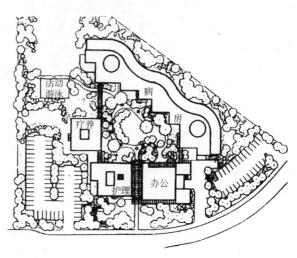

图7-8-4 美国加州达士威·希尔精神病院

结构。都采用自然光照明，以开敞式食堂兼休息室为中心，四周是病房。虽然是以急性病患者为主，但是因为在设计上注重家居化，并适量选用天然柔和的色彩，使病人感觉不到是医院。但在紧急入口处设有一间郡法院的分庭，审判员在此决定病人是否入院。从护士台可以一眼看到所有的病房。会客室与中庭之间用铁丝网隔开。和开放式的精神病医院最大不同的是，针对患者修建的硬件设施随处可见。

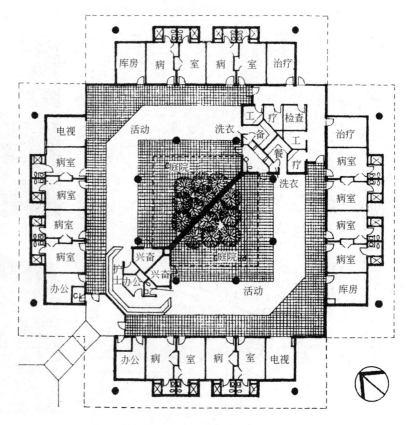

图7-8-5 美国夏威夷卡西莫哈拉精神病院护理单元

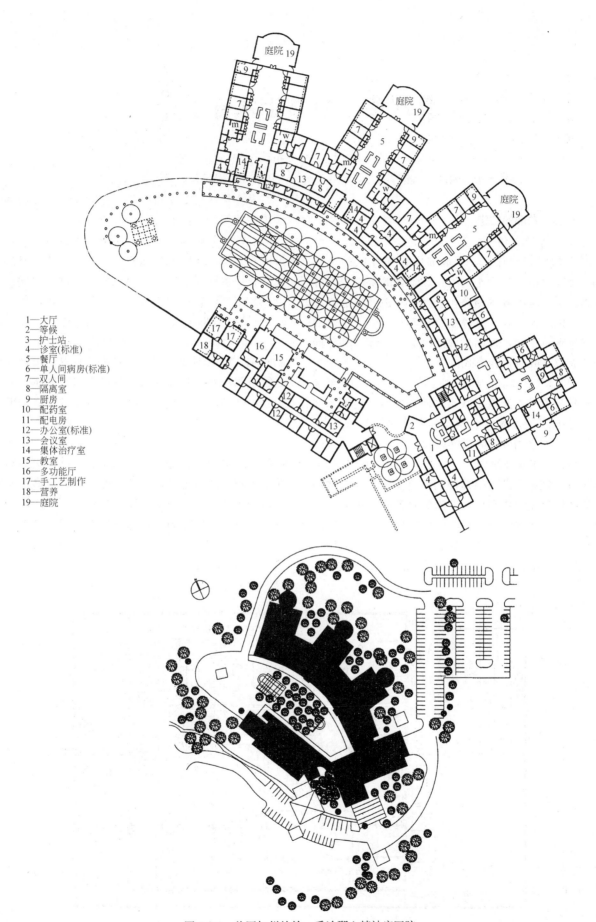

图 7-8-6 美国加州约翰·乔治郡立精神病医院

第八章 中心手术部设计

第一节 概 述

一、手术部的位置

（一）平面位置

在总平面配置上，手术部应在医疗区的上风侧，远离可能产生尘土、噪音、烟雾的院内或院外设施。手术部近旁的道路，应减少车流量，选择起尘性小的路面材料，并限制路宽和车速。手术部周围应多种草植树，提高外部空气的洁净度，其平面位置有以下几种选择方式：

（1）设在住院楼内——常占1~2个单元，手术部与外科病房单元垂直联系，使用方便。但手术部在设计上因受住院楼柱网结构的限制多呈条状布置，是我国采用较多的布置方式。

（2）设于医技楼内——专设医技楼的医院其手术部应优先考虑设在医技楼内，这样可以选用多跨框架结构呈板块式布置，平面集中紧凑，布置灵活自由。手术室规模较大时可将同层的住院楼面积纳入统筹安排，或将高洁净度的单元联合设置，如手术、ICU、人工肾等可集中在同层布置，联系方便，布局合理，易收到好的效果。

（二）楼层位置

从多数医院建筑设计的实践来看，手术部多设于高层建筑的裙房或多层建筑的顶层。

（1）地下层——受外部环境的干扰较少，与地面联系方便，像以色列这样经常处于备战状态的国家多将手术部设于地下，免受战火攻击，以保手术安全和连贯性。英国伦敦威灵顿医院手术部也设在地下一层（图 8-1-1）。

（2）地面层——多见于底层成片布置医技科室的医院，层高不受限制，扩展调整容易，可作多跨连续空间布置，与地面层的急诊部联系紧密，利于抢救，如中国山东益都中心医院手术部设在地面层（图 8-1-2）。

（3）设于中间层——在高层医院建筑中，手术部的位置多设在设备层的下面一层，这样设备层可兼做手术部的净化空调机房，便于设备更换检修和线路的敷设。如重庆西南医院手术部设于第2、3层，上海东方医院的手术部设于第3层，其上为设备转换层，与第1层的急诊和相关部分都有紧密联系（图 8-1-3、图 8-1-4）。

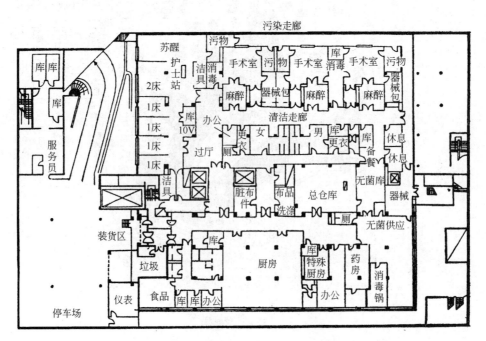

图 8-1-1 英国伦敦威灵顿医院手术部

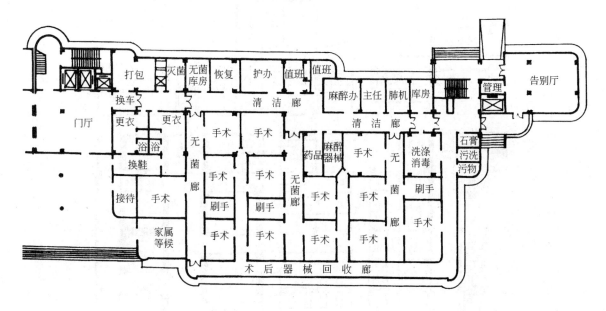

图 8-1-2 山东益都中心医院手术部平面

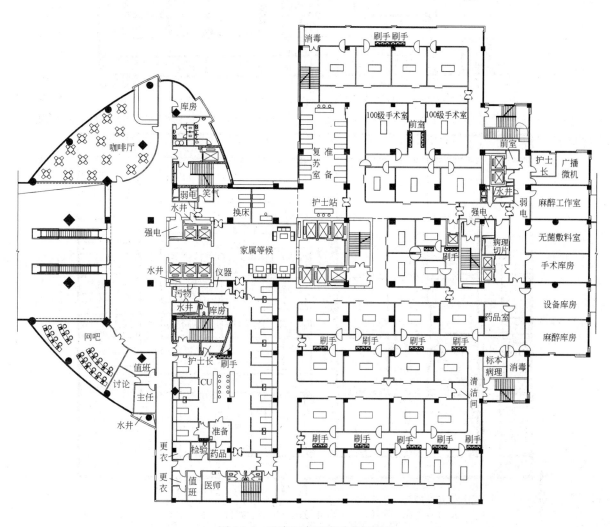

图 8-1-3 重庆西南医院手术部平面

图 8-1-4(a) 上海东方医院手术部平面

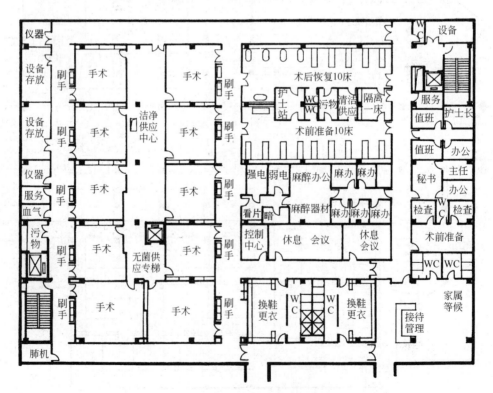

图 8-1-4(b) 上海儿童医学中心手术部平面

(4) 设于顶层——在多层建筑中手术部常设于顶层，在竖向上处于尽端，由于离地面有一定高程，空气中的含尘量相对较低，且位于顶层，层高较自由，可利用屋顶作空调机房或手术看台，布置较为自由。在高层住院楼顶层则不宜设置手术部，主要是手术部与急诊部联系路线长，手术部所需的各种物资、气体的供应管线长，适用性、经济性都不够理想。

（三）邻近科室

手术部的位置还应参照与相关部门的位置来加以权衡，并须考虑关联程度和方式。一般按病人医护、物品传送、信息传送及其急切程度与频度作为判断其与手术部联系优先顺序的标准。

（1）人的关联——如急诊部、ICU、外科病房、产科病房都应与手术部有短捷的联系。即便急诊部附设有手术室也应强调这种联系。ICU 是手术后病人度过危险期的监护病房，同时又是手术病人的来源之一。两者之间最好有不受干扰的准清洁通道联系。外科病房基本上是手术前或手术后病人，一般胸、脑外科单元能与手术部同层最好。产科病房涉及产妇和新生儿的紧急手术。此外，心内科的心导管室在治疗过程中可能发生危险，必要时可迅速送往手术部救治。

（2）物的关联——主要是中心供应、病理检验、血库，除手术部自身附设有专用消毒供应室外，手术部的清洁器材库与中心供应的已消毒器材库之间应有清洁度较高的专属管道联系。

病理检验应及时处理手术过程中的送检标本，必须作快速冷冻切片处理，判断检体是良性还是恶性、能否切除，以利快速确定手术方案。

血库则主要是提供洁净有效的手术用血，特别是急诊手术病人的紧急用血，有的手术部的洁净走廊与血库之间有专用洁净升降机联系，称为"血路"。

（3）信息关联——主要是图像音讯的及时传输，各种检验结果的资料传输，以满足近程或远程医疗、教学、咨询等的需要。其对空间有一定要求，但与手术部之间的距离则有较大的灵活性，设计的自由度也比较大。

二、手术部的规模

手术部的规模视医院规模和手术科室床位的多少而定，我国和墨西哥每 50 个普通床位设一间手术室；英国每 30～40 张外科床位设一间手术室，挪威每 25 张外科床位设一张手术室。手术室的数量一般可按手术科室床位总数的 5% 设置。一间手术室的月工作量一般可按 65 次手术考虑。按每周 5 天工作制，每间手术室的年工作量最多可达 1500 手术小时。手术部的面积约占医院建筑的 4% 左右。

按公式计算，手术室的数量

$$N=\frac{T}{C}$$

式中 T——医院一年完成的手术总次数；

C——一间手术室一年估计完成手术次数。

T、C——可由下列公式求得

$$T=\frac{B\times 365\times P}{L\times 100},\quad C=\frac{D\times H}{A}$$

B——为手术科室床位总数（含外科、五官、眼科、妇产）；

P——为床位平均使用率；

L——病人平均住院天数；

D——一年的手术工作日；

H——平均每工作日的时数；

A——每次手术平均所需时间。

对医院手术部的合理规模，国外专家的意见和医院建设的实际情况也有较大反差。德国专家认为 6～8 间手术室较为理想，瑞典专家认为多则 8～10 间，少则 5～6 间手术室较为合理，挪威专家认为手术部不应超过 12 间手术室。正如医院的理想床位规模难于控制一样，手术部的规模在 20 世纪 70 年代以来也有扩大的趋势，一些大型教学医院多在 12～16 间，有的在 20 间以上。值得注意的是，随着医疗技术的发展，原来只能在中心手术部作的手术现在已向门诊手术部转移。部分肿瘤手术，结石摘除手术已逐渐为 X 刀、γ 刀、中子刀和碎石机治疗所取代，这些因素对手术室数量和规模也将产生巨大影响。同时还应对门、急诊手术及其数量多少加以综合评估。就中心手术部而言，至少应有 2 间手术室。

第二节 手术室分类与手术部的洁净分区

一、手术室的分类

手术室是按手术所触及的脏器本身的有菌或无菌程度及手术室空气洁净度要求两个因素来决定的，一般可归纳为四类：

（1）超净手术——即脑外、心外、脏器移植等要害脏器的手术，或感染率高、后果严重的深部手术，空气洁净度应为 100 级，相当于国际单位的 M3.5 级，以杜绝感染。

（2）无菌手术——适用于重要器官手术，如脾切除、闭合性骨折、眼内手术、甲状腺切除等，空气洁净度应在 1000 级，相当国际单位 M4.5 级。

（3）有菌手术——适用于胃、肺、胆囊、阑尾等因溃疡、发炎而进行的修补切除手术，因手术所及器官已经感染，属于有菌手术，但仍需在相对无菌的手术环境中进行。因此其空气洁净度应为10000级，相当于国际单位M5.5级。

(4) 感染手术——已经严重化脓感染的手术，如十二指肠穿孔缝合、阑尾穿孔、腹膜炎手术、脓肿切开引流手术等。此外，如气性坏疽、绿脓伤口、破伤风之内的手术，对环境有严重污染，最好医生和病人入口分开。病人可由污染器械廊直接入口。此类手术完后，手术室应封闭严格消毒，方能重新使用。其空气洁净度为100000级，相当于国际单位M6.5级。一般门、急诊手术亦照此洁净级别处理。

上述四类手术，可根据各临床科室床位数分配固定的手术室，或固定手术时间。一般500床以上的医院都有上述各类手术室。但在有菌手术与感染手术之间、有菌手术与无菌手术之间，在手术计划安排上可能会有交叉。在时序安排上应无菌手术在前，有菌手术在后；有菌手术在前，感染手术在后；污染环境的有毒手术在最后；术后应按规定分别进行封闭消毒处理。

二、手术部的分区及净化作业程序

就整个手术部而言，是由各种手术室、辅助间、卫生通过、值班管理、洗涤供应等用房组成。这些用房依其洁净度分区布置。而一切人员和器材都要由非洁净区到洁净区经过严格的净化作业或卫生通过程序。各区的洁净等级不同，所要求的室内空气气压值也有所不同。合理配置各区平面关系，使净化空气由洁净度高的区域流向洁净度低的区域，再流向非洁净区域。

(一) 手术部大体分区

(1) 超净区——即与超净手术对应的手术室组及洁净手术器材存放处的超净核心区。

(2) 净化区——包括无菌手术室、麻醉器械、刷手、泡手，经消毒处理的无菌敷料、器械存放及内部交通廊道。

(3) 无菌区——包括有菌手术室、感染手术室、刷手间、消毒间及其内部交通廊道、苏醒室、ICU等。

(4) 清洁区——包括敷料制作、器械陈列、护士办公、值班室、卫生通过之后的麻醉办公室等。

(5) 非清洁区——污染器械回收廊、楼电梯厅、家属等候、示教室、污洗间、洗涤间、卫生通过间的换鞋、浴厕等。

(二) 人流、物流的净化作业程序

人流和物流的流程顺序则应遵循由非洁净区经洁净区、无菌区再到超净区的顺序进行。与净化空气的流动方向正好相反。为此，在非清洁区与清洁区或洁净区之间设置卫生通过间、吹淋、气闸室等就显得十分重要。其作用是：第一可将非洁净区的尘土通过换鞋、更衣等措施加以清除，再经吹淋室以一定的风速和时间清除附于衣服表面的灰尘。对于大型手术部因上班时人员较多，此时宜增设吹淋室或吹淋通道，一般每15～20人应设单人吹淋室一台，使手术室的工作人员通过吹淋室的总时间在30分钟内完成。第二，吹淋室兼有气闸室的作用，使洁净区保持正压状态，防止低洁净度空气的回流。第三，吹淋室或气闸室具有洁净度分区的标志和控制作用。为了下班或紧急出入，在吹淋室一侧应另设旁门或通道，必要时可不通过吹淋室直接出入。

图8-2-1为手术部人流物流程序图。

1. 手术患者流程

(1) 有条件时手术前应洗浴，手术部位的皮肤剃毛消毒后用无菌敷料包扎、换清洁衣、上病房担架车，盖清洁棉毯，病房护士推送至手术部。

(2) 在手术部门口处换床窗口换车上床板或车轮消毒，同时更换盖毯，由手术部的护士和推车送往手术准备或手术间，并作切口部位消毒盖无菌手术巾。

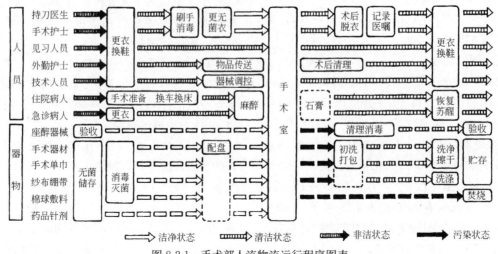

图8-2-1 手术部人流物流运行程序图表

(3) 手术完毕，全麻或垂危病人应由麻醉师护送到苏醒或ICU室交代术中情况。待患者稳定后方可离去，病人在苏醒室或在ICU度过危险期后，转送普通病房。

2. 执刀医生、器械护士程序

(1) 脱普通鞋，换拖鞋，脱家庭衣裤，去浴厕，换手术衣裤，脱拖鞋，换手术鞋，戴口罩（盖住鼻孔），戴帽子（盖住头发），经吹淋或气闸室后洗手、泡手、消毒，穿无菌手术衣，进洁净手术室，执刀医生戴无菌手套。

(2) 一般手术其他人员则免去洗手泡手，穿无菌手术衣的程序。

(3) 手术完毕后医生稍事休息，留医嘱，经更衣换鞋的逆向程序退出。

3. 手术器械、敷料流程及组织方式

(1) 无菌器械敷料穿越式存放柜介于手术室与中央洁净走道之间，从走道一侧送入，手术室一侧取用，用后沾有血迹的器械由洗手护士及时擦拭干净，密封送往洗涤、消毒灭菌后再送入无菌器械存放柜备用。污染敷料、血纱布等分别放在污衣袋或污物桶内密封，送往洗涤或焚烧炉销毁。

(2) 按当前惯例，洁净手术部自用的手术器械敷料等，均由手术部自行制作，消毒灭菌，因此大型手术部内设有器械清洗、敷料制作、消毒灭菌等用房，使手术器械敷料的消毒灭菌在手术部内部解决，以杜绝传输途中的污染。

(3) 小型医院手术部规模及手术难度不大，其敷料、器械则由医院中心供应部门统一清洗消毒。

(4) 配备多个整体消毒间的就地处理方式——每两个手术室之间设一间消毒室，室内配备冲洗消毒器和清洗消毒器各一台，另设通道式干燥柜以及带水槽的清洗工作台，以便人工清洗，所有手术后污染物品都在消毒室处理，经过清洗、消毒、干燥、打包之后在清洁走道内安全运送，因此就无需再设置污染物品的专用回收廊道。

三、手术部的流线组织类型

进出手术部的人和物大体上可分为：术前病人和术后病人；术前医护和术后医护；术前器材和术后器材。按这三项六类人流和物流走向，归纳出五种较为常见的流线组织类型。流线组织对手术部的无菌管理和建筑平面布局有一定影响。

(一) 中央清洁型

——术前医护人员经卫生通过后进入中央清洁区，术后医护由外周准清洁廊道退出；术前病人经换床由外周准清洁廊道进入手术室，术后原路退出；术前器材经无菌电梯进入中央清洁区，术后器材经打包密封由外周准清洁廊道经回收电梯送出。这种类型由于医护人员都要进入中央洁净厅，而起尘度与人员活动的频率和烈度成正比，若管理不善，对清洁度有一定负面影响（图8-2-2）。

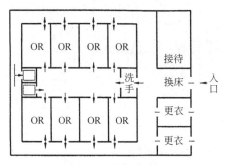

图 8-2-2 中央清洁型

(二) 中央供应型

——器材专业人员经卫生通过后进入外周清洁廊，再经前室吹淋进入中央超净厅，术后原路退回；术前医护人员经卫生通过后由外周清洁廊道进入各手术室，术后原路退回；术前病人经换床由外周清洁廊道进入手术室，术后原路退回；术前器材经无菌电梯进入中央器材超净区，术后器材经打包密封由外周清洁廊道送出。这种类型除少量器材人员外，医护人员都不进入中央超净厅，有助于保持手术器材的洁净度。问题是若手术室过多，必然加大中央超净厅的面积（图8-2-3）。

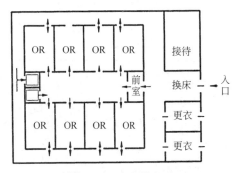

图 8-2-3 中央供应型

(三) 外周供应型

——器材专业人员经卫生通过后进入外周清洁廊，再经前室吹淋进入外周器材超净区，术后原路退回；术前医护人员经卫生通过后由中央清洁廊道进入各手术室，术后原路退回；术前病人经换床由中央清洁廊道进入手术室，术后原路退回；术前器材经无菌电梯进入外周器材超净区，术后器材经打包密封由中央清洁廊道送出。这种类型除少量器材人员外，医护人员都不进入外周超净区，有助于保持手术器材的洁净度。问题是若手术室过多，必然加大外周供应区的面积和路线长度,实践中采用较少(图8-2-4)。

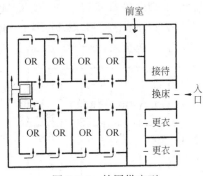

图 8-2-4　外周供应型

(四)外周回收型

——术前医护人员经卫生通过后进入中央清洁区,术后原路退回;术前病人经换床由中央清洁廊道进入手术室,术后原路退出;术前器材经无菌电梯进入中央清洁区,术后器材经打包密封由外周准清洁廊道经回收电梯送出。这种类型由于医护人员、病人都要进入中央清洁区,而起尘度与人员活动的频率和烈度成正比,若管理不善,对清洁度有一定负面影响(图8-2-5)。

图 8-2-5　污物回收型

(五)单向通过型

——术前医护人员经卫生通过后进入中央清洁区,术后医护由外周准清洁廊道退出;术前病人经换床由中央清洁廊道进入手术室,术后由外周准清洁廊道退出;术前器材经无菌电梯进入中央清洁区,术后器材经打包密封由外周准清洁廊道经回收电梯送出。这种类型由于医护人员、病人、器材都是单向通过,术前和术后路线划分清楚(图8-2-6)。

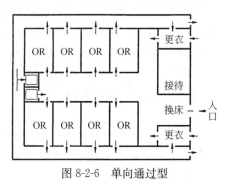

图 8-2-6　单向通过型

第三节　手术部的平面组合类型

手术部手术后器械、敷料的消毒处理方式对医院平面类型产生重大影响。平面类型大体可分两类,即单廊式与复廊式,其下文各分为若干类型,见图8-3-1 手术部平面类型简图。

一、单廊式

手术部只有中间一条洁净走廊或将此洁净走廊扩大为洁净厅,以满足大型或中型手术部人员交通较为频繁的需要。这种单廊式布置,只有一条宽大的走廊、刷手、无菌器材的传输,医护人员和手术病人都在这条廊道中运行。所有的手术后污染物都被送到与手术室相通的洗涤消毒间,经清洗、打包后,在清洁走廊内安全通过。消毒室内要配备一台冲洗消毒器、一台清洗消毒器、一台通过式干燥柜以及一个带水槽的清洁工作台,以便人工清洗。这

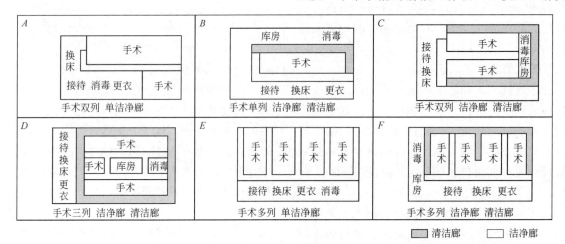

图 8-3-1　手术部平面类型简图

种方式的主要优点是消毒处理及时，可减少微生物的滋生和对手术器械的侵蚀。非洁净运送的线路极短，无需设置器械回收廊道，缩短了手术器械的使用和再处理之间的周期。这种方式在中、小型医院采用较多，大型医院尚不多见。

图 8-3-2 为中日友好医院的手术部设计，共 10 间手术室，手术后器械在手术室打包后经入口处的专用升降机送 5 楼的中心供应室，消毒后由另一洁净专用升降机送手术部。该例应属类型简图中的 A 型平面。

图 8-3-3 为美国某 200 床医院的单廊式手术部设计，四间手术室集中布置在翼端，其余用房依洁净度高低排列，洁净度高者接近手术室，洁净度低者接近手术部入口布置。这种布置方式对我国 20 世纪 70 年代以前的设计有着较大影响。这个例子应属类型简图中的 A 型平面见图 8-3-1(A)。

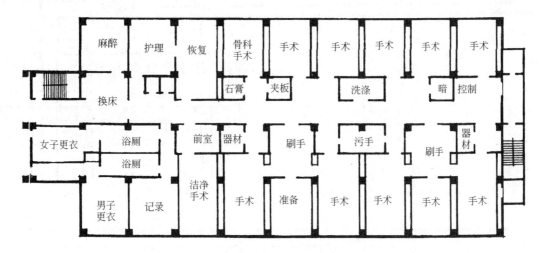

图 8-3-2 北京中日友好医院手术部平面

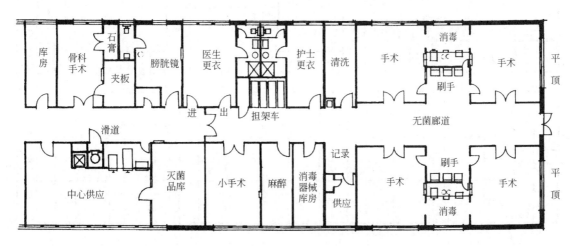

图 8-3-3 美国某 200 床医院的手术部平面

1967 年 Shooter 教授提出用密封纸袋封存运送手术后器物，以取代手术污染器械回收廊的方案，到 1985 年终被接受。纸袋或塑料袋比昂贵的墙体隔离经济得多，因此，20 世纪 80 年代初设计的手术部多为单走道型。但由于手术室较多，如每两间手术室之间都设洗涤消毒，则面积利用不够经济，根据污染不扩散原则，应将污染源尽快消除。因此，手术后器、物在洁净度不是特别高的手术室中可就地装袋运出，污水用吸水器吸入瓶中密封运出，有菌手术的致病器物则须消毒处理后运出。手术后器物送出手术室后，可在手术部专用洗涤消毒室处理，也可在中心供应部处理。

图 8-3-4 为日本筑波大学附属医院手术部，为单廊式多通道型平面，由两条纵向主通道联结 4~5 条横向通道组成，其中三条横向通道与 12 间手术室衔接。手术室分三组布置，每组四间手术室，手术部专设洗涤消毒组，手术部与 ICU 同层，手术后病人可从清洁廊道直接送入。该例应属类型简图中的 E 形平面(图 8-3-1E)。

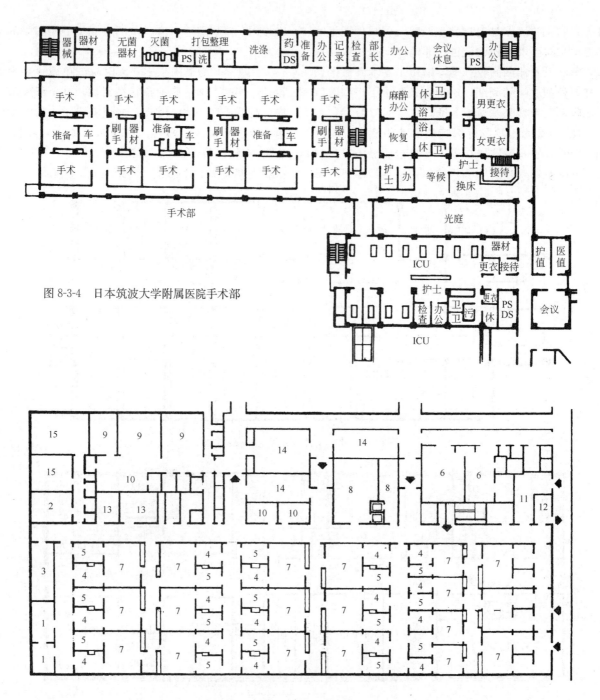

图 8-3-4 日本筑波大学附属医院手术部

图 8-3-5 瑞典桑兹伏尔医院手术部平面
1—石膏；2—石膏；3—仪器；4—麻醉；5—恢复；6—接待、换床、停床；7—手术间；8—消毒；9—术后苏醒
10—医生护士点；11—洁物供应；12—污物出口；13—库房；14—轮椅推车存放；15—医护卫生通过

图 8-3-5 为单廊式多通道的另一个实例，共 16 间手术室，分四组布置，手术部专用洗涤消毒及手术服务区居中布置，并设有 18 床位的苏醒室，医护人员、手术前病人、手术后病人分别由左、中、右三条通道进出。此例也属类型简图中的 E 形平面（图 8-3-1E）。

二、复廊式

手术部由洁净度不同的中廊（或中厅）与外廊组成，两条廊道的性质可以是洁净与准洁净或洁净与非洁净廊道。洁净廊道供消毒敷料器械、经卫生通过的手术医生护士、经换床处理的手术前病人等通行。准洁净廊可供经换床处理的病人、经卫生通过的医护人员、经打包处理的术后器物通行。非洁净廊一般多为手术后器械回收廊，也可供手术后病人、医护人员、去感染手术室的手术前病人通行。这种复廊式组合使每间手术室都能在一侧与洁净廊道相连，另一侧与准洁净或非洁净廊道相连，洁、污流线单向运行，划分清楚。手术后器物由手术室或辅助房间装袋后由准洁净廊或非洁净廊道送往中心供应或手术部专用的洗涤消毒间处理。此种方式多用于洁净度要求高、手术室数量较多的大型手术部。

在工程实践中多数医院将洁净廊或洁净厅布置在核心部位，外边布置准洁净或非洁净廊道。核心部位供手术前医护人员和消毒器物通行。外周准洁净廊供经换床处理的病人、术后医护人员、术后器物通行。外周准洁净廊由于周边接触面广，易于与ICU、苏醒室、中心供应等部门衔接，其洁净度也较为接近，核心部位面积小，线路短，因其周围都是洁净度较高的手术室，受非洁净空间的影响较少，其高洁净度易于控制。

根据手术部的规模和平面体形，这种复廊类型又可分为四种形式：

（一）复廊单列式

多为中小型手术部，沿洁净走廊一侧布置消毒品存放、刷手间等用房及手术室的入口。沿准洁净走廊一侧布置手术服务区，如图8-3-1(B)所示。图8-3-6是这种布局的典型例子，其洁净廊的外侧留待将来手术部的扩建，因该手术部在第2层对扩建十分有利，准洁净廊一侧可与ICU直接联系。

（二）复廊双列式

图8-3-1(C)、图8-3-7~图8-3-9均在中廊式平面的基础上加外周廊道，前者外周为准清洁廊道，后者外周为非洁净廊道。图8-3-10中间为洁净供应厅，外周为清洁廊，手术部专设洗涤消毒间。图8-3-11无菌、清洁、污染三区划分清楚，急诊手术单列，背靠背地布置4台传送升降机，两台在器械回收廊开口，用于术后器械传送；另两台在无菌区的手术准备间开口，用于无菌器械的传送，从而将手术部与下面的中心供应部有机联系起来。

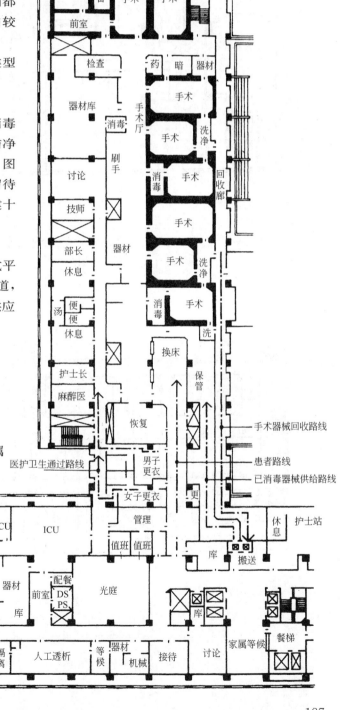

图8-3-6　日本琉球大学附属医院手术部

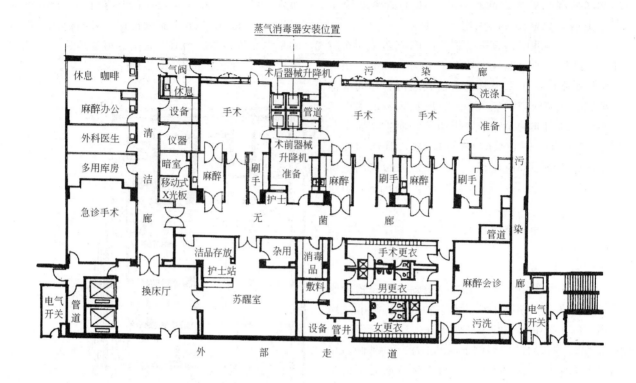

图 8-3-7　香港东区尤德夫人医院手术部

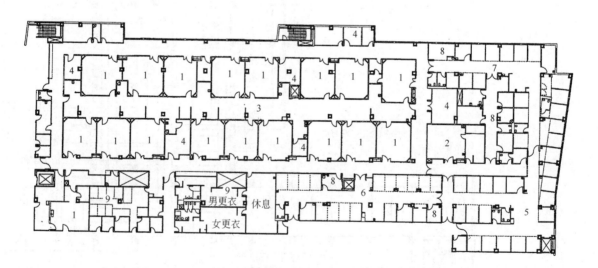

图 8-3-8　犹他州阿格登迈克底医院手术层
1—手术；2—专用；3—无菌廊；4—手术器材；5—术前准备；
6—术后苏醒；7—恢复；8—辅助间；9—医护卫生通过

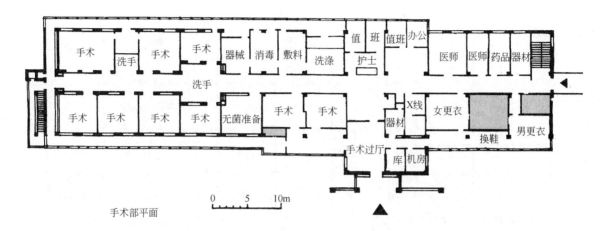

图 8-3-9 北京积水潭医院手术部平面

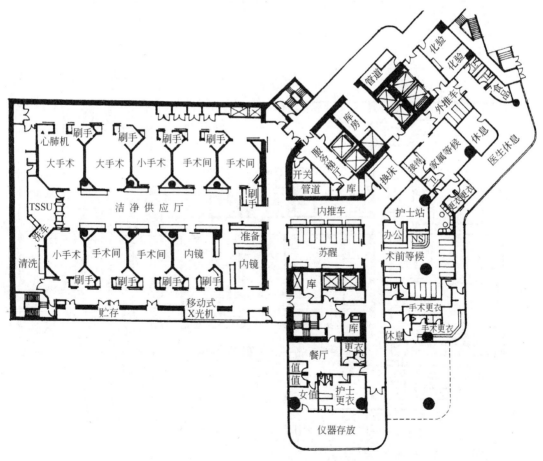

图 8-3-10 香港养和医院手术部平面图

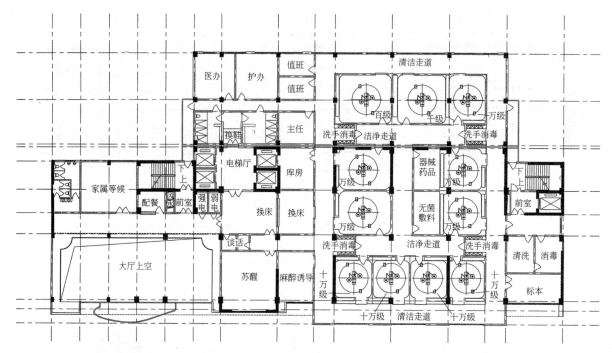

图 8-3-11 上海奉贤中心医院手术部

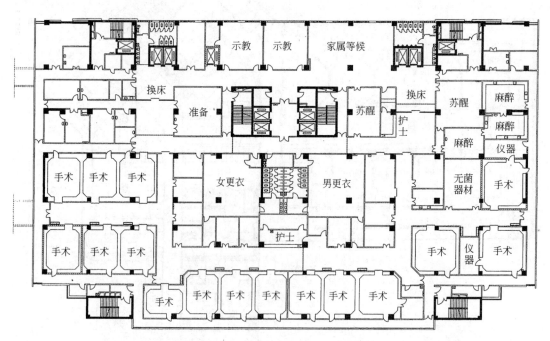

图 8-3-12 天津医大总医院手术部平面

（三）复廊三列式

图8-3-1(D)多为在双走道平面基础上加外周廊道而成，如上海奉贤中心医院手术部（图8-3-11）。天津医大总医院手术部（图8-3-12）及美国西雅图斯维底医院（图8-3-13）的中央洁净器材供应厅保持高度洁净，手术前手术后的医护人员和病人、手术后器物都由外周准洁净廊道进出，手术后器械由准洁净廊经废弃物处理间的专用梯送地下室的中心供应室，消毒后的洁净器械经专梯传送至洁净大厅，然后分送各手术室。

（四）复廊多列式

图8-3-1(F)多见于多跨距的板块式平面，如日本北海道大学附属医院手术部（图8-3-14），洁净廊与准洁净廊道交错布置，病人、医护人员经换床和卫生通过之后进入准洁净廊，再进各手术间，医护人员在准洁净廊刷手后进入手术室，凹字形洁净厅廊专供手术前消毒器物运送贮存之用，以保证其高洁净度。

图8-3-15为中山大学附属一院手术层平面。图8-3-16为重庆巫山医疗中心手术层平面。

山东益都中心医院手术部（图8-1-2），共13间手术室，分六列，污物廊与洁净廊交错布置。该手术部利用底层一个护理单元加裙房的面积形成多列、多跨的板块式格局，使手术室各种设施在同一平面得到满足。郑州市第五人民医院手术部（图8-3-17），设于裙房与ICU病房同层，16间手术室分五列布置，器械回收通道在外周和中部，与之相间布置。在器械回收廊的适当部位设有术后器物专用提升机，上下贯通，可与中心供应部联系，便于已消毒或待清洗消毒物品的区分和运送。

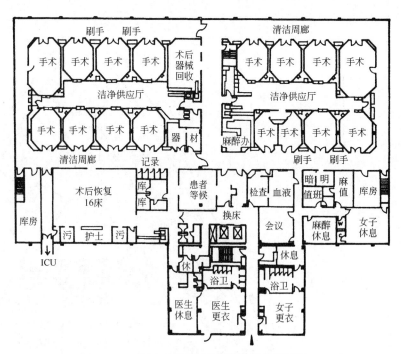

图8-3-13 美国西雅图斯维底医院手术部平面

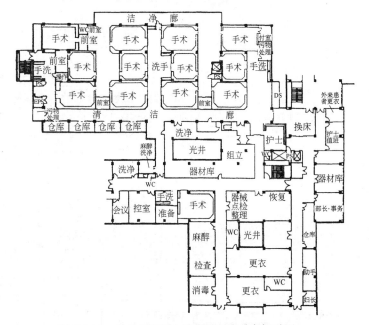

图8-3-14 日本北海道大学附属医院手术部平面

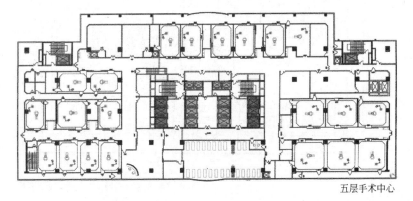

图8-3-15 中山大学附属一院手术层平面

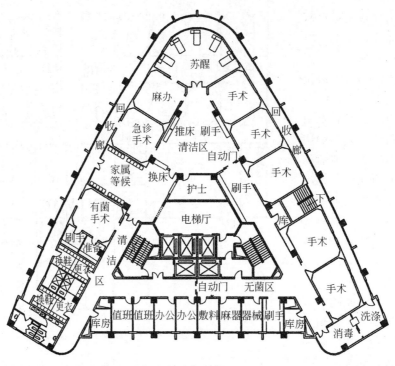

图 8-3-16 重庆巫山医疗中心手术层平面

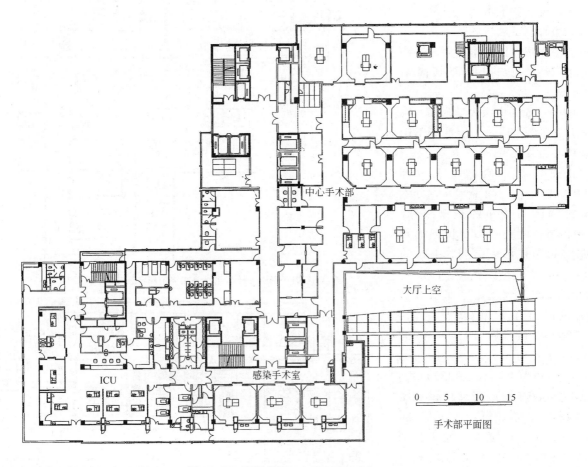

图 8-3-17 郑州市第五人民医院手术部平面

第四节　手术部的相关组成要素

一、换床厅

换床厅应紧连电梯厅，其功能是将手术患者从非洁净区移送到手术部的洁净或准洁净廊道，它是手术病人的卫生通过系统。有以下一些方式。

（1）车轮消毒法——在手术部大门处设消毒地毯坑，长约4m，宽约2m，深约2～3cm，内铺满吸消毒液的毛毯，手术患者推车在门口换盖单后直接推入手术室，车轮经毛毯擦拭消毒，简单易行。现在有用粘胶垫来粘吸车轮污物的方式，粘垫定时更换，更易操作。

（2）床板移送法——床板和运载推车分离，病人在手术部门口时，车架留在门外，只将床板和病人送入手术部的专用推车上，并换掉盖单再送入手术室（图8-4-1、图8-4-2）。

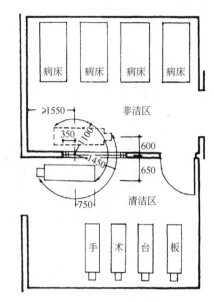

图8-4-2　床板回转式换床法

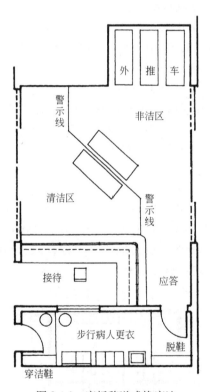

图8-4-1　床板移送式换床法

（3）床轨对接法——在换床厅将手术室的内部推车和外部推车的滑轨对接固定，载有病人的床板下的滑轮可从外部车架滑到手术室的内部车架上，然后解开滑轨车架送往手术室；术毕再对接固定，载人床板由内部推车滑到外部推车上，然后脱开连接，病人送出手术部。图8-4-3为香港尤德夫人东区医院，病人在对接的推车上被工作人员滑送转换的情景。

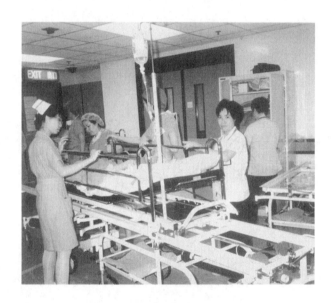

图8-4-3　床轨对接式换床法

（4）窗口穿越法——利用油压或机械推送方式将床垫板和病人从非洁净区经舱口平移到洁净区，有的医院将垫板和框架组成手术台面，推到手术室后只需固定在手术台座上（Stationary Base），病人上了垫板就不必再次移动。这种方式需为推车和床架设置必要的停放空间（图8-4-4、图8-4-5）。

二、卫生通过间

即医护人员由非洁净区跨入洁净区所履行的卫生通过程序，如换鞋、更衣、淋浴等，设计要点是进出口一定要分开，洁净区与非洁净区各设入口相通。

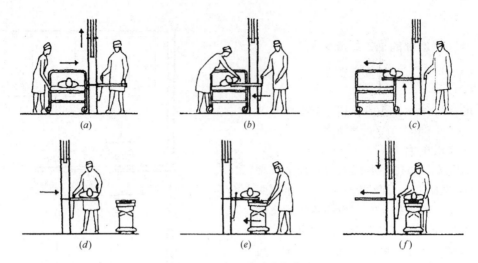

图 8-4-4 窗口移送式换床法

图(a)、(b)、(c)为病房护士将手术病人从病床移放在滑板上的情景，包括开启换床窗口及滑板等程序，病人此时在左侧的非洁区。图(d)、(e)、(f)为手术室接送人员，将病人及滑板从左侧的非洁区移向右侧的清洁区，并放上手术台架的情景，同时关闭换床窗口，更换病人盖单，此时病人在清洁区。

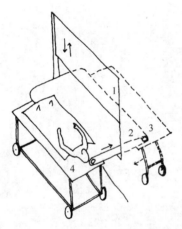

图 8-4-5 换床窗口的帆布卷筒装置示意
1—自动玻门；2—帆布卷筒；3—内推车；4—外推车

（一）进退合一型

手术前进入手术部和手术后退出手术部由同一通道运行，多用于中小型医院，人流通过量不大，面积较省（图 8-4-6）。

鉴于某些医院医护人员虽经换鞋更衣程序，但换鞋处的外出鞋与普通拖鞋、普通拖鞋与手术拖鞋混杂，洁污不清。因此，有的医院在靠近清洁区和非洁净区的换鞋处，用高出地面约 30cm 的台板划分出不同洁净度的换鞋区和鞋柜，在靠非洁净区的换鞋处脱放外出鞋，取穿在卫生通过间使用的普通拖鞋；进入更衣室后脱去外出服，换上洗手服，戴口罩和帽子，进入靠洁净区的换鞋处后脱放普通拖鞋，取穿手术拖鞋后方可进入洁净走廊和手术室（图 8-4-7）。

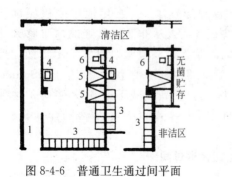

图 8-4-6 普通卫生通过间平面

1—换鞋
2—鞋柜
3—更衣柜
4—洗手盆
5—淋浴
6—厕位
7—搁板
8—污衣袋

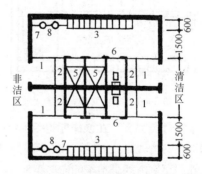

图 8-4-7 进退合一两次换鞋式卫生通过间平面

（二）进退分流型

进场和退场人员单线运行互不交叉，可提高通过效率，更有利于进场人员的洁净要求。淋浴、衣、鞋柜介于进、出场通道之间，两面开门便于取用。前、后换鞋处仍应按不同性质划分清楚（图 8-4-8）。

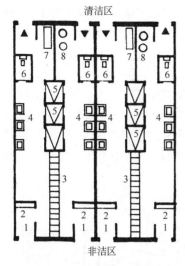

图 8-4-8 进退分流式卫生通过间平面
1—换鞋；2—鞋柜；3—更衣柜；4—洗面池；5—淋浴；6—厕所；7—搁板；8—术后衣袋

三、刷手室

布置在紧贴手术室旁，最好可同时通联两间手术室，每间手术室约需 2～4 个刷手池位，教学医院人多，所需池位也较多。每个池位按长度计算，约为 900mm 左右，3 人用池长 2400mm，2 人用池 1800mm，单人用池 1000mm。单面布置的洗手池多在洁净大厅或准洁净外周廊道，双面布置的刷手室多在两个手术室之间成组布置，靠中间走道一侧布置刷手池，靠外墙一侧布置洗涤消毒间（图 8-4-9）。刷手池的水咀采用超级过滤膜处理，可方便地引出无菌无过热质水，防止逆向污染。开关采用非触摸式，各水咀分别控制，使用灵活。

四、洗涤、消毒室

是临时洗涤烘干消毒器物的地方，常与刷手室组合在一起成组布置，该室一般为手术过程中紧急消毒之用，其与手术室之间可设两面开门的穿越式器械柜。这种洗涤消毒间在日本大都取消，在瑞典则将其功能加以扩充，形成整体消毒间的手术系统，两间手术室所有手术后物品都在消毒间处理，经清洗、消毒、干燥、打包后在洁净走廊中运行。使医疗器械能就地及时处理，更有效地防止污染扩散（图 8-4-10）。

图 8-4-9 刷手室

五、恢复室

主要是对全麻重危病人进行手术后观察，待其苏醒恢复知觉，如有异常情况立即进行抢救，或再作手术。过去我国医院手术部都未设恢复室，病人在手术台上苏醒，这样影响手术室的周转和效率。恢复室的床位数应与手术室间数相等，或多于手术室间数，可布置成开放大间，如有一定数量的独立小间则更有利于隔离病人使用。恢复室最好设于准洁净区，以便简化与手术室之间的卫生通过程序。

六、麻醉工作室

麻醉室有三种功能，其一为麻醉器械的处理、储存；其二为麻器械的维护；其三为麻醉人员办公。一般手术部将麻醉器械与麻醉办公分设两间，视医院规模、性质增加教学科研用房。在位置上，

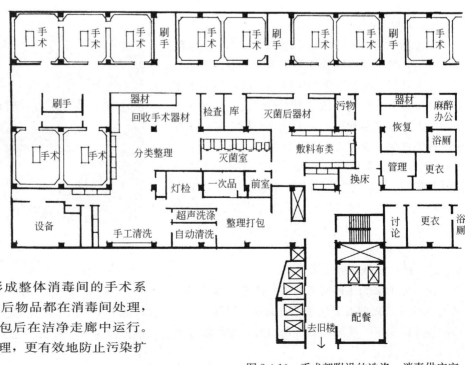

图 8-4-10 手术部附设的洗涤、消毒供应室

麻醉工作室既要照顾到手术室也要照顾到恢复室和ICU，由于麻醉师经常在这几个部门出入，因此，若处于洁净度差距较大的区域必然带来复杂的卫生通过程序而影响工作效率。因此将恢复室与醉麻办公室相邻布置是较好的选择，这样只在麻醉室设观察窗口，就可照顾恢复室。恢复室可不必再设护士站。

关于麻醉室，在欧陆医院的手术系统中，多在手术室与洁净走廊之间设置前室作为手术前病人诱导麻醉，插管及拔管等用途（图8-4-11）。但若干研究显示，这些前室的设置，空间增加不少，而对手术作业时间的长短并无明显影响，甚至有人说，前室最明显的功能是提供了一处麻醉示教场所，这显然有违设计初衷。因此，在我国、日本和美国已较少采用前后室的组合方式。我国不专设麻醉室，麻醉工作在手术室进行。

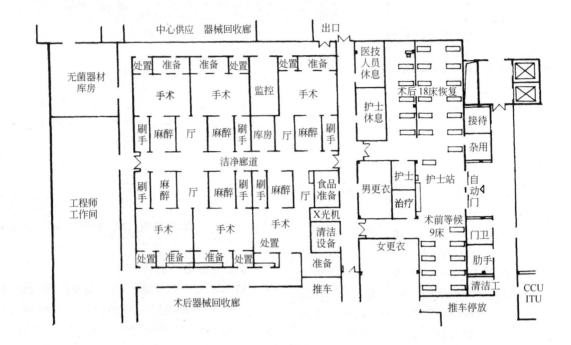

图8-4-11 英国埃伯斯维奇医院手术部（手术室带前后室方案）

七、无菌器材室

即无菌敷料器械的存储空间，一般中小型医院多设专室，其位置应靠近无菌手术区，为各手术室提供无菌敷料、器械。大型医院手术部，其手术室多按科室分工，所需器械类型亦较固定，因此，手术用的无菌器械多利用各手术室的壁柜空间分别存放，自给自足，取用方便。最好在洁净厅与手术室的间墙上设置穿越式的无菌储放柜，这种柜采用不同时开启的连锁方式，可防止外部空气流入手术室，柜内还可装置杀菌灯。这样在补充无菌器材时，传送人员不必进入手术室，从而减轻干扰（图8-4-12）。

八、移动设备存放空间

如心外手术的体外循环设备，骨科手术的移动式X光机等都需要在邻接手术室的地方设置存放空间，另外担架车、推床等也需在相关位置设置存放空间。

图8-4-12 双门穿墙式无菌贮放柜

九、敷料、器械

小型医院敷料制作、手术器械修理、检验消毒等都在中心供应，大型医院则在手术部专用的洗涤消毒间进行，因此，敷料、器械已从手术部分离出去。

十、护士站

是手术部的管理中心,负责手术安排、人员调配、物料供应和人员消毒程序的监督。其位置应便于控制手术部的出入口和卫生通过间的出入口。此外,在适当位置设置护士值班室,以便对夜间的紧急手术做出快速反应。

家属等候应在手术部外面的大门附近,与电梯厅、卫生间有适当联系,一般设在非洁净区,与护士站能有适当联系则更为理想。

第五节 手术室的内部环境设计

一、手术室的形式

过去为减少直角藏污并利于清洗,曾出现过保尔·尼尔森(Paul Nelson)的卵形手术室设计、唐纳德·道格拉斯(Donald Douglas)的圆形手术室设计与霍利威尔(Honeywell)的正八角形手术室设计,但这些形式多因结构构造复杂,空间利用不经济,与手术室的现代技术要求难于协调等原因而日益少见。这些平面形式与相同面积的方形和矩形手术室比较,在所需面积、结构及设备费用等方面均不经济。为吸收圆形或八角形平面的优点,现在多在方形或矩形平面的基础上,阴角处作斜边长1000mm左右的45°切角,从而形成不等边八角形,或阴角处作成1/4小圆弧形。手术室的大小依使用性质而定,一般的标准手术间6m×6m,大手术间6m×9m或7m×8m,小手术间约5m×6m。

大手术间多用于心外、脑外、器官移植等复杂手术,因参加手术的人员多,各种仪器设备多,因此要有较大的面积,脏器移植提供脏器者和接受脏器者都要手术,要在同一手术室的两张手术台上进行,也可在互通的两间手术室中进行。苏格兰爱登堡器官移植中心(图8-5-1)的洁净手术室净高2.8~3m,层高约4~4.5m,以满足仪器配置及空气净化要求。神经外科、心导管手术、骨科闭合手术等都需要悬吊式X射线机及特殊牵引透视手术台,手术在无影灯及X光透视摄影机的配合下进行,房间除符合一般手术室的要求外,应设X光控制间,并应考虑机房六个界面的射线防护问题。图8-5-2为有机器人参与的手术室。机器人已经实施了心脏、前列腺等上万例外科手术,这只是一种提供便利的辅助机器人,手术时医生坐在控制台前,看着立体观画器通过一系列操纵杆和脚踏控制装置,就可以控制机器人的多关节钳深入病人体内活动,其准确性可减少损伤,加快康复并缩短住院时间。

二、手术室的界面设计

(一)顶棚

随着外科手术的发展,相关设备器械管线越来越多,手术室的地面空间已难于承受,于是就向顶棚板上悬挂,如新月形的X光机,无影灯,显微手术镜,各种气体供应接插的电动手术吊柱,电源插座吊柱(图8-5-3)。同时还有一般照明设施,空调送风装置,摄像探头,电视监视屏幕支架等。这些设备支承在什么位置,轨道如何运行等都必须在顶棚板面统筹安排考虑,其吊架及轨道支架都必须用顶棚板加以封闭。顶棚的材料应利于清洗,耐腐蚀,无缝或密缝,板面与各种设备的接缝要密合固定。可采用夹芯PEF板,这种板可以上人检修。

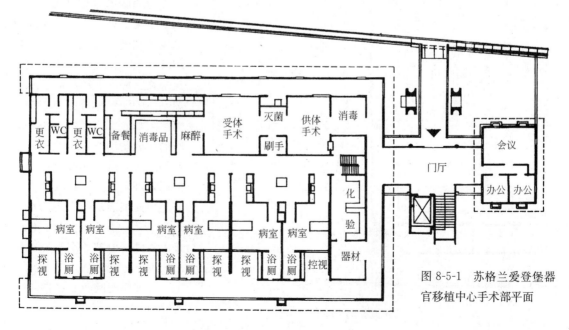

图8-5-1 苏格兰爱登堡器官移植中心手术部平面

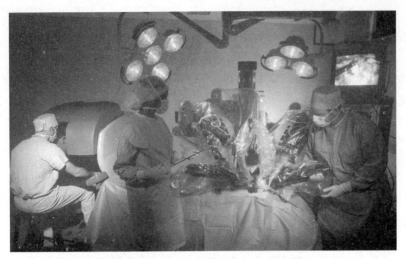

图 8-5-2 有机器人参与的手术室

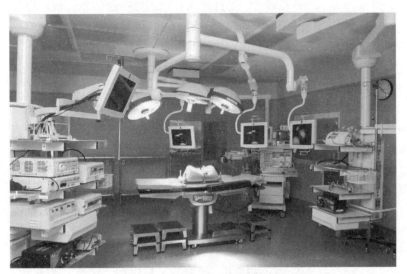

图 8-5-3(a) 手术室的管线吊塔及顶棚

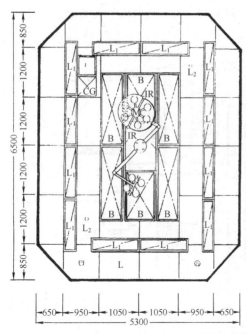

L_1	照明器具	M	无影灯
L_2	紧急照明	T	检查口
IR	医用移动架		非常用扩音器
X	无影灯锚栓	GG	清洁柱
B	空调吹出口		热感知器

图 8-5-3(b) 手术室顶棚布置平面

（二）墙面

墙面的基本要求是易清洗、耐腐蚀、抗撞击。一般洁净度不是太高的手术室多用瓷砖，最好用大块面的磨光地面瓷砖，规格有 600mm×600mm，800mm×800mm，1000mm×1000mm，大块的可减少接缝。嵌缝材料应防霉防菌，并确保密实平整。这种墙材较为经济实用。

整体涂布式的材料其基层必须与墙体粘结牢固，本身应具有适当的硬度。一些次要的手术间可选用仿瓷涂料，其表面具有瓷砖性能，光滑、平整耐清洗，无缝隙，而且顶棚也可采用。但必须确保施工质量。

经特殊表面处理的定型框架金属板材，如塑铝板、塑钢板、不锈钢板等，安装容易、品质稳定，但要注意密缝处理。另有一种墙壁嵌板以水泥硅石为原料，经高压杀菌成型，在其表面利用化学反应使无机颜料陶瓷化，从而形成阻燃表层，耐水、耐气候、耐药性能良好，可以抹拭消毒；具体分为标准嵌板与设备嵌板两类，多种型号，可根据手术室需要选用（图 8-5-4）。

（三）地面

地面的基本要求是坚固平整，无缝耐腐，易于清洁。因此以铜条分隔的现浇水磨石地面具有经济实用的优点，在我国广泛使用。但近年来在一些标准较高的手术室中乙烯基质的塑料地板也使用较广，如美国阿姆斯壮公司（Armstrong）生产的保健龙均质卷装地材，具有良好的耐污染抗化学性能，焊条热熔接缝处理，表面光洁无痕，这种卷材还可向墙面延伸为踢脚板，整体效果特好。JiuXin DS 导电地板则是由特殊导电芯片层和导电层构成的导电维尼纶地板，可防止人体带电，并能瞬时吸收、扩散手术室内的静电。

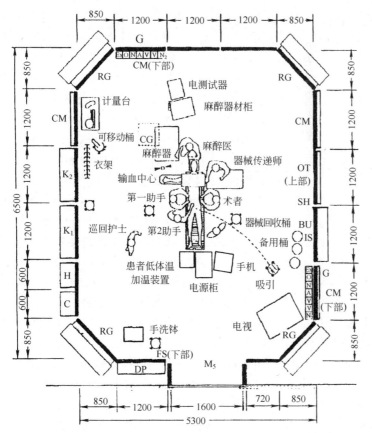

图 8-5-4(a)　普通手术室平面

FS	自动门感受器
SH	观片灯
K_1	器材箱
K_2	药品柜
DP	情报面盘
C	保冷库
H	保温库
OT	手术室计时器
G	医用气体嵌板
CG	清洁柱
CM	多用途电源插座
M_5	自动门
IS	高绝缘变压器
RG	回风口
BU	断路保护器

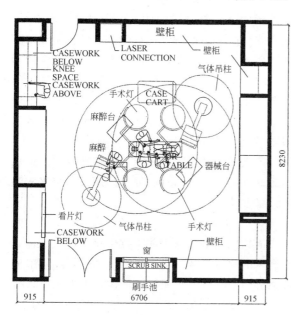

图 8-5-4(b)　矫正手术室平面

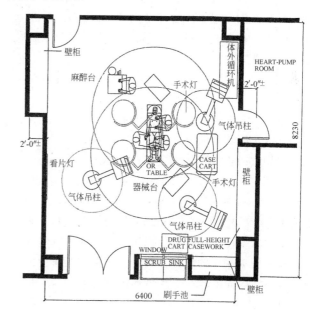

图 8-5-4(c)　心血管手术室平面

由于现代外科手术中电气装置种类繁多，消毒麻醉药物中易燃易爆者亦多，如环丙烷、乙醚等，可因静电作用而燃烧，因此采用导电地板是必要的。但导电地板（除铜条水磨石地板外）价格较贵，且麻醉师对麻醉剂选择的改变，可燃性药剂在一些国家和地区已不再使用，因而是否使用导电地板，建筑师在设计时应与建设方协调决定。

（四）门窗

手术室的门应为悬吊式脚控电动推拉门或手动推拉门，尽量减少空气振动。手术室的门应具气密性，关闭时可使地板与门框之间密封，密封垫板在运行中不触及任何东西，因而不致擦伤，且移劲轻便。电动气密门开、关都在瞬间进行,启动后自行自停。开关控制有按压式、脚动式、光电感应式等,可根据需要选用(图8-5-5)。

图8-5-5 手术室的电动气密门

当手术部设有非洁净或准洁净外廊时,洁净区的外窗应为双层密闭窗,1000级以上的洁净手术室不得直接开设窗户。1000级以下的洁净手术室开向外廊的窗户应为单层固定窗,并与内墙取平,便于擦拭清洗。

三、手术室的色彩、照明和音响

（一）色彩

人的色彩感觉能抚慰、抑制或兴奋人的情感,一般来说在高照度暖色光照的环境中(如黄色、橘黄色、粉红色),人的注意力趋于外向和适度兴奋;在低照明度和冷色光照耀下(浅蓝、绿色),人们则趋于平和内向。

手术医生长时间专注于红色的切口,与周围形成鲜明对比的手术单的白色,很容易使视觉疲劳,而深绿色经常把对比眩光降到最低值。因此,有专家特别推荐加拿大绿色。这种深绿色对真实的肉体肤色、脂肪和器官颜色的感觉干扰最小。

拉菲尔(Nuffield)在他的报告中推荐手术室选用反光系数为42%～56%的浅绿色,英国和苏格兰卫生部则推荐反光系数为50%的灰绿色或灰蓝色。德国一个由医生、建筑师和色彩学家组成的专家组建议手术室用灰绿色的墙壁、灰色的地板和明黄色的顶棚板。地板的色调宜于灰暗的中性色彩,看起来安全稳定。

手术室的色彩还应考虑麻醉师对病人面部色彩的正确判断,蓝色、紫色墙面在灯光作用下反射在病人面部会出现青紫色,预示可能发生呼吸障碍、中风、手术休克等情况,从而干扰麻醉师的正确判断。手术后的苏醒室的色彩也应注意这一现象。

（二）照明

充足的照明是确保手术精确性的必要条件。因此,对照明提出了严格要求。现代手术室最好是无窗建筑,因为除有的外科手术如心导管、骨科手术需在X光辅助暗室操作外,其他手术也是在手术聚光灯下进行,且有环境照明的辅助灯光。有了外窗,由于日光明暗方位变化莫测,难于维持手术照明的稳定性。所以水准较高的手术室一般不设窗户。

手术区的适宜照度应视手术性质、医生的感受要求而定,太弱影响操作,太强眼睛难于适应,但总的趋势是光线越来越强。

手术台的照度为2000～5000lx,美国一些专家认为,有些神经外科手术需100000lx的照度。在工作平面1m高度处手术灯内发出的整体强度不超过40000lx,手术切口上的光线强度为20000lx,射达13cm深、5cm宽的切口底部其光线强度为8000lx,这样的光线强度其照明效果是很好的。

手术灯的光线强度应是可调节的,室内普通照明强度也应随之变化,手术精细度愈高,照明强度也应相应调高。手术医生的视觉敏锐度随年龄的增长而老化,老年医生瞳孔缩小,水晶体变黄、变暗,达到同样的视觉敏锐度则需要更高的光线强度。因此,手术室的灯光强度若按老年医生的需要设计,对中青年医生也是适宜的。

手术室中普通照明的光谱构成与手术灯一样,但手术医生和麻醉师对光线所关心的投射点却不一样,手术医生关心的是腔内组织的颜色,麻醉师关心的却是病人面部皮肤的颜色,因为皮肤和嘴唇的颜色如果发青发紫,麻醉师就必须在麻醉剂中增加氧气,如果这是因光色而引起的错觉并致增氧过量,就会在手术过程中使病人苏醒过来。

X光手术室要间接照明,隐蔽光源,以免病人仰卧时看见光源,同时也为了把顶棚空出来安装X光设备及轨道。

（三）音响

有害的音响效果可能干扰信息和语言交流,影响病人的血压系数。对声音的敏感性,随年龄增长而减弱,空吸机、压缩机的运作,手术人员带有口罩,距手术医生较远的人,很难听懂医生的指令。在麻醉进行期间,报警信号提示需要安静。麻醉室、手术室必须隔离外部噪音和手术室内部的无规律噪音。麻醉室的通风系统噪音不得超过35dB,手术室通风系统噪音不得超过40dB,而其交混回响时间应低于1秒以下。

选择墙、地、顶棚的构造以及门、窗位置、开闭方式时都应考虑对噪音的控制。另一方面,在长时间的寂静环境中工作会引起枯燥和疲劳,注意力随之衰减，压缩机、空调机单调的声音使人难受，所以工作人员就爱讲话，这样又会增加空气中的细菌。因此，播送适度的背景音乐，常可缓解不愉快的噪声干扰。

四、手术室的气候环境

（一）温度

现代洁净手术室不仅把室温视为舒适需要，而且同时考虑到有利于切口愈合、控制细菌繁殖等因素。从欧、美各国及日本的资料看，手术室的温度多为20~24℃，个别国家18~26℃。我国学者推荐的手术室室内空调设计计算温度为冬季23~26℃，夏季24~26℃。如果手术室温度过低，除多耗能量外，由于手术病人全身裸露，因消毒剂的吸收使皮肤热量迅速蒸发，室温过低，病人易出现机能障碍性症状。有资料表明，当手术时间超过1小时，室温在21.1~23.9℃范围时，有1/3的病人会发生低温障碍。当婴儿从保育箱抱出，赤裸裸地放在手术台上时，婴儿的体温更会急剧下降。因此，新生婴儿应放在32~34℃的手术环境中，大一些的婴儿应在28℃的手术环境中才比较适宜。关于手术室医务人员的适宜温度环境问题，虽也因人而异，但健康人一般都能适应病人所需要的环境温度。10000级以上的高洁净度手术室不得使用散热器，10000级以下手术室可使用辐射板散热器，以利清洁擦拭。

（二）湿度

由于麻醉剂环丙烷自身及其与蒸气、氧气和一氧化氮的混合气，有爆炸可能。据报道，由此引起的死亡率每8~10万手术一次，在相对湿度标准为50%的地方，在设备表面会形成薄薄的水汽膜，有助于防止静电集聚，从而避免产生火花。我国学者推荐的手术室相对湿度为55%~65%，略高的相对湿度还有利于防止手术中暴露组织的脱水现象。这对新生儿和一般婴儿也较为适宜。对成年人而言，在放弃使用爆炸性麻醉剂的情况下，相对湿度降到40%~45%则更为适宜。

第六节 手术部的相关专业设计要求

一、洁净手术室的空气调节

手术人员、物品的接触感染、手术室的空气感染、病人自身感染，是造成切口感染的三大来源。病人、医护人员、手术器械物品的消毒程序及流线组织是防止手术切口感染的根本途径和前提条件。在具备这一前提条件的基础上才能使空气净化发挥作用。国内临床实践早已证明，只要严格执行手术消毒灭菌规程，普通无菌手术室的切口感染率可控制在1%以内。

存在于空气中的细菌多数为非致病菌，而引起伤口感染的主要是致病菌中的化脓菌，一般情况下化脓菌只占含菌量的很小比例，只有当这种细菌落在人体占体表面积约1%的切口上，其繁殖量超过病人的抗卫能力时才会引起切口感染。鉴于手术切口感染受多种因素影响，而空气洁净度的高低对手术感染率的影响较小，除某些因感染可能引起严重后果的手术室必须采用极高的空气洁净度外，一般洁净手术只需把菌落数控制在适当的标准范围内即可。

（一）洁净手术室气流流型

流型基本上分层流与乱流两种，层流又可分为水平层流与垂直层流两种系统。层流用于高级别的洁净手术室，乱流用于较低级别的洁净手术室。

（1）水平层流室——其特点是水平送风，送风墙满布高效过滤器，回风墙在送风墙的对面，回风墙上满布初效过滤器，初效过滤器起均流过滤作用，阻止室内飘浮的纤维尘粒过快污染风管。在布置手术台时病人的脚应朝向送风墙，病人的头部一侧的麻醉师及麻醉器械正好处于下风向，以防止麻醉气体对空气的污染(图8-6-1)。

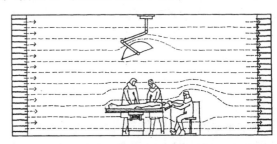

图8-6-1 水平层流手术室气流示意

（2）垂直层流室——其特点是垂直送风，顶棚上满布高效过滤器，在地板或侧墙下部布置回风，由于地面是人员和设备活动的地方，实际上只能由侧墙下部回风，气流上部垂直，下部则向回风口的侧墙倾斜(图8-6-2)。

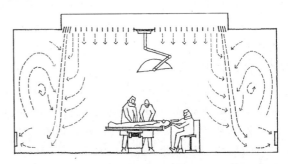

图8-6-2(a) 垂直层流手术室气流示意(下侧回风)

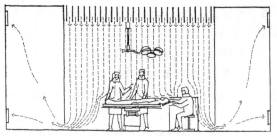

图 8-6-2(b) 垂直层流手术室增设上侧回风及导流幕

(3) 乱流洁净室——即将过滤后的洁净空气由顶棚的几个送风口送入，洁净气流迅速向四周扩散，与室内空气混合，并将室内空气经回风口排除。由于洁净空气淡化了室内空气的菌尘浓度，使之达到相应洁净级别的要求。乱流洁净室不像层流那样均匀地覆盖整个室内工作面，而是针对手术台上一块局部面积。因此，其流型布置应以最短的距离使洁净空气能吹送到手术切口附近，以减少洁净系统被污染的机会，其洁净度可达 10000～100000 级（图 8-6-3）。

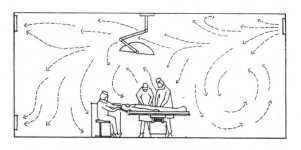

图 8-6-3 乱流式手术室气流示意

（二）层流选型及适应性分析

1973年，荷兰的瓦尔杰在两个体积相同的手术室中做水平层流与垂直层流的实验，从两种气流中喷出高浓度的细菌培养液，在垂直层流中细菌气溶胶的消失时间比水平层流的短，细菌消失快，其含尘浓度低。英国的怀特对两种层流作了细菌学方面的比较，当空气流速为 0.3～0.4m/s 时，水平层流可使细菌减少 90% 左右，垂直层流则可减少 97%～99%。这说明在细菌学方面垂直层流优于水平层流。垂直层流细菌消失快，含尘浓度低，但这并不一定表明手术切口处的空气中含菌量的必然减少。因为手术执刀医生的头部正好在切口的上风向，上游的细菌污染很难防止，这是不利因素之一；其二是切口与气流方向的关系，实验表明，当气流与平皿垂直时，菌落数比气流与平皿平行时高 10 倍左右，这说明当气流与切口平行时，切口污染的机会要比气流与切口垂直时少得多。因此，从切口部位的细菌统计学看，水平层流明显优于垂直层流。此外，水平层流除手术室的面积因要安装送回风墙的过滤器而有所增加外，对层高则无特殊要求，无影灯对气流基本无阻挡，从国外手术室的建设一般情况和手术病人的卧姿看，水平层流的手术室约为垂直层流的 2～5 倍。水平层流的缺陷在于送风墙一面上游区域的人员活动、设备配置有较多限制。对于脑外手术而言，因开颅手术多为垂直切口，正好与垂直层流的气流方向平行，因此，垂直层流对脑外手术则更为适宜。

（三）气流的细菌控制与气味控制

空气是细菌传播的媒介之一，因此对其中的含菌、含尘量以及气味、温湿度、麻醉废气浓度等都必须加以控制，控制的手段可从四个方面考虑。

(1) 新风口及新风质量

新风口的位置应选择在菌尘含量较少的清洁地区，使新风气流清新，减轻过滤器的负荷和积尘量。新风口的位置应避开建筑死角的涡流区，该处气流不畅，菌尘含量一般较高。新风采集口的内侧应设保温阀门，除可调节风量外，也可防止冬季大量冷风进入，为温度控制创造条件。

(2) 手术区内的静压控制

一般手术室应保持正静压，防止低洁净度气流的侵入。在平面布置时，一般将高级别的洁净室布置在核心部位，低级别的洁净室布置在周边，其目的就是为了防止室外尘菌通过各种缝隙渗漏到高洁净室内。因此，必须使室内气压大于室外气压，这就是说，洁净手术室内部要维持正压，洁净室内的正压值是由送入新风量的大小来实现的，即送风量大于回、排、漏气量的总和，其中漏风量的大小，主要取决于门窗的气密性及手术进程中门的开启频度。各种管口、地漏等若不采取严密措施也会影响正压值的稳定。按《洁净技术措施》的规定，在不同级别的洁净室之间其静压差应大于 5Pa，洁净区与非洁净区之间应大于 10Pa。

(3) 手术室的换气次数

根据美国凯利公司与哥伦比亚大学的研究显示，空气中含菌量高，手术后感染率就高，两者成正比关系；换气次数多，手术后感染率就低，但当换气次数大于 160 次/h 以上时，感染率的下降幅度就不明显了。从我国已建手术室的情况看，每小时换气次数，解放军总医院水平层流手术室为 206 次/h，准垂直层流手术室为 90 次/h，上海长征医院水平层流室为 160 次/h，广州南方医院水平层流手术室为 180 次/h，准垂直层流手术室为 120 次/h。综合国内外相关资料，100 级水平层流室换气次数约为180~200次/h，100级准垂直层流室换气次数约为100次/h左右。10000级乱流手术室约为30~40次/h，100000万级乱流室约为20~30次/h。这样的换气次数足以消除不良气味和麻醉废气的影响。

（4）空气过滤装置

空气过滤器在洁净技术中起着关键性作用，一般经过三种不同效率过滤器的处理，可以阻挡空气中的99.997%的尘粒。按不同效率，过滤器可分为初效、中效、亚高效和高效四类，初效过滤器主要用于新风过滤、去除大于$10\mu m$的尘粒，中、高效过滤器用于清除$1~10\mu m$的尘粒。在选择上应优先选用过滤效率高、阻力低、容尘量大的过滤器。

（四）手术部空调系统的划分

洁净手术部宜采用自带冷热源的集中式净化空调系统。对于规模较大、手术室数量较多的洁净区域可采取多个空调净化系统，以保证使用上的灵活性。易引起交叉感染的隔离手术室，应为独立的净化空调系统。根据《军队医院洁净手术部建筑技术规范—FL 0106 YFB 001—1995》允许在100000级洁净手术室采用立柜式风机盘管机组。上海北亚医用净化空调设备厂已开发投产YJK型专用净化空调器，可供10万级、1万级的净化手术室使用。室温可保持在23~25℃，使用面积可达40~70m^2。该机组可独立配置冷热泵，不依赖中央空调系统，也可选用外接中央空调系统的冷热源，使用灵活方便。这种方式适用、经济、节能，特别适合于广大区县的二、三级医院使用，也可在要求独立系统的急诊、感染手术室中使用。

二、洁净手术室的给排水

用于医护人员洗手、刷手和清洗手术器物和墙、地面的用水，是手术室洁净度的基本保证，其水质应符合要求，水量必须保证，不能中断。用水水质一般应符合饮用水标准，对标准要求更高的手术室还可加装除菌过滤器及水质消毒器。出水设备应选用非触摸式开关的自动水咀及给皂液器，同时应有热水供应系统。

洁净手术部内的排水系统，应有高水封。手术室内不应设置地漏，以防细菌滋生和影响正压稳定。地漏应设在洗手室附近，并带有密封盖。手术部内的卫生器具应选用白瓷或不锈钢制品，露明的管道及配件应选用表面光洁、防腐蚀的不锈钢、塑料、塑铝管材制品。卫生器具的透气管不能与其他系统相通。洁净手术室吊顶内严禁上下水管通过，以保持干燥，杜绝霉菌。

洁净手术室内不应设自动喷淋装置，但应有报警系统。手术部的消火栓应暗装在中间走廊的内墙上或手术辅助区内。手术部的设备夹层因管线多，一旦失火波及面大，因此，也应配置相应的消防设施。

三、医用气体设施

医用气体包括氧气、笑气（一氧化氮）、氮气、压缩空气和真空吸引气，常为中心配管系统。该系统具有节能、安全、经济、洁净，便于控制等优点。这些气体在手术室中应有2~3个接口，以利故障时有备用接口替换，保证气源的持续供应。在现代洁净手术室中，这些气体管道集中布置在顶棚板上的电动吊柱内，吊柱的终端面板上布置有上述五种气体各两路接口，还有8个220V插座及输液瓶挂钩等。压缩气泵应使用无油泵，以防润滑油传入内脏引起致命伤害。

四、洁净手术室的电气设备

由于手术室中使用的某些麻醉气体达到一定浓度时，有可能因静电作用而引发危险，具有可燃性或爆炸性。因此，手术部应有可靠的接地装置，室内所使用的电器盒件均需暗装、管口作密封处理。

洁净室的手术照明系统及灯具应为冷光源，无阴影、无眩光、易清洁、定位调节灵活、光色自然真实、灯具不阻挡干扰洁净气流的正常运行，一般多采用长臂蟹爪式的手术照明灯具(图8-6-4)。

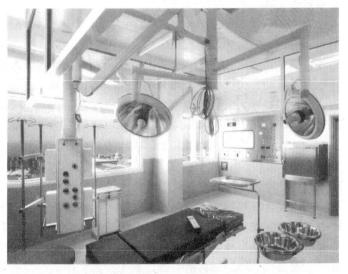

图8-6-4 英国布莱顿皇家亚历山大儿童医院景观手术室

第九章 中心检验部设计

第一节 组成及发展动态

临床医学检验是利用物理、化学、生物学等方法，根据生理学、病理学、微生物学、免疫学、生物化学、寄生虫学等基础理论，对人体的血、尿、便及各种体液标本进行相关检验，从而揭示致病因素或病理变化象征，阐明机体功能情况，为诊断治疗提供客观依据。

中心检验部门的基本任务，是及时准确地完成门诊、急诊、住院病人所需的送检任务，参加疾病检查、健康检查、妇幼保健、计划生育等各项检验，负责手术室、血库、采血室、无菌制剂等关键部门的空气和器物的细菌培养及消毒物品的无菌效果鉴定。此外，一些规模较大的教学医院的检验部门还承担相应的教学科研任务。设置相应的教研室及研究实验室。

目前，我国的医院多将心电、脑电、肌电、超声检查、内窥镜检查等部门组合在一起，设置功能检查部，病理检验部分独立设置病理科，布置较散。而美日等国近年来则出现一种由分到合的趋势，即将检验、病理、功能检查等部门集中合并成为中心实验室或中央检查部。同位素检查室则单独设置核医学部门。

日本的医学检验工作，主要由两类机构承担，一为医院内部的检验部，承担医院自身的临床检验任务；另一类为营业性的临床检验机构，它承担未设检验科室的各类医院及个体开业医生所委托的检验任务。如日本大阪临床检验室，拥有248名技术及管理人员，可开展1046个各类检查项目，受理日本约2/3地区医院、诊所和个体医生委托的检验任务，每天24小时通过飞机、火车、汽车送达的标本约15000件。每天可完成十万件次的检验工作量，并通过计算机网络、电话、传真等通讯手段将检查结果及时报告委托人。此外，一些大型医院的检验科也都向基层医院开放。瑞典台比地区（斯德哥尔摩北部）MEDLAB临检中心，有150名工作人员，具有成套的生化、微生物、病理学、细胞学检验设备，每天承接本地区中小型医院和个体开业医生委托的化验标本上千份，还有从外地邮寄来的标本，基本上做到当天出报告，检验结果也可通过计算机网络传送。这样，避免了重复装备，极大地节约了卫生资源。

此外，日本还借助光纤技术和数字化图像传输技术，开展远距离的病理检验，日本东北大学病理部与仙台市立医院之间设置了全长11km的光缆，医院的病理标本经全自动显微镜、高清晰度图像传输器经光缆传送至东北大学，经病理诊断后将结果传回医院，以决定治疗方案，这对手术中的病理检查尤为适合。

区域性检验中心及其社会化服务方式，将对医院检验部门的设置方式产生巨大影响，设计时应予以特别关注。

第二节 检验部的位置

从检验工作量分析，门诊病人的常规检查高于住院病人，据四川阆中人民医院1978年的统计资料，住院相当于门诊常规化验工作量的68%，但血清生化的检查工作量住院部大大超过门诊，门诊工作量仅为住院的2.5%，从检验工作总量看，住院部略高于门诊。另外，住院病人的化验标本多在病房采集后由工作人员送检验部，而门诊病人的标本则需自行送达。因此，一些大型医院多在门诊部设置门诊常规化验室，少量的血清生化检查则由工作人员将标本送往中心检验室处理，中心检验往往另设一套常规检验设施。如住院部的常规检查统一在门诊检验室处理，这时中心检验不另设常规检验室。对于一般中小型医院则将中心检验室设于门诊与住院之间，离门诊内科和急诊较近的位置，便于为门诊和住院双向服务。

由于检验部门标本多为血、尿、便等污染物或病变组织，因此，属带菌部门，而其工作性质又具有严密的科学性，要求推行严格的操作程序和技术管理，因此应自成一个独立单元，不允许与其他科室交叉、混杂，以保证使用上的独立性。

图9-2-1为中心检验部的功能关系图。

图9-2-2是一个布置紧凑的中小型临床实验室，

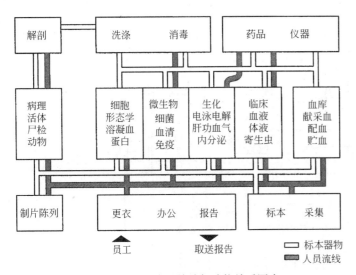

图 9-2-1 中心检验部功能关系图表

除病理另设外,可算小而全的典型。血浆由城市血液中心提供,血库就由贮血冰箱取代。标本的采集、传送流线简捷,功能合理。标本传递窗、洁污实验衣等细部处理考虑得较为周详。卫生间可供轮椅回旋使用。

图 9-2-3 为上海东方医院,第 1 层设门诊检验科,第 2 层设中心检验科,并附有较小的常规检验室,第 3 层紧贴手术部设有病理检验科,利于手术中组织切片的及时传送和鉴定。

图 9-2-4 江苏省妇幼卫生保健中心,为 300 床中型医疗机构,检验部集中设于病房楼第 2 层的医技部分,1 层设简单的化验窗口,负责标本采集、报告的发放,2 层为其中心检验部及血库,与第 3 层的手术、分娩部,第 1 层的急诊部都有较方便的联系。

图 9-2-5 为美国德州圣安大略布鲁克军人医疗中心临床检验中心,为大型板块式平面组合。内部通道呈"日"字形布置,东、南、北三面与原有建筑衔接,病人和员工出入口区分清楚。由于是大型教学研究性医院,不仅科室设置分工较细,工作人员也较多,故有较大面积的更衣、洗手间设置。病员接待、标本采集等面积规模相对较小,反映于外来委托检验任务较重的特点。

图 9-2-6 为日本东京医科大学医院,中心检验与功能检查、病理检查、血库等组成检验层,布置集中紧凑,便于各部间的协调配合与资源共享。

图 9-2-7 为日本筑波大学医院,中心检验与病理检验联合组成检验层,与住院、研修及门诊部有方便的联系。

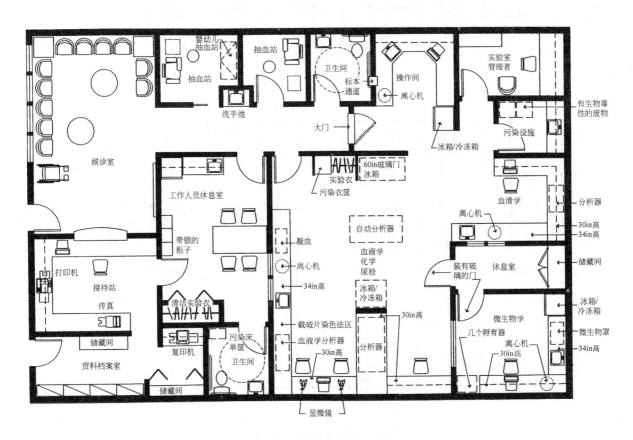

图 9-2-2 某临床实验室平面

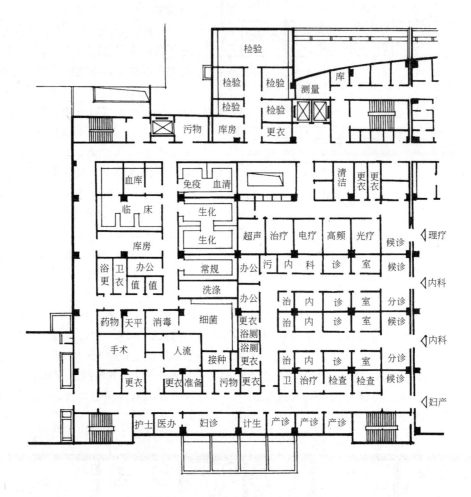

图 9-2-3 上海东方医院中心检验部

图 9-2-4 江苏省妇幼卫生保健中心检验部

1—等候　　　2—标本采集
3—标本接收　4—尿化学
5—血液血凝　6—血库
7—细菌　　　8—结核真菌
9—寄生虫学　10—病毒学
11—总体组织　12—组织学
13—细胞学　　14—切片幻灯片
15—教学实验　16—更衣洗手
17—供应库　　18—摄影间
19—摄影办公　20—值班
21—办公　　　22—报告中心

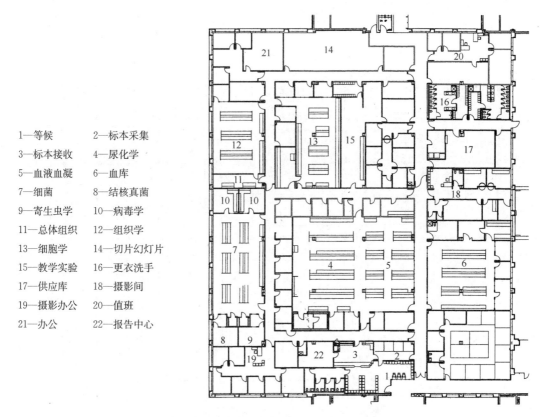

图 9-2-5　美国德州圣安大略布鲁克军人医疗中心临床检验平面

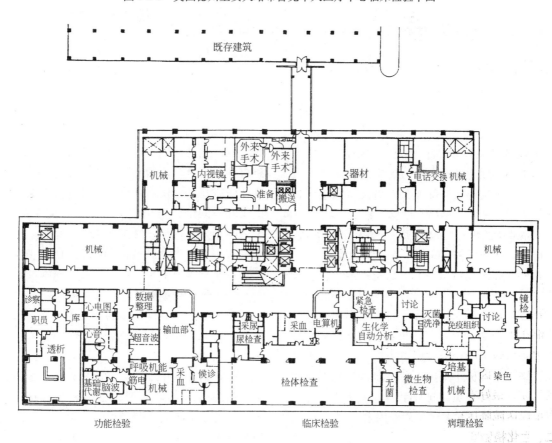

图 9-2-6　日本东京医科大学医院中心检验部平面

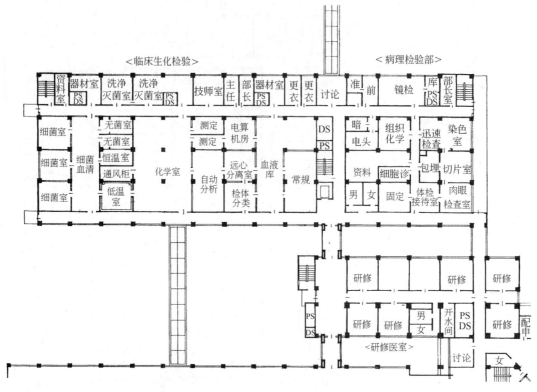

图 9-2-7 日本筑波大学医院中心检验部平面

第三节 各检验室的划分及设计要点

目前，我国的中心检验室由以下各室组成。

一、常规检验室

常规检验室，或称临床检验室，又可分为血液常规检验、体液常规检验、寄生虫检验三大部分，在大型医院多分室设置，中小型医院则适当合并，或采取大空间内用实验台架适当划分。

(1) 血常规检验——如血型、血沉、血小板计数、出凝血时间测定、网络红细胞计数等。

(2) 体液检验室——包括尿、便、痰、脑脊液、胸腹液检查，测定尿糖、酮体、血红蛋白等。

(3) 寄生虫检查室——主要是检查蛔虫、姜片虫、绦虫等。

需作常规检验的人数较多，门诊医生等待检验结果才能作出判断，因此，时间要求较急。常规检验室在中心检验部的位置应靠近入口，靠近标本采集室和洗涤间。因标本多为人体排泄物，室内可能有不良气味，最好有负压排风装置。图 9-3-1 为日本神户市民医院临床检验室平面及内景。

二、生化检验室

主要是研究人体组织在病理状态下的化学变异，通过对标本的化学作用和定量分析来判断病因及功能状况。如对血液、体液中的糖类、脂类、蛋白质、尿素氮、肌酐、尿酸、钾、钠、氯离子等进行定量分析；各种酶类、激素、酸碱平衡、无机盐代谢方面的检查；肝、肾功能检查；血气分析及内分泌功能测定等。生化检验室可划分为电泳、内分泌、电解质、肝功能、血气分析等部分。

生化实验室看显微镜少而化学定量分析试验多，其特点是玻璃化学器皿多，化学药品柜、通风柜多，实验台多，精密仪器多。对排风、防腐、防尘、防震及给、排水管线布置都有其特殊要求。

在空间结构上仍以大间为好，便于用实验台、架灵活划分，且利于统筹布置各种管线。生化室常附设有天平、仪器、药品等附属用房。图 9-3-2 为芝加哥儿童医疗中心生物医学实验室内景。

三、微生物检验室

根据需要和条件可分设细菌室、血清室、免疫室和病毒室。涂片看显微镜机会多，并应专设洗涤间。

(一) 细菌室

负责对临床标本进行致病菌的分离培养、鉴定，细菌的药物敏感性测试以及噬菌体、临床真菌、钩端螺旋体的培养鉴定等。其主要工作性质是作各种涂片和显微镜检查，细菌培养，其标本仍为人体的血液或体液，一些大型医院或教学研究性质的医院还作动物试验。

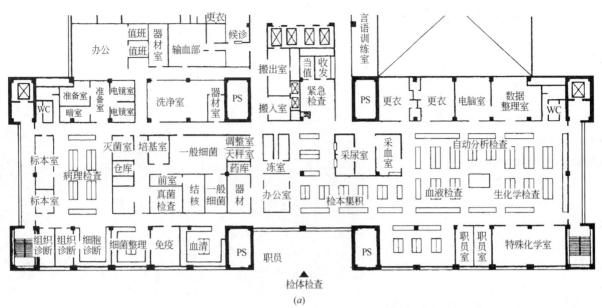

图 9-3-1 日本神户市民医院临床检验室
(a)平面；(b)内景

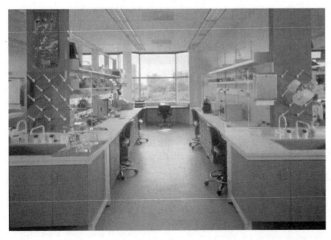

图 9-3-2 芝加哥儿童医疗中心生物医学实验室内景

细菌检验的操作程序为：

培养基制作（琼脂、肉汤等营养液）→器皿消毒→倒碟接种→温箱培养→显微镜检查→器皿消毒清洗（专用清洗设施）。

从上述程序中可以看出，细菌检验室是由培养基、接种、洗涤、消毒及试验室等房间组成。接种室应有前室，操作人员在此换鞋更衣，接种间空间不大，多为玻璃隔断分隔而成，室内应严格消毒灭菌，保持无菌环境。中小型医院多采用带手孔的无菌操作箱代替。培养基室主要是调制利于细菌大量繁殖的营养液，为细菌检验室的专用空间。在国外，除少数医院自制培养基外，一般均使用商品培养基，培基室也就不必要了。洗涤、消毒等室视规模大小设置，不应与生化或常规检验室共用。

（二）血清室

血清检验是作各种血清类反应沉淀凝集试验，结核、梅毒沉淀凝集试验，伤寒抗体、变形杆菌、布式杆菌、嗜异性抗体等的凝集试验。此外，用于肝功能检查的甲胎蛋白和澳抗测定也在血清室进行。常与免疫室联合设置免疫血清学试验室。

（三）免疫室

其工作内容包括细胞免疫与体液方面的试验，前者如玫瑰花结形成试验、淋巴细胞转化试验、淋巴细胞混合培养等，后者如免疫球蛋白测定、总补体、C_3定量测试等。

（四）病毒室

负责对各种病毒的组织培养，血清中和试验、血凝抑制试验，补体结合试验等。

四、血液、体液细胞检验室

负责血液细胞形态学检验，溶凝血缘检验鉴定、异常血红蛋白检验，骨髓细胞计算及形态学分析、体液穿刺和脱落细胞形态检验等，大型教学医院有时分设细胞形态学检验室和溶凝血缘检验室。图9-3-3为旧金山综合医院脑瘤研究检验室内景。

五、病理检验室

临床病理学检验，主要研究疾病发生发展过程中机体的形态、机能、代谢变化及其内在联系，探讨病因和疾病的发生、发展规律，以指导治疗、分析判断病人的预后。其工作内容包括活体组织检查和尸体检查、动物试验等三部分。图9-3-4为病理检验功能关系图。

（一）活体组织检查

简称活检，即从病变或疑似病变部位取下小块组织制成病理切片、观察组织的细胞形态、结构以确定病变性质，做出明确诊断。活检按活体的获取方式和切片方式可分为：

（1）穿刺检查——用穿刺针插入病变组织，取出小块标本，如肝穿刺、脊髓穿刺、胸腹水穿刺等。

（2）脱落细胞检查——一般腔体器官多采用吸取分泌液涂于玻璃片上，染色后，在显微镜下检验的方式。印片法多用于实质器官或肿瘤，切开后立即印在玻片上，染色后镜检。

（3）冰冻切片检查——多用于手术中，要求在20～30分钟内完成制片和诊断，以便确定下一步手术方案。如某些癌瘤手术的定性时限紧迫，因此要求病理检验的活检部分应靠近手术部设置。

（4）石蜡切片检查——手术取下的大、小活体或瘤体均应送病理科，由病理医生全面观察、取材、制片、染色后观察诊断。

（二）尸体检验室

对医院中的死亡病人进行体表及内脏各部分的检验，观察其组织变化、探讨死因、总结医疗中的经验教训，以提高医疗质量和水平。许多发达国家

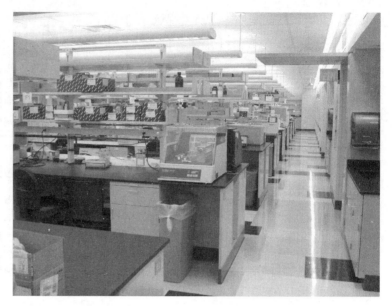

图9-3-3 旧金山综合医院脑瘤研究检验室内景

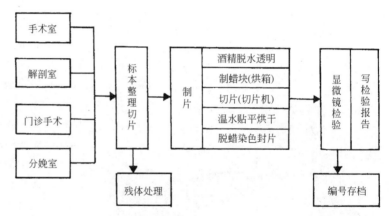

图9-3-4 病理检验功能关系图表

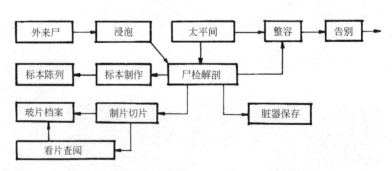

图9-3-5 尸体解剖室的功能关系图表

已广泛开展尸检工作，并有法律规定。图9-3-5为尸检功能关系图。

（三）动物试验室

或称实验病理室，多见于某些医学研究机构或大型教学医院的研究室，应用各种新疗法、新技术（包括器官移置、人造器官置换）以及一些新的药物、激素、放疗等，在临床应用之前，均应反复多次进行动物试验，取得可靠的理论依据。此外，还

可在动物体内复制某些疾病模型,以研究这些病变部位的发展变化。

(四)空间划分及建筑设计

病理检验室活检部分最好在手术室附近或与之同层布置。尸检室布置在太平间附近,有门相通,便于联系,减少对其他部门的干扰。动物试验室涉及试验前后的动物饲养,一般在医院的边缘地带与动物房邻近布置,同时应注意防止对内部及医院周邻的噪声干扰。病理检验有以下一些房间。

(1) 标本取材室——手术取下的标本,由该室收受,若不能立即取材,则应将新鲜标本用甲醛液浸泡。房间面积15m²左右,应与其他各室隔开,墙地面应便于冲洗消毒。取材台上设上下水管,便于冲洗消毒。

(2) 组织制片室——包括彼此相通的下列两间房间:

1) 脱水包埋室——应保持通风良好,设空调或排风装置,使挥发性有毒气体迅速排除。室内放置脱水包埋设备,包括自动脱水机等。

2) 切片染色室——切片机处应光线充足,靠窗设置,台面高低适度,以便伏案操作。应设两个染色台,一为苏木素——伊红染色台,一为特殊染色台,均需防酸防腐台面。冰冻切片、染色设备也可放在此室,因此面积稍大。

(3) 诊断室——为病理医生观察切片、提出病理诊断、抄写报告之用,可根据规模及医生人数作分间处理,内设阅片台、切片柜、图书柜等,主任另设办公室。

(4) 标本陈列室——病理标本多为医学院校大型医院教学、医疗、科研所必需,各种典型和疑难病变标本按系统分类,制成可长期保存的标本,需设置若干标本架或陈列柜。

(5) 资料室——存放各种病理资料,如装订成册的病理申请单,按年序排列的蜡块和切片等,均有专柜存放,便于查阅。

(6) 尸检室——该室最好占一个楼层的独立尽端,与医院太平间邻近或相通,要求光线充足,空气流通,墙、地面应便于冲洗消毒,并在室内边角处设地漏。室内应有1~2个尸体解剖台,台面周边装有自来水管,便于冲洗血污。尸体污水系统应单独设置,需采取必要的消毒处理后方能排入干管。室内还应有解剖器械柜、大型标本固定槽、天秤磅秤等。为了让临床医护人员观摩解剖,解剖台周围设有多层看台。此外,还应设专用更衣室、浴室、消毒准备等辅助用房。

图9-3-6为北京中日友好医院病理检验部,与尸检、太平间集中布置在手术楼的底层,中心检验室则在该楼第3层,手术在该楼第4层。

六、血库

一般规模在500床以上,月用血量在8~15万mL左右的医疗机构都应建立血库,负责医疗用血供应,大型教学医院还需开展输血研究和血液制品工作。市或地区应建立血液中心,负责本地区的输血组织、供应和技术指导。月用血量在3~5万mL的300床左右的中小型医院也应设血库,负责血液的保存管理,配血则由检验科负责。一个完备的血库或城市血液中心由献血、采血、存血、配血及相应的辅助用房组成。

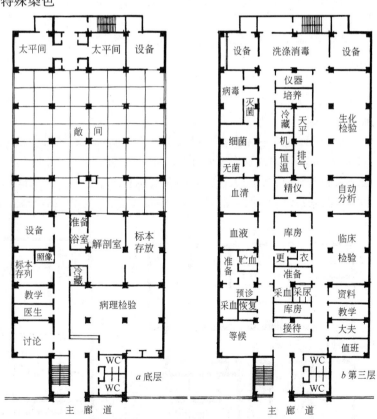

图9-3-6 北京中日友好医院中心检验部与病理检验部

（一）工作程序

（1）献血——献血者除必须符合规定的体格和血液标准外，每次献血还必须经过认真体检和医生认可。献血前要更衣换鞋，用肥皂洗净双臂，然后进入献血室，献血完毕后稍事休息，防止产生不良生理反应，并进适当的食物饮料，以资补偿安慰。

（2）采血——采血人员的洗手、更衣、换鞋要求与手术室相同，经卫生通过后方能进入采血室。采血必须在无菌条件下进行，因此，采血室的空气洁净度要求与手术室相同，应有无菌空调设施，采血完毕后，要严密封口，血液立即存入4℃的冰箱内。

（3）器材——采血器材必须是封闭、无菌、无致热源的，现代采血器是用采血针管和塑料采血袋一体化的一次性用品。一些医院还在采用含抗凝剂或血保存液的玻瓶和用乳胶管装配的采血针所组成的采血器，从而带来大量的血瓶洗涤消毒工作。今后应逐渐为一次性用品取代。

（二）房间组成及设计

（1）献血准备室——此室为献血人员体检、查卡登记、洗手、休息之用，附设厕卫、洗手盆。该室要求有良好的采光通风，有一定的等候休息空间。

（2）献血室——献血人员经过准备室的相关程序后进入献血室，该室需贴邻采血室的一个或两个边布置，其与采血室之间设玻璃隔断。隔断上有圆孔，献血员将手臂伸入采血室的边台上献血。

（3）采血室——采血室应设前室，一方面作为气闸，防止非洁净空气进入采血室，另一方面这里也是采血人员换鞋、更衣、穿戴隔离衣帽和口罩的地方，采血室设紫外灯和洁净空调。

（4）储血室——即血库，储藏血液的地方，有传递窗与采血室衔接，另设一门与配血室相通。储血量以充裕维持正常用血量为度，一般储血量为月用血量的1/10～1/15左右。

（5）配血室——将受血病人的血样与供血人的血样，进行配血试验，合格后方能采用。

（6）洗涤室——如用玻瓶胶管和采血针则应回收采血器材，应设面积较大的洗涤、消毒间。回收的血瓶、新血瓶经不同的初洗、精洗程序处理。

在逐渐推广塑料袋输血器的一次性用品后，洗涤室的任务将大大简化。国外医院血库系用一次性采血器材，多未设洗涤间。在无采血任务由城市血液中心统一供血的医院，医院血库只保留贮血配血功能，其组成内容也大为简化。

图9-3-7为血库的功能关系图。

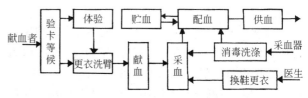

图9-3-7 血库的功能关系图

图9-3-8为某医院中型血库平面布置——献血与采血分隔，设有洗涤消毒间。

图9-3-9为德国克雷苏德外科医院血库平面——采血单间式，采、献合一型。

图9-3-10为德国卡里什鲁赫市立医院血库平面——采献合一型。

图9-3-11为日本东京红十字血液中心平面——采、献分隔，是设施较为齐备的城市血液中心，该中心与红十字社医院贴邻，除具有常见的采血、贮血功能外，还有血液制品的血制剂用房及流动采血车等配属设施。

图9-3-8 某医院血库平面布置

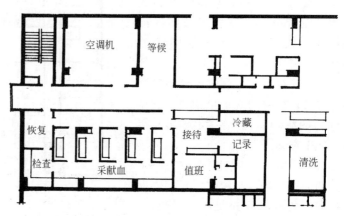

图9-3-9 德国克雷苏德外科医院血库平面

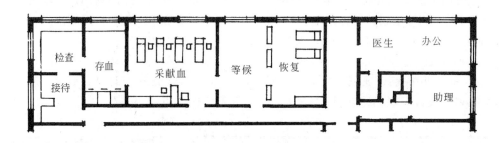

图 9-3-10 德国卡里什鲁赫市立医院血库平面

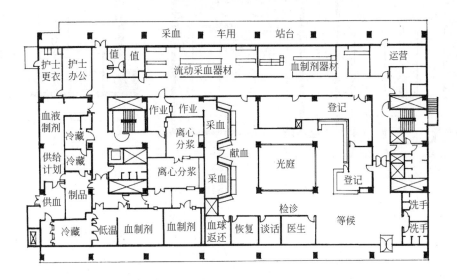

图 9-3-11(a) 日本东京红十字血液中心平面（献采分离）

七、检验微机室

在 20 世纪 60 年代初，美国就开始将计算机用于临床化验，现在发达国家医院的检验科室也都实行微机管理，化验申请，标本编号都用电脑实现自动化，避免手工操写、编号带来的错误；检验仪器直接与微机连接，可减少人工繁琐计算，避免错误；化验与门诊、住院联网使临床能及时得到检验结果，病情能尽快处理，减少人员往返和等候时间。澳大利亚悉尼市爱尔苏皇家王子医院最先在生化室运用微机管理，并逐步推广到内分泌、血液、免疫、微生物实验室和血库。美国巴尔的摩市的约翰、霍普金斯医院化验室建立了一套完整的微机管理系统，是全院的 15 个电脑中心之一。该化验室电脑中心有 25 名技术人员，约占化验室人员总数的 8%。

图 9-3-11(b) 日本东京红十字血液中心采血窗内外情景

第四节 检验室的空间形态

一、空间分隔形式

（1）小间式——以基本模数 3000mm、3600mm

213

为基本开间,主要用于研究性检验室、需要严格的空间限定的检验室以及小型医院的检验室。其工作环境相对安静,每个房间可容纳一名检验人员及1～2名助手(图9-4-1)。

(2)串间式——利用隔墙、通风柜或实验台架将一个大的空间划分成若干较小的空间,这种形式分而不死,有利于空间利用,可增进人员之间的相互联系,适宜于生化、常规等空间较大的实验室和有教学任务的实验室(图9-4-2)。

(3)综合式——即大、小空间结合,使实验部分与研究部分能很好地结合起来,又具有串间式便于联系的优点(图9-4-3)。

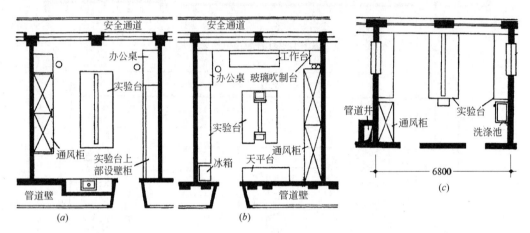

图9-4-1 小间式检验室平面示例

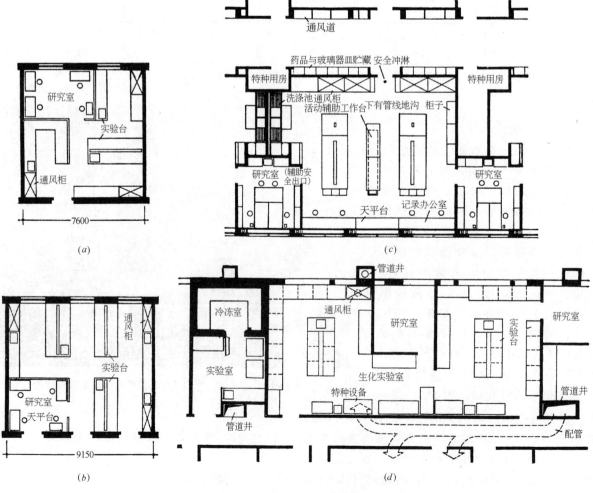

图9-4-2 串间式检验室平面示例

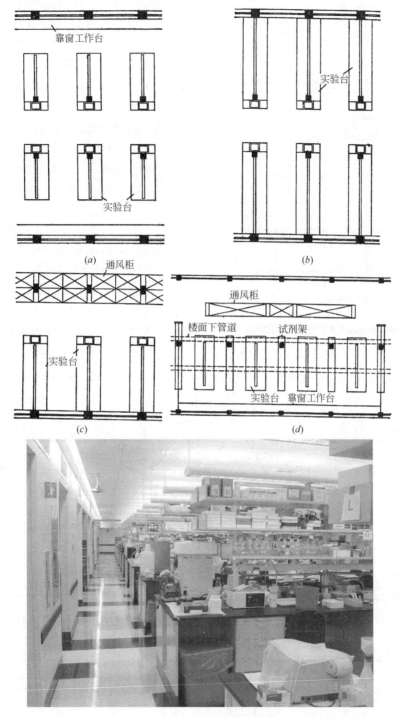

图 9-4-3 综合式大空间检验室平面示例及内景

（4）灵活空间——从可持续发展考虑，检验室应具有一定的空间灵活性，最好采用框架结构，横隔墙应尽可能减少，楼地面荷载应按设备情况取统一的楼面荷载值，便于设备位置的调整。同时应尽量少设固定实验台，管道井宜均匀充分配置，以免将来在楼面上开孔，影响使用。所谓灵活空间有两种方式：

1）灵活分隔空间——采取轻形壁板或实验台架作灵活隔断，做不到顶的分隔，拆卸和改变室内空间布置都很方便，但沿墙管线必须明设，且具有较大的灵活性，否则灵活分隔就失去意义。

2）通用灵活空间——通用大空间具有更大的灵活性，其特点是一个使用层、一个设备层，从平顶上随处可以引下电线或供应软管，地面上随处可以接上给排水管道。因此，带水盆的实验台与通风柜都可以按使用者的意图改变其平面位置。图 9-4-4

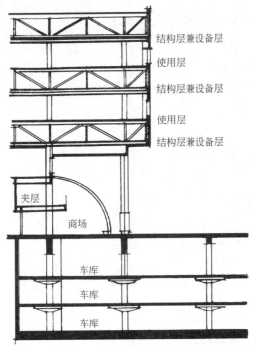

图 9-4-4 美国底特律市民医院结构层兼设备层剖面

为美国底特律市民医院由平行桁架组成的大跨距楼面，结构层兼设备层。图 9-4-5 为某宗教中心综合医院，间层为设备层，吊平顶内布置小口径管线，设备层内布置大口径管线（空调管）便于检修。这种灵活空间的耗费是相当惊人的，除某些特殊部位采用外应严格控制其应用范围。

二、实验台的布置形式

在自然采光条件下，除靠窗边台外，实验台不宜与外墙平行布置，因实验人员面窗易产生眩光，背窗则产生阴影，在人工照明的情况下就没有这些禁忌了。

垂直于外墙的实验台应与建筑的开间模数尺寸呼应，这样不仅与大梁间距协调，也有利于灯具布置，使管线系统的配置有一定的规律。

（一）岛式布置

实验人员可在台周活动，使用亦较理想，生化实验台常采取这种布置方式。缺点是交通面积相应加大，最大难题是水、电管线如何引至台面，其有以下几种解决方式可供参考（图 9-4-6）。

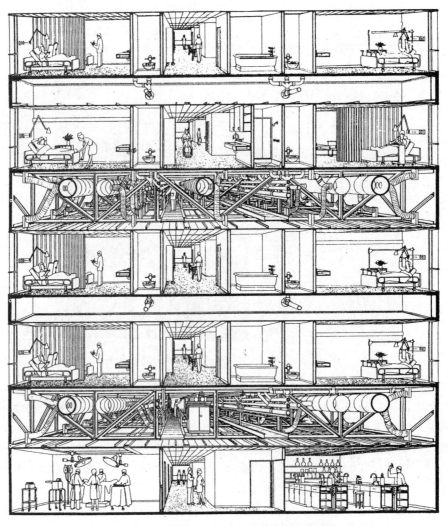

图 9-4-5 某宗教中心综合医院管线设备层剖视

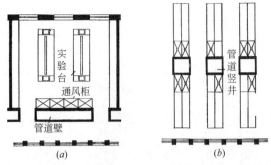

图 9-4-6 岛式布置

(a)实验台的岛式布置方案；(b)利用空心柱布置工程管网

（1）地沟+盖板——在离实验台最近的管井与实验台之间设置地沟，将管线引至实验台上，但活动盖板难免会有缝隙，污水药液易渗入管沟锈蚀管线，且会增加楼面构造的复杂性。

（2）楼面垫层埋管——虽克服了渗漏弊端，但检修困难，检修改线必然破坏楼面，影响周邻，若是管线加套管则管径较粗，必然加大垫层厚度，增加楼面荷载。

（3）上下层之间设夹层——也就是在灵活空间中谈到的采用一层使用层和一层设备层的作法，这种方式从适用上看最为有效可行，只是空间太费，很不经济。

由于岛式布置存在上述问题难于解决，因此，应用越来越少。

（二）半岛式布置——即靠内、外纵墙布置实验台的方式，实验台短边贴墙，与纵墙管井衔接，是得到普遍采用的一种形式。

（1）外墙半岛式——实验室配管可通过窗台下的水平管再引至外墙立管或管井，不需穿楼板，从而避免了地沟渗漏等弊病（图 9-4-7）。

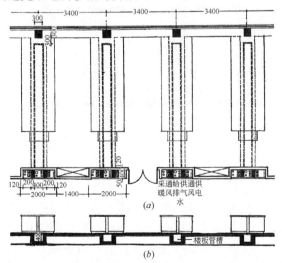

图 9-4-7 利用双柱间竖井、双梁间沟槽作管道空间

(a)平面；(b)剖面

（2）内墙半岛式——内墙半岛式存在不设地沟、不穿楼板、无渗漏等优势，不足之处在于纵向走道临窗，还需设横走道才能与中间走道衔接，交通面积增加，而且采光最好的临窗部位用作交通面积也是一种浪费，而靠内墙一端的实验人员又感光线不足（图 9-4-8）。

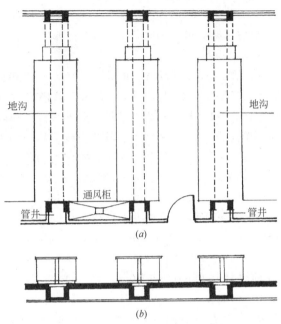

图 9-4-8 实验台沿内墙的半岛式布置

(a)平面；(b)剖面

图 9-4-9 表示实验室内设备与设备，设备与走道之间的必要间距，实验台之间的距离最少应为

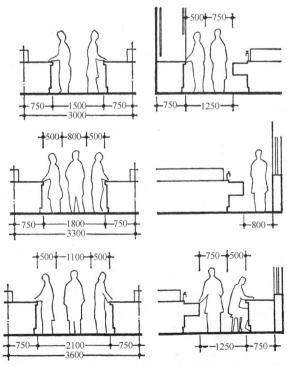

图 9-4-9 实验台设备间的必要间距

1250mm，实用于靠窗边台与洗池间和通风柜与洗池间的距离，如考虑有临时附加设施，则应有1800mm的间距。通风柜应紧贴管井布置，以免通风横管外露。通风柜的尺寸、构造应定型，国外已商品化，利于组装。

三、特殊用房设计

具有特殊要求的用房包括天平室、电子显微镜室、温室、离心机室、洗涤室、消毒室等。

（一）天平室

高精度天平要求防振、防尘、防风、防阳光直射、防腐蚀性气体侵蚀，同时要求有较稳定的温度，因此一般将其放在天平室里。天平室应放在较为适中的位置，以方便使用，以北向或不靠外墙为佳，不宜与高温和有较强电磁干扰的房间为邻。天平室应远离振源，高精度天平室最好设在底层，除一般照明外，天平台上应设局部照明。

贴墙的单面天平台的宽度一般为600mm，高度约850mm，长度每台占800～1200mm。为保证足够的刚度，并减少因楼面震动带来的影响，台板最好是由刚性墙挑出钢筋混凝土板为好，厚度约50～60mm，台面多采用光洁的面材，台面上有时还加抗震垫，为进一步保持天平的洁净和不受气流影响，一般可加设天平罩。

（二）电子显微镜室

对防震有较高要求，应根据产品说明书的要求进行设备基础的抗振设计。电子显微镜应与其他电气设备保持一定距离，以免受电磁干扰。室内温度要求恒定在15～25℃的范围内，照明用白炽灯，不应产生闪烁，湿度应不超过70%，并要求防尘。电子显微镜室应遮阳，如有外窗应有遮光设施。

电子显微镜的冷却水供应，其流量、压力、水温应符合要求，此外，电子显微镜室的真空泵室、暗室也应与电子显微镜室相邻布置（图9-4-10）。

（三）温室或低温室

温室的室内温度比常温略高，工作人员在此作短暂操作，室内有加热器、恒温箱等设施，墙面、地面、平顶应有隔热措施。

低温室如温度保持在4℃时人可在里面短时间工作，如温度很低（-20℃），则只宜作冷藏用，如果贮量和贮件不大，一般可用冰箱代替。温室和低温室为防止意外，室内应设紧急按钮，以便启动外面走廊上的指示灯和警铃（图9-4-11）。

（四）洗涤室

位置应靠近其服务的实验室，室内设有洗涤台、水池、冷热水龙头以及干燥炉、干燥箱、干燥

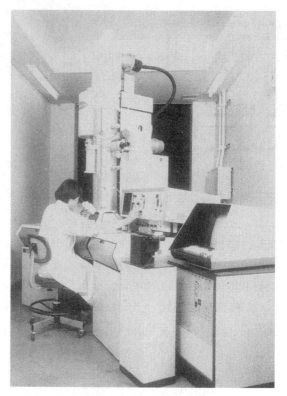

图9-4-10 电子显微镜室

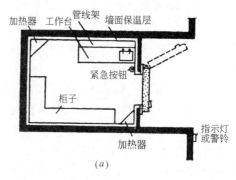

(a)

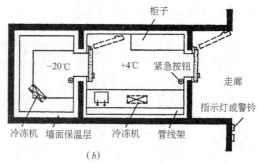

(b)

图9-4-11 检验部的高、低温室平面示例
(a)生化实验高温室实例；(b)低温室平面示例

架等，如有自动清洗机则应留出适当的操作检修空间，工作台面应耐热耐酸。凡被污染的玻片、器皿、吸管及注射器等应先放在消毒液中浸泡一定时间后才能清洗；被细菌污染的吸管、培养皿、布类和其他玻璃器皿需经高压蒸气灭菌后再洗涤。

（五）消毒室

一般与洗涤室相邻，规模较小者合在一起，称为洗消室。该室要求有良好的排风系统，高压消毒锅的数量、大小按需而定，最多两台。室内地坪标高可稍低于走道标高，以防渗漏、冷凝，造成积水外溢。

第五节　功能检查及内窥镜室设计

功能检查及内窥镜检查，是指利用生物电描记、超声、心导管、内窥镜等仪器和检查技术，直接或间接地观察机体组织结构、电生理、血液动力学变化及脏器功能状态，取得各种参数或图像。并结合临床，客观地判断各脏器功能或组织结构的改变，达到对疾病做出明确判断的目的。功能检查可分为心功能检查、肺功能检查、电生理学检查、超声波检查及内窥镜检查等部分。血管功能检查则合并于心功能检查部分。

一、心功能检查室

心功能检查主要有三类功能检查：一是记录心脏本身的运动机能，二是记录心脏或主动脉血液动力学状态的改变，三是记录心脏瓣膜和心壁等的解剖学变化，可分设下列各室：

（1）心电图室——主要检查各种心律不齐，心房、心室肥大，心肌梗塞，心肌缺血及劳损等疾病，并可进行运动试验或药物试验。每台心电图机应配备一张检查床，每台床检查室约20m²，并应设夜间值班室。500床医院应有两台心电图机或更多。

（2）心向量室——负责检查心肌梗塞、心肌缺血、心室肥大等，最好设专室检查，配置心向量机，如与心电室合并，应另加10m²左右的面积。

（3）心机图室——是用多导生理记录仪作心尖搏动图、颈动脉波图、颈静脉波图、心音图等各种波形与心电图同步记录。

（4）超声心动图室——是用超声波技术检查各种心脏病，对瓣膜病、心包积液、心肌病、冠心病、肺心病的诊断较有价值。根据规模可设1～3台超声心电仪，每台设一张检查床，应有20m²的面积，并附设暗室供胶卷冲印。

（5）心导管室——主要用于先天性心脏病及其他心血管疾病的诊断，内设多导生理记录仪，和有能作心血管造影的C型臂X光机。心导管室多数设于放射诊断科。

此外，用于血管功能测定的还有主动脉流速测定、肢体阻抗血流图测定、多普勒血流测定等用房。

二、肺功能检查室

该项检查是了解人体呼吸生理状况的重要手段，使医生对呼吸系统疾病的病理变化加深了解。目前其临床应用较为普遍，主要表现在不仅能进行早期小气道阻塞检查，而且发展到使用自动化微量化的血气分析仪、电子肺量机、残气测定仪等现代检测技术。临床应用上也不仅限于呼吸系统疾病，而且扩展到胸外科、麻醉科、血液科、儿科等医学领域。临床较常用的有通气功能测定、功能残气测定、分侧肺功能测定、闭合气量测定、动脉血气分析等项目。

因肺功能检查贵重精密仪器较多，要求有较宽敞的存放和操作面积，最好能有仪器所占面积10倍的房间面积。且室内光线充足，有空调防尘设施，最好多种仪器分间检测，以免共处一室相互干扰。

三、电生理学检查室

（一）脑电图室

脑电图检查多用于神经内科、脑外科、精神科，此外对内、儿、妇、整形外科领域也有应用。脑电图室应设在环境比较安静的地方，必须远离大功率变压器、电动机、发电机、超短波发生器、低频理疗机和放射科，因为这些地方产生的交流电噪声会干扰妨碍脑电图检查的真实性，脑电检查室也不能靠近产生机械性振动的场所，如电梯、洗衣机等。室内要求有适宜的光照和温、湿度，注意防潮、防尘，并保持空气流通。

（1）检查室——近年来随着电子工业的进展和脑电图机功能结构的改进，一般都附有防干扰装置，在电噪声较轻的地方，该室可以不必设置屏蔽装置。但在交流电噪声干扰较强的场地，检查室必须设置屏蔽装置。

在新建医院的脑电图检查室最好把屏蔽金属网埋在四壁和楼地面的结构体系中，当然也可敷设在四壁和楼地面表面，再加保护面层，此外对室内的所有门、窗也应作屏蔽构造处理。

大多数脑电室实际上都采用金属骨架构成的六面金属网屏蔽空间，六面金属网都必须接地良好。用网眼大小为25～30目的铜丝网构成，屏蔽笼内应能容纳脑电图机、检查床、电极盒、声光刺激器、床头桌等设施，地面应铺保护性木地板和橡皮垫，并设铜网屏蔽门。

图9-5-1为脑电图功能检查室平面。

（2）办公室——分析整理脑电图报告，在此进行电极的清洗、修理和制作以及教学讨论等，室内设办公桌、器械柜、修理台等设施，其位置临近检查室。

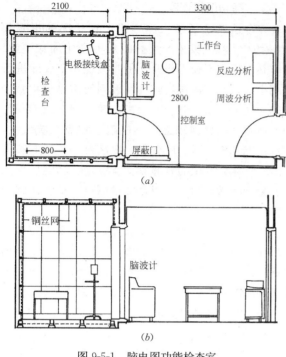

图 9-5-1 脑电图功能检查室
(a)平面；(b)剖面

(3) 资料室——脑电图经分析整理之后按年度、病种依次排列在病历架上，以备查阅，室内注意通风、防潮、防火。

(二) 肌电图室

用于诊断各种神经肌肉疾病，确定神经损伤的存在部位和损伤程度，判断神经再生，以评估预后，肌肉功能分析及制定正确的治疗方案（图 9-5-2）。

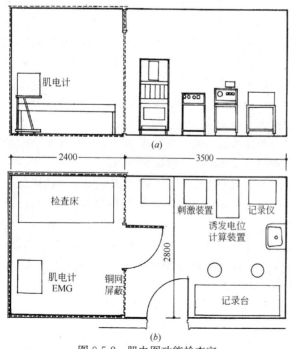

图 9-5-2 肌电图功能检查室
(a)剖视；(b)平面

(三) 脑血流图室

用于测定脑血管结构、功能和血流动力学的一种电生理学测试方法，可以检查脑动脉硬化、脑血管意外、动静脉瘘和血管瘤、婴幼儿脑血管病，各种头痛、高血压病等。

四、超声波检查室

目前常用的超声检查有 A、B、M、D 四种类型和仪器。A 型为示波法，通过回声图的波形变化来诊断器官病变，称为 A 超，已渐落后。B 型为显像法，将回声信号的光点以不同的辉度显示在屏幕上，可以扫描出人体器官的动态图像，直接把脏器的轮廓、大小、位置与相关脏器的关系显现在屏幕上。M 型超声是将回声信号变为强弱不同的光点，以曲线的形式把脏器的厚度、位置、活动情况显示在屏幕上，M 型超声心动图仪即为这种测试。D 型为多普勒诊断法，利用超声波的多普勒效应检测血液流动和器官活动情况。现在已研制成超声 CT 和彩色超声检测仪，功效更为显著。

超声检查的突出优点是没有 X 光照射检查时对人体的副作用，没有防护要求，设备轻巧，成本低廉，能直接清晰地显示心、肝、胆、胰、胃、肠等器官的影像，因此，应用十分广泛。超声检查除检查室外，还视情况设置准备室和资料室，除相应的面积要求外，没有什么特殊的建筑要求。

五、内窥镜检查室

(一) 设置方式

根据医院规模、条件可采取不同的设置方式。

(1) 分科设置——结合专科特点和临床需要分科设置，如胃镜、肠镜设在内科，食道镜、喉镜、气管镜在五官科，膀胱镜在泌尿科，便于就近诊治，较为灵活方便。但人力、物力分散，对镜检技术的专业建设的提高和发展不利，设备的利用和维护管理也存在困难。

(2) 集中设置——将各系统、各类型的内窥镜检查室和辅助用房集中设置在较适中的位置，其平面布置除各种性质相近的检查室相对集中外，还需配备常用的辅助检查室，如准备、处置、库房、灌肠、洗涤、办公等用房。

(二) 各室设计

(1) 上消化道检查室——包括食管镜、胃镜、十二指肠及小肠镜等，检查中因有胰胆管造影，同时需要 X 线机检查，为使病人免于来回推送，内窥镜室最好与放射科临近布置，或专设 X 线检查室。

(2) 下消化道检查室——包括大肠镜、直肠镜、肛门镜检查，该室应与上消化道检查室分开设置，应配备灌肠室,并与上消化道检查合用X线检查室,操作时应注意防视线干扰。地面、墙裙应便于冲洗,附设卫生间。

上、下消化道检查室分设检查床,检查床能调整头位的高低,室内还设有镜柜、器械台、资料病案柜以及清洗消毒等设施。此外,凡消化道镜检病人都需作过X光钡餐检查,镜检前都要参阅原X光胶片,因而室内应有看片灯。

(3) 膀胱镜检查室——应有通风调温装置、清洗槽,门窗有绿色窗帘。室内面积约 20m² 左右,设检查台、器械柜、器械台、消毒盘、侧照灯、观片灯等设施。检查室应附设更衣、卫生间、家属等候空间。膀胱镜检查台应配置X线和电视装置,便于作逆行肾盂造影,可通过电视观察导管位置和注入造影剂后的肾盂形态,这样就可不必移动病人而立即拍片。免去病人在检查与X线科之间来回搬动插管之苦。

(4) 其他——随着纤维镜检技术的发展,相关系统的内窥镜相继产生,如支气管镜、胆道镜、输卵管镜、腹腔镜等,有的不仅用于诊断,而且介入治疗。如利用腹腔镜的微入路外科手术(MAS-Minnimal Access Surgery)在胆囊摘除中已广泛应用,MAS可降低手术并发症,具有刀口小,疼痛低,费用省,住院短等优势。这种兼有手术功能的检查室也应具备手术室的某些要求,如洁净消毒、局部加强照明、空调等。建筑上应有相应的设施和配置。

第十章 影像诊断部设计

医学影像的成像技术包括 X 线成像技术，超声成像技术，核医学成像技术和磁共振成像技术等内容。超声成像已在功能检查的超声检查（第九章第五节）叙述过了，这里只就其他几种成像技术的相关设施和设计要求作简要介绍。

影像诊断学大致可分为四个发展阶段，第一阶段是用 X 线机直接照射检查部位，用荧光屏直接观察（即透视）或用胶片直接记录其图像（即拍片）。第二阶段即造影检查，利用吞服造影剂的办法观察一般透视和拍片显示不出的部位，如胃肠道、支气管、血管、心脏等。第三阶段即影像增强技术，影像增强器应用之后，使 X 线亮度增强数千倍，这样就可以减少 X 线的剂量，又能提高成像质量，使 X 线的诊断水平大为提高。第四阶段即医学影像学阶段，20 世纪 70 年代后期，影像诊断取得了重要进展。其一是 B 型超声问世；其二是计算机断层扫描 CT 的发明；其三是介入性放射学的发展应用；其四是磁共振成像仪（MRI）的发明。从而使放射诊断学大大突破了 20 世纪 50 年代 X 线检查的狭窄范围，发展成为一门新兴的医学影像学科（Medical Imaging）。

第一节 影像诊断部的位置及规模

一、影像诊断部的位置

就影像诊断中的常规检查如 X 线透视、拍片而言，其应用面广量大，门诊住院患者多需接受此种检查，因此应将其选择在门诊和住院之间的适当位置，更应适当靠近门、急诊部。根据四川内江市人民医院 1979 年 4 月份的统计，门诊拍片约为住院拍片的 2 倍，门诊透视约为住院透视的 8.43 倍。一般住院病人住院前大都经过门诊的放射常规检查，住院治疗一段时间后可能进行复查，以验证治疗效果。图 10-1-1 为门诊、住院使用放射部门比率分析图表。

一般设有医技楼的医院，影像诊断部多在医技楼内的第一层，这样与急诊和内科联系较为方便，设在地面层不仅简化了地面的防护处理，同时也有利于开设地沟设置管线，避免重型设备上楼，以减

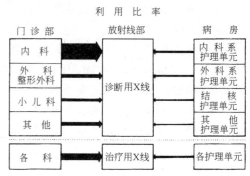

图 10-1-1 门诊、住院使用放射部门比率图表

轻结构荷载。影像部分是改扩建的重点部门，设于底层更易于扩建。

因为放射诊断的 X 线机房多为暗室操作的无窗空间，对自然光照和朝向等都没有要求，因此，也有将它设在东西朝向或地下层的，若在地下层，则必须注意防潮防水处理，空调设施则无论在什么位置都是必不可少的。

在一些规模特大的教学医院，往往在门诊和住院之间专设影像楼，这样可以把影像医疗、教学、科研用房集中成为整体，如重庆西南医院、新桥医院、大坪医院都采取这种设置方式。大坪医院又在影像楼的基础上增建了"γ"刀、中子刀治疗设施，从而形成无创外科中心。这种独立设置的影像楼与门诊、急诊和住院楼之间最好有暖廊联系，同时一般大型医院在门、急诊部还应设置 X 线的常规检查设施，以方便病人和及时抢救。骨科门诊也应尽可能靠近影像诊断部门，以减少搬动和减轻病人痛苦（图 10-1-2、图 10-1-3）。

二、影像诊断部的设备规模

各级各类医院因性质、任务不同，检查项目和数量也有差异，一般乡镇卫生院主要是单纯 X 线透视、拍片，大多为 200～400mAX 线机，另有 B 型超声检查；县、市级医院视经济发展水平的不同影像诊断的装备水平也有较大差异，一般有多台 200～800mAX 线机可供立位、卧位透视、拍片和造影检查，有的装备有体层摄影机或 CT。除 B 超外，有的县市级医院开始配备同位素扫描设施；省级医院和大学附属医院承担疑难病例的诊治和医学研究工作，一般常规检查和特殊检查工作量大，检查项

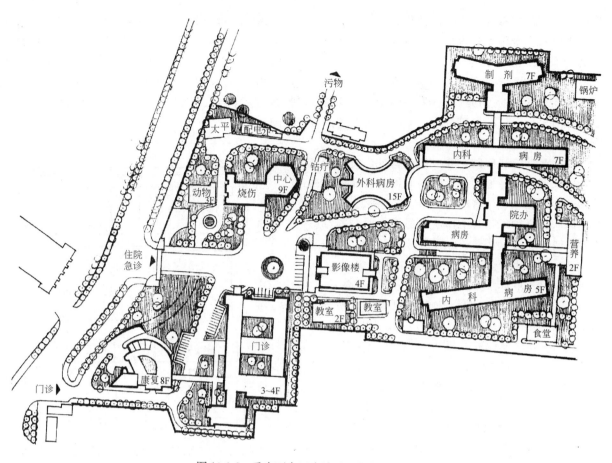

图 10-1-2 重庆西南医院总平面中的影像楼

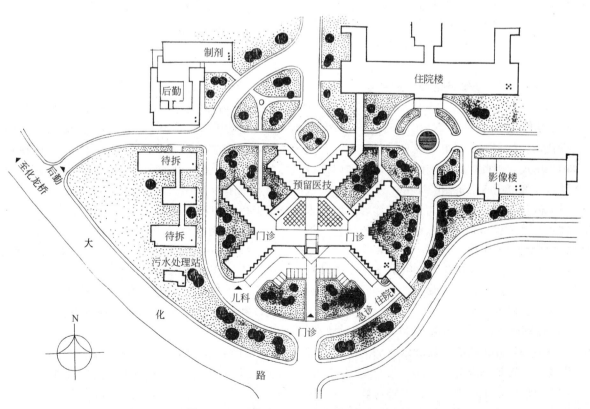

图 10-1-3 重庆大坪医院总平面中的影像楼

目也多，不但应有大功率、自动化的综合设备，一些特殊设备和专用设备也是必不可少的。这样就有可能分设若干特殊检查室和某些专门摄影室。如CT、心血管数字减影仪、磁共振成像仪等设施。一般市区级中型医院则应以一机多用的综合设备为主，同时根据医院的专科特色，配备某些专用的或特殊的影像检查设备。

对于某些专科医院，除一般设备外，应以专用和特殊设备为主。如神经外科需专用的头部摄影和颅脑造影摄像，有一台用于头部的CT也是必要的。胸科医院则必须配备万能体层摄影和心血管连续摄影装置或数字式X线减影血管造影装置（DSA-Digital subtraction angiography）。

就普通500床综合医院而言，一般应配备：

（1）1000mA透视拍片机（带增强管、电视设备及心血管造影附加设备）　　　　　　　1台
（2）500mA透视拍片机　　　　　　　　　1台
（3）体层X线拍片机　　　　　　　　　　1台
（4）300～800mA胃肠造影（带增强管及电视、遥控设备）　　　　　　　　　　　　1台
（5）200mA透视拍片机　　　　　　　　　1台
（6）间接拍片机　　　　　　　　　　　　1台
（7）钼靶软线照像机　　　　　　　　　　1台
（8）30～50mA床边照像机　　　　　　　1台
（9）B型灰阶超声扫描仪　　　　　　　　1台
（10）计算机全身体层扫描仪（CT）　　　1台

第二节　功能分区及平面类型

一、功能分区

现代影像诊断部由于组成内容日益繁复，各类用房相应增加，因此，对大型医院来说有加以区分的必要。影像部门有以下四类用房：

（1）病人走廊及候诊区——供门诊、急诊病人和住院病人来此检查、等候，包括登记、接待、卫生间、担架存放等用房。

（2）医生走廊及医辅区——供医辅人员内部联系的通道，以及内部医疗、教学、管理和更衣、厕卫、库房、机修等用房。

（3）诊断医疗区——包括各种诊断机房、暗室、控制、诊室、计算机或数据处理以及病人更衣、准备、钡餐专厕等辅助设施。

功能分区的基本原则是病人走廊及候诊区与医生走廊和医辅区各占一侧，流线分开，医疗诊断区则介于医生走廊与病人走廊之间。医辅用房和病人候诊区相对独立，少受外界干扰。医辅区靠医生走廊一端或一侧，以利自然采光通风，诊断医疗区靠医生走廊内侧；候诊及病人走廊在诊断医疗区的另一侧，病人走廊与诊断区机房之间布置病人更衣准备间及担架进入机房的前室等设施（图10-2-1、图10-2-2）。

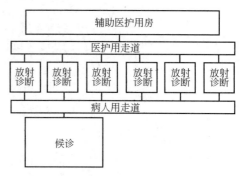

图10-2-1　机房单列式功能分区示意

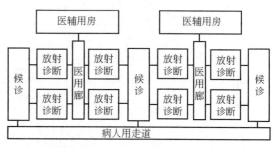

图10-2-2　机房多列式功能分区示意

二、平面类型

（一）中廊式

这种形式多见于影像诊断空间组成较为简单、影像检查工作量小的乡镇卫生院或小型医院，医生走廊和病人走廊共用，病人候诊可设专室或将中廊宽度扩大到3.5m以上，兼作候诊廊，医护用房可相对集中于较安静的一端。此种方式面积较省，布局紧凑，便于管理，自然采光通风条件较好。缺点是医生和病人、交通与候诊混杂在一起，相互干扰，环境质量可能会受一定影响。如大、中型医院采用此种布置方式必然造成交通路线过长，病人、工作人员流动频繁，联系不便等缺陷。为解决机房与暗室之间联系以及操纵控制室之间的内部联系问题，有的医院采取分组配置暗室，并局部增设操作控制外廊的方式，以弥补上述缺陷。

图10-2-3为北京肿瘤医院放射科平面。
图10-2-4为天津市肿瘤医院放射科平面。
图10-2-5为江苏省人民医院放射科平面。
图10-2-6为上海儿童医学中心影像诊断部平面。
图10-2-7为某医院影像诊断部平面。

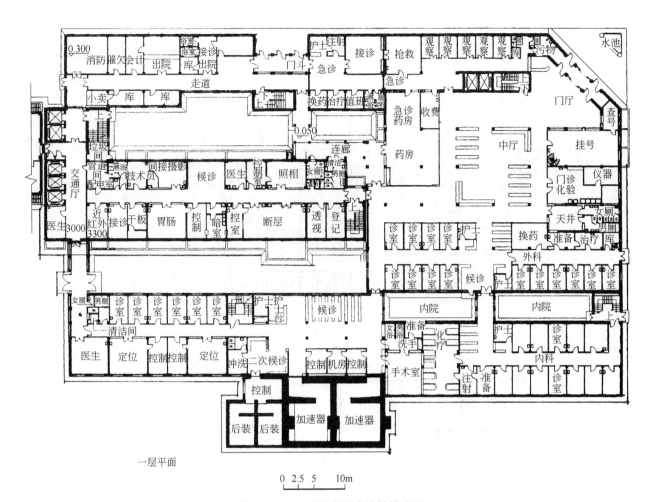

图 10-2-3 北京肿瘤医院放射科平面

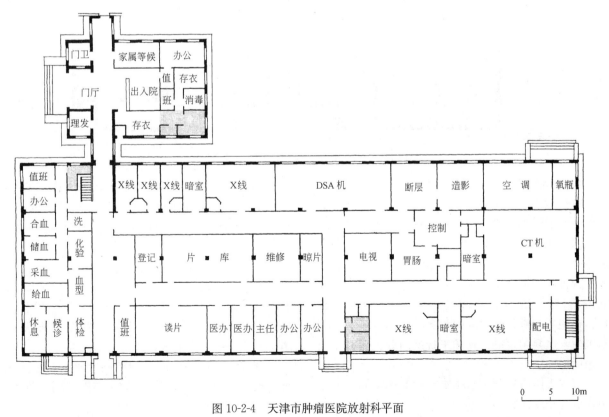

图 10-2-4 天津市肿瘤医院放射科平面

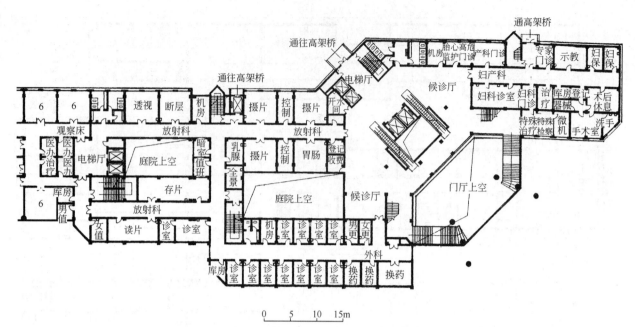

图 10-2-5 江苏省人民医院放射科平面

图 10-2-6 上海儿童医学中心影像诊断部平面

(二) 双廊式

这种双廊式平面多见于大中型医院，或因在住院医技楼的下部，受住院部双走道护理单元平面的制约而形成的，如（图 10-2-6）上海儿童医学中心的影像诊断部平面及图 10-2-7 某医院影像诊断部平面。这种双内廊平面比中廊式平面进深加大，长度缩短，中间一条无窗房间可布置暗室、办公、看片、登记等用房，便于双向服务，但仍然存在病人与工作人员共用走廊，互相干扰的问题。交通面积也相应增加。

日本大阪府济生会中津医院放射诊断部，平面布置更为紧凑（图 10-2-8）。

另一种则为内、外双廊式，即在中廊式的基础上增加一条外廊作为病人候诊廊，采光通风良好，可观赏庭园景色，改善候诊环境，内廊作为医生及工作人员走廊或控制廊。

图 10-2-9 为美国科罗拉多奥罗拉费西蒙军人医疗中心的影像检查部，平面呈板块式，由环形走道和四条短走道组成。管理、办公、计算机沿外围布置；断层拍片、超声、CT 分别布置在两条纵向走道之间。平面极为紧凑合理。

浙江省第二中医院放射诊断部平面，也为内、外双廊式，为平衡面积，采取压缩医辅用房进深的办法加以协调图 10-2-10。

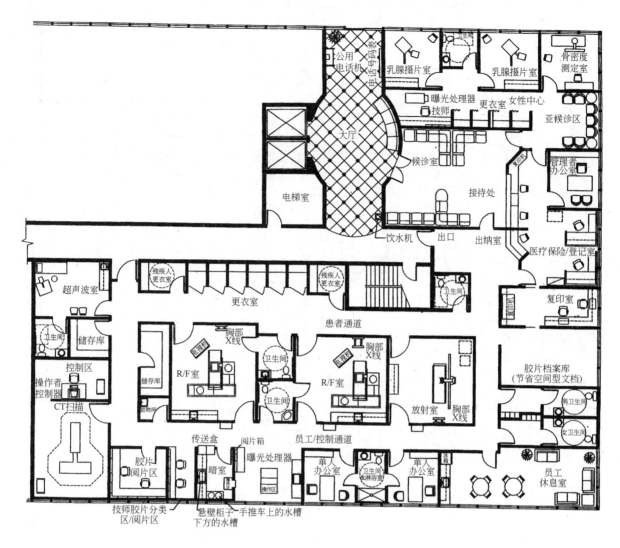

图 10-2-7 某医院影像诊断部平面

图 10-2-8 日本大阪府济生会中津医院放射诊断部

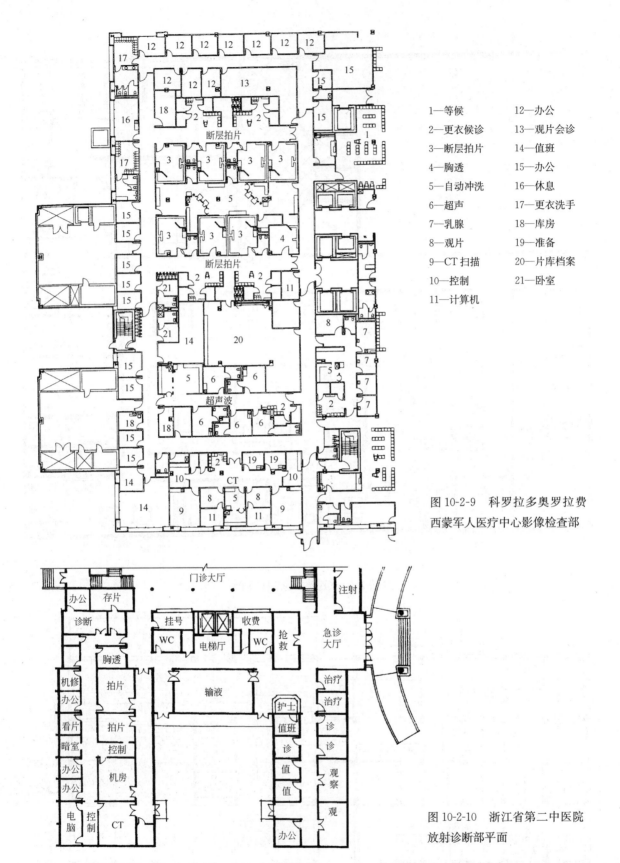

图 10-2-9 科罗拉多奥罗拉费西蒙军人医疗中心影像检查部

图 10-2-10 浙江省第二中医院放射诊断部平面

图 10-2-11 为浙江医科大学第一附属医院放射中心平面，也是采取这种布置和处理方式，手法更加灵活而自然。

（三）三廊式

在中廊式平面的基础上加两条纵向外廊，或将外廊三面或四面联通，从而形成三廊或环廊式平面，中廊一般作为医生和工作人员走廊或兼控制廊（厅），外廊则为病人候诊及交通廊道。

图 10-2-12(a)为日本爱知县肿瘤中心放射诊断部平面，两条外廊作为控制廊供内部工作人员使用，中廊为候诊廊。两条控制廊使内部联系路线加长，暗室距另一侧的机房较远，联系不便，候诊环境也不太好，这种布置较为少见。

图 10-2-12(b)为中日友好医院放射影像楼的 X光诊断层平面，外廊环通，候诊环境采光通风良好。靠候诊廊一侧布置病人更衣准备间和机房，靠中廊一侧布置控制室，或将中廊扩宽兼作控制廊。病人路线与医生路线完全分开，互不干扰，只是外围交通路线较长。

图 10-2-13 为日本东京医科大学医院 X 线诊断部平面，为完全的三廊式，布局紧凑面积较省。候诊廊依据机房性质和候诊人员多少在长度和宽度上有所区分；超声波核医学与 X 线诊断同层，并毗邻布置，形成统一的影像诊断部，既方便病人也便于管理。

图 10-2-14 为日本琉球大学附属医院放射诊断部平面，有两条内廊，两条外廊，一般常规拍片照光，候诊人员较多，廊道较宽且靠光庭，片库、暗室、管理用房居中，介于两条医生走廊之间，便于双向服务，使用方便。

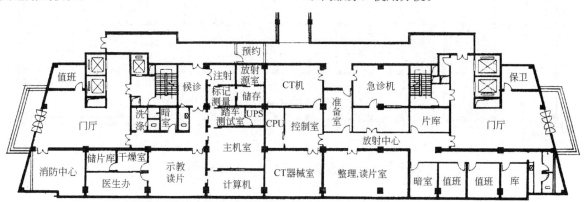

图 10-2-11　浙江医科大学第一附属医院放射中心平面

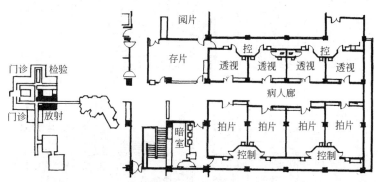

图 10-2-12(a)　日本爱知县肿瘤中心放射科三廊式平面

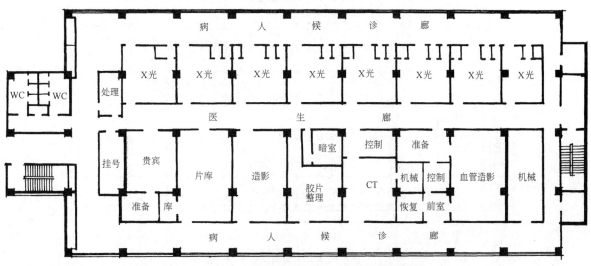

图 10-2-12(b)　北京中日友好医院三廊式影像诊断布置

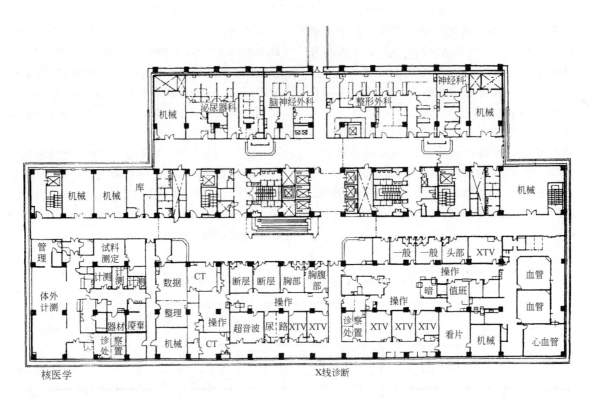

图 10-2-13　日本东京医科大学医院 X 线诊断部平面

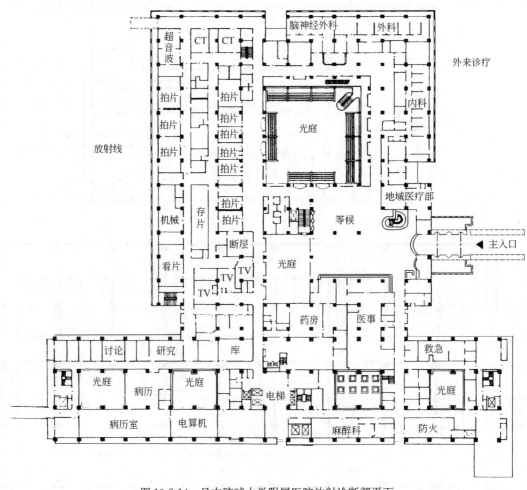

图 10-2-14　日本琉球大学附属医院放射诊断部平面

图 10-2-15 为美国纽约洛彻斯特大学斯壮纪念医院放射诊断部平面。

(四) 多通道板块式

在一些大型或特大型医院，有较大的影像诊断部门，设有较多的机房和其他用房，往往采用将若干个三廊式组合在一起的方式，从而形成多廊道的板块式平面，但仍保留了医生、操作廊与病人等候廊分离的特点。这种板块式平面布局紧凑，路线较短，以全空调及人工照明为前提条件，常设在独立的板块式医技楼或集中式医院的板块式裙房层。

图 10-2-16 为日本筑波大学附属医院影像部平面，其位置在板块式的医技楼第 1 层，X 线诊断、核医学、放射治疗同层布置，形成整体，与门诊、住院有方便的联系。医生走廊及医辅区介于放射治疗与放射诊断之间，联系方便，利于管理。医用通道直接与各操作廊相连，形成梳状廊道体系。病人等候廊与纵向病人交通廊相连，形成病人的梳状廊道体系。等候廊与操作廊相间布置，互不干扰。血管造影病人较少，布置在尽端，等候廊的宽度相应缩减。整个设计富于理性，规律性很强。

图 10-2-17 为日本顺天堂医院的影像诊断部平面，设在集中式医院裙房的地面层，与外门厅及内部交通枢纽联系极为方便。等候廊与内部操作廊相间布置，理性而有变化，以满足某些特殊需要。柱网与空间划分比筑波大学医院的例子更为妥帖。

图 10-2-18 为世界著名医院建筑专家欧文·帕特西普(ERVIN Puetsep)提供的 600 床医院放射诊断部平面。功能分区明确，病人和医务人员流线清楚，互不干扰。

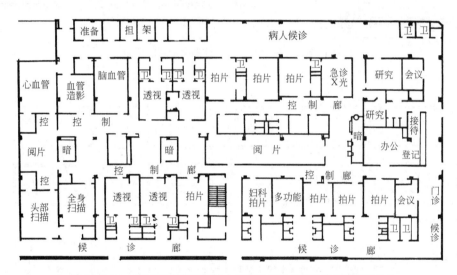

图 10-2-15 美国纽约洛彻斯特大学斯壮纪念医院放射诊断部平面

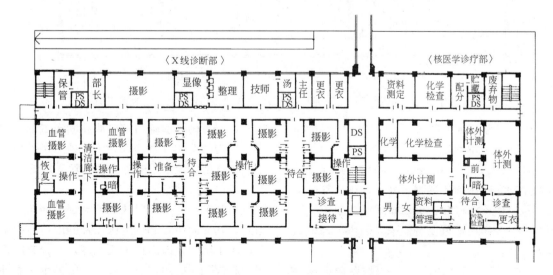

图 10-2-16 日本筑波大学附属医院影像诊断部平面

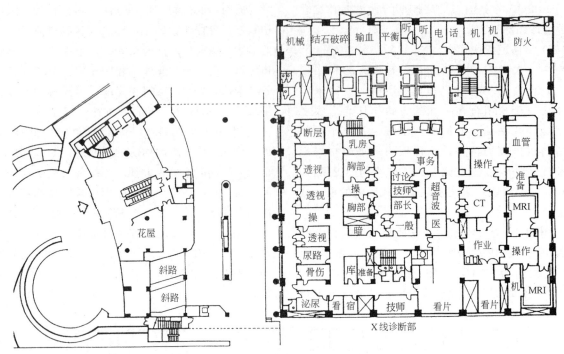

图 10-2-17 日本顺天堂医院影像诊断部平面

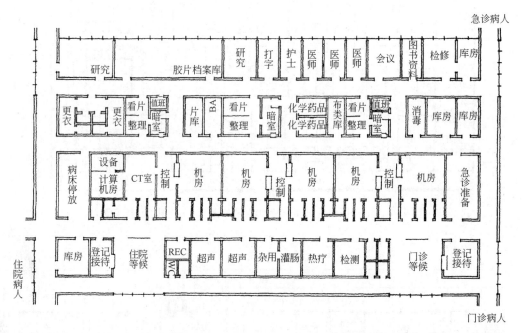

图 10-2-18 瑞典专家欧文·帕特西普设计的某 600 床医院放射诊断部平面

图 10-2-19 为巴西坎多纳利大学医院放射诊断部平面，其特点是担架病人（多为住院、急诊）与步行病人各有出入口，前者接近住院，后者接近门诊。与内业联系不密切的图书、办公、休息等则退出核心部位，使诊断区和各机房布置更为紧凑，同时使图书、办公等用房可以自然采光通风，各得其所，互无干扰。

图 10-2-20 为广东佛山第一人民医院放射诊断部平面，位于门诊与住院之间的第 1 层，便于双向服务，仍遵循候诊廊与控制廊相间布置的原则，主候诊区与内院和外廊相邻，采光通风条件良好，放射与急诊部的关系也较为密切，联系方便。

（五）对称组团式

这是英国建筑师对放射诊断部平面布置的改进形式，其平面核心部位为医用控制厅，并绕暗室布置，医生用的廊道面积大为缩减，布置紧凑；病人候诊廊道仍在周边，三面布置；医辅用房靠外墙布置。平面布局大都对称，形同 db，便于识别，又称

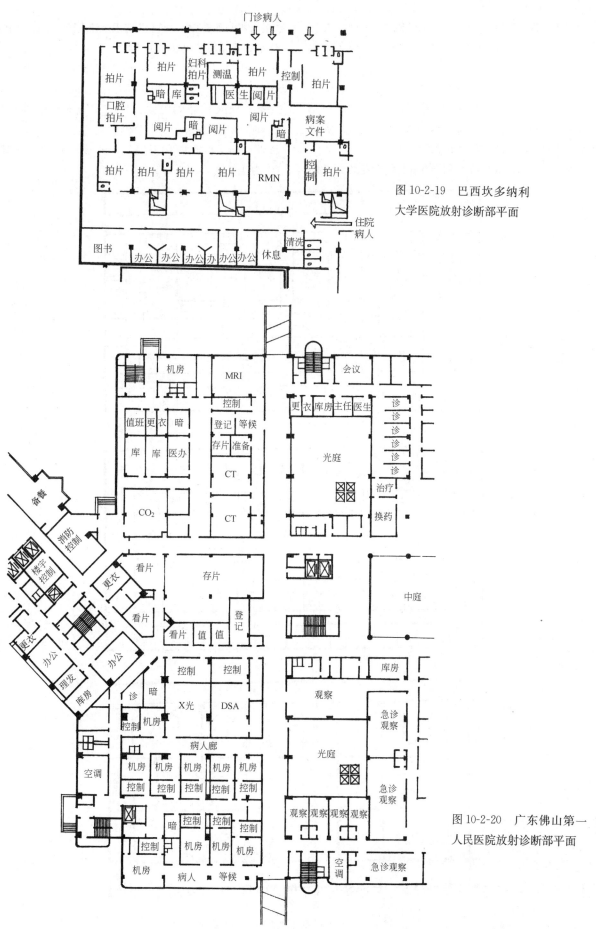

图10-2-19 巴西坎多纳利大学医院放射诊断部平面

图10-2-20 广东佛山第一人民医院放射诊断部平面

d、b型布置。每个组团5～8间机房集中，或分别配置1～2间暗室和看片室，便于集中讨论研究。

图10-2-21是两组典型对称布局的放射诊断平面。(a)、(b)图与间机房1间暗室，(c)图8间机房1间暗室，控制及工作区绕暗室布置，外周为病人廊道，病人廊与机房之间布置等候更衣。

图10-2-22为美国亚利桑纳州米莎信义会医院放射诊断部平面，4间机房及控制室绕核心部位的暗室布置，CT机在另一侧。

图10-2-23为美国佐治亚州格文勒县医疗中心放射诊断部平面，6间机房配备2间暗室，一间看片室。病人在外周等候，经前室更衣后进入机房。这种非通式更衣间可减少机房的门洞，有利防护和管理。前室设有男女卫生间，并成组布置在两间机房之间。

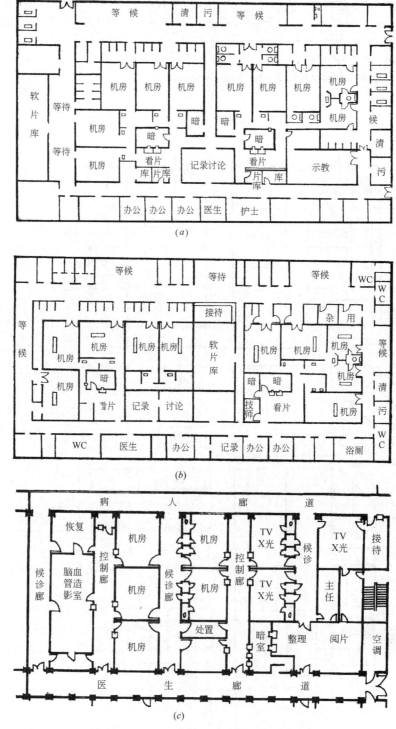

图10-2-21　db型放射部准对称平面布置示意

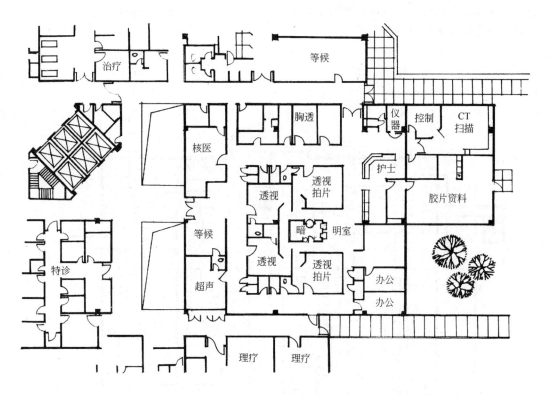

图 10-2-22 美国亚利桑纳州米莎信义会医院放射诊断部平面

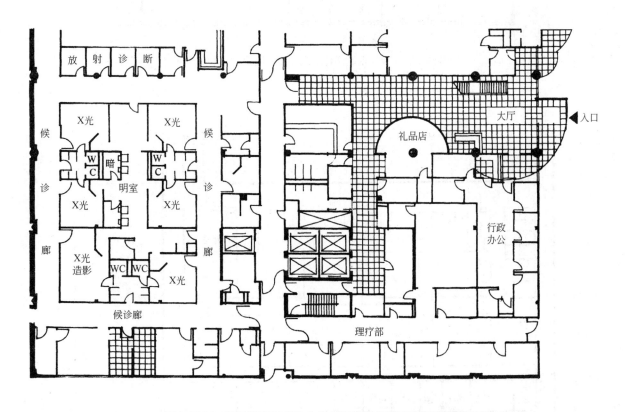

图 10-2-23 美国佐治亚州格文勒县医疗中心放射诊断部平面

图 10-2-24 为英国伦敦诺什维克公园医院的放射诊断部。图 10-2-25 为英国新里斯特医院放射诊断的平面，均为 db 型布置方式。这两例均分为两组，每组 3～4 间机房，有一间暗室，使路线更为

短捷。病人等候廊道不必环通，仅沿两面布置，另两边则为医辅用房，交通面积相应降低。

图 10-2-26 为北京某教学医院放射诊断部平面

11 间机房，分上、下两组布置，设两间暗室。医辅用房在核心部位，病人通道及候诊沿外围三面布置。

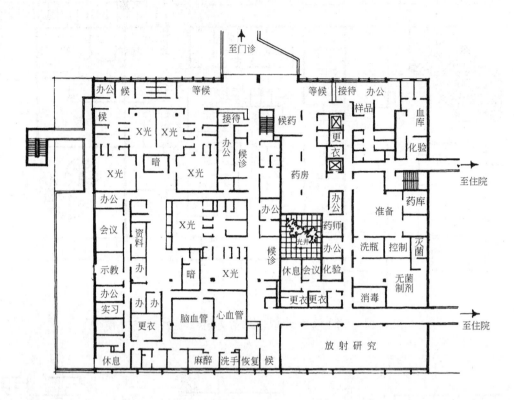

图 10-2-24 英国伦敦诺什维克公园医院放射诊断部平面

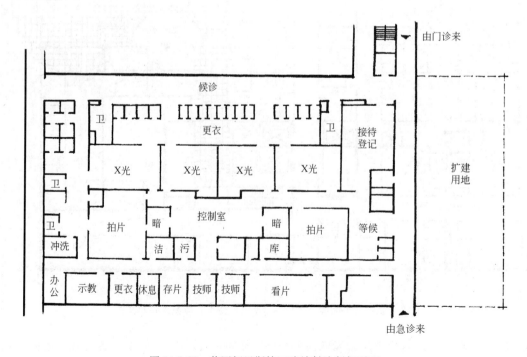

图 10-2-25 英国新里斯特医院放射诊断部平面

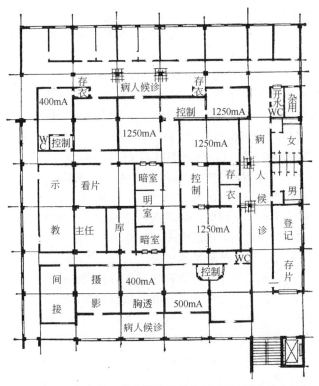

图 10-2-26 北京某医学院附院放射线科平面（多过道 db 型）

第三节 主要房间设计

一、X 线机房设计的一般要求

包括 50～500mA 的一般透视拍片室。

（一）机房大小

50～300mA 机房面积应为 6000mm×4000mm，

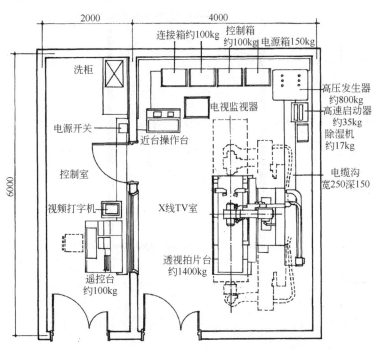

图 10-3-1 DTW-300A 型 X 线 TV 室的平面布置

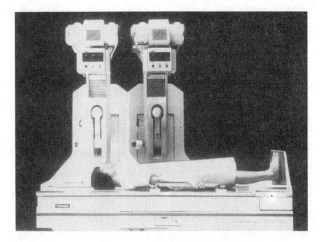

图 10-3-2 DTW-300A 型 X 线机诊断情景

400～800mA 应为 6000mm×6000mm。由于 X 射线强度与距离平方成反比，从防护考虑机房面积不宜太小。当然，现代 X 线机几乎都有自屏蔽装置，且一机多用，对面积要求也并不太高。以东芝 DTW-300A 型 XTV 装置为例，其摄影管电流自动设定时为 360mA，其机房面积轴线尺寸为 4000mm×6000mm，加上操作室也不过 6000mm×6000mm，可满足立位、卧位、倾斜±30°角的断层摄影要求。

图 10-3-1 为 DTW-300A 型 X 线 TV 室布置平面；图 10-3-2 为照片。

（二）与操作室的关系

现代 X 线机不论电流强度高低，都要求单独设置控制操作空间，原来在低毫安机较为常见的铅屏风和堡垒式控制间已较少采用，操作控制台等设备与 X 线机完全隔开。操作控制室的大小依控制台和开关柜等设备多少而定，既可分设也可合设，但每个机房必须有单独的控制台和介于控制和机房间墙上的观察窗。窗上装铅玻璃，其厚度应满足防护铅当量的要求。控制室与机房之间的门应为防护材料制作，并满足防护要求。

（三）防护、构造

X 线机房四壁、顶棚及地板等六个空间界面都必须考虑防护问题，其选材及厚度、构造等都要满足该室 X 线机的防护要求。机房的空间界面不允许留洞开槽，或管道穿越，机房门应有防护措施，窗下口应高出室内地面 1500mm，且应为遮光窗。与暗室相邻的机房，其间墙上应设传片箱。成品传片箱本身应符合防护要求，安装及缝隙处应有防护措施和存、取胶片的信号装置。地面设宽250mm、深150mm的电缆沟。

(四)附属设施

X线机房应设病人更衣间,每间机房最好两间更衣,进出穿、脱分开,更衣间采用通过式或闭锁式均可,但闭锁式更有利于防护和管理。通过式更衣间往往在机房一面墙上开大小三道门供更衣病人和担架病人进出,这可能使防护、管理更复杂一些。

更衣间平面净尺寸应为900×1500,内设固定长椅,病人若有不适可在此稍作恢复休息,里面还应有镜子,落地式挂衣架和墙上挂衣钩,还应有呼叫电铃。某些检查可能要求病人赤足,更衣室应铺地毯或作木地面、塑料地面。

(五)照明、空调

X线放射机房,其照度要求不高,但照明设备要能调光,X线透视拍片室的机械调试、维修所需照度按一般机械维修考虑,宜为50~100lx;在透视、拍片的时候为了进出安全可用脚踏开关将红灯的照度从10~30lx调节到0.1lx。凡影像诊断机房或放射治疗机房均应设置防止误入的红色信号灯,其电源与机组连通。

此外,还应考虑病人从明亮的候诊室经走道到更衣间再到机房,检查完后反向退出的明暗适应性问题。因此,候诊区光线不宜太强,走道、更衣室依次减弱,以形成过渡区,减轻对视觉的不良刺激。

由于病人检查时要脱去外衣,冬天脱得更多,稍有不慎容易着凉,加重病情;夏天因机房遮光,通风不畅易使室温过高,湿度过大,对病人和设备维护都是不利的。因此空调设施是必不可少的。X线放射机房夏季干球温度应为26~27℃,相对湿度应为45%~50%;冬季干球温度为23~24℃,相对湿度为40%~45%。

(六)X线主机重量在1.5t左右,天轨、地轨、立柱等也都支承悬挂在地面或上层楼的大梁上,且需水平移动,因此,必须充分考虑相应楼地面的荷载和电缆地沟的构造措施。

二、胃肠造影X线机房

胃肠造影是利用造影剂进行胃肠道疾病诊断的特殊造影,房间除满足一般X线机房要求外,还需要作遮光处理,机房一侧应设钡剂准备室,作为调制钡餐或钡剂灌肠的准备间,称为"钡厨",室内应有工作台、手盆、洗池、消毒器等。钡餐灌肠后病人常需及时排泄,胃肠造影室一侧应有专用卫生间(图10-3-3、图10-3-4)。

三、心血管摄影室与DSA

心血管摄影室专用于心血管造影及心导管插入手术,X线机有连续摄影装置,可在设定的间隔时间内进行连续X线曝射及摄影检查,此种X线机为1250~1000mA机。

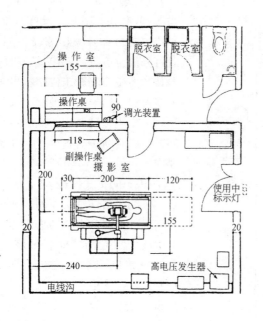

图10-3-3(a) 胃肠造影室平面(尺寸单位为cm)

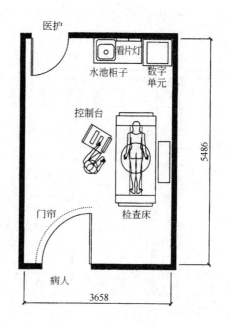

图10-3-3(b) 妇科X光检查室

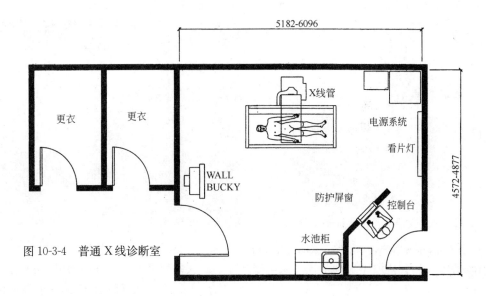

图 10-3-4 普通 X 线诊断室

心血管摄影室，房间要求宽敞，每间应在 40~60m² 左右，这种 X 线机无立柱、地轨，球管悬挂在顶棚导轨上，可以水平移动，上下伸缩，使用灵活方便。为了方便移动，棚顶上的灯具宜暗装，避开天轨和导线等设施。心血管摄影室应有专用的、面积较大的控制操作室，内置控制台、开关柜、接线箱等。除控制室外，还应视需要设置刷手、消毒、准备、恢复、记录等附属用房，以便开展某些介入疗法。

专用于心血管造影的 X 线机多为 C 型臂台架式机型，该室多设于放射部门，为了安全和开展介入性手术，也有设在手术部的（图 10-3-5、图 10-3-6）。

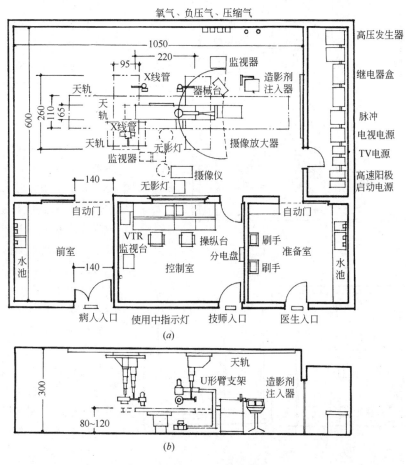

图 10-3-5 心血管造影室
(a)平面；(b)剖面

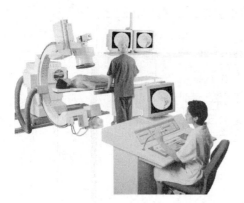

图 10-3-6 心血管造影机开展心脏介入疗法

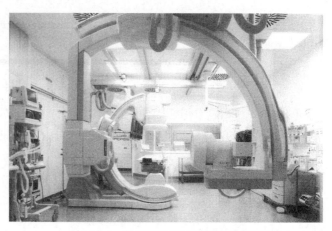

图 10-3-8 数字减影双面血管造影仪(DSA)

DSA——(Digital Subtr-action Angiography)即数字减影血管造影仪。它是现代 X 线成像技术中的一项突破性进展,其对比(密度)分辨率高,把原来需要插管有创性动脉和心腔造影术变成微创甚至无创性技术,同时方法简便,适时显示,费用低,患者不需住院检查,从而大大扩展了动脉和心腔造影的临床应用范围和工作效率。其空间需求和房间设置与心血管摄影室大体相同(图 10-3-7)。DSA 的双面血管摄影系统见图 10-3-8。

四、CT 机室

(一) 简介

CT 机室即电子计算机处理的断层摄影机室。CT 是在 X 线机的基础上研制出来的,是 X 线机与电子计算机的"混血儿",它由扫描床及 X 线发生器探测系统、放大器及模数转换器、计算机及数据装置、控制部分、显示系统和胶片摄影装置等组成。它是用探测器代替感光胶片,将 X 线球管固定在一个同步扫描的旋转扫描架上,沿人体长轴的垂直平面作一层一层地扫描,再把扫描得来的光信息,经放大转换成数字,经计算机处理,然后在荧光屏上显示出图像,再用摄影机记录下来供作诊断依据。

图 10-3-9 为全身 CT 装置示意。

患者就诊程序是:候诊→登记接待→注射准备(注射造影对比剂换鞋更衣等)→扫描→取结果(CT 照片)。

(二) CT 诊断组各附属房间要求

(1) 主机室——面积约 30~36m²,内置 X 线 CT 机、扫描床、TV 机、医用气体。该室线路颇多,最好能设置

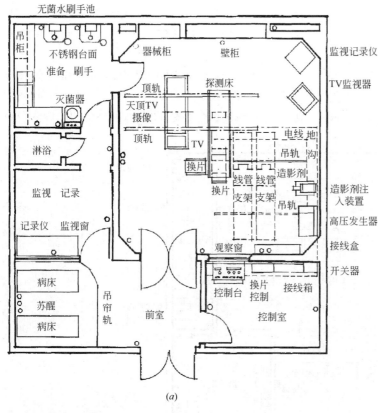

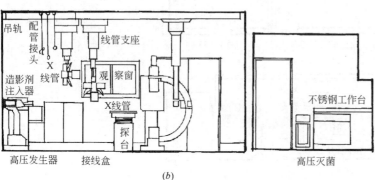

图 10-3-7 数字减影全身血管造影(DSA)室
(a)平面;(b)剖面

架空地板，门宽应大于1200mm，以便病人推车及机器设备进出。因门扇较大且含铅，重量大，用自动滑门为好。扫描床一般斜向放置，便于从控制室中观察病人。机房与控制室之间应有对讲装置，以便医、患联系。

（2）控制室——内置控制台、影像处理设备、病人监视屏幕等设施，面积约15m²左右，地面需设电缆沟。控制室与CT室主机室之间设门及观察窗，防护要求与一般X线控制室相同。

（3）计算机室——内置电脑、变压设备、UPS等，设电缆沟，面积约20m²，要求防尘防潮，室温18～20℃，相对湿度60%以下。

（4）诊断室——或称脱机诊断中心，计算机测量储存的磁盒在此脱机，转换成影像图片。该室内设电脑影像机、扫描仪，并设电缆沟。室温18～20℃，相对湿度60%以下。

（5）注射室——患者扫描前在此注射静脉造影对比剂，室内设置边台、水池、药柜等，若不设此室，则直接在主机室扫描床侧注射，主机室相应增加面积和水池、边台等设施。

（6）其他——暗室、库房等可在影像诊断部统筹设置，如独立建造CT室时，还需考虑候诊、厕卫、空调、配电等辅助设施。

图10-3-10为CT扫描室平面图；图10-3-11为CT机房平面图。

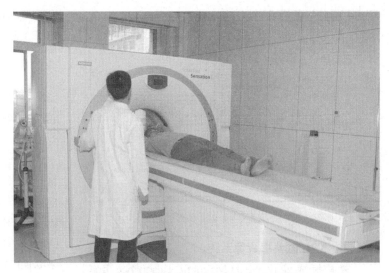

图10-3-9(a) 全身CT扫描仪机房内景

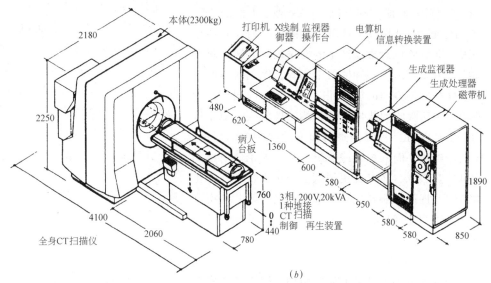

图10-3-9(b) 全身CT扫描仪及相关装置

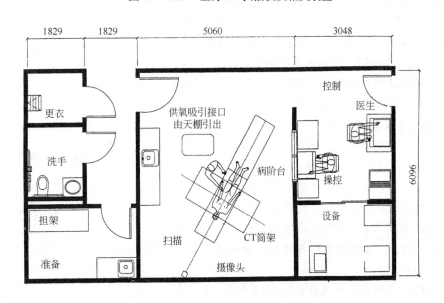

图10-3-10 CT扫描仪机房布置之一（尺寸单位为cm）

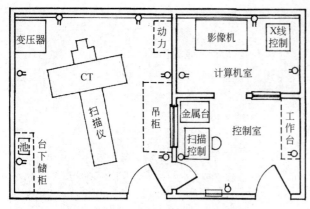

图 10-3-11 CT扫描仪机房布置之二

五、MRI 磁共振成像系统

磁共振成像仪 MRI（Magnetic Resonance Imaging）又称核磁共振 NMR（Nuclear Magnetic Resonance），因人们谈"核"色变，为消除人们的恐惧感，故改称磁共振仪。在做磁共振检查时，只需把病人诊断舱放在大磁铁产生的磁场内，并转换磁场梯度，人体组织细胞和体液中的氢、钠、磷等原子就沿外加磁场方向回旋，并以共振频率向周围传递或辐射出所吸收的能量。MRI 的图像取决于原子核的密度及磁性，只要把磁场梯度面向所需的平面，便能产生该平面的投影或投影像片，无论任何层面均可从容摄取。MRI 能更灵敏地分辨出正常和非正常组织，提供脏器功能和生理状态信息，并可得到全身血流图，观察心脏病变情况。它的用途比 X 线机和 CT 机更为广泛。

（一）设备类型

磁共振分超导型和永磁型两种，按主磁体磁场强度的不同分高、中、低三级。低场强≤0.15T❶，中场强 0.3T～0.5T，高场强≥1.0T。磁场强度超过 2000 高斯时，一般多采用超导型，超导磁体用铌-钛合金制作线圈，其磁场强度高而稳定。超导磁体须不断用液氮冷却至－269℃才能保持无电阻的超导状态，所以不仅技术复杂，设备购置及维修费用昂贵，且液氮需及时供应，建筑屏蔽要求较严格，一般中、小型医院难于配置。永磁型磁共振场强为 0.15～0.3T，用于全身或颅脑断层也可获得较清晰的图像。永磁型为永久磁体，以稀土钴永磁最佳，这种装置虽购置费用也较昂贵，但操作维修简便、费用相对低廉，对场地环境要求简单，运营费低，可靠性强，不需液氮冷却系统，能耗低，其屏蔽措施相对简单。

因此，多数医疗影像设备厂家包括西门子、东芝等大公司都推出低场强仪器，不但成本低，且图像质量满足临床诊断要求，常规应用软件齐全，顺应了 MRI 介入儿科、急诊病例成像市场的需要。

（二）对场地及建筑的要求

（1）拟建场地应尽量避开电磁波和磁场干扰的场所，如发动机、直线加速器、动力设备、电视发射塔、微波站、铁性固定或移动物体等，以简化屏蔽措施。

（2）为达到磁共振基准磁场的要求，对建筑物自身混凝土结构中的钢筋用量应有一定限制，否则会影响磁场的均匀性，降低图像质量。以重庆大坪医院的西门子公司产 1T 磁共振仪为例，经计算其围护结构的含钢量墙体应小于 15kg/m²，每米长度梁断面≤30kg/m²，每米长度柱断面≤55kg/m²。

（3）限制铁质移动物体与 MRI 之间的距离，如汽车、电梯不得小于 12m，小推车等不得小于 5m，详见表 10-3-1。在平面和剖面设计时还应特别注意设置带心脏起搏器人员的安全禁区。因为强磁场的干扰会造成不规则的心律刺激而导致意外伤害或死亡。1.0TMRI 在不同磁通密度的情况下，其磁体泄漏磁场对外界的电磁类仪器设备也有不同范围的影响，其影响距离见表 10-3-2。

外界静止或运动的铁磁物体对超导磁体腔内的磁场影响

表 10-3-1

外界铁磁物体的名称	至主磁体中心最小安全距离(m)	
	主磁体无自屏蔽	主磁体有自屏蔽
地面中的钢筋含量(15kg/m²)	1.0	1.0
钢结构、钢筋混凝土柱、梁	5.2	3.3
活动担架、轮椅	8.2	5.2
电源线、变压器	10.0	6.4
汽车、传送带、升降机、电动车	12.2	7.6
电梯、卡车	15.2	9.7
火车、有轨电车	30.5	19.2

1.0T 超导型核磁共振 CT 磁体泄漏磁场对外界的影响

表 10-3-2

磁通密度	会受影响的设备	轴向影响距离(m)	
		X・Y	Z
3.0mT	视频终端、磁带、磁盘、信用卡、钟表、照相机、小电机	4.6(2.4)	6.1(4.0)

❶ T——Tesla(特斯拉)　1 特斯拉＝10^4 高斯

续表

磁通密度	会受影响的设备	轴向影响距离(m)	
		X·Y	Z
1.0mT	计算机、X射线管、超声设备、电视设备	6.7(3.7)	8.5(5.5)
0.5mT	心脏起搏器、各种摄像机	8.5(4.9)	10.7(7.0)
0.2mT	CT扫描机	11.6(7.0)	14.6(9.1)
0.05mT	X线图像增强管、γ照相机、直线加速器、电子显微镜	18.3(10.0)	22.9(14.3)

注：1. 括弧内为有自屏蔽磁体的影响距离。
2. 在平面、剖面布置时应特别注意带心脏起搏器者的安全禁区。

（4）为降低外界射频干扰，MRI检测室必须采取射频屏蔽措施，按MRI的设备说明采用相应的屏蔽技术。此外，检测室内应用白炽灯，电源要经滤波器接入，调光器应装在屏蔽之外，进入屏蔽室的管线应采用非铁磁材料，排水管可用非金属材料。

（5）磁体基础及运送通道——由于超导型主磁体及氦容器是整体运输安装，因此必须保证运输安装条件。主磁体重约7000kg，长×宽×高为1960mm×2100mm×2400mm运输安装的最小孔道尺寸高2.8m，宽2.5m；氦容器重约450kg，直径1150mm，高2040mm，运输安装最小孔道尺寸为宽1.5m，高2.2m。正对磁体进入通道的机房墙面应留3000mm×3000mm的洞口。永磁体可拆散运输，现场组装。磁体基础应落座在稳定的地基上，不允许产生变形，并严格控制含铁量。图10-3-12为运输通道示意。

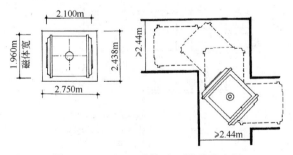

图10-3-12 MRI磁体及运输通道示意

（6）磁共振设备的合理布置能有效避免环境与主磁体之间的相互影响，除主磁体的自屏蔽外，应尽可能地避免采用磁体室的磁屏蔽做法，只有当条件受限时才采取适当的磁屏蔽措施。磁屏蔽应由设备厂家根据设备和环境的具体条件设计。永磁型MRI检测室也应采用射频屏蔽措施，要求射频衰减≥80dB。

（7）建造方式有独立与共建两种方式，独立建造与外界的相互干扰较少，较易满足各种技术要求，但往往由于用地紧张而难于实现。现在场强1T及1T以下的MRI多附建在主楼底层的一个尽端，只要采取相应的屏蔽措施也能满足要求，而且与医院各部门的联系也更为方便。

（三）房间组成

（1）磁体室和检测室——室内设MRI主机、检查床、检查梯等，超导型MRI则用屏蔽墙将磁体室和检测室分为前后两间，两间共计长约9m，宽约6.6m，面积约计60m²，层高约3.9m，永磁型MRI则不需分隔出磁体室，其检测室面积约50m²。磁体室和检测室都要注意防潮防尘处理。检测室四壁、门窗应作射频屏蔽处理。磁体室视情况作磁屏蔽处理。

（2）控制室——内置控制台、显示器、摄像装置，控制室与检测室之间墙上设观察窗，不用铅玻璃，注意防静电处理。控制室面积约15m²左右。

（3）计算机房——多靠近控制室设置，并考虑其与控制室、磁体室之间的线路连接，少受外界干扰，同时应注意防尘、防潮、防静电措施，约需面积18m²左右。

（4）回收室——超导型磁体需在液氦蒸发所形成的低温环境中运行，由于液氦价格昂贵，应回收利用以降低成本。室内设有回收空压泵、钢气瓶、气囊等，其面积约40m²左右。

（5）配电间——内置配电屏、蓄电池等，保证在停电情况下MRI能继续工作，图像数据不致丢失，该室约需面积15m²。

（6）其他——如诊室、办公、观片、教学、候诊、洗手等室根据需要设置。

图10-3-13为美国联合影像中心MRI平面图；图10-3-14为美国北卡州教堂山医院MRI室平面图。其共同特点是测试室突出建筑主体，呈半岛式布置，为独立单栋建筑，在1G(高斯)场强线与外墙之间配置保护绿化，高斯场强线之外才布置停车场等，以保证测试质量和图像清晰。

图10-3-15为美国亚利桑那州凤凰城圣·约瑟夫医院超导型磁共振室平面图。其测试室处于辅助用房和庭园包围之中，其场强为1.5Tesla，而磁体室与检测室并未分开。

图10-3-16、图10-3-17为超导型和永磁型MRI的平面布置图。超导型房间组成复杂，磁体室与检测室一分为二，有氦回收室；永磁型组成简单，磁体与检测合一，不设氦回收和冷却室。

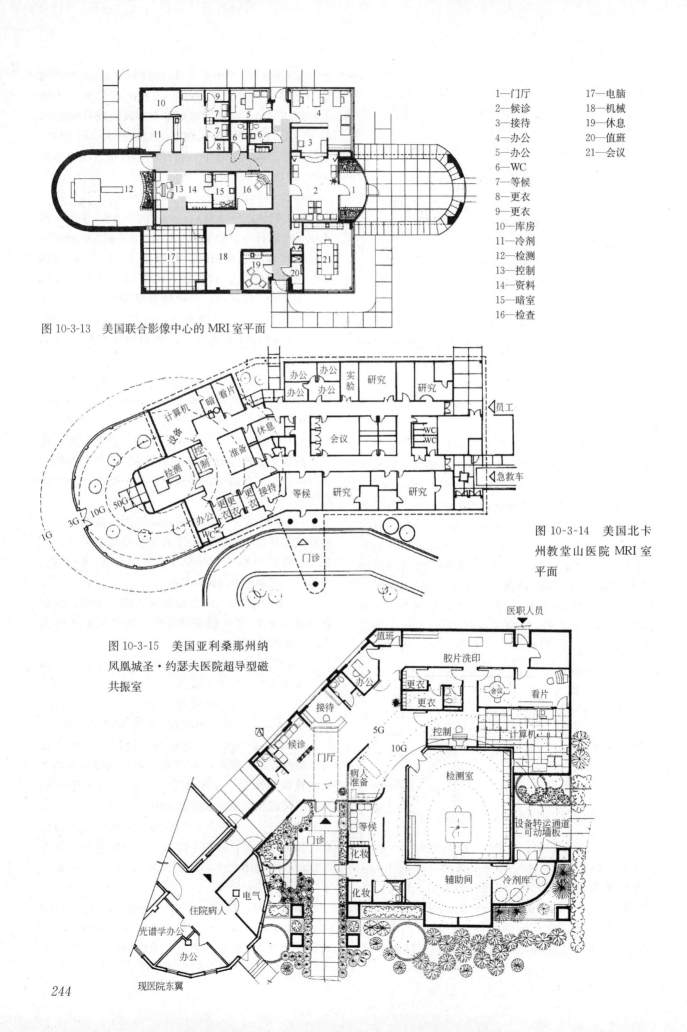

图 10-3-13 美国联合影像中心的 MRI 室平面

1—门厅　　17—电脑
2—候诊　　18—机械
3—接待　　19—休息
4—办公　　20—值班
5—办公　　21—会议
6—WC
7—等候
8—更衣
9—更衣
10—库房
11—冷剂
12—检测
13—控制
14—资料
15—暗室
16—检查

图 10-3-14 美国北卡州教堂山医院 MRI 室平面

图 10-3-15 美国亚利桑那州纳凤凰城圣·约瑟夫医院超导型磁共振室

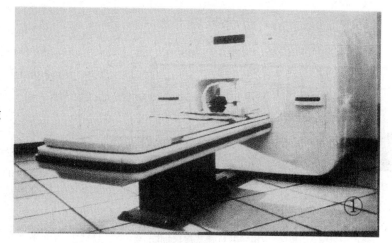

图 10-3-16(a) 0.3T 永磁型磁共振仪(MRI)

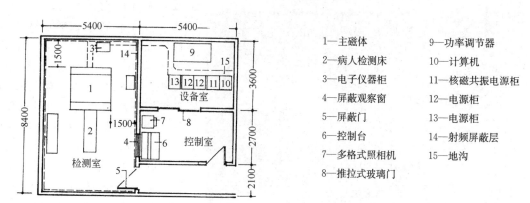

图 10-3-16(b) 0.3T 永磁型核磁共振 CT 平面布置示例

1—主磁体
2—病人检测床
3—电子仪器柜
4—屏蔽观察窗
5—屏蔽门
6—控制台
7—多格式照相机
8—推拉式玻璃门
9—功率调节器
10—计算机
11—核磁共振电源柜
12—电源柜
13—电源柜
14—射频屏蔽层
15—地沟

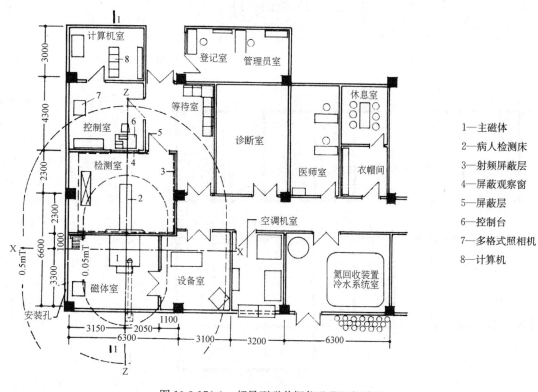

图 10-3-17(a) 超导型磁共振仪(MRI)室平面

1—主磁体
2—病人检测床
3—射频屏蔽层
4—屏蔽观察窗
5—屏蔽层
6—控制台
7—多格式照相机
8—计算机

图10-3-18为深圳市人民医院放射科及超导型MRI平面图，外墙部位留有主磁体的运输通道。该MRI与放射科一起建在大楼的第一层。

（四）磁导航介入诊疗系统

磁导航介入诊疗系统MNS（magnetic navigation system），是利用MRI和DSA以及相关配套设施，通过导入体内的细微器械采取体外操作方法，对体内病变进行诊断治疗的一种微创手术。具有"不开刀、损伤小、恢复快、效果好"的特点。特别适合内科难以奏效，而外科创伤大或不宜外科手术的病人，有了磁导航后，病人无需在影像诊断和手术室之间来回折腾，医生也无需担心参照诊断图像实施手术的偏差。未来十年内，磁导航介入诊治系统、冷热消融技术以及高新材料制成的各种导管技术，将完全改变传统手术室的固有形态（图10-3-19）。

磁导航系统整合了X光成像系统、标测和消融定位系统，有效控制了专用磁导管的远端，使医生能直观地审视心脏腔室和冠状动脉的三维解剖影像，并整合到磁导航操作平台。医生可通过触摸式荧屏发出遥控导航指令，精确控制柔性磁导管远端的运动，追踪控制介入治疗的全过程。操作者可自行选择2～4个在荧屏上显示三维图像，并结合磁导航得出的向量、解剖图标示的消融位置、标测线等，可同时显示其相关空间位置。

磁导航系统MNS，由两侧的半球形磁体组成，每个磁体由200多个小磁体构成，当两侧的磁体旋转时可产生不同方向的磁场，从而引导心导管按系统设定的方向运行，并在既定的靶点位置自动精确定位。磁导航系统的基本设备包括：

（1）磁体。可以是永磁型或超导型，但必须是开放型的，磁体置于心导管仪（DSA）

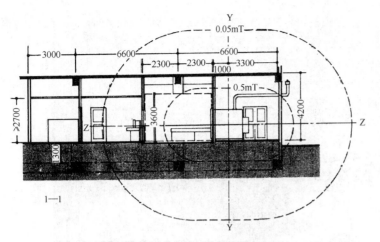

图10-3-17(b) 超导型核磁共振仪剖面

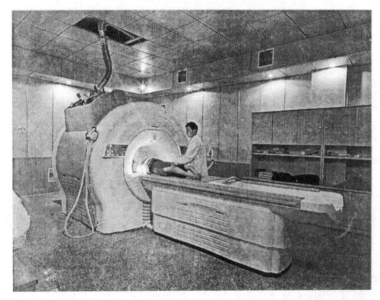

图10-3-17(c) 内景

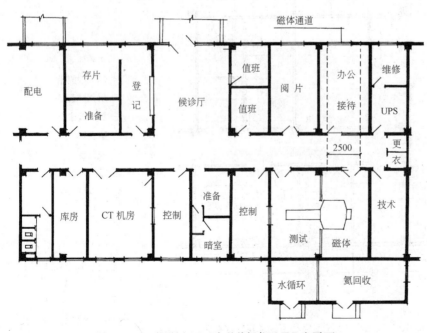

图10-3-18 深圳人民医院磁共振仪（MRI）室平面

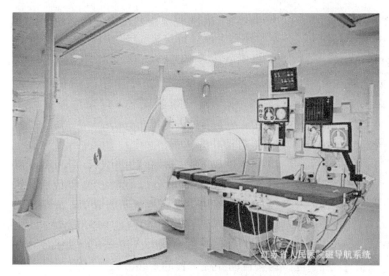

图10-3-19(a) 磁导航系统治疗室

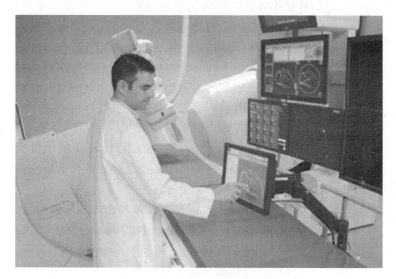

图10-3-19(b) 磁导航系统操作空间

图10-3-19(c) 磁导航系统控制室

两侧,在不用时可旋转90°移开,在患者的两侧和后方共有三个介入操作区。

(2) 磁导航计算机系统。包括软件、监视器、操作台。

(3) 磁导航专用导管等附件。

(4) 平板探测器血管造影系统(DSA)。DSA可以是单面也可是双面的,血管造影系统的球管需要防磁屏蔽、机架和导管床也需具有防磁性能。

(5) 磁导航系统的空间的需求。应综合考虑设备、操作、检修等需要,其空间大小、平面布置应会同设备供应方确定。

六、暗室、自动冲洗器、干式激光打印室

(一) 暗室

医院中影像部门有大量的X光片需要在暗室冲洗,此外门诊口腔、病理检验室的电子显微镜,核医学检查的γ照相机等也都要附设专用暗室,放射诊断部多为通用暗室。除冲洗已拍胶片外,暗室还负责装填新胶片。

1. 暗室——暗室操作的流程

从传片箱中取出已拍胶片——上洗片夹——显影——漂洗停影——定影——粗略检视——冲洗——干燥——装袋填写标识——暗盒装未拍新片——经传片箱送摄影室。装袋的已冲洗干燥的胶片送存片室或阅片室。

2. 面积和主要设备

通用暗室面积在 $18m^2$ 左右,专用暗室 $6\sim8m^2$ 即可。暗室应严格蔽光,与外部联系应设迷路、前室或转门。迷路不需设门只设门帘,出入方便;前室或门斗则需设两道门,面积较省,但出入不便;转门方式相当于活动门斗,节省面积,出入也较方便。图10-3-20为暗室入口蔽光措施。暗室的主要设备为干、湿两组操作台,装未拍片,取已拍片以及干燥后的装袋、填写标识等工作均在干作业台进行。台宽 $55\sim60cm$,长度约2m左右,台下作橱柜可存放胶片、药物。传片箱应在干作业台上方,最好每间摄片机房有一专用传片箱。现已有成品传片箱

供应。适当位置设夜光挂钟，便于暗室定向（图10-3-21）。湿作业台包括显影、漂洗、定影、冲洗等过程，设洗片池，池可分四格，分别为显影、漂洗、定影、冲洗，池壁应用耐酸材料，如瓷砖或塑料整体成型池壁为好。另外还应有空调设施。

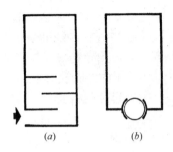

图10-3-20 暗室入口形式

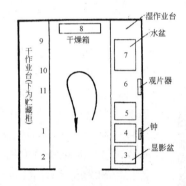

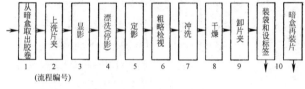

图10-3-21 冲片暗室作业流程及平面示例

3. 水电设备

漂洗冲洗各有水头，另外还应有一个供一般器皿洗涤的洗涤盆、一个热水龙头，以便调节水温。干作业台上方应有多个插座，冲片、观片应用暗淡的深绿色或红色灯光。此外暗室内应有一般照明，以便书写标识、清洗或维修器械时使用。暗室门外设红色工作灯，防止外人误入。

4. 室内装修

为防尘避光，顶棚、四壁应用浅绿色耐湿油漆，墙裙、台度为浅绿色瓷砖，门窗应有遮光措施，室内应有空调和去湿设备。

（二）自动冲洗装置

1979年，我国第一台自动冲洗机KX-I型全明室X线快速显像装置问世，20世纪80年代后，国产X线胶片高温快显套药相继研制成功，冲洗机已经定型。国外则有1965年的柯达90SXOMATM型冲洗机，1988年日本柯尼卡公司45S冲洗机成功问世。这些自动冲洗装置的安装方式有三种：

（1）半明室——冲洗机在明室，而冲洗机的胶片输入口处的金属托盘在暗室，与干作业台相连，中间以墙隔开，边缘密封防止漏光，暗室面积可以减小。目前，国内大多数为这种装置（图10-3-22）。

（2）全明室——冲洗机全在明室，冲洗机内可放置已曝光的贮片盒或输片器，插入全明室式自动冲洗机的输片口，通过负压吸盘使胶片自动进入冲洗机，从而实现全明室自动操作。

（3）联机方式——即冲洗机与X线摄片机联机，胶片曝光后自动传送到与之相连的自动冲洗机内，完成显影处理的全过程。

自动冲洗机可根据医院规模选择不同的型号，小型机每小时可完成254mm×305mm的胶片60张，中型每小时完成130张，大型每小时完成300张。

（三）X线胶片激光打印机

激光打印和数字图像储存和传输系统PACS（Picture Archiving and Communication System）是顺应医疗影像技术网络化发展趋势的全新技术。1994～1996年美国3M公司、宝丽来公司及日本的富士公司先后开发出干式激光打印机，从根本上消除了X光胶片冲洗程序，获得高质量图像的胶片。

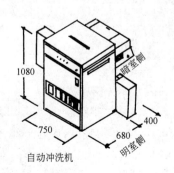

图10-3-22(a) 半明室自动冲洗机与暗室的布置

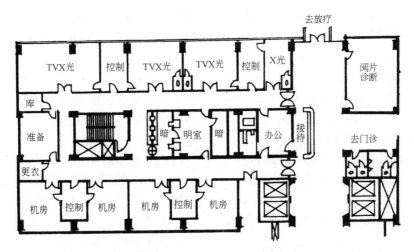

图 10-3-22(b) 日本国立医疗中心半明室自动冲洗机的布置

这种干式打印系统可以与数字式成像设备如 CT、MRI（磁共振仪）、DSA（数字减影血管造影仪）等连接打印激光图像。其优点是无废液和臭气，有利环保；全明室操作易于管理维护，无需给排水等安装工程；高分辨率、高灰阶具有高密度的调整功能；全数字化，利于图像传输为远程医疗服务创造了条件。

第四节 X射线的防护

一切电离射线经过生物组织的吸收，对生命物质都会造成伤害，保护受检者、医护人员和相关人员的安全是十分重要的。

一、一般要求

（1）X线防护最基本的措施是X线机本身应符合相关技术标准，应采用新技术、新设备，如增感器、电视远隔透视等设备，可使医生的照射量几乎近于零，病人的照射量仅为普通透视的 1/10，采用稀土增感屏摄影可将日累积照射量减少为原来的 1/4～1/7。这些设备都有较为完善的自屏措施，如防护套管、遮光器、荧光屏外防护铅玻璃等配件，并配置影像增强器，以减少X线剂量，提高成像质量。

（2）工作人员在透视操作时必须穿铅围裙，戴铅手套，在不影响检查质量的情况下，尽量用小视野、低千伏、小毫安、短时快速操作。这有利于对医生和病人的防护。摄影时管电压一般在 90～120kV，工作人员应在距放射源 2m 以上的操作室内控制，并尽量减少不必要的床边照像。

（3）X线机虽有各种自屏蔽措施，但散射影响仍需考虑，X线机房四壁和楼板、顶棚应作防护处理，满足相应材质的防护厚度要求。如X线摄像机有效线束所向的墙壁或楼面应有 2mm 厚铅当量的防护厚度，若用容重 1600kg/m³ 的砖墙厚度为 240mm，其他墙壁门窗、顶棚应有 1mm 厚的铅当量的防护厚度。若用容重 2300kg/m³ 的混凝土楼板则厚度为 100mm。

（4）由于X射线照射剂量与该物体距放射源距离的平方成反比，机房面积大小对防护影响很大。因此，200mA 以下的机房面积不应小于 6000mm×4000mm；200mA 以上的机房不应小于 6000mm×6000mm；层高不低于 3.6m。

二、防护计算

一般诊断用X线机的机房，其管电压大都在 100～125kV，按一般防护要求即可，不必计算。但X线治疗用房，其管电压多为 200～400kV，其主副防护体则必须计算确定。

（一）计算公式

$$K_x = \frac{I}{d_0 R^2}$$

式中 I——与最大管电压相适应的电流强度（mA）；

R——距辐射源的距离（m）；

d_0——最大允许照射剂量（μRt/s——微伦琴/秒）；

K_x——计算X线机周围防护结构铅当量厚度的X线机最大管电压及余数（kV）。

（二）计算规则

（1）X射线机直接操作的工作人员的职业性照射，其最大允许照射剂量 D 为 0.3 伦琴/周，对于在邻室、过道及室外的工作人员的非职业性照射，其最大允许剂量 D 为 0.03 伦琴/周。1 伦琴 = 10^6 微伦琴。

（2）直接操作X线机的工作人员的工作时间 T，

可按每周36小时计，邻室工作人员的工作时间 T 按每周48小时计，过道或室外流动人员的时间 T 按每周2小时计。每小时等于3600秒。

（3）离辐射源的距离 R 值，在计算X线机房与邻室的防护墙时，R 值自辐射源垂直于墙的方向计算至墙外0.5m处；计算X线机房与公用走廊或门厅之间的防护墙时，R 值自辐射源垂直于墙的方向计算至走廊或门厅的中心线处，但至防护墙外不得大于1.5m；当X线机靠外墙设置时，R 值自辐射源垂直于外墙方向计算至墙外1.5m处；当计算X线机房顶板时，R 值自辐射源垂直于顶板方向计算至顶板上0.5m处。

（4）当X线机最大输出电压为175kV以下，与之相应的电流强度 I 为1~10mA，防护距离大于2m时，防护层厚度可不经计算，按不低于表10-4-1之数值采用。当管电流大于10mA，防护距离小于2m时，应将防护厚度增加1mm的铅当量。

三、防护构造要求

（1）当机房围护结构铅当量防护厚度有差异时，在交接处应保证一定宽度的搭接，一般不应少于15mm。固定铅板的钉子应以铅板覆盖，不得用焊接，以免受热融化使铅板变薄。为防止碰损和铅氧化的危害，铅板应以胶盒板覆盖保护。

（2）砖墙防护应采用容重不低于1600kg/m³ 的粘土实心砖，砂浆必需密实饱满，并不得留有后填孔洞。混凝土防护结构墙的混凝土容重应不低于2300kg/m³，且振捣密实；大体积混凝土墙应适当配筋，以防开裂变形。

（3）防护墙体应埋入地下至少500mm，并使基础牢固可靠，防止收缩沉降产生裂缝，并应避免射线折射。非主防护墙与主防护墙、板的交接处不宜使厚度剧减，最好作斜面渐变，或在交接处用经计算的铅板盖缝。铅板宽度不少于300mm。

（4）X线机房的门每边和墙的搭接宽度应为门、墙间缝隙宽度的15倍，但不小于150mm。门扇应嵌入地面凹槽，以防射线渗漏。

X线诊断室应开高遮光窗，治疗室则不宜在外墙开窗。观察窗的防护铅玻璃应嵌墙，嵌入深度应为玻璃厚度的2倍。窗框与玻璃，窗框与墙体之间的缝隙应严加防护。

（5）X线机房应尽量避免管线穿越，必须穿过时，应有妥善防护措施。

不同材料防护体防护厚度表 表10-4-1

	管电压 kV	75	100	125	150	175
铅	密度 11.34g/cm³	1	1.5	2	2.5	3
混凝土	密度 2.2g/cm³	85	120	170	230	290
砖	密度 1.5g/cm³	137	170	220	300	360

厚度单位：mm

第十一章 核医学与放射治疗设施

核医学是和平利用原子能的一个重要组成部分。放射性同位素在医学、生物学方面的应用范围所涉及的深度和广度与日俱增，在诊断和治疗方面所具有的独创性，使之成为一门新兴的独立学科和医院的重要组成部分。

在一些发达国家，医院的就诊患者中，有1/3或1/4的病人接受核医学的诊断或治疗。据武汉市1996年调查资料，核医学检查人次约占总检查人次的3.12％。因此，今后还有很大的发展空间。核医学诊断可以非常方便、安全、无伤地检查疾病，放射性同位素标记的示踪物是多种多样的，它可以参与显示心、脑、肿瘤等组织器官的生化与生理过程，不但能反映其形态，而且能揭示其功能。

在核医学及放射治疗方面，主要是针对癌瘤或甲状腺、淋巴腺疾病采取的内照射或外照射治疗。内照射是采取口服放射性同位素药物，利用其电离辐射对机体组织所起的生物效应来抑制或破坏病变组织，以达到治疗的目的。外照射则主要是利用高能射线如钴60，电子加速器等对癌瘤组织进行治疗。此外，近年来兴起的立体定位放射治疗装置如X刀、γ刀、中子刀等，使这一领域得到了前所未有的充实和扩展。

第一节 同位素诊断室设计

一、功能分区及组成内容

（一）同位素诊断室的位置

由于放射性同位素释放的射线，可引起物质电离，如应用管理不当，可能使人体正常细胞受到损害。因此，放射性同位素室的位置应在院区常年风向的下风一侧，避开人口稠密区，应与门诊部有较方便的联系。紧靠高活区一侧应有场地布置同位素污水处理池，其通风橱、储源、分源的排风口应高于附近50m范围内最高建筑物3m以上。但是在城市医院中，同位素室虽在医院下风却处在另一单位的上风，在高楼林立的市区也很难满足同位素室排风口的高度要求，这时只有采取吸附过滤装置，才能做到达标排放。

（二）功能分区

放射性活性区与非活性区应严格区分，其间应设置卫生通过间进行淋浴、更衣、测定，经检测无放射沾染后才能进入非活性区。

（1）清洁区——此区应位于上风侧，无放射污染的非活性区，包括候诊、登记、诊室、办公、会议、图书、资料等用房。

（2）低活区——放射强度较低，处于微居里水平的区域，包括卫生通过间、测量室、示踪室、实验室等，应与高活区严格隔离。

（3）中活区——放射强度高于低活区，但仍属微居里级，包括服药、注射、扫描、试剂配制、卫生通过间、γ像机室等。

（4）高活区——放射性强度在毫居里水平以上，须与其他工作室严格隔离，房间墙壁有足够厚度。此区包括储源室、同位素发生器（"母牛"）室、分装室、标记室、污物处置室、洗涤室、高活性的放化实验室、废弃物存放室等。

在平面布置时，应将高活区布置在尽端，靠近高活区依次布置中活区，靠近中活区布置低活区及出入口，出入口的另一侧布置清洁区。

图11-1-1为某医学放射性同位素实验室。其右边入口右侧为清洁区，左侧为卫生通过间，然后从右到左依次布置低、中、高活性室，左边尽端为钴60辐射源室和X光室。这些房间辐射强度较高，布置在端部易于控制管理，并设单独出入口，便于储源铅罐的进出。

图11-1-2为北京肿瘤医院核医学部平面，设于门诊3楼，工作人员用中间走廊，病人则利用中庭回廊候诊，接诊、扫描、功能检查等向候诊廊开门，病人与工作人员线路分开，互不干扰。清洁区与低中活区之间的通道被隔断，需经卫生通过之后才能进出，中活与高活区之间有门相隔，划分清楚。高活区的洗涤室内，有货梯直通底层的外部出口，便于储源铅罐的运送。管理严密，使用方便。

图11-1-3为河南安阳市肿瘤医院同位素室，为角尺形平面，高活区、中活区各占一个尽端，卫生通过布置在转角处，两边使用都较方便，高活区内设有内走廊，以减少公共通道的开口数量，利于高活区的管理，从而形成复廊式布局。

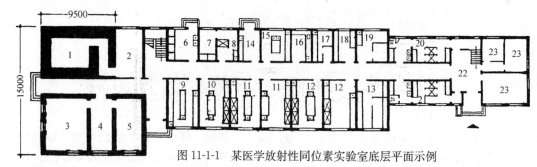

图 11-1-1 某医学放射性同位素实验室底层平面示例

1—钴60辐射源室；2—钴60控制室；3—慢性放射病理照射室；4—X光机控制室；5—X光室；6—污物处理室；7—同位素贮藏室；8—同位素分装室；9—内照射动物房；10—毒理研究室；11—中放射性实验室；12—低放射性实验室；13—测量室；14—动物准备室；15—解剖室；16—切片室；17—暗室；18—天平室；19—组织培养室；20—卫生通过室（男）；21—卫生通过室（女）；22—进厅；23—办公室

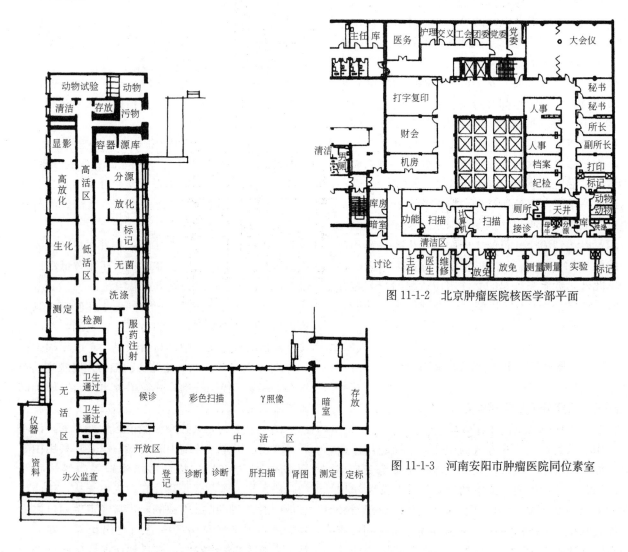

图 11-1-2 北京肿瘤医院核医学部平面

图 11-1-3 河南安阳市肿瘤医院同位素室

图 11-1-4 为中国医科院肿瘤医院同位素室平面，为角尺形2层配楼，1层中廊部位从左至右分别安排清洁区和低、中、高活区，高活区另设专用出入口供源罐运送。病人暂时留住的病房也设在高活区，专设卫生间，其供应食品等也由专用出入口运送。外廊部分为清洁区，其卫生通过部分全在清洁区内，而不是在清洁与活性区的衔接部位。

图 11-1-5 为日本筑波大学医院核医学诊疗部。图 11-1-6 为日本千叶肿瘤中心核医学诊疗部。其共同特点是高活区的储源分源、洗涤分划清楚，中低活区与清洁区的界限模糊，卫生通过简单，位置也较灵活，可能与其放射性强度整体水平较低有关。

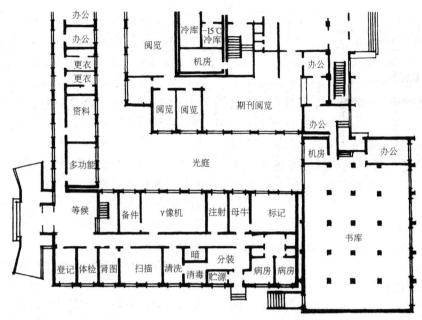

图 11-1-4　中国医科院肿瘤医院同位素室平面

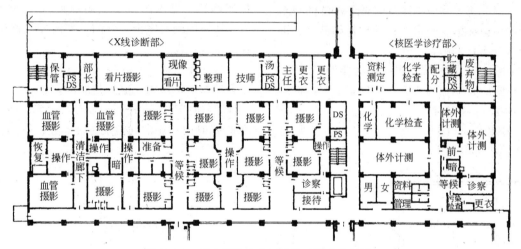

图 11-1-5　日本筑波大学医院核医学诊疗部平面

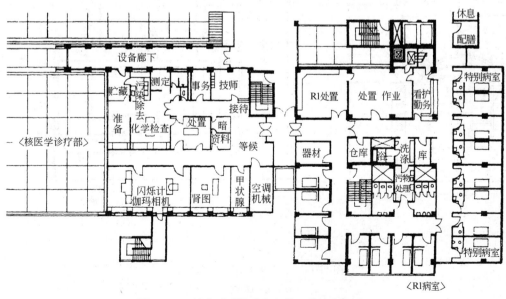

图 11-1-6　日本千叶肿瘤中心核医学诊疗部平面

二、各部设计要求

(一)高活区的一般设计要求

(1) 高活性区各室之间最好有内走道互相连通或作套间处理,同位素治疗室最好能有自动化的水平运送装置,尽量减少人工运送及照射时间。

(2) 高活区与低活区或与清洁区之间必须设置卫生通过间,以防放射性污染扩散。高活区应在尽端,防止无关人员过境穿越,且应处于下风向。

(3) 高活区应处于负压,气流应依清洁、低活、中活、高活的顺序方向流动,以防高活区的空气侵染低活区或清洁区。

(4) 为防止放射性粉尘微粒被吸入人体而产生的内照射危害,建筑室内设计应易于防尘、易于清除放射性沾染的材料,房间四壁及顶棚、地面、门窗、实验台面等应采取吸附率低又便于冲洗的建筑材料,表面粗糙疏松、吸附力强的材料如砂浆、混凝土、木材等不宜采用。

(5) 一般在毫居里以上同位素的储源、分源、洗涤和操作室应设运输检修廊,同位素由源室提取后经检修廊送入各操作箱。

(二)各室设计

(1) 储源室——源室一般位于底层或地下室,应设单独入口和前室,设两道门形成气闸,门宽应在1.2m左右,便于储源铅罐进出。源窖一般直径在150~300mm之间,以200mm窖径用得较多,深度为300~1000mm。源窖材料多为150~200号混凝土,内衬钢板,上有混凝土盖板。此外,源室内还应设有同位素储藏柜,作为临时存放小剂量同位素源之用,每一个小箱存放同类同位素源,并在小门上标示同位素名称及编号(图11-1-7)。储源柜外放射剂量不应高于2毫伦/小时,储源设施在不关门不加盖时,在距其1m高度处测定其剂量不应高于10毫伦/小时。

剂量较小的储源室往往与分源室设在一起,贮源柜直接设在分装通风柜下面,通风柜台面上设多个储源铅罐升降孔,通过摇柄将下面的铅罐提到柜内,在屏蔽条件下操作(图11-1-8)。储源室要求全机械通风。进入源室前先通风换气,稍后方能进入。源室应绝对安全,外门、外窗加铁栅保护,防止无关人员误入。

(2) 分源室——分装同位素源的地方,分装室应紧靠储源室布置,也可与储源室合二为一。分装工作是在通风柜或手孔柜内操作,以便为患者分装准备注射或口服的同位素药物。分装柜内应有电源

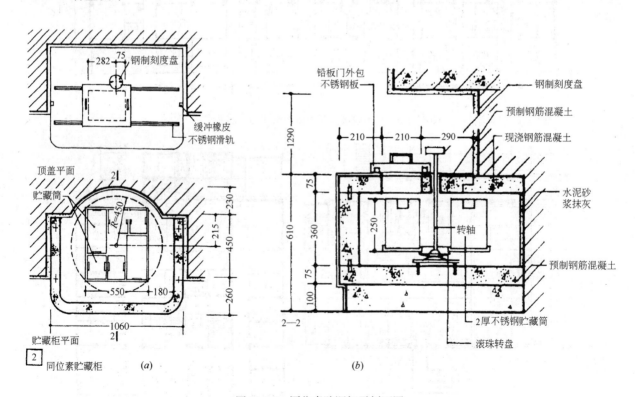

图 11-1-7 同位素贮源柜平剖面图
(a)平面;(b)剖面

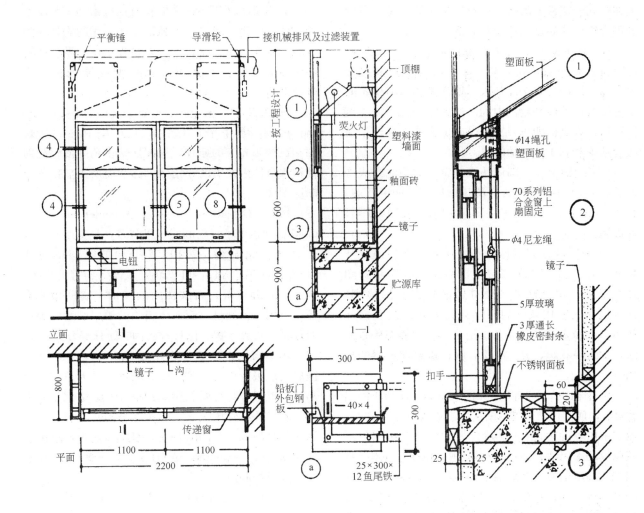

图 11-1-8 分装柜下的贮源库平剖面图

插座、冲洗水池,四面有防护铅砖,操作人员正对的柜壁后板应有镜面,以利操作观察,柜内台面最好用易于清洗的不锈钢贴铺。通风柜应具每秒 1m 风速的排风装置。

(3) 标记室——标记是在同位素中配入一定数量药物的配制室,标记室也是设置同位素淋洗稀释装置的地方,这种装置俗称"母牛",即由长周期同位素母体经盐酸淋洗稀释为短周期的同位素子体,所以这里又称"母牛"室,核母牛也是在通风柜内进行操作。"母牛"也称发生器室,如 99 钼-99 锝母牛;113 锡-113 铟母牛等。

(4) 洗涤室——符合要求的洗涤室是同位素防护的重要设施,室内要有足够的洗池,以满足不同种类和活性水平的器皿洗涤要求。污染器皿一般可以在陶瓷盆内洗涤,盆上方应有冷、热水龙头。洗涤活性高的器皿应在洗涤通风柜内进行,其构造与一般通风柜相似,台面上设器皿洗涤槽,柜内设冷热水龙头,用脚踏开关操作。第一、二次洗涤的废水由专用下水管排入放射性污水贮存池,或称衰减池。其他污水排入临时存水池,符合排放标准后即可排入普通下水道。洗涤室还应设置器皿柜,供放置清洁器皿之用。

洗涤室如能附设一个淋浴间则更为理想,有偶发沾染可以及时清洗。有些单位认为器皿最好由实验人员自行清洗,便于把不同性质的污染器皿和污水区分开来,洗涤后的污水也由实验人员自行处理,以减少污水处理量。

(5) 放化实验室——高活性放射性化学实验室也应属于高活区,主要是对高活性源进行化验、稀释,对病人的检体标本进行化学检验测定。放化实验室工作人员要经卫生通过间,由于实验多在通风柜内操作,而通风柜或工作箱上部要安装过滤器,以减轻放射性污染,因此层高应比普通实验室要求高 600～1000mm,高活区的通风系统应为直流系统,不能循环使用。放化实验台和通风柜的台面常常用铅砖防护,所以荷重较大,台面及支承结构应更加坚固。实验室的污水应有单独排放体系，要经处理合格后才能排入普通下水道。

（6）注射室——其位置应在高活与中活性区的连接部位，靠近高活区的洗涤、标记或分装室布置，以缩短同位素药品的人工输送距离，减少不必要地接触放射性药物的时间。注射室一般不需设置治疗床，设坐椅即可，室内设施也应考虑易于清洗放射沾染和利于防护的问题。

（7）扫描室——即体外检测室，按功能和成像性质有多种扫描检测装置及其扫描室，如甲状腺，肾图、肝扫描、γ照相机、ECT、SPECT、PET-CT等设施。

1）放射性核素成像技术是从同位素扫描仪开始的，1951年产生了第一台扫描仪，1955年肾图仪问世，并相继开展各种脏器的核素扫描检测，让受检病人服用或注射同位素药剂并达到受检部位后再用仪器进行逐点扫描记录的一种静态检查方法，如对甲状腺、肾、心肌、脑、胰腺等脏器的扫描等。

2）γ相机——1958年美国人Anger成功研制出γ相机，使同位素影像诊断从静态进入到动态观察，以了解脏器的生理代谢功能。γ相机是利用同位素所释放的γ射线，通过γ相机中碘化钠铊晶体产生闪烁光和电信号，然后通过相机的示波显示拍录成图像，供诊断治疗使用。有时还可通过电算机，对拍摄的图像进行数据处理，使图像更加清晰、准确。γ照相机室应附设暗室设备。

3）发射型CT——这是放射性核素与CT技术相结合的产物，即ECT。按照其所采用的物理探测方法。ECT可分为两大类：即单光子发射型计算机断层术（SPECT）和正电子发射型计算机断层术（PECT）。

SPECT（Single photon emission computerized tomography）属单光子计数型，是采用扫描机或闪烁照相机探测光子的原理，探测器从多角度接收放射性核素自体内发出的γ射线，然后由所得数据重建断层图像。

PECT（Positron emission computerized tomography）即正电子发射断层扫描装置，是专用作正电子衰变核素显像的。PECT得到的断层影像比SPECT更真实清晰，可以研究人体各器官的生理、生化、病理状况，而其使用的核素半衰期却非常短，可用较大剂量，而人体吸收的辐射剂量也都相对较小，可大大提高图像对比和空间分辨力。

由于同位素诊断临床用量每人每次仅2～200微居里，极少病人用到500微居里。每天总用量最高1～2毫居里，每周总用量最高6～12毫居里。因此，除某些特殊情况下，建筑本身不必考虑防护问题。各种扫描室空间大小视机型用途而定，单机室约4500mm×6000mm，或6000mm×6000mm，一般不单独设控制室。

图11-1-9为扫描室。图11-1-10为伽玛（γ）照相机室。图11-1-11为γ相机、SPECT室内景。

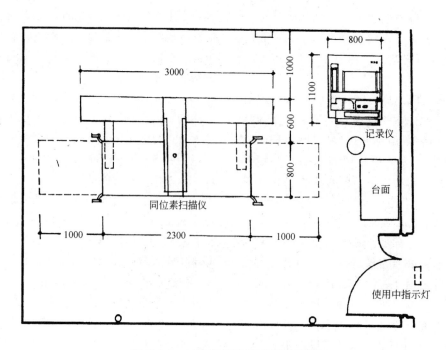

图11-1-9 同位素扫描室平面及剖视图

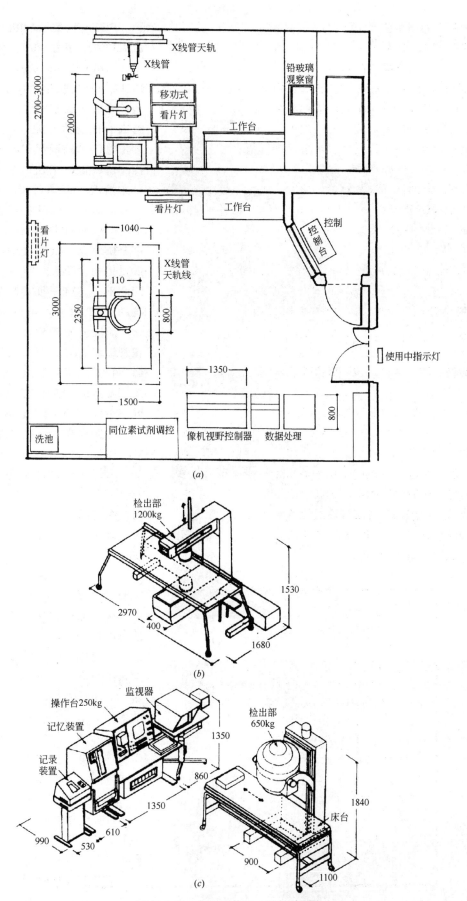

图 11-1-10 伽玛照像机室及相关设施
(a)伽马照像机室；(b)同位素扫描仪；(c)伽马照像机及相关配置

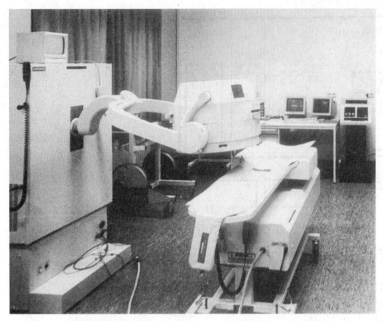

图 11-1-11(a) 单光子发射型 CT(SPECT)扫描室内景

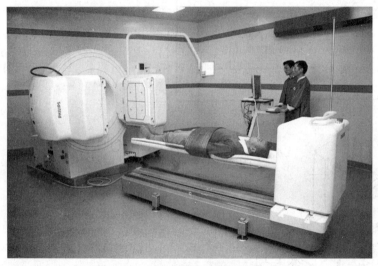

图 11-1-11(b) 伽玛照像机扫描室内景

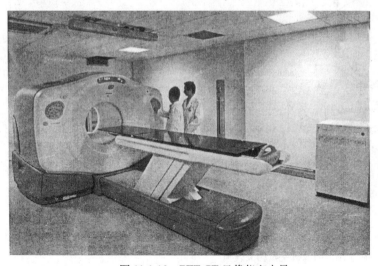

图 11-1-12 PET-CT 显像仪室内景

PET-CT 就是将核医学领域的最新成果"正电子发射计算机断层显像技术（Positron Emission Tomography-PET）"所获取的功能信息，与"X射线计算机体层显像技术-CT"获取的解剖学信息进行融合。是把极其微量的正电子示踪剂注射人体后，用 PET 探测这些正电子核素在人体各脏器的分布情况，再结合 CT 的精确定位，准确地显示出人体各器官的生理代谢情况的核解剖结构。传统的 CT 检查密度分辨率高，定位准确，但只有当疾病发生到"形态改变"时才能被发现，因此不能达到早期诊断的目的。而传统的 PET 检查，虽然能在"代谢异常"阶段就发现病灶，但是缺乏周围正常组织的对照而难以精确定位。将 PET 图像与 CT 图像融合，可以同时反映病灶的病理生理变化及形态结构，同步达到疾病的"定位"、"定性"诊断，明显提高了诊断的准确性以及治疗方案的合理性。由于设备投资达数千万元，一次检测收费人民币万元左右，笔者以为千万人口区域内设置一台，多家医院合设共用方能充分发挥设备效能。图 11-1-12 为 PET-CT 显像仪室内景。

（8）卫生通过间——卫生通过间一般设于高活区与中低活区之间，或活性区与非活性区之间，视放射剂量情况而定。如设在活性区与非活性区之间，则高活区与中活区之间应设气闸室作为缓冲间（根据实际情况设洗手盆、工作服柜、去污染设备等），以保证工作人员安全。卫生通过间包括存衣室、淋浴、卫生间、剂量检查和工作服等部分。工作人员进入活性区或高活区前，先脱外衣，然后穿工作服（有时可能要戴口罩、手套）进入工作室，实验完毕后经过卫生通过间，脱去工作服，通过洗手、淋浴，经剂量检查合格后方可至存衣室穿上外衣离去。卫生通过要求路线简单明确，一头接高活性区，一头接非活性区，进、出男女分列，流线合理。

第二节 核医学与加速器治疗

一、位置及布置方式

(一)组成

放射治疗部分包括核医学治疗(如后装腔内照射治疗,钴60治疗)、超高压治疗(如直线加速器,回旋加速器)、立体定向放射治疗装置(如X刀、γ刀、中子刀)等部分组成。肿瘤医院这些设施较为齐全。

(二)位置

放射治疗部分因涉及同位素或高能射线,考虑到防护管理和人们对核的恐惧心态,希望把它布置在较偏僻的独立地段,但又要考虑门诊和住院病人使用上的方便。因此,其位置应在门诊和住院之间,仍属医技的一个组成部分。同时也考虑到这些放疗设施重量大,体积大,防护墙体厚重。因此,一般只能放在地面或地下层,与主体建筑联成有机整体。

(三)布局

大体上可分为独立式、毗联式、集中式三种类型。

1. 独立式

即单独的放射楼,将相关设施集中在一起独立于主体之外或有廊相连,形成放射治疗区,有独立防护地带。可避免外界干扰,有利于按需要做防护处理。这种形式多见于历史悠久,布局分散,用地宽松的老医院。主要问题是布局散,线路长,占地大,联系使用不便,在用地趋紧的新建和改建医院中已较为少见。

参见图11-2-1～图11-2-5。

2. 毗联式

或称半集中式,即采取分栋联廊的方式,放疗部分与其他部分联成有机整体,而又具备使用功能上的相对独立性,可集中防护,便于管理,管线、用地也较节省。

图11-2-6为北京肿瘤医院,其放疗部分介于门诊与住院之间,布置在地面层,门诊从右面东端入口,住院从左面西端入口,后装机,加速器等设备贴建于裙楼南面。布局紧凑,用地节省,床均用地104.58m²/床,这对肿瘤医院用地而言是偏少的。但由于建筑与绿地面积相对集中,院内仍保留有大片绿化面积。

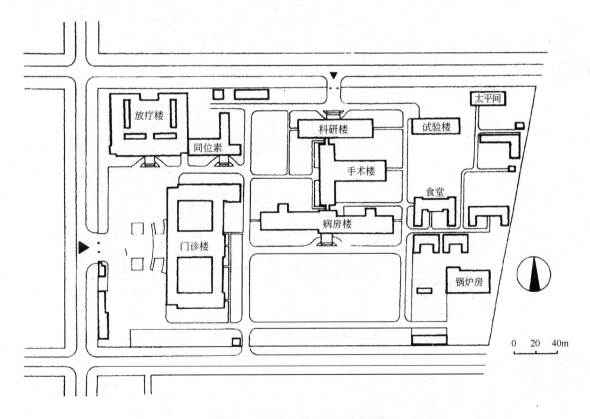

图11-2-1 河南省肿瘤医院总平面图

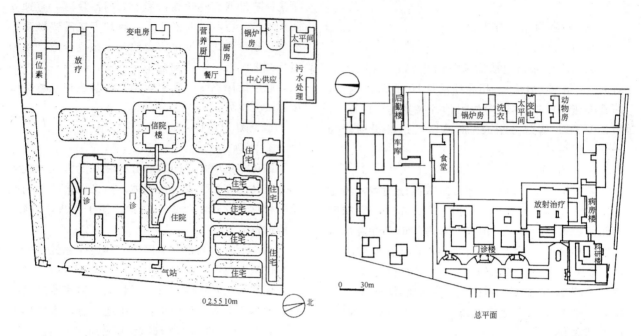

图 11-2-2 云南省肿瘤医院总平面图　　　　图 11-2-3 中国医科院肿瘤医院总平面

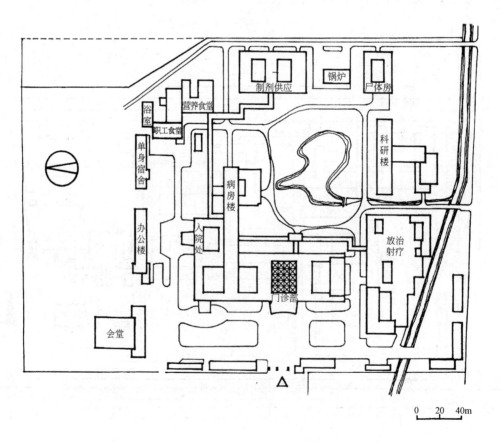

图 11-2-4 四川省肿瘤医院总平面

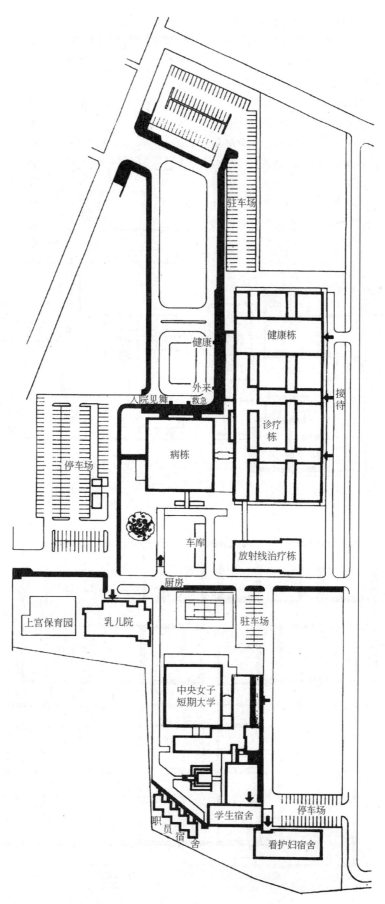

图 11-2-5 日本东京赤十字医疗中心总平面

图 11-2-7 为陕西省肿瘤医院放疗及同位素室平面，是分栋联廊布局的典型案例。放疗楼与同位素位于总平面的西北角，为常年主导风向的下风区域。有联廊与门诊和住院相连，自成一区，相对独立，而又联系方便。床均用地 83.49m²/床。

图 11-2-8 为日本千叶县肿瘤中心放疗部平面及首层平面图。其采取缩廊压距的方式形成较为密集的分栋联廊布置方式，放疗与手术部贴连成一体，并设联系通道为放疗与手术疗法的结合创造了良好条件，便于在术前、术中或术后实施放疗照射。此外，放疗部分与门诊大厅，住院部的电梯厅也有较直接的联系。

图 11-2-6 北京肿瘤医院放疗部平面

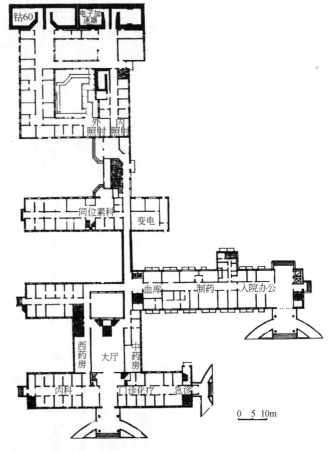

图 11-2-7 陕西省肿瘤医院放疗及同位素室平面

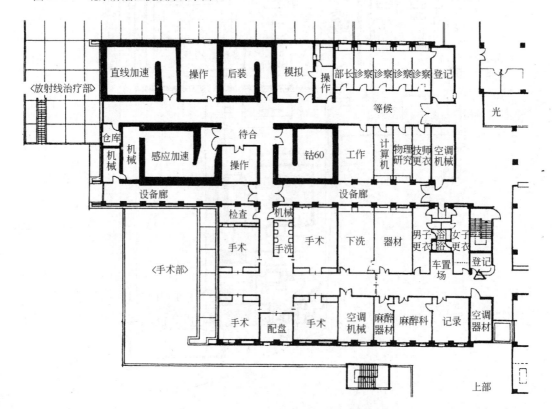

图 11-2-8 日本千叶县肿瘤中心放疗部平面

3. 集中式

放疗部分集中布置在医院主体的裙房地下层，呈板块式布置与各部有紧密的联系，放疗部分又自成一体在功能上相对独立，各部流线最为短捷流畅，此种布置多为集中在一栋楼内的一栋式医院建筑。

图 11-2-9 为美国旧金山大学锡安山肿瘤中心，其放疗部在原有医院建筑的地下层建造，在功能上形成一个有机整体。

图 11-2-10 为日本国立肿瘤中心医院放疗部分，核医学部分设在地下 2 层，呈板块式集中布置。通过内核交通枢纽和环形通道把医院各部联结起来，布局极为紧凑。放疗部专设手术室并与回旋加速器联通，利于进行综合治疗。

图 11-2-11 为日本东京圣路加国际医院。其放射治疗和核医学部设在地下 1 层，相互贴邻布置在较核心的部位，通过核心交通枢纽与门诊和住院部联系。

图 11-2-12、图 11-2-13 为美国弗吉尼亚路易斯阿比什纪念医院肿瘤部平面及加速器治疗室，在地面层与原有建筑贴邻建造，加速器治疗布置在尽端部位，各得其所，互不干扰。防护墙体及主防部位的平剖面设计周详。

二、核医学与加速器治疗

（一）内照射治疗

是利用放射性同位素镭、铯对病人体腔内的癌瘤组织进行照射的治疗方法。过去常用镭，因镭半衰期过长，一旦破损可能放出氡气，造成污染，同时镭的穿透力强，易导致放射损伤，国外已经较少采用，而以铯^{137}取代。在治疗方式上又有前装病房与后装治疗室之分。

1. 前装镭铯病房

20 世纪 60～80 年代，多采用镭、铯病房，治疗部位多为口腔或宫腔，尤以妇科宫颈癌为主。即将事先装有放射源的容器由医生采取措施将其植入患者腔内病灶部位。经 12～24 小时后由医生取出，装、卸放射源的工作均应在专设的治疗操作室进行。由于患者置源后具有放射性，为防护起见，患者必须在专设的病室卧床休息，各床之间也要有相应的防护措施，以防置源病人互相放射引起伤害。

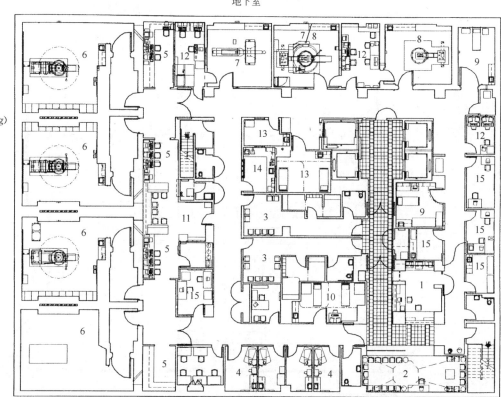

1—接待室
2—家人候诊室
3—更衣室（Gowned waiting）
4—诊查室
5—直线加速器控制器
6—直线加速器
7—CT 模拟
8—HDR 成像
9—HDR 程序
10—高热患者区
11—观片站
12—控制器
13—病区
14—护士站
15—工作站

图 11-2-9　旧金山大学锡安山肿瘤中心放疗部平面

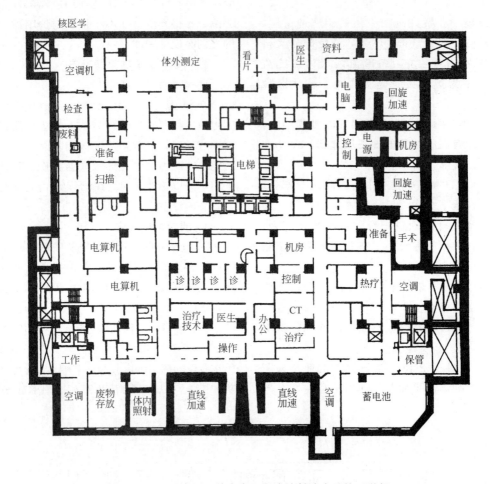

图 11-2-10　日本国立肿瘤中心医院放射治疗及核医学部

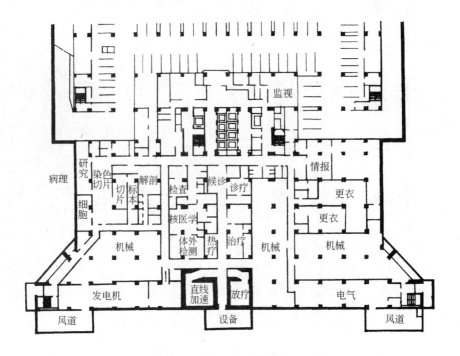

图 11-2-11　日本东京圣路加国际医院核医学及放疗部平面

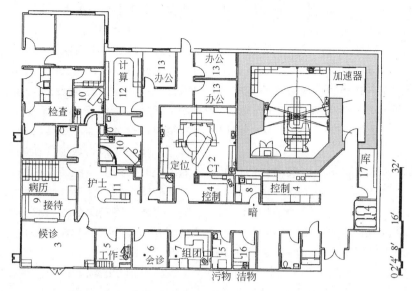

图 11-2-12 弗吉尼亚路易斯阿比什纪念医院肿瘤部平面

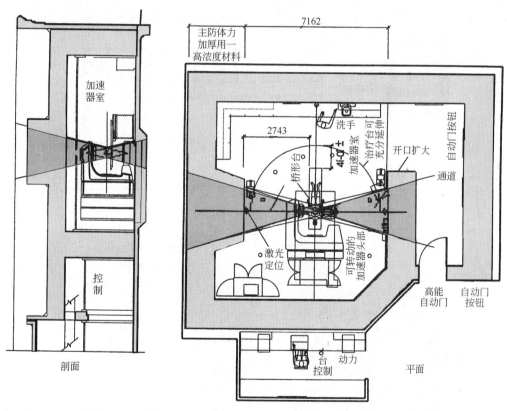

图 11-2-13 弗吉尼亚路易斯阿比什纪念医院直线加速器室平剖面图

图 11-2-14 所示的镭、铯病房把主次防护墙设计成双"T"字形,主防护墙较高较厚。次防护墙较低较薄。次防护墙中间开有小孔,可供置源病人交谈。床侧设有床头柜、洗手盆和呼唤对讲装置、电视等。床的一侧设有串联各病室通往置源室的轨道,置镭病人由自动防护平板车沿轨道滑行送回原位。不必由工人运送,免遭射线伤害。

(1) 储源室——多设在镭铯病房的端部,远离值班室,平时射源都应入库,分类保存,分别取用,源库可做成自动式、抽屉式、井下式等。用混凝土或铅作防护体。

(2) 操作室——或称备源室,在这里准备射源制剂,模具冲洗,消毒。其位置在病房端部,并与置源、卸源室相连。室内主要设备为一条自动存取、自动冲洗射源模具的操作机。射源由储存器中自动取出后通过传送带送到置源室,由医生置入病人腔体；从病人身上取出的射源模具也通过传送带送回操作室，冲洗消毒后，自动送入储源室。

（3）置源室——又称手术室，是医生为患者置入盛源模具（容器）的地方，包括手术准备、消毒空间，其位置应贴邻操作室和病房。在病床不多的情况下置源室兼作卸源室，即取出盛源模具的地方。室内要求无菌，有立灯、治疗床、坐椅，防护铅屏等设施。

图11-2-14为昆明医学院附属医院前装镭铯病房平面图，共设有6张床位，上、下镭合在一间房间进行。镭病房采取主、次双"T"防护墙方式，病房与上下镭室之间设有轨道和自动平车联系。

图11-2-15为河南安阳市肿瘤医院前装镭铯病房平面。共设10张床位，上源下源分设，为圆形平面，防护墙体呈F形布置，外周为一般公共走廊，内周走廊顺时针方向可到下源室，逆时针方向到上源室，储源室设在上下源室之间，对病人的生活设施也作了相应考虑。

2. 后装治疗室

为了从根本上解决工作人员在置源过程中受到较大剂量的照射，又能从容准确地为病人安放射源模具，在20世纪60年代，国外就创造了后装技术，即先在病人身上正确地安放不含放射源的空芯塑料或金属容器（模具），然后在安全防护的条件下，隔室遥控将放射源通过联通的管道送入已置入体腔的模具中。要实现这种后装技术，要求设置专用的后装机，包括联通放射源、储源库和模具之间的管道，还应设置电动或手动的控制台。放射源多为钴60，高剂量治疗每次治疗时间在一刻钟左右。

后装治疗的优势在于，后装方式易于保证放射源安全准确地放入病人体腔的病灶部位，工作人员可免去近距离置源操作，这样更为安全可靠。由于照射时间短，可减轻病人痛苦，可免设病房及其他

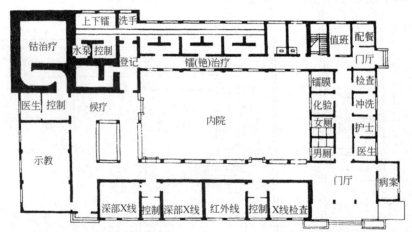

图11-2-14 昆明医学院附属医院前装镭铯病房平面

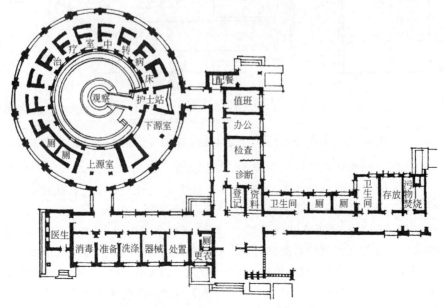

图11-2-15 河南安阳市肿瘤医院前装镭铯病房平面

相关设施,建筑和用地面积更为节省。根据需要一般设置1～2间后装治疗室(图11-2-16)。

(二)钴60治疗室(外照射)

钴60远距离体外照射治疗机,可用以治疗体内深部癌瘤,它所发射的γ射线穿透力强,平均能量约为1.25百万电子伏,故又称超高压治疗。由于其设备及治疗费用较低,疗效显著,因此在肿瘤医院或综合医院应用较广,在一些地、市级医院无力装备加速器的情况下仍多选择钴60机为主要放疗手段。一些大型医院也同时装备有加速器和钴60机,以便配合使用,满足不同患者的要求。设计时往往成对贴邻布置,这样便于集中管理,共用一些公共设施,并可共用部分防护墙体。

钴60治疗室平面形状虽多种多样,但仍以方形、矩形更为适用经济。圆形、卵形看似节约面积,但结构施工复杂,并不节约投资,对射线场的分布和防护也无明显优势,所以较为少见。

图11-2-17为河南安阳肿瘤医院钴60治疗室组合平面及配套设施,采用矩形平面,周围布置相关设施。

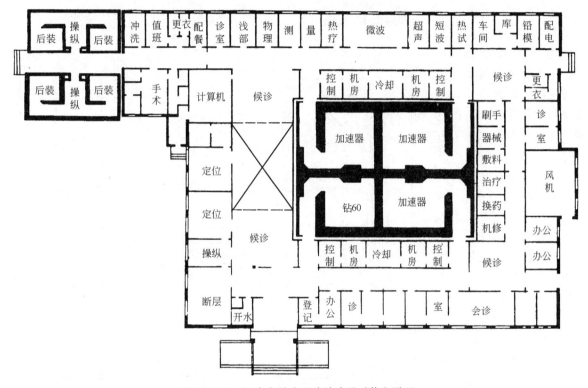

图11-2-16 河南省肿瘤医院放疗及后装室平面

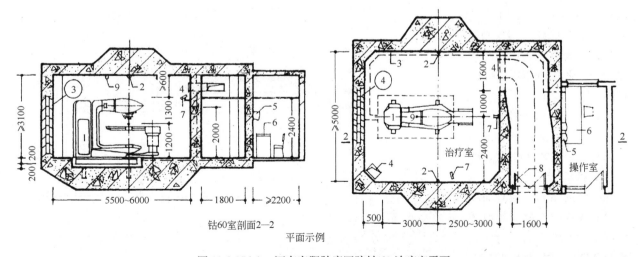

图11-2-17(a) 河南安阳肿瘤医院钴60治疗室平面

1—钴60治疗机;2—定位灯;3—地槽;4—风口;5—监视电视;6—控制台;7—电视摄像机;8—防护门;9—吊钩

（三）电子加速器治疗

医用加速器的种类较多，常用于放射治疗的有电子直线加速器、电子感应加速器、电子回旋加速器等。目前，最常用的是直线加速器。直线加速器具有单纯的X射线和电子线（即贝塔线），可依靠调节射线能量来调整其射入人体组织的深度。电子感应加速器属于低能加速器，多用于工业伽马射线探伤或治疗癌症。

1. 电子回旋加速器

电子回旋加速器是利用微波谐振腔来加速电子，用直流均匀磁场作导向，使电子作回旋加速的装置。可将电子加速到比直线加速器高得多的能量水平，并可精确调节能量，不受负荷影响，束流品质好。深圳奥沃国际科技发展有限公司开发的新型回旋加速器，可代替医用直线加速器，质子束可加速到接近光速后用于治疗肿瘤。它几乎不会伤害到正常组织细胞，世界医学界公认其为最先进的治疗方法。回旋加速器又是产生正电子药物的装置，因此，稳定高产的医用回旋加速器，是PET/CT显像的根本保证，不仅满足医院自身需求，还可作为中等供药设施向周边医院供药。

2. 电子直线加速器

电子直线加速器能产生能量范围较宽的X射线，能产生多种能量的电子束，X线的放射剂量高，射野面积大，射线均整度好，放射源焦点小，准确度高，对病人的安全性好。在中晚期肿瘤切除手术时，进行一次暴露

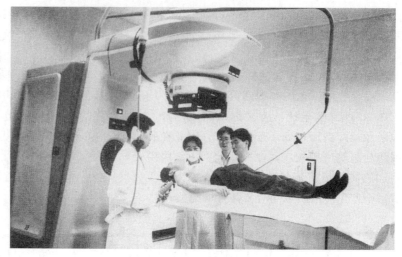

图 11-2-17(b)　钴60治疗室内景

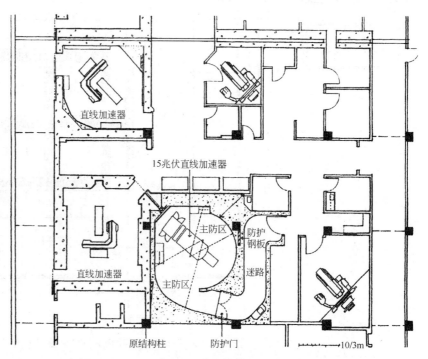

图 11-2-18(a)　美国斯坦福大学医疗中心直线加速器治疗室

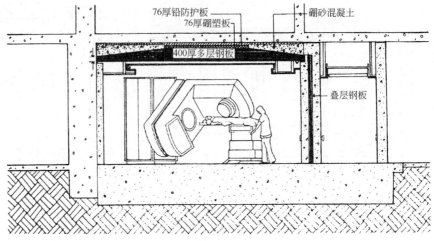

图 11-2-18(b)　美国斯坦福大学医疗中心直线加速器治疗室剖面图

性、大剂量的高能电子束照射，可收到单纯手术或体外照射不能收到的疗效。高能X线的肿瘤术前放疗，可使之缩小，松解粘连，从而提高成功率。因此，日本国立肿瘤中心医院放射治疗部，特设一间手术室与回旋加速器室相邻，并有门通连，见图11-2-10。

图11-2-18为美国斯坦福大学医疗中心直线加速器治疗室组合平面图。其中1500万电子伏为外方内圆的平面形式，利用两个直角区作为主防护体，对体形利用较为合理。此外，作为改建工程，新建部分与原有柱网结合得天衣无缝，形成有机整体，除一间直线加速器室外其设备均采取斜角排放方式，并在切角处做主防护区，内部显得宽敞。治疗机除斜向布置外，一般顺墙体方向直线布置较多，只在主防护区局部加厚防护墙体，一般向外壁突出，室内空间感觉更加完整一些。

直线加速器室面积在50m²左右，感应加速室的面积因分前后室约在60m²左右，迷路部分的面积另行计算。图11-2-19为某医院的直线加速器与感应加速器主机房及相关部分的平面配置及细部尺寸。

（四）配套附属设施

（1）迷路——迷路的设置是使射线造成多次散射而削弱其能量，据计算，射线每散射一次，其强度降低1～2个数量级。迷路能使之削弱到最低限度，以保护其他工作空间和通道。若不设迷路当然可节约部分面积，但必需设置相应防护能力的防护门。由于门很厚重难于灵活开启，因此，设置迷路对钴60和加速器治疗室

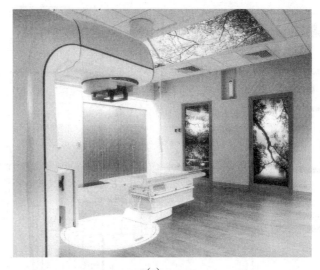

(a)

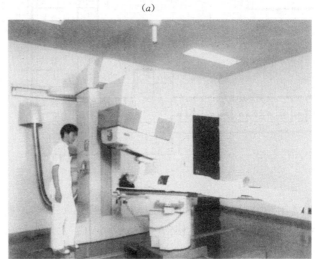

(b)

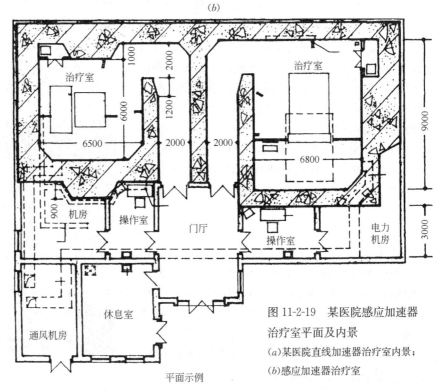

图11-2-19 某医院感应加速器治疗室平面及内景
(a)某医院直线加速器治疗室内景；
(b)感应加速器治疗室

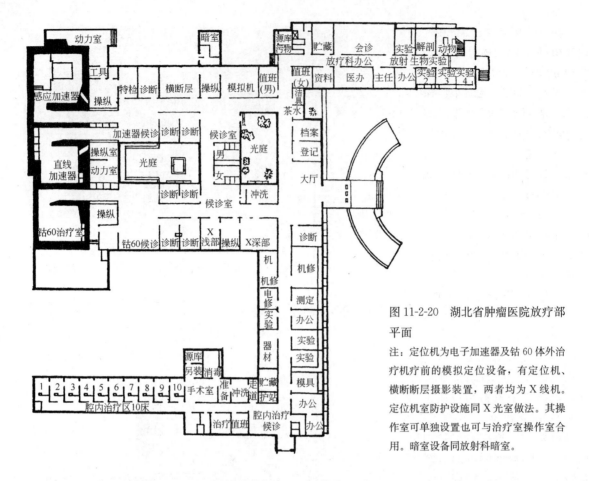

图 11-2-20 湖北省肿瘤医院放疗部平面

注：定位机为电子加速器及钴60体外治疗机疗前的模拟定位设备，有定位机、横断断层摄影装置，两者均为X线机。定位机室防护设施同X光室做法。其操作室可单独设置也可与治疗室操作室合用。暗室设备同放射科暗室。

来说是更为适用和经济的措施。迷路空间应能满足大型设备进出、检修的需要，迷路的宽度钴60机约为1600mm左右，加速器为2000mm，内入口处适度放宽，并作成门洞形式。门洞高度2000mm，以防射线外逸。迷路外口设防护门。

（2）控制室——室内设置控制台、电视、对讲机，面积约18m²左右，应能满足各种设备的操作和检修的要求。在控制室与钴60或加速器机房之间的防护墙体上过去多设观察用的防护水窗，如湖北省肿瘤医院（图11-2-20）。有的则采用反光玻璃镜，经两次反射将病人情况传达到控制台。最好是在机房内设置两个摄像头，医生可从屏幕上直接观察到治疗床及机头的转动和病人的情况。

（3）机械室——是治疗主机的机械装置部分，包括电子发生器、加速管靶位等装置及真空设备、冷却电源设备等。直线加速器的机械部分与治疗室合为一体，感应加速器则前后隔开。机器运行时可能有噪音，内墙壁要作吸音构造处理。

（4）电力室——感应加速器要求另设电力室，专设电动发电机及控制柜等设施，电机启动时产生噪音和余热，因此，在位置和构造处理上应采取相应处施。

（5）定位机室——模拟定位机为加速器、钴60治疗机外照射前进行准备、确定照射部位及深度的地方。由定位机断层机作断层定位，该室面积需50m²左右，定位机所需的控制室、暗室与一般高毫安诊断X线机的相关设施相同。图11-2-21为模拟定位机室布置情况。

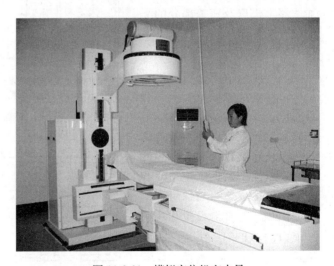

图 11-2-21 模拟定位机室内景

(五)防护及相关技术要求

1. 放射防护的基本方法

在一个特定的放射场内,决定人体所接受的总照射量有三个因数,其一为照射时间;其二为距放射源的距离;其三为屏蔽情况。针对以上因素采取有效的防护方法如下:

(1)时间防护法——人体在放射环境停留的时间越长,所受到的照射剂量越大,为此要尽可能缩短在射场内的时间,要求操作快速准确。如果一个人去完成某一操作时间过长,剂量易超标准,则应由几个人接力完成,以几人的小剂量来代替一人的大剂量,从而达到防护目的。

(2)空间防护法——射线像光线一样,其强度与距离的平方成反比。因此,增大人体与放射源之间的距离可使人体受到的照射剂量明显降低,这就要求操作控制室应远离放射源,主机室或治疗室也应有足够的面积和层高。

(3)屏蔽防护法——采用某种屏蔽物将医生和无关人员与放射源隔开,将射线限定在由屏蔽体围合而成的治疗空间内,不使外逸,以减少或防止对人体的伤害。对受治病人的非照射部位也应采取屏蔽保护措施。屏蔽物应合理选材,最好是完整结构体,防止射线通过缝隙泄漏。

(4)用于屏蔽的防护体厚度计算——主要是对 γ 射线的屏蔽,通常采用铅、铁、混凝土,水和铅玻璃则主要用于观察窗的防护。电子加速器防护墙体和屋面厚度常采用韧致辐射剂量计算。实验测量表明,在靶的四周,韧致辐射的强度随方向而改变。在电子束前进的方向上,韧致辐射的强度最大,所需防护物体的厚度也最大;在垂直于电子束的方向上,强度最小,需要的防护体厚度也最小。韧致辐射所产生的 X 射线和 γ 射线一样都是光子流,穿透力特强,应特别重视。下面介绍两种常用的计算方法。

1)用万用表计算防护厚度——该法是根据宽束 γ 射线的减弱理论,做出在不同能量 γ 射线或 X 射线在不同减弱倍数下所需铅、铁、混凝土等材料的屏蔽厚度,万用表附本章末。在使用万用表时,必需先确定两个独立参量: γ 射线或 X 射线的能量和减弱倍数。具体计算步骤为:

根据加速器的运作条件如加速器能量、束流大小、靶的材料及其厚度等,按图 11-2-22、图 11-2-23、图 11-2-24 计算出在无屏蔽条件下,所需考虑的某点的剂量率 P:

$$P=\frac{P_T \cdot I}{R^2}(伦琴/分)$$

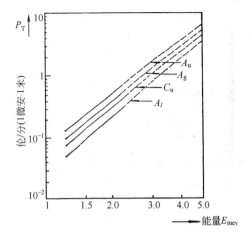

图 11-2-22 沿电子束前进方向(0°)时,韧致辐射所造成的剂量率

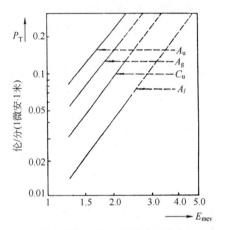

图 11-2-23 与电子束成 45°时,韧致辐射所造成的剂量率

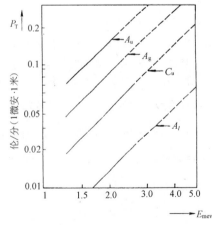

图 11-2-24 与电子束成 100°时,韧致辐射所造成的剂量率

式中 I 为加速器的电子流(微安); R 为所考虑的某点距靶点的距离(m); P_T 为加速器效率,即当加速器电子流为 1mA 时,距离靶点 1m 处的剂量率,它决定于加速电压、靶子材料,以及测定点与靶点的连线和电子束前进方向(0°)所成的夹角大小

有关。图11-2-22～图11-2-24分别给出了该夹角为0°、45°、100°时，各种不同加速电压和不同靶材时的加速器效率。求出剂量场中所需考虑各点的剂量率后，便可进行防护设计。例如从图上求出某点的剂量率 P，而最大容许剂量率为 P_{max} 则所需减弱倍数为 P/P_{max}，但为确保安全起见，需乘上安全系数 K。（根据国家标准《放射防护规定》应给予2倍的安全系数）。因此，最后减弱倍数 K 为：

$$K=K_0\frac{P}{P_{max}}$$

确定减弱倍数 K 之后，就可从万用表中查出所需防护层的厚度。万用表中，γ辐射的能量 hv（兆电子伏）有以下几种粗略选取法：

(a) 采用韧致辐射的最大剂量，即电子束的最高能量，则算出的屏蔽厚度大大偏高。防护墙体太厚，这样过于保守，经济上很不合理；

(b) 根据前苏联20世纪50年代提出的建议，韧致辐射平均有效能量 hv 取电子束最大能量的1/2；

(c) 根据美国《辐射安全教程》的建议，韧致辐射平均有效能量 hv 取电子束最大能量的1/3（详见《辐射安全教程》H. J. 莫等编，以及 N. B. S. H97 Shielding For High Energy Accelerator Installations, 1964）。

由此可以看出 hv 值的选取对屏蔽层的厚度有很大影响，它直接关系到加速器或钴60治疗室防护的安全性和经济性，因此，其计算方法和计算结果应经设备生产厂家和相关部门验证。

2）根据半减弱层计算防护厚度——半减弱层是指把剂量率减弱至原有剂量率的一半时所需的屏蔽体的厚度，用 $\Delta 1/2$ 表示。将剂量减弱 K 倍所需的半减弱层的数目，可从下式求得：$K=2^n$。只要确定了所需减弱倍数，就可确定所需半减弱层的数量 n，并由 $x=n\cdot\Delta\frac{1}{2}$ 的公式来确定防护层的总厚度 x。对于各种能量的γ射线，在几种不同介质中的半减弱层 $\Delta\frac{1}{2}$ 值可查表11-2-1，这种方法很简便，可能误差较大，只能作粗略计算。

几种材料屏蔽γ射线的半减弱层厚度 表11-2-1

射线能量 （Mev）	屏蔽物质半减弱层厚度（cm）			
	水 $\rho=1g/cm^3$	混凝土 $\rho=2.3g/cm^3$	铁 $\rho=7.89g/cm^3$	铅 $\rho=11.3g/cm^3$
0.5	7.4	3.7	1.1	0.41
1.0	10.3	5.0	1.5	0.90
1.2	11.0	5.5	1.6	1.03
1.2	11.9	6.0	1.8	1.20

续表

射线能量 （Mev）	屏蔽物质半减弱层厚度（cm）			
	水 $\rho=1g/cm^3$	混凝土 $\rho=2.3g/cm^3$	铁 $\rho=7.89g/cm^3$	铅 $\rho=11.3g/cm^3$
1.6	12.6	6.6	2.0	1.30
1.8	13.4	7.2	2.1	1.40
2.0	14.2	7.6	2.3	1.50
2.4	15.7	8.2	2.5	1.60
2.8	17.0	8.8	2.8	1.60
3.0	17.8	9.1	2.9	1.60

2. 电气及通风设计

（1）加速器主机室的防护外门需与加速器的高压电源连锁，只有当该门处于关闭的情况下，才能启动加速器。在加速器室的外入口处，应设红色信号灯，并与加速器高压电源的控制线路相连，当加速器运行时，红灯闪亮，以防人们误入高剂量区域。

（2）开动加速器前，应发出相应的警告信号，如蜂鸣器的音响，使工作人员迅速撤离高剂量危险区。主机室内应有明显标志的紧急开关，以便使已处于高剂量区的工作人员能立即停止加速器的运行。在可能出现或难以预料的高剂量区，要设置辐射监测报警器。

（3）必须有良好的接地装置，接地电阻应尽可能小，一般不大于1～2Ω，以保证安全。

（4）加速器室应保证有良好送风，以免受过量臭氧影响人体健康。对于产生中子的加速器，可能产生同位素，也需有良好通风，以免受到内照射的影响，且在排风管上应设过滤设备。

（5）管线布置应短捷，易检修，宜暗设，当管线必须穿越防护墙体时应远离加速器的高压端，并避开人员经常停留的位置。管线穿墙处应作弧形、S形或斜穿墙体，以防射线直通外泄。

3. 放射性废弃物处理

（1）放射性废气——在对挥发性核素进行开瓶、蒸发和标记药物时，均需在通风柜内的通风条件下操作。通风柜的排气口应设过滤装置，使放射性气体经过滤净化后再经有机械排风装置的排气管向高空排放。也可将放射性气体导入洗气设备，经水洗后使气体中的放射性尘粒沉积水中以达到净化目的。该废水则按放射性废水处理。

（2）放射性废水——常采用放置、稀释、浓缩三种处理方式。

1）放置法——用于半衰期小于15天的放射性废水处理，一般用衰减池将放射性废水导入存放该同位素10个半衰期的时间，达标后排入城市下水道。

2) 稀释法——半衰期较短的废水经充分稀释后可经普通下水道排放，一般磷 32 的排放浓度要低于 0.1 微居里/升；碘 131 的排放浓度要低于 0.05 微居里/升。一周内排出废水的总放射剂量不应超过 200 毫居里。

3) 浓缩法——长半衰期或浓度较高的放射性废水，则可采取蒸发、离子交换、沉淀等方式处理。如在放射性废水中，加入它的非放射性同位素或性质相似的元素作为载体，使放射性物质与载体共同沉淀。浓缩的废液按放置法处理，沉淀物按放射性固体物质处理。

(3) 放射性固体——一般可采取焚化、深埋、放置等处理方式。

1) 放置法——对含有半衰期小于 15 天的同位素废物，可采取放置法，即将该废物封存于专用容器中，放置其所含同位素的 10 个半衰期达标后，按一般污物处理。操作时将容器装满加封并注明开始封存的日期，置于废物库内待其自然衰变。

2) 深埋法——半衰期长、放射性强度高的固体废物，可深埋于地下 2～3m，埋藏地点应远离居民区，并应由当地环保部门、防疫站划定，设鲜明标志，以示警戒，并有专人管理。

3) 焚烧法——纸布类及实验动物的尸体、排泄物等放射性废物可采取此法处理。其优点是可大大压缩废物体积；缺点是产生放射性烟尘，仍需再按放射性废气处理。焚烧后的灰烬中仍含有放射性则又需采取放置或深埋处理。

第三节 立体定向放射治疗设施

立体定向放射外科 SRS(Stereotactic Radio Surgery)是指采用立体定向仪将高能放射线集聚于颅内某一局限性靶区的单次照射，使病变发生放射性反应，而靶区外周组织因剂量骤减而免受损伤，从而在其边缘形成如同刀割一样的清晰界面，达到类似外科手术的效果。这种立体定向仪实际上就是安装在病人头部的特制框架，使之与病人头部结构建立一个有规律的空间坐标关系，再利用影像学设备(CT、MRI)确定靶点在定向仪上的坐标位置，然后将放射手术器械(射线束)沿确定的方向导致靶点达到治疗的目的。这种放射外科器械包括直线加速器定向外科系统(习称 X 刀)和 γ 刀、中子刀等。

一、X 刀治疗室

X 刀治疗即直线加速器定向外科系统，多利用计算机控制的直线加速器，增加等中心照射配件便可使用，这样就使一般医院中的直线加速器兼有 X 刀的功能，从而达到一机多用的目的。这种机器设备费用相对低廉，X 刀及其控制系统费用约为 40 万美元(不包括加速器费用)，而 γ 刀的费用约为 350 万美元。X 刀在治疗中可随病变部位的需要调整靶点的体积与形状的变化，比 γ 刀更为灵活，不仅用于脑外科，而且可用于胸、腹部的癌瘤治疗。由于 X 刀不用放射性同位素源，因而不会造成对环境的污染(图 11-3-1)。

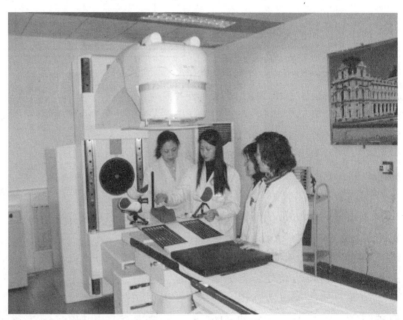

图 11-3-1 X 刀治疗室内景

二、伽马刀(γ)治疗室

伽马刀是一种放射性无创外科治疗设备，由瑞典依科达(Elekta)公司生产，1984 年已有第三代产品。其主体结构是一个半球形金属屏蔽系统，其中排列 201 个钴 60 放射源，平均能量为 1.25Mev，其发射的 γ 射线经准直器束限后形成狭窄光束，聚焦于半球的中心。病人治疗时，首先载上定向框架进行 CT、MRI 或 DSA(心血管数字减影仪)作造影定位，所得资料经计算机进行图像分析，提供计算机的专家系统完成剂量计算、方案选择、验证等工作，最后将病人头部连同框架固定在内准直器内，使其靶点位于半球中心，使内外两层准直器的孔洞对接，开动机器进行治疗。

20世纪90年代初,我国深圳奥沃公司在瑞典静态伽玛刀的基础上,设计研制了旋转式伽马刀,该机采用旋转聚焦原理,将30个可旋转照射的钴60放射源绕靶心安装在半球壳体上,治疗时每个源体均以病灶为中心作锥面聚焦运动。由于射线束不是以固定路线透射健康组织,从而使非聚焦区的照射剂量分散,在射野精确聚焦的基础上提高了辐射界面的清晰度和规则性,提高了刀的锋利度。该设备已通过英国AOQC、德国TQA、美国FDA的论证并进入市场。

（一）机房

治疗室面积应大于50m²,伽马刀主机长4400mm,宽1650mm,高1775mm,重量约18t。治疗室内除容纳伽马刀主机和治疗床外,还应考虑撤换安装钴60放射源时的工作空间。机房的门应避开照射区,开在主机后壁较远一侧的非照射区为好,可不作迷路处理。门净宽不小于1800mm,净高不小于2000mm,且与墙面的覆盖宽度不小于10cm,应为启动灵便的防护门,以满足设备的通行和检修安装的需要。防护门应与伽马刀的启动电源连锁,只有关门之后伽马刀才能启动。防护门外应有红色信号装置,防止外人误入。此外室内还应设置必要的辐射报警器、应急灯以及观察病人用的摄像头和对讲装置等（图11-3-2）。

机房四壁及顶面均应采取防护措施,一般采用钢筋混凝土墙体和顶板。混凝土容重不小于2500kg/m³,墙体厚度约500mm,地坪承载力不小于250kg/m²。室内应有空调设施,温度24～27℃,相对湿度45%～50%为宜。

（二）防护体的厚度计算

由于伽马刀的γ射线经准直器限束后形成窄线束射向病灶靶点,伽马刀半球壳体已采取自防护措

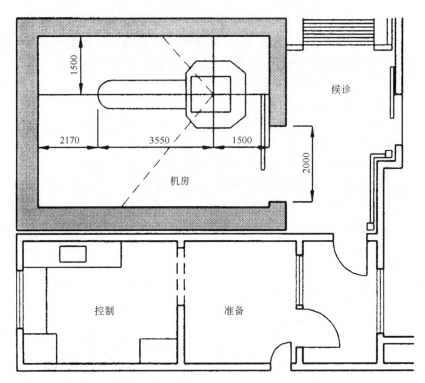

图11-3-2(a) 伽马刀治疗室平面

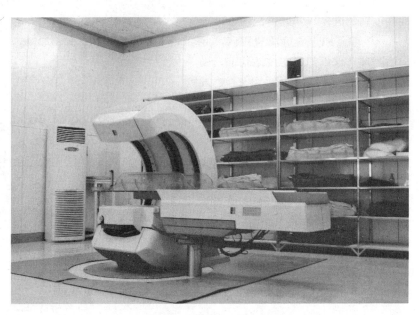

图11-3-2(b) 伽马刀治疗室内景

施。治疗中散射线的水平照射角为80°,垂直方向仰角为25°,射角区域即为照射区。图11-3-3、图11-3-4的散射线能量计算如下式:

$$E_s = \frac{0.51}{1 + \frac{0.51}{E_i} - \cos\theta}$$

E_s为散射射线能量(Mev), E_i为入射射线能量(取1.25Mev), θ为水平散射角(取80°),可得到散

射射线最大能量为 $E_s = 0.413 \text{Mev}$。

根据散射线的能量可用下式计算出伽马刀治疗室钢筋混凝土墙体的厚度 d

$$H_0 = H \cdot B \cdot e^{-\mu d}$$

H_0 为伽马刀治疗室墙外允许的最大剂量率，即屏蔽后的散射线剂量率取 $3.84 \mu\text{Sv/h}$（微希/时）

H 为伽马刀治疗室内的剂量率，即屏蔽前的散射线剂量率 $\mu\text{Sv/h}$（微希/时），可由图 11-3-3、图 11-3-4 查得。

B 为剂量积累因子，先按 $\mu d = 10$ 查表 11-3-1 可得。

各向同性点源混凝土中的剂量积累因子（$E = 0.413\text{Mev}$）

表 11-3-1

μd	1	2	4	7	10	15	20
B	2.33	4.16	9.45	21.5	39.1	82.2	142.0

μ 为当能量 e 为 0.413Mev 时，射线在混凝土中的衰减系数取 0.217^{-1}

d 为混凝土厚度，计算结果参阅表 11-3-2。

根据不同位置的计算厚度，在确定设计厚度时应增加一个半衰减厚度，混凝土的半衰减厚度 $d_{1/2} = 3.7 \text{cm}$，见表 11-3-2。

伽马刀治疗室混凝土屏蔽厚度表　　表 11-3-2

位置	屏蔽前散射线剂量率 ($\mu\text{Sv/h}$)	计算厚度 d(cm)	设计厚度 (cm)
对面墙	500	38.2	41.9
对面墙	1500	44.2	47.9
侧面墙	1200	42.9	46.6
侧面墙	2000	45.6	49.3
侧面墙	4000	49.3	53.0
顶棚板	1000	41.9	45.6

根据计算结果，伽马刀治疗室四周墙壁的混凝土防护厚度应为 53cm；顶棚的混凝土防护厚度为 46cm。这样可对伽马刀治疗仪放射出来的 γ 射线进行有效地屏蔽。

（三）配套设施

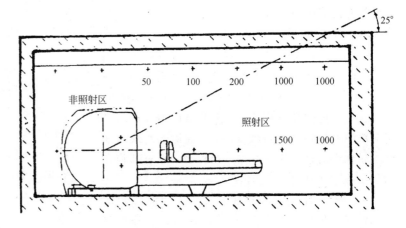

图 11-3-3　伽马刀治疗室剂量率垂直分布图（$\mu\text{Sv/h}$）

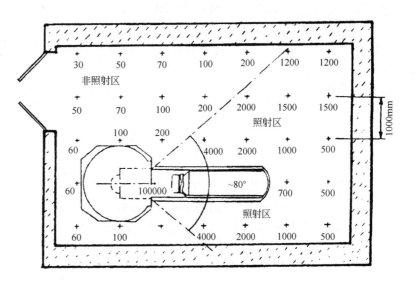

图 11-3-4　伽马刀治疗室剂量率水平分布图（$\mu\text{Sv/h}$）

为保证伽马刀的正常运行和医生、病人的诊治活动的需要，除治疗室外还应配置以下房间：

（1）控制室——或称操作室，内置操作控制台、监视器屏幕、计算机等设施，其位置紧靠治疗室，面积约 12～15m²；

（2）定位室——是给病人安装定向头架的空间，以确定靶点的空间坐标，应靠近治疗室，面积约 20～24m²。另需附设储藏空间，以存放病人的定向头架，面积约 15m² 左右。

（3）消毒室——对病人用过的器具进行消毒处理，位置紧靠定位室，内置消毒柜或其他消毒器具，面积约 6m²；

（4）治疗计划室——研究制订治疗方案的地方，内置计算机、绘图仪、多媒体投影设备，面积视有无教学研究任务而定，20～45m²；

（5）值班、更衣、检修、看片以及病人接待登记、等候、准备等用房根据具体情况在放射治疗部分统筹安排或单独设置。

三、中子治疗室

快中子是一种不带电粒子，它由回旋加速器和氘-氚中子发生器产生。回旋加速器既具有感应加速器的经济性，又具有直线加速器输出能量高的特点。快中子比伽马射线的相对生物效应强3倍，且随分次照射量的减少而增强，对肿瘤深部的缺氧细胞的杀伤力比γ射线大2倍，对肿瘤的缺氧细胞和有氧细胞同样具有杀伤力。

中子发生器巨大的纱锭型的机头应能绕俯伏于治疗床上的病人作360°旋转，这就要求有足够高度的顶盖和地坑。地坑用可来回收缩的活动盖板覆盖，由入口处的坑门控制板控制盖板启闭。活动地板不管怎样来回伸缩，但中子发生器的机头部分的地坑总是处于覆盖状态的，这样才能消除病人悬在半空的感觉。图11-3-5为美国昂科诺吉克医院设于地下的狐穴式(Fox Chase)中子治瘤中心平面图；图11-3-6为其剖面图。由于射线投射方向是转动可变的，因而活动盖板两端的主防护墙体特厚，顶盖板兼作设备吊装孔，也作了特殊处理。

四、超声聚焦刀

超声聚焦刀就是利用超声波作能源，将其聚焦后从体外发射到体内，很多超声波束聚焦到肿瘤点上，通过声波和热能转化，瞬间形成70～100摄氏度的高温治疗点。它像手术刀一样切割肿瘤，使焦点区内的肿瘤细胞无一幸免。所以将超声聚焦比喻为体外操作、体内切割的"刀"。其实，它的全称应为"高强度聚焦超声肿瘤治疗系统"，是一种不开刀、不流血、痛苦小、无辐射、基本不麻醉的无创治疗手段（图11-3-7）。

五、附表——宽束γ射线在不同减弱倍数 K 时所需防护材料厚度表

法诺根据宽束γ射线衰减理论计算出对于铅、铁、混凝土和水的万用表（表11-3-3～表11-3-7）。

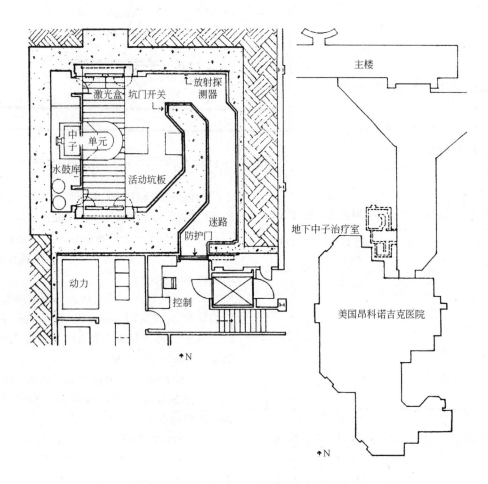

图11-3-5　美国昂科诺吉克医院狐穴式地下中子治疗室平面图及总图

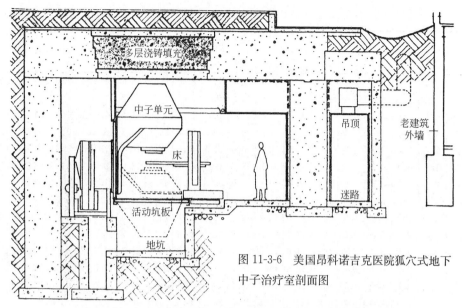

图 11-3-6 美国昂科诺吉克医院狐穴式地下中子治疗室剖面图

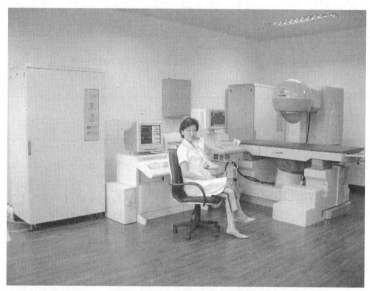

图 11-3-7 超声聚焦刀治疗室

宽束 γ 射线在不同的减弱倍数 K 时所需铅的防护厚度　　　　　表 11-3-3

（厚度以 cm 为单位；铅的密度 $\rho=11.34 g/cm^3$）

减弱倍数 K	γ 辐射的能量(hv)(兆电子伏)																		
	0.1	0.2	0.3	0.4	0.5	0.6	0.7	0.8	0.9	1.0	1.25	1.5	1.75	2.0	2.2	3	4	6	8	10
1.5	0.05	0.1	0.15	0.2	0.2	0.3	0.4	0.6	0.7	0.8	0.95	1.1	1.2	1.2	1.2	1.3	1.2	1.0	0.9	0.9
2	0.1	0.2	0.3	0.4	0.5	0.7	0.8	1.0	1.15	1.3	1.5	1.7	1.85	2.0	2.0	2.1	2.0	1.6	1.5	1.35
5	0.2	0.4	0.6	0.9	1.1	1.5	1.9	2.2	2.5	2.8	3.4	3.8	4.1	4.3	4.4	4.6	4.5	3.8	3.3	3.0
8	0.2	0.5	0.8	1.1	1.5	1.95	2.35	2.8	3.2	3.5	4.2	4.8	5.25	5.5	5.7	5.9	5.8	5.0	4.3	3.8
10	0.3	0.55	0.9	1.3	1.6	2.1	2.6	3.05	3.5	3.8	4.5	5.1	5.6	5.9	6.1	6.5	6.4	5.5	4.9	4.2
20	0.3	0.6	1.1	1.5	2.0	2.6	3.25	3.85	4.4	4.9	5.8	6.6	7.2	7.6	7.8	8.3	8.2	7.1	6.3	5.6
30	0.35	0.7	1.15	1.7	2.3	3.0	3.65	4.3	4.95	5.5	6.5	7.3	8.0	8.5	8.8	9.2	9.2	8.0	7.2	6.3
40	0.4	0.8	1.3	1.8	2.4	3.1	3.8	4.5	5.2	5.8	6.85	7.8	8.6	9.1	9.4	10.0	9.9	8.7	7.8	6.8
50	0.4	0.85	1.4	1.95	2.6	3.25	3.95	4.6	5.3	6.0	7.2	8.2	9.0	9.6	10.0	10.6	10.5	9.2	8.3	7.3
60	0.45	0.9	1.45	2.05	2.7	3.45	4.2	4.95	5.6	6.3	7.5	8.5	9.4	10.1	10.4	11.0	10.9	9.7	8.7	7.7
80	0.45	1.0	1.55	2.15	2.8	3.7	4.5	5.3	6.0	6.7	8.0	9.2	10.1	10.7	11.1	11.7	11.6	10.4	9.4	8.2

续表

减弱倍数 K	γ辐射的能量(hv)(兆电子伏)																		
	0.1	0.2	0.3	0.4	0.5	0.6	0.7	0.8	0.9	1.0	1.25	1.5	1.75	2.0	2.2	3	4	6	8	10
100	0.5	1.0	1.6	2.3	3.0	3.85	4.7	5.5	6.3	7.0	8.45	9.65	10.6	11.3	11.7	12.2	12.1	10.9	9.9	8.7
2×10^2	0.6	1.25	1.9	2.6	3.4	4.4	5.3	6.3	7.2	8.0	9.65	11.1	12.2	12.9	13.4	14.0	13.8	12.6	11.4	10.2
5×10^2	0.65	1.4	2.2	3.1	4.0	5.1	6.1	7.2	8.2	9.2	11.3	12.9	14.2	15.0	15.4	16.3	16.1	14.9	13.3	11.9
10^3	0.7	1.5	2.4	3.3	4.4	5.7	6.95	8.1	9.2	10.2	12.3	14.1	15.5	16.5	17.0	18.0	17.8	16.5	15.1	13.3
2×10^3	0.85	1.7	2.7	3.8	5.0	6.3	7.6	8.8	10.0	11.1	13.5	15.4	16.8	17.9	18.5	19.7	19.5	18.1	16.6	14.8
5×10^3	0.9	1.9	3.0	4.2	5.5	7.0	8.5	9.9	11.2	12.4	14.9	17.0	18.6	19.8	20.5	21.9	21.7	20.3	18.5	16.6
10^4	1.05	2.1	3.3	4.55	5.9	7.5	9.1	10.6	12.0	13.3	16.1	18.3	20.1	21.3	22.1	23.5	23.4	22.0	20.1	18.0
2×10^4	1.1	2.2	3.5	4.85	6.3	8.0	9.7	11.3	12.8	14.2	17.2	19.5	21.4	22.7	23.5	25.1	25.0	23.6	21.7	19.5
5×10^4	1.15	2.35	3.7	5.2	6.9	8.7	10.5	12.3	14.0	15.6	18.8	21.4	23.3	24.7	25.5	27.3	27.2	25.8	23.7	21.5
10^5	1.15	2.4	3.8	5.4	7.2	9.2	11.1	13.0	14.8	16.5	20.1	22.7	24.7	26.2	27.0	28.9	28.9	27.5	25.3	22.9
2×10^5	1.3	2.6	4.1	5.7	7.6	9.6	11.6	13.6	15.5	17.4	21.3	24.1	26.1	27.6	28.5	30.5	30.5	29.2	26.9	24.3
5×10^5	1.4	2.8	4.4	6.1	8.2	10.2	12.3	14.4	16.5	18.5	22.3	25.4	27.8	29.5	30.4	32.7	32.7	31.4	28.9	26.2
10^5	1.45	3.0	4.7	6.5	8.7	10.9	13.1	15.3	17.5	19.5	23.5	26.8	29.2	31.0	32.0	34.3	34.4	33.0	30.4	27.7
2×10^6	1.55	3.2	5.0	7.0	9.1	11.5	14.0	16.3	18.5	20.4	24.4	27.8	30.5	32.4	33.5	36.0	36.1	34.6	32.0	29.2
5×10^6	1.65	3.3	5.3	7.3	9.6	12.1	14.7	17.2	19.5	21.6	26.2	29.7	32.3	34.3	35.5	38.1	38.3	36.8	34.0	31.1
10^7	1.7	3.4	5.4	7.6	10.1	12.6	15.2	17.8	20.3	22.7	27.5	31.2	33.9	35.8	37.0	39.7	39.9	38.4	35.5	32.5

宽束γ射线在不同的减弱倍数 K 时所需铁的防护厚度表   表 11-3-4

(厚度以 cm 为单位；铁的密度 $\rho=7.89 g/cm^3$)

减弱倍数 K	γ辐射的能量(hv)(兆电子伏)																		
	0.1	0.2	0.3	0.4	0.5	0.6	0.7	0.8	0.9	10	1.25	1.5	1.75	2.0	2.2	3	4	6	8	10
1.5	0.5	0.9	1.2	1.4	1.6	1.7	1.85	2.0	2.05	2.1	2.15	2.2	2.3	2.4	2.5	2.7	2.8	2.9	2.4	2.0
2	0.7	1.2	1.7	2.2	2.5	2.7	2.9	3.1	3.2	3.3	3.45	3.6	3.8	3.9	4.1	4.4	4.5	4.6	4.0	3.4
5	1.4	2.5	3.4	4.1	4.8	5.1	5.5	5.7	6.1	6.4	6.9	7.4	7.8	8.1	8.3	8.9	9.4	9.6	9.0	8.0
8	1.7	3.1	4.2	5.1	5.8	6.3	6.7	7.1	7.5	7.8	8.5	9.1	9.6	10.1	10.3	11.2	11.6	12.1	11.2	10.4
10	1.9	3.5	4.6	5.6	6.3	6.8	7.3	7.7	8.1	8.5	9.3	10.0	10.6	11.0	11.4	12.2	12.6	13.2	12.4	11.4
20	2.3	4.3	5.7	6.8	7.7	8.3	8.8	9.4	9.8	10.3	11.2	12.2	13.0	13.6	14.1	15.3	15.9	16.6	16.0	15.0
30	2.4	4.5	6.2	7.5	8.5	9.2	9.8	10.4	10.9	11.4	12.6	13.6	14.4	15.1	15.6	17.0	17.7	18.8	18.0	17.0
40	2.5	4.8	6.6	8.0	9.1	9.8	10.5	11.1	11.7	12.2	13.4	14.4	15.3	16.1	16.6	18.2	19.1	20.4	19.4	18.4
50	2.9	5.2	7.1	8.4	9.5	10.3	11.0	11.6	12.2	12.7	13.9	15.1	16.1	16.9	17.5	19.1	20.0	21.5	20.6	19.6
60	3.1	5.6	7.5	8.9	10.0	10.8	11.5	12.1	12.7	13.2	14.5	15.7	16.7	17.6	18.2	19.9	21.0	22.4	21.4	20.6
80	3.2	5.9	7.7	9.2	10.4	11.2	12.0	12.7	13.4	14.0	15.5	16.7	17.8	18.7	19.4	21.2	22.2	24.0	23.0	22.0
100	3.4	6.1	8.1	9.6	10.8	11.7	12.5	13.2	13.9	14.5	16.1	17.3	18.5	19.5	20.2	22.1	23.3	25.0	24.0	23.1
2×10^2	4.2	7.0	9.1	10.7	12.0	13.1	14.0	14.8	15.6	16.3	18.0	19.6	20.8	22.0	22.8	25.0	26.6	28.4	27.4	26.6
5×10^2	4.4	7.7	10.1	12.0	13.7	14.9	16.0	17.0	17.9	18.7	20.6	22.3	23.7	25.0	25.9	28.8	30.6	32.7	32.0	31.2
10^3	4.5	8.2	11.0	13.2	15.0	16.3	17.5	18.6	19.6	20.5	22.6	24.4	26.1	27.5	28.6	31.7	33.7	36.0	35.4	34.6
2×10^3	4.9	9.0	11.1	14.4	16.2	17.7	19.0	20.2	21.2	22.2	24.5	26.5	28.3	30.0	31.2	34.6	36.8	39.2	38.7	37.9
5×10^3	5.6	10.1	13.4	15.8	17.7	19.3	20.7	22.0	23.0	24.0	27.0	29.4	31.4	33.3	34.3	38.2	40.7	43.2	43.0	42.2
10^4	6.8	11.5	14.7	17.1	19.0	20.7	22.3	23.6	24.9	26.0	28.8	31.3	33.6	35.5	36.9	40.9	43.7	46.5	46.3	45.2
2×10^4	8.0	12.9	16.0	18.3	20.2	21.9	23.4	24.8	26.2	27.4	30.6	33.2	35.5	37.8	39.2	43.4	46.5	50.8	49.6	48.6
5×10^4	8.6	13.8	17.0	19.6	21.8	23.6	25.2	26.7	28.4	29.7	33.0	35.9	38.4	40.8	42.3	47.2	50.4	55.0	54.0	53.0
10^5	10.0	15.8	18.2	20.8	23.0	24.9	26.7	28.4	30.0	31.5	34.9	38.0	40.7	43.2	44.7	50.0	53.4	58.3	57.2	56.1
2×10^5	11.3	15.9	19.3	21.8	24.1	26.1	28.1	29.9	31.6	33.3	36.8	40.1	43.0	45.4	47.1	52.6	56.4	61.8	60.8	59.8
5×10^5	12.0	16.9	20.4	23.2	25.6	27.8	29.9	31.8	33.6	35.4	39.1	42.5	45.5	48.3	49.9	56.1	60.2	66.0	65.0	64.0
10^6	12.8	17.9	21.4	24.2	26.7	28.9	31.2	33.3	35.2	37.0	41.1	44.7	47.8	50.6	52.2	58.8	63.3	69.0	68.3	67.0
2×10^6	13.5	18.9	22.1	25.0	27.7	30.3	32.7	34.8	36.8	38.9	42.9	46.6	49.9	52.8	54.7	61.4	66.2	72.3	71.2	70.3
5×10^6	14.5	19.4	23.2	26.5	29.3	32.2	34.6	36.7	38.8	40.9	45.3	49.4	52.7	55.7	57.7	64.9	70.3	76.5	75.5	74.8
10^7	15.0	20.3	24.3	27.6	30.5	33.2	35.8	38.1	40.2	42.4	47.1	51.3	54.8	57.9	60.1	67.5	73.1	79.4	78.8	78.0

宽束 γ 射线在不同的减弱倍数 K 时所需混凝土的防护厚度表

表 11-3-5

（厚度以 cm 为单位；混凝土的密度 $\rho=2.3\text{g/cm}^3$）

减弱倍数 K	γ 辐射的能量（hv）（兆电子伏）																		
	0.1	0.2	0.3	0.4	0.5	0.6	0.7	0.8	0.9	1.0	1.25	1.5	1.75	2.0	2.2	3.0	4	6	8	10
1.5	2.6	4.7	6.3	7.5	8.2	8.2	8.2	8.3	8.3	8.5	8.6	8.7	8.7	8.8	8.9	9.4	10.0	11.7	11.7	11.7
2	4.7	7.6	9.9	11.3	12.3	12.4	12.4	12.6	12.7	12.9	13.3	13.6	13.8	14.1	14.3	15.3	16.4	18.8	18.8	18.8
5	5.6	11.0	15.5	18.8	21.1	21.8	22.3	22.6	23.0	23.5	24.6	25.8	27.0	28.2	29.4	32.9	35.2	38.7	39.3	39.9
8	7.0	12.9	17.8	22.0	24.6	25.6	26.4	27.2	27.9	28.8	30.5	32.2	33.8	35.2	36.4	39.9	43.4	48.1	48.7	49.3
10	8.2	14.6	19.7	23.7	25.8	26.8	27.6	28.4	29.1	29.9	31.9	34.0	35.9	37.6	39.0	43.4	47.5	51.6	52.8	54.0
20	8.2	15.3	21.4	25.8	29.9	31.9	33.6	35.0	36.2	37.0	39.9	42.5	44.8	47.0	48.6	54.0	58.7	64.6	65.7	69.3
30	8.5	16.4	22.8	27.7	32.9	34.8	36.4	37.8	39.2	40.5	43.7	46.5	49.3	51.6	53.5	59.9	65.7	71.6	72.8	78.1
40	8.5	17.6	24.2	29.3	34.0	36.2	37.9	39.6	41.3	42.8	45.3	49.8	52.3	55.2	57.3	64.0	69.8	77.5	79.2	84.5
50	9.9	18.8	25.1	30.8	35.0	37.6	39.4	41.2	42.8	44.6	48.5	52.1	55.2	58.1	60.1	66.9	72.8	81.6	83.9	89.8
60	11.0	20.0	26.1	31.7	36.4	38.5	40.5	42.5	44.1	45.8	50.1	54.0	57.5	60.5	62.7	69.8	74.0	85.1	88.0	93.9
80	11.5	20.4	27.7	33.6	38.7	41.1	43.0	44.8	46.5	48.1	52.4	56.4	59.9	63.2	65.7	74.0	81.0	90.4	93.9	100.4
100	11.5	21.1	28.9	35.2	39.9	43.0	45.3	47.2	48.8	50.5	54.5	58.3	62.2	65.7	68.6	77.5	84.5	95.1	98.0	105.1
2×10^2	12.7	23.5	32.4	39.2	44.6	47.9	50.5	52.6	54.6	56.4	60.8	65.3	69.7	74.0	77.2	88.0	95.7	108.0	112.1	120.9
5×10^2	13.8	24.6	35.2	43.9	50.2	54.5	57.3	58.8	62.5	64.6	69.8	74.9	79.8	84.5	88.5	101.0	110.4	124.4	129.7	139.7
10^3	15.5	28.2	39.3	48.1	55.2	59.9	62.5	65.3	67.8	70.4	76.1	81.7	87.6	92.7	97.0	110.8	120.9	137.9	143.2	155.0
2×10^3	17.6	30.5	42.3	52.4	59.9	64.1	67.4	70.4	73.2	75.7	82.2	88.5	94.6	100.4	104.0	120.0	132.1	150.3	156.1	168.5
5×10^3	18.8	33.1	45.6	56.4	65.3	70.0	74.0	77.0	80.2	82.8	90.2	97.4	104.2	110.9	115.5	132.7	146.8	166.7	173.8	186.7
10^4	18.8	35.2	48.5	60.3	69.3	74.7	79.1	82.9	86.2	89.2	97.2	104.5	111.5	118.6	124.7	143.2	156.7	179.0	187.8	201.3
2×10^4	21.1	38.4	51.9	63.4	72.8	78.2	83.1	87.3	91.1	94.5	102.7	110.8	118.6	126.2	131.7	152.6	167.3	190.8	201.9	216.0
5×10^4	23.3	42.3	56.4	68.6	78.1	83.4	88.7	93.4	97.9	102.1	111.5	120.4	128.4	136.2	142.0	164.9	181.4	206.6	218.4	233.6
10^5	30.5	50.5	64.6	75.1	82.8	88.3	93.5	98.1	102.5	106.8	116.9	126.6	135.7	144.4	150.7	173.8	191.4	218.4	231.3	248.9
2×10^5	38.3	56.7	69.8	79.4	86.9	92.4	97.7	102.8	108.0	112.5	125.1	135.5	145.1	153.8	160.2	177.3	201.9	231.3	245.4	263.0
5×10^5	44.8	61.5	73.7	83.7	91.6	98.1	103.9	109.5	114.8	119.7	133.8	142.5	152.6	162.0	169.2	196.0	214.8	247.1	261.8	281.2
10^6	49.3	66.4	79.6	89.5	97.3	103.7	109.2	114.1	119.5	124.4	140.2	149.9	160.1	171.4	178.6	205.4	225.4	260.6	274.7	295.8
2×10^6	57.6	73.1	84.5	93.3	101.0	107.4	113.6	119.7	125.2	131.5	148.4	157.8	169.2	179.6	187.7	213.7	237.1	272.4	287.6	308.8
5×10^6	59.4	79.7	91.6	100.6	108.0	114.1	120.2	126.0	130.0	133.8	154.7	165.8	178.0	189.0	197.6	227.6	250.1	287.5	302.9	327.5
10^7	64.0	84.9	95.7	130.7	110.5	117.4	123.8	130.0	136.2	142.0	160.0	170.2	183.6	194.0	203.4	236.0	259.4	299.4	314.6	340.5

宽束 γ 射线在不同的减弱倍数 K 时，所需水层防护厚度表

表 11-3-6

（厚度以 cm 为单位；水的密度 $\rho=1.0\text{g/cm}^3$）

减弱倍数 K	γ 辐射的能量（hv）（兆电子伏）																		
	0.1	0.2	0.3	0.4	0.5	0.6	0.7	0.8	0.9	1.0	1.25	1.5	1.75	2.0	2.2	3	4	6	8	10
1.5	14	20	25	24	22	22	21	19	19	18	18	19	21	23	23	24	25	25	26	26
2	18	27	30	30	29	28	27	27	26	26	27	28	30	33	35	37	38	40	45	45
5	27	37	42	44	46	46	47	47	48	48	51	53	56	59	61	69	74	85	93	98
8	32	44	49	51	54	55	57	58	59	59	62	65	69	73	76	85	93	106	117	123
10	35	47	52	55	57	58	60	61	62	63	67	71	75	79	82	92	101	116	127	135
20	41	54	60	64	68	71	72	73	74	75	81	87	92	97	100	112	126	146	161	175
30	45	58	65	69	73	75	77	79	81	82	89	96	102	107	111	124	140	163	180	192
40	48	62	68	72	76	78	81	83	85	87	93	100	107	111	114	132	150	175	193	206
50	48	63	71	76	79	81	84	86	89	91	99	106	113	120	124	138	158	184	204	217
60	50	65	73	78	82	84	87	89	92	95	102	110	117	124	128	144	165	191	212	226
80	53	68	76	81	85	88	91	94	97	100	108	116	123	131	136	152	175	204	226	242
100	53	70	79	84	88	92	95	98	101	104	112	120	128	136	141	160	182	212	236	253

续表

减弱倍数 K	γ辐射的能量(hv)(兆电子伏)																		
	0.1	0.2	0.3	0.4	0.5	0.6	0.7	0.8	0.9	1.0	1.25	1.5	1.75	2.0	2.2	3	4	6	8	10
2×10^2	60	77	87	93	98	102	105	109	113	116	126	135	144	153	158	180	206	241	270	289
5×10^2	66	85	96	104	110	116	120	124	128	132	143	153	163	173	181	206	234	277	310	334
10^3	72	92	104	113	118	124	129	134	138	143	155	167	178	189	197	226	257	306	342	368
2×10^3	78	98	111	119	126	134	140	146	151	155	168	181	193	205	214	246	280	333	373	402
5×10^3	81	105	120	130	138	147	154	160	165	170	184	198	212	225	235	271	309	368	414	446
10^4	91	114	128	139	147	155	162	168	175	181	197	212	227	241	252	290	331	396	446	480
2×10^4	95	120	135	146	156	164	172	179	186	192	209	225	247	256	267	310	354	425	477	510
5×10^4	103	128	144	156	167	175	183	190	196	205	224	241	259	276	288	334	383	460	515	554
10^5	110	135	152	164	175	184	192	201	209	216	236	255	274	292	305	353	404	487	545	587
2×10^5	118	144	161	174	185	194	203	211	219	228	249	269	288	306	320	370	427	510	575	621
5×10^5	121	152	170	185	197	205	214	223	232	241	264	286	307	327	342	397	456	545	614	665
10^6	128	156	176	192	205	215	224	233	243	253	277	299	320	342	358	415	479	571	643	695
2×10^6	135	164	184	200	213	223	232	242	252	263	289	314	336	358	374	435	502	598	674	730
5×10^6	143	173	194	210	224	234	245	256	267	278	305	331	355	378	396	460	530	632	713	772
10^7	150	178	200	217	232	243	255	265	277	288	317	344	370	393	412	478	554	657	714	807

宽束 γ 射线在不同的减弱倍数 K 时，所需铅玻璃防护厚度表　　表 11-3-7

（厚度以 cm 为单位；铅玻璃的密度 $\rho=3.86\text{g/cm}^3$）

减弱倍数 K	γ射线能量(hv)(兆电子伏)															
	0.1	0.2	0.3	0.4	0.5	0.6	0.7	0.8	0.9	1.0	1.25	1.5	1.75	2.0	2.2	3
1.5	0.4	0.6	0.9	1.2	1.5	1.8	2.1	2.3	2.5	2.7	3.1	3.5	3.8	4.0	4.2	4.6
2	0.5	0.8	1.4	1.9	2.4	2.9	3.4	3.8	4.3	4.6	5.1	5.8	6.3	6.6	7.0	7.5
5	1.0	1.6	2.9	4.0	5.1	6.2	7.3	8.2	9.1	9.7	11.2	12.5	13.4	14.2	14.8	16.0
8	1.1	2.0	3.6	5.0	6.4	7.9	9.2	10.2	11.3	12.3	14.0	15.7	16.9	17.9	18.7	20.3
10	1.2	2.2	4.0	5.4	7.1	8.6	10.2	11.2	12.4	13.4	15.4	17.1	18.4	19.4	20.3	22.2
20	1.6	2.7	4.8	6.7	8.9	10.8	12.6	14.1	15.7	16.9	19.3	21.4	23.2	24.5	25.5	28.0
30	1.7	3.0	5.5	7.4	9.9	12.1	14.0	15.8	17.4	18.8	21.6	24.0	25.8	27.3	28.4	31.1
40	1.8	3.2	5.9	8.0	10.6	13.1	15.0	16.9	18.7	20.2	23.2	25.6	27.6	29.2	30.4	33.3
50	1.9	3.4	6.2	8.4	11.2	13.7	15.8	17.8	19.7	21.2	24.3	26.9	29.0	30.8	32.0	35.0
60	2	3.6	6.5	8.8	11.6	14.3	16.4	18.5	20.4	22.0	25.3	28.0	30.2	32.8	33.2	36.2
80	2.1	3.8	6.9	9.3	12.2	15.2	17.4	19.7	21.7	23.4	26.8	29.6	32.0	34.0	35.2	38.4
100	2.2	4.0	7.2	9.7	12.9	15.8	18.2	20.5	22.6	24.4	27.9	30.9	33.3	35.4	36.6	40.0
2×10^2	2.4	4.7	8.2	11.1	14.7	17.8	20.5	23.1	25.4	27.4	31.4	35.0	37.6	40.0	41.4	45.3
5×10^2	2.8	5.4	9.4	12.8	16.8	20.4	23.6	26.5	29.2	31.4	36.1	40.2	43.3	46.1	47.7	52.4
10^3	3.0	6.0	10.4	14.2	18.5	22.5	26.0	29.2	32.2	34.5	39.7	44.3	47.9	50.6	52.4	57.7
2×10^3	3.2	6.7	11.4	15.6	20.3	24.4	28.3	31.8	35.0	37.5	43.2	48.2	51.9	55.3	57.3	63.2
5×10^3	3.6	7.4	12.6	17.3	22.4	27.0	31.4	35.2	38.7	40.5	48.0	53.4	57.6	61.4	63.6	70.2
10^4	4.0	8.0	13.6	18.6	24.0	29.0	33.8	37.8								
2×10^4	4.2	8.7	14.6	20.0	25.8	31.1	36.1	40.5								
5×10^4	4.4	9.4	15.8	21.7	27.9	33.7	39.2	43.9								
10^5	4.6	10.0	16.8	23.0	29.4	35.6	41.6	46.4								
2×10^5	5.0	10.7	17.8	24.4	31.2	37.8	43.9	49.0								
5×10^5	5.2	11.4	19.0	26.1	33.3	40.2	47.0	52.5								
10^6	5.4	12.0	20.0	27.4	35.0	42.2	49.2	56.0								
2×10^6	5.8	12.7	21.0	28.8	36.8	44.2	51.9	58.8								
5×10^6	6.0	13.4	22.2	30.5	38.9	46.8	55.0	62.3								
10^7	6.2	14.0	23.2	31.9	40.6	48.8	57.2	65.8								

备注：1. 国产铅玻璃密度为 4.2，本表可供参考或按密度换算后使用。
2. 铅玻璃价格甚贵过厚很不经济，且有多层叠置明晰度较差，故本表将过厚部分删去。

第十二章 医院的后勤供应部门

医院的后勤支持部门包括中心消毒供应、药房制剂、营养厨房、洗衣房、中心库房、物流传输系统等等，这里仅就中心供应、药房制剂、物流传输等方面的内容分别加以介绍。

第一节 中心消毒供应部设计

中心消毒供应部（CSSD——Central Sterile Supplies Department）是负责提供医疗、教学、研究所需的各种无菌器材、敷料和备品的医疗辅助部门。其工作质量的好坏不仅影响医院的正常运转，而且关系到病人安危，特别是在控制医院院内感染方面，起着十分关键的作用。据有关资料介绍，国外许多医院术后感染率仅为3%，而我国的术后感染率在13%左右，其中消毒供应部门的功能不配套，设计不合理有直接关系，因此，应引起足够重视。

一、组成及要求

（一）三区制功能分区原则

中心供应部应严格按照污染区、清洁区、无菌区各自分隔，由污到洁单向运行的程序进行布置。并将双门式自动清洗消毒机介于污染区与清洁区之间；将双门式高压灭菌柜介于清洁区与无菌区之间，从而形成功能分区的基本框架。

（1）污染区——回收重复使用的污染物品、器械、推车等，都必须在这一区域内进行清洗、浸泡、消毒处理。该区内设收件口，另一端则与双门式自动清洗机的进口相连。

（2）清洁区——经浸泡清洗消毒后的器、物由自动清洗机的出口取出后在该区进行分类检查包装。进入清洁区的工作人员必须经过更衣换鞋等卫生通过程序。清洁区的另一端与双门式高压灭菌柜的入口端相衔接。

（3）无菌区——经灭菌柜处理出炉的各种无菌器械、敷料包在这一区域内接收保存和发放。该区一端接双门式高压灭菌柜的出口端，另一端布置专设的发件窗口。发件窗口与收件窗口应各在一区有所隔离，在无菌区工作停留的人员应经卫生通过之后方可进入。

三区制及清洗机、灭菌柜的分隔情况见图12-1-1。

（二）主要设施及功能要求

1. 收件、清洗、消毒

由收件窗口回收的污染物品，按玻璃、橡皮、金属、针头等进行分类清洗消毒，主要设备有：

（1）不锈钢清洗台——清洗台配备冷热水混合器，水槽下部设排水开关，以便化学灭菌浸泡液的排放。排水时不用伸手在水中拔塞子，以保护工作人员免受污染和伤害。

（2）强水流清洗消毒机——是一种全自动清洗消毒设备，能大大提高清洗效率，减轻工作人员的劳动强度。瑞典Getinge公司生产的DECOM-AT228清洗消毒机为电脑全自动控制，具有60种功能程序，以满足不同的清洗消毒要求，还可根据需要自行编制程序。该机在工作中各门自动互相闭锁，程序完成后才能开启相应的门，从而保证了清洗消毒质量，防止污染区与清洁区的交叉感染（图12-1-2）。

在清洗消毒机内的密闭消毒室有三个可旋转的喷水臂，分上、中、下排列，喷射出经加压的冷水、热水和蒸馏水，以保证全方位的水流和穿透性，使物品得到有效清洗和冲刷。机内装有以蒸气

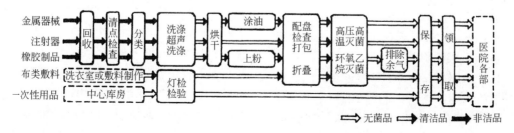

图12-1-1(a) 中心供应部各类器物的消毒流程

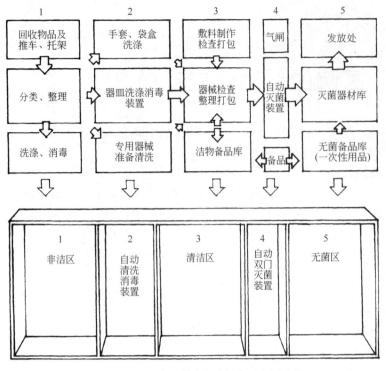

图 12-1-1(b) 中心供应部洁污分区布置示意

图 12-1-2 香港养和医院的长龙式强水流自动清洗消毒机

或电为热源的水加热器，水温可达 90℃ 的消毒温度。热消毒按编好的程序、温度、时间来完成。机内装有两台自动加药泵，分别按程序自动加入清洁剂和润滑剂，使清洗后的器械表面干净明亮。该机还可选择内设干燥系统，器械取出时就已干燥。通过选择各种物品清洗附件，就可方便地清洗外科器械、麻醉设备、用具、玻璃器皿、针管、瓶子等物品。

（3）超声波清洗机——主要用于清洗针头等不宜用水直接冲洗的物品，同时配有气、水喷枪，对针头喷洗。

2. 分类、检查、打包

经过清洗消毒的物品，从清洗消毒机的出口端取出后进行分类，并严格检查其清洁度及有无破损变质等情况，在灯检合格、pH 质中性、电导率正常的情况下，方可分类打包装盒。由洗衣间、敷料制作间送来的清洁布类也应经灯检合格后方可分类打包，并为灭菌做好准备。

其主要设备有灯检台。它是一张装有乳白玻璃台面的大台子，下面安装若干日光灯，用来检查大的手术单、巾和布类敷料等。此外，还有打包台。打包台上有良好的照明设施，各种器械在此离盘检查，台上配置放大镜，台子中部设两层物品架，放置常用打包辅料，台面要干净、平整、光洁（图 12-1-3）。

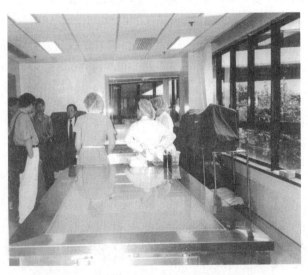

图 12-1-3 香港养和医院中心供应部的灯检台

3. 灭菌处理

即将打包后的待灭菌物品送入灭菌柜，用高压蒸气或化学药品灭菌。化学药品灭菌主要是针对不宜采用高压蒸气灭菌的橡皮类物品而采取的措施，一般采用环氧乙烷灭菌柜。

压力蒸气灭菌柜则有瑞典 GETING660 型脉冲预真空压力蒸气灭菌柜、美国安思高 Eagle3000 系列蒸气灭菌柜，都是利用脉冲真空技术，使冷空气排除更为彻底。利用真空泵将柜内灭菌腔抽吸为负

图 12-1-4 瑞典斯德哥尔摩卡洛林斯卡
医院中心供应部的高压蒸气灭菌柜

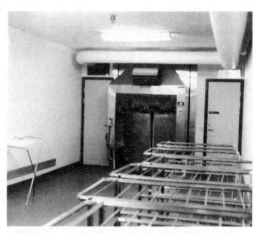

图 12-1-5 瑞典斯德哥尔摩卡洛林斯卡
医院中心供应部的洗车装置

压,以排除棉织物内部冷空气,同时将高温蒸气导入,以提高其穿透力,并使灭菌腔内的蒸气迅速提高,在灭菌期间保持相应压力一段时间后达到灭菌目的。灭菌柜为微机全自动控制,在必要时也可编程控制,运行安全可靠,若灭菌腔内蒸气没有排净,就不可能开门,从而改变老式高压消毒柜导致室内蒸气弥漫、油漆剥落等不良情况。灭菌柜内有专用推车托架、托盘等辅件配套设施,高效灵活,抗腐耐用,十分方便(图 12-1-4)。

4. 灭菌存贮、发放

即经灭菌柜灭菌消毒的物品,从灭菌柜出口端取出后在无菌存放间分类存放,经发件窗口供应各临床科室。一次性用品、新制作的敷料布类经灭菌柜灭菌后也送入无菌备品库存放待领。

这一区域内的主要设备是无菌品存放架,无菌品存放在干燥通风的地方,且应排列整齐、存取方便。最好选用与灭菌柜配套的标准盛物篮,灭菌后的器物可直接带篮一起存放到架上,这样可保证通风干燥贮存,而且存取也很方便。

此外,因灭菌后的物品温度较高,人工取放容易烫伤,因此应选用配套的取物推车,可直接从灭菌柜中取出灭菌篮,从而提高了使用效率。外用领物推车需经洗车后方可进入发件处领取灭菌物品(图 12-1-5)。

二、位置选择及平面布局

(一) 位置选择

中心消毒供应部门要布置在最接近各临床科室的中心位置。更要贴近消毒物品供求量大的部门。根据北京医院1987年按800床位、每周5.5个工作日计算,各部门需中心消毒供应的日供应量排序结果,中心手术部第一,门诊部第二,普通病房第三,门诊手术第四,ICU、CCU第五,产科分娩第六,内窥镜检查第七,见表12-1-1。由于手术部占中心供应部门总供应量的1/2,而且手术器械敷料对消毒的要求非常严格,因此,中心供应部的位置应贴近手术部,与之同层或邻层布置为好,并有专用的水平或垂直通道相连。确定中心消毒供应部的位置时还要考虑高压蒸气的供应问题,最好管线不要太长。

800 床北京医院中心供应部日
工作量分科统计　　表 12-1-1

科室名称	占总量的百分比(%)	单位升(L)
普通病房各科室	14.10	1559
特殊病房(CCU、ICU)	4.63	512
门诊各科室	18.99	2100
中心手术部	49.83	5510
门诊手术部	6.96	770
内窥镜各室	2.49	275
产科分娩部	3.00	332
合　计	100	11058

注:按每周5.5个工作日计算。

(二) 建筑平面布局

1. 中心消毒供应部的面积

是按医院的性质、规模和消毒工作量来确定的,一般综合医院中心消毒供应部的建筑面积可按每张病床 0.7~1.0m² 作为计算参考值。

2. 设计要点

平面形式受中心消毒供应的主要设备、尤其是自动清洗消毒机和高压灭菌柜的设备性能的影响极大，选择双门式的清洗消毒机和双门式的高压灭菌柜则可使工艺流程更为简捷有序，污染区、清洁区、无菌区划分也更为清楚。因此设计要点为：

(1) 选择双门式自动清洗消毒机，为清洁区与污染区完全隔离创造条件。

(2) 选择双门式高压灭菌柜使清洁区与无菌区完全隔离。

(3) 清洗消毒机介于污染区与清洁区之间，高压灭菌柜介于清洁区与无菌区之间布置。

(4) 收件窗口与发件窗口相互隔离，必须完全分开。

(5) 进入清洁区和无菌区的人员必须卫生通过换鞋更衣。

3. 组合类型

可分为翼端式与组团式两个大类：

(1) 翼端式——中心消毒供应部门在住院楼或医技楼建筑整体中占一个翼端，内部功能独立完整，通过联廊或电梯厅与其他各部门联系。中心消毒供应多设在地面层或低层。在这种布局中，按中心消毒供应内部工艺流程可分为直通式与回路式两种平面形式。

1) 直通式——多见于独立单元住院楼内布置中心消毒供应的情况，其收件窗口靠护理单元的污物梯一端布置，一切回收的待处理器械物品由此送交收件口，进行分类清洗、消毒灭菌后经布置在另一端的发件口进入交通枢纽，再分送各临床科室，洁污流线划分极为清楚。图12-1-6为日本国立医疗中心的中心消毒供应部，其流程布置体现了上述特点。

2) 回路式——即中心消毒供应的工艺流程采取"C"型布置，收件窗口与发件窗口在同一个方向，但有所分隔，这种形式多见于两个护理单元以上的住院楼内设置中心消毒供应部的情况。因收、发件在同一方向，因此其适应性更为广泛，尤其适合于污物电梯与普通电梯集中布置在中央部位的平面形式。

图12-1-7为犹他州阿格登迈克底中心医院中心供应。

图12-1-6 日本国立医疗中心的中心消毒供应部平面

图12-1-7 犹他州阿格登迈克底中心医院中心供应
1—清洗消毒；2—打色；3—消毒品库；4—职工用房；5—辅助间；6—办公室；7—通过式清洗消毒器；8—洗车；9—车库；10—尽端式消毒柜；11—低温消毒柜

图 12-1-8 为北京医院中心消毒供应部平面。其设于一层两个护理单元的病房楼底层西端，污物电梯与普通电梯都集中布置在中心。收件和发件在同一方向，但位置和路线还是分隔开的。由于柱网采取小开间布置，对内部设备的安排和空间利用增加了难度。

图 12-1-9 为瑞典斯德哥尔摩卡洛林斯卡医院的中心消毒供应部的平面布置图。其工艺流程也是按回路式安排呈 U 型布置，收件、发件口都在上方，有洁、污两部电梯，洁梯在消毒品库房内，污梯在清洗区的收件部分，可对上部楼层各科室直接回收和发放相关物品。此外，经清洗消毒后的器物由传送带送入检验打包间，并按程序依次流水作业，最后装箱，由专用推车送入高压灭菌柜。

图 12-1-10 为北京协和医院中心消毒供应部的平面布置情况，在原有建筑的阴角部位扩建，形成回路式建筑平面格局。

（2）组团式——中心供应与其他有密切联系的部门联合成一个板块，某些设施可以共用，而又联系方便。常见的有两种组团形式，即中心手术、中心消毒供应、ICU 系列板块和中心消毒供应、洗衣、药剂系列板块。

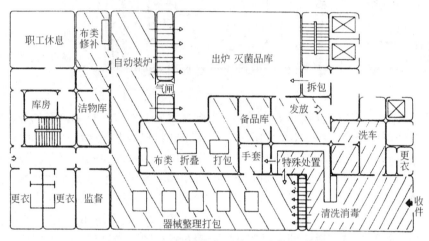

图 12-1-8　北京医院中心消毒供应部平面

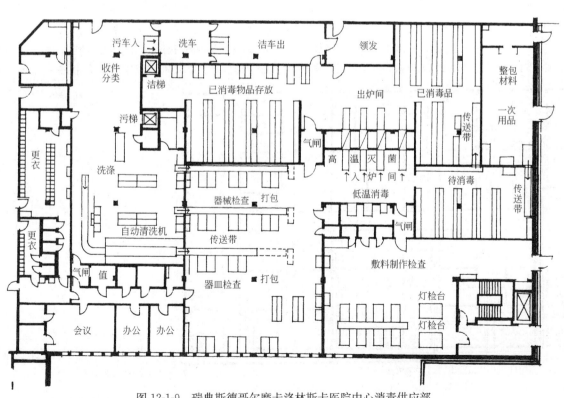

图 12-1-9　瑞典斯德哥尔摩卡洛林斯卡医院中心消毒供应部

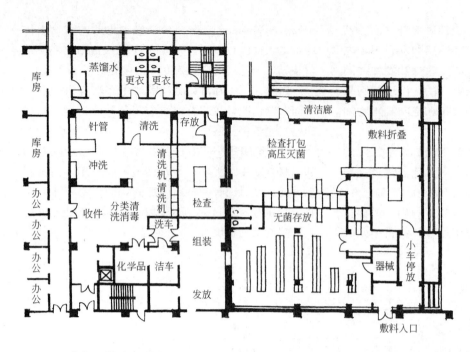

图 12-1-10 北京协和医院中心消毒供应部平面

1) 手术、供应板块——即中心手术部、中心供应部、ICU等相关科室形成一个组团板块，同层布置，收件部分与手术部的器件回收廊道相通，发件部分与中央洁净大厅或洁净走廊相连，这样中心供应50%以上的物品都能同层就近迅速集散，简化运输和周转。

图 12-1-11 为某医院手术供应板块的流线组织情况。其发件部分与洁净廊道和无菌材料库、敷料库相连，收件部分与器械回收的污染廊道相连，洁污流线清楚。

图 12-1-12 为重庆儿科医院手术、供应板块的平面布置方案。收件厅靠近手术部器件回收廊及护理单元中部的共用污物梯，以便就近回收。发件厅则在靠近手术与ICU的结合部位，经灭菌处理后的无菌敷料器械直接送往洁净供应厅和ICU。中心消毒供应部的收件和发件部分，分别与垂直自动传送机相接，各层送中心消毒供应部的回收物品、中心消毒供应部送往各层的物品可方便收发。

图 12-1-13 为中山大学附属一院中心供应部平面布置。图 12-1-14 为日本大阪府市立澧中医院的中心消毒供应部、手术部平面。它们都与手术部同层配置，形成有机整体。

2) 供应、药剂、洗衣组团——中心消毒供应、药剂、洗衣间以及营养厨房都需要大量蒸气，中心消毒供应要靠洗衣间送来清洁敷料，并进行消毒灭菌处理。药剂部的药瓶要清洗，灌注的盐水、葡萄

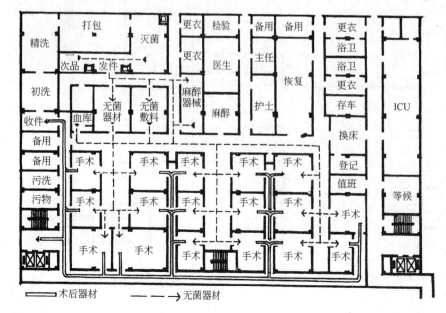

图 12-1-11 某医院手术供应板块的平面方案

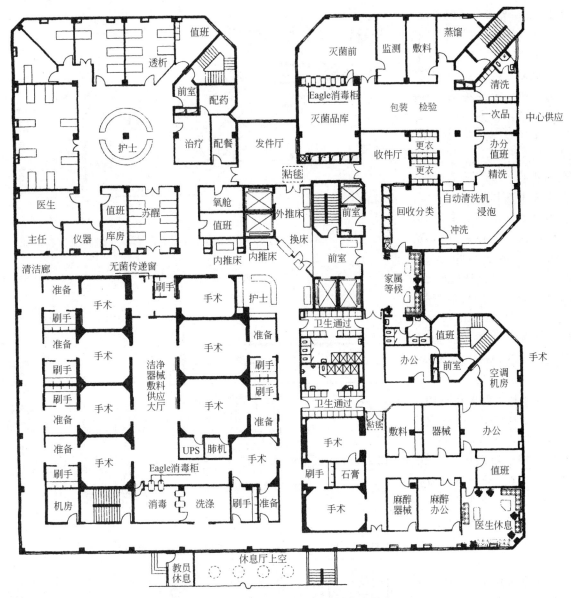

图 12-1-12 重庆儿童医院手术供应板块平面方案

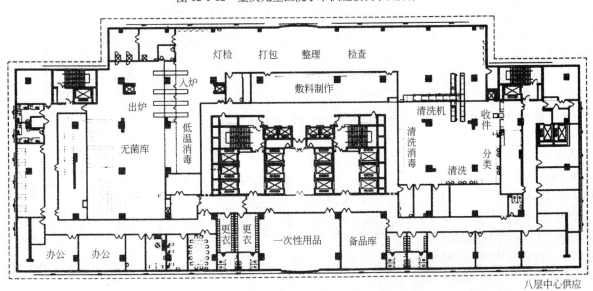

图 12-1-13 中山大学附属一院中心供应部平面布置

糖药液要高压灭菌。因此，国外的一些现代医院把这些相关的部门组合在同一层平面内，进行统筹规划，能集中设置清洗消毒、灭菌、成品库的应尽可能集中设置，以充分发挥设备效能和组团优势，从而形成供应层。

图 12-1-15 为美国弗吉尼亚州华尔华克斯医院。其中心消毒供应与洗衣、药剂占下半部分，联系紧密，中心库房和营养厨房占上半部分。中心库房的收货间与卸车平台联系方便，院内的水平运输工具长距离的用电瓶车，短距离的用推车。全院统一规格，并用标准框盒装运器物，这些设施与高压灭菌柜配套，装卸方便。垂直运输主要是电梯和大件搬运电梯，电梯分别处于中心消毒供应与洗衣和中心消毒供应与药剂的结合部位，便于双向服务。集中设置清洗中心，盘、碟、瓶、管等用具在此集中清洗消毒后，分送厨房和制剂，中心消毒供应另有双门式清洗消毒机和双门式高压灭菌柜。清洁布类介于洗衣间的整理烫熨与中心消毒供应的检查打包之间，有门双向联通，从而形成功能完善的清洗、消毒、贮存、发送的综合供应体。

图 12-1-16 为日本神户市立市民医院。其中心消毒供应、药剂、洗衣、营养厨房四者集中布置，但供应和药剂各设洗涤灭菌间，厨房也单独设置餐具洗涤和奶瓶洗涤消毒间。各部在功能上仍具有独立完整性。

图 12-1-17 为日本东京慈惠会医科大学医院供应组团平面。其对垂直运输的电梯作了明确分工，发送与回收分开，食品和无菌器材则有专用运输设施。

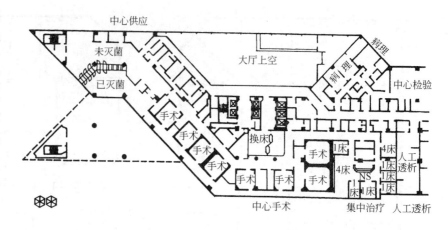

图 12-1-14 日本大阪府市立澧中医院中心消毒供应部、手术部平面

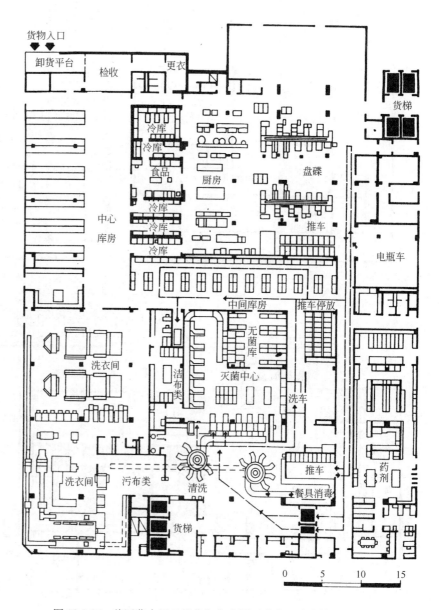

图 12-1-15 美国弗吉尼亚州华尔华克斯医院中心消毒供应部平面

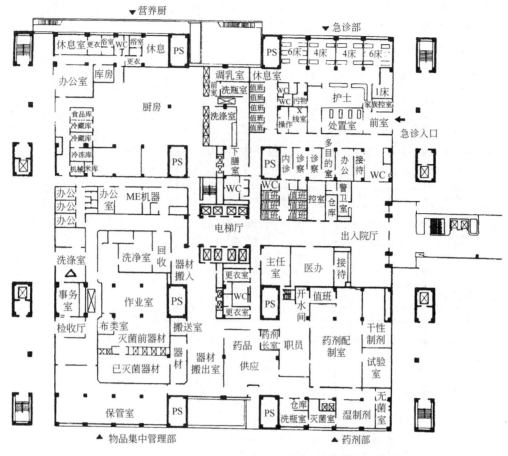

图 12-1-16 日本神户市立市民医院中心消毒供应部平面

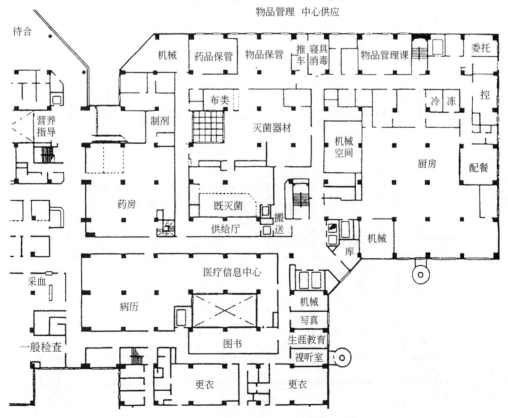

图 12-1-17 日本东京慈惠会医科大学医院供应组团平面

日本横滨大学附属医院中心消毒供应部（图12-1-18）和日本东京圣路加国际医院中央灭菌部（图12-1-19）也都采用这种组团式布置。

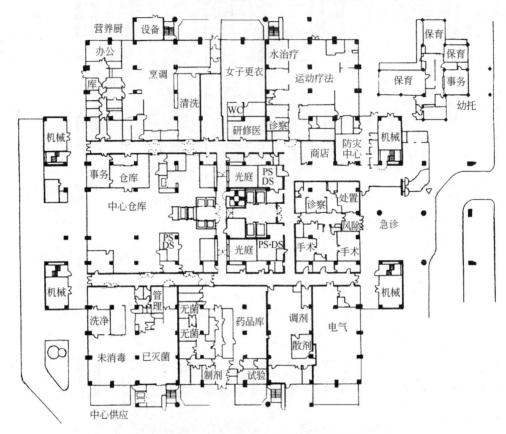

图12-1-18　日本横滨大学附属医院中心消毒供应

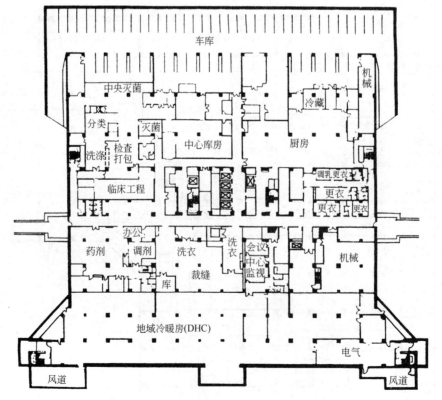

图12-1-19　日本东京圣路加国际医院中央灭菌部

三、各室设计要求

（一）收件、分类、洗涤

回收的各种器物由固定窗口进入，经清点接收后按品名分类放置在规定的污物区。按回收品名、数量登记后发给换物卡片，到发件窗口领取无菌器材。送物推车经洗车后方可进入发件厅装运无菌器材。

清洗室与收件分类为一个大空间，清洗部分靠内布置，除设多个全自动清洗消毒机外，也应设置手工清洗台。早先分设各个洗消间的作法已为多个清洗消毒机所取代。清洗间要求光线充足，面积宽松，便于推车运行和物品存放，墙壁、地面应便于消毒冲洗，并按清洗消毒机的要求安装冷热水、蒸馏水及相应的排水设施（图12-1-20）。

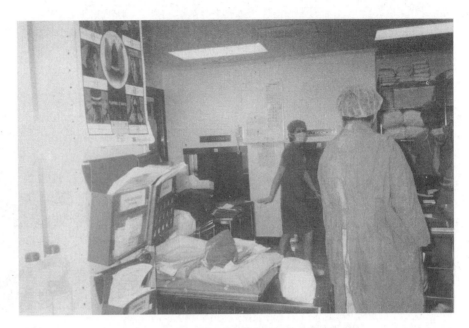

图12-1-20(a) 中心消毒供应部回收分类室内景

（二）检查打包

占地面积较大，经清洗消毒干燥后的器物在此仔细检查，合格后分别打包，不合格的退回清洗间重新清洗，因此，检查打包间与清洗间之间应设传递窗，以供物品传递，但限制人员通行。检验打包是非常精细的工作，要求有充足的光线，面积宽松，便于推车或传送带的运行（图12-1-21）。

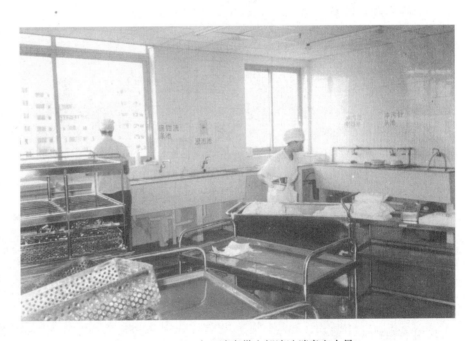

图12-1-20(b) 中心消毒供应部清洗消毒室内景

（三）敷料制作

按医疗要求剪裁制作各种敷料，如手术巾、纱布、绷带、棉球等。此室宜封闭，并使之处于负压，防止飞絮沾染检查打包间的裸露器械。室内应多设壁柜放置敷料，设大型操作台，便于敷料的剪裁叠放。室内应注意防火，应有必要的消防设施（图12-1-22）。

（四）灭菌室、器材库

现在，灭菌室已为高压灭菌柜所代替，其进口端与检查打包间贴邻，出口端与无菌器材库衔接，高压灭菌框前后应有充裕空间供推车装、卸灭菌器材，室内光线充足，空气干燥清洁，墙面、地面应便于消毒湿擦，除照明灯具外，应有紫外线灯具。无菌器材库应设存放架，室内空气干爽、清洁，光线充足，发件窗口应有管理登记的设施，室内工作人员必须经卫生通过更衣换鞋后才能进入。无菌库内每天上下午两次紫外线消毒空气，每次照射20分钟，有条件时应设十万级洁净空调系统（图12-1-23）。

四、相关技术要求

（一）蒸气系统

对消毒供应中心来说，稳定高品质的蒸气供应是必备条件。灭菌柜所需蒸气的含水率应不大于3%，否则在相应的压力下，由于水分的超标而达不到灭菌的温度要求。同时灭菌物品的湿度也会增大，对储存极为不利。这就要求蒸气管线要合理安装疏水器，以便将凝结水排回冷凝水箱。这对离蒸气站较远或断续工作的中心供应部门尤为重要。

进入灭菌柜的蒸气压力必须在250～300kPa，并稳定在±10kPa的范围内，否则将会影响安全或不能正常灭菌。由于蒸气站的蒸气要供给中心消毒供应、营养厨房、洗衣房、药剂等部门，这些部门所需蒸气压力不同，因此，必须采取调节减压措施，设置高质量的减压阀和气水分离器、过滤器等，以确保减压系统长期安全稳定地运行。

（二）冷水供应

灭菌柜所需的真空泵水封用水和排除灭菌腔内蒸气的冷却水，要求水温不高于20℃，其硬度不大于7dH。对于无法达到水质硬度要求的地区，在几台灭菌柜的总进水管上设计安装电子除垢仪是投资省、见效快的好办法。管线上应加装压力表，随时观察，以保证真空泵的正常工作。

（三）空调系统

无菌器材库应设十万级空气净化系统，室内保持微正压，气流方向由无菌区流向清洁区，再流向污染区。灭菌柜机房应在设备上方设机械排风装置，以排除内部热气，保证其气压略低于无菌器材库。清洁区一侧在灭菌柜入口处上方可设排风口，

图12-1-21(a) 中心消毒供应部检查打包室内景

图12-1-21(b) 中心消毒供应部打包传送

但在无菌区即灭菌柜出口上方不得设置排风口，以免形成局部负压，造成逆流倒灌，影响无菌区的洁净度。污染区也应保证良好的通风换气，以改善工作环境。

第二节 药剂部设计

药剂部门一直是医院的重要组成部分，其制剂部分曾是院办产业之一，是医院经济的主要支柱。现在虽然医、药在经济上分开独立核算，但药剂部门的基本组成及其在医院中的任务并未改变，这就

是自配、自用、研发市场无销售的小批量自制药品。随着医药事业的发展，临床对药剂的要求也越来越高，保证和提高药剂质量，研制新型高效药物，对进一步提高医疗质量和效率具有极其重要的意义。

一、组成、任务和面积

药剂部是药房和制剂的总称。药剂部的组成根据医院性质、规模及其业务范围而定，一般综合医院可分为中药和西药两大部分。

（一）西药部分

1. 西药房

（1）调剂室——负责药品调配、收方发药。药品由药库和制剂室提供，因此，往往与之直接连通，集中式布置的调剂室不仅为门诊病人，而且也要为住院病人及康复病人服务。其面积和位置也应作相应考虑，300床位以上的医院常分设门诊调剂和住院调剂。门诊调剂室的面积因门诊人次的多少而有较大差异，多在40～120m²不等。住院调剂室约20～50m²。规模较大的医院门诊部，应分设儿科和传染科的门诊药房。

图12-1-22　中心消毒供应部敷料制作室内景

图12-1-23　中心消毒供应部无菌存放室内景

（2）药库——主要负责分类储存各种药品的半成品药物。一些低温、避光、有毒、麻醉、易燃的药物应根据其特性及特种药品的管理法规进行储存和管理，以确保药品质量和用药安全。对库房的温度、湿度、照度、消防等方面也应作相应考虑。

（3）分装室——规模较大的医院，常用药处方量较大，需要对药品进行核对，分装成常用剂量的小包装，整存待发，以缩短门诊病人的候药时间。

（4）办公室——为药房业务，如统计记账、领药发药、内外联系等的办公用房。

2. 西药制剂

主要为门诊和住院药房配制、自制药品或协定处方药品。按药品卫生级别要求又分为普通制剂和灭菌制剂。

（1）普通制剂——主要是配制常用的药水、药粉、药膏，本院或外院协调处方剂。各不同剂型，内服、外用又需分室操作，以免互相影响混杂。

（2）灭菌制剂——主要是配制大量用于临床的

盐水、葡萄糖滴注液、注射液以及配液用的蒸馏水。灭菌制剂有较高洁净级别的卫生要求和技术措施。

（3）分析检验——对自制药品的质量、特性、含量等进行定性定量地分析、检验。合格后方能用于临床，对制剂的原料药及注射用水也应作分析检验。

（4）消毒灭菌——应靠近灭菌制剂室，药品经灌装封盖后在此经高压灭菌柜消毒灭菌，然后经灯检入库。

（5）蒸馏室——常与消毒灭菌室临近或合并，以便利用高压蒸气制备蒸馏水。近年来多将蒸馏水器设在灭菌制剂室的上部，以便利用位能优势，使蒸馏水顺流而下，直通灭菌制剂室，以提高效率。

（6）洗涤室——用以洗涤各种器皿、过滤器、无菌制剂所用器皿，临用前应用新鲜注射用水洗涤多次，进行无菌操作时，器皿和过滤器必须灭菌，以确保灭菌制剂的品质。

（7）各类原料、辅料库房。

（二）中药部分

其构成根据医院性质、规模、门诊人次等因素确定，中医院与西医院有所差别。

1. 中药房

应包括以下房间：

（1）调剂室——负责收方、配药、发药。中成药的处方调配与西药近似，比较简单，而生药的配方由于种类繁多，每味药都要称量现配，因而比较复杂，调配处方需要较宽松的环境，以便存放排列中药饮片门类繁多的药柜和调配台，便于工作人员按处方依次来回称量、核对、分包，所需面积一般不宜小于 36m²。

（2）中成药库——存放中药制成品，如膏、丹、丸、散、片剂、针剂、合剂、口服液等等。中成药类似西药，所需面积约 15m² 左右。

（3）生药库——存放各种经加工制作过的生药饮片。中药品类繁多，需分门别类用密闭容器存放，所需面积应根据储存量及品种多少而定，一般在 30m² 以上。

（4）煎药室——主要是为住院病人煎药，也可为少数门诊病人服务，面积 8～12m² 即可。中医院的煎药室则规模较大。

2. 中药制剂

从制作方式上可分为两大类，一类为中药饮片制作，另一类为中成药制作。饮片制作工艺较为简单，中成药制作工艺则较为复杂。

（1）整理加工间——加工方式多为水制、火制、水火共制，其目的是清除杂质，调整药性，降低毒性，利于存储。水制法分洗、漂、泡、渍等；火制法分煅、炮、煨、焙等；水火共制法包括蒸、煮、淬等。根据加工特点，室内设置各种漂洗、煅、炮、蒸煮设施和缸、钵、筐、筛等用具。

（2）切片粉碎——将经加工整理后的原药，进行切片粉碎，一般医院切片粉碎可在一起，规模较大的医院可以分室。该室应注意通风除尘，其位置应与整理加工间连通。

（3）熬膏、合剂——熬膏、制作合剂，都是将药料放入锅中加水煎煮，取液过滤，再加温浓缩，熬制时有蒸气、烟气产生，应有机械排风装置。

（4）炒、炮室——对药材进行炒、炮、灸等加工处理，该室应注意排烟降温。

（5）片、丸室——压片、制丸视医院规模可分可合，中药片剂是将中草药加工提取，加入适当辅料成片。制丸则是将中药粉用药汁、蜂蜜、蒸馏水等粘合剂制成丸药。小型医院多用传统的手工成丸；大型医院多为滚丸机制丸，机械制丸时有噪声，最好设专室，并采取隔音处理。

（6）灌装间——包装或灌装制成的中药制品、灌装用的药瓶需仔细精洗消毒干燥，灌装后加盖密封。中药制剂所用药瓶的清洗、消毒、干燥等设施可与西制剂合设共用。

（7）原药库——原料药材库周转量大，尘土多，要求防潮、防虫、防鼠，其位置与整理加工间相连，并有室外晒场，用以摊晒原药，防止霉变。

（三）面积要求

（1）西药部分的建筑面积，在日本，是根据住院床位和门诊人次来确定的，计算公式如下

$$药剂部建筑面积(m^2) = 床位数 + \frac{日平均门诊人次}{2} \times n$$

$n = 0.9 \sim 1.6$（用于医学院校附属医院）

$n = 0.5 \sim 0.6$（用于一般综合医院）

（2）根据我国1996年颁发的综合医院建设标准，药剂科（含中、西药）的面积指标是按病床数的床位指标来确定的，每床 4.02～4.2m²。按此计算，600床位的医院，中西药剂部的建筑面积约 2458m²。

按日本的算法，西药剂部的面积（600床、2000人次规模）约为 1440～1600m²，其相差值 1000m² 左右，是因为中药剂部分的面积而形成的。

（3）中、西药剂部的各主要房间面积分配见表12-2-1。

中、西药剂部的主要房间面积分配　　表12-2-1

使用面积(m²) 房间＼医院规模	100～200床	250床	400床	500床	650床以上
门诊药房调剂室	60	60	75	90	≥100
住院药房调剂室	—	30	45	60	≥75
普通制剂室	12	15	18	24	30
灭菌制剂室	30	30～45	36～48	45～54	≥48
消毒室	10	12	15	15	≥15
分装室	12	15	20	24	28
分析检验室	8	12	12	15	15
蒸馏水、洗涤室	10	12	18	24	≥24
药库	18	30	45	48	≥60
传染药房	—	—	12	18	≥24
儿科药房	—	10	12	15	18
中药房、调剂室	40	50	60	70	≥70
煎药室	8	10	12	15	≥18
生药制作室	24	28	36	45	≥48
生药、成药库	20	24	30	36	≥45
原药库	20	24	24	30	≥30
中药制剂室	20	24			
药房办公室	15	2×12	2×15	3×12	3×15

二、设置方式及建筑类型

药房主要是为门诊和住院病人服务的，制剂则是为药房提供自制药品的，药剂部则是药房和制剂的总称。药房、制剂两部分的相互关系，药房的集中或分散设置是形成药剂部平面类型的关键因素。药房的设置应方便病人取药，又要有利于内部管理。200床以下小型医院，制剂部分规模很小，一般多采取药房和制剂合并集中设置的方式。大中型医院则药房与制剂分离，且分散设置若干药房，以便各得其所，就近服务。

（一）药剂部集中设置

200床以下小型医院，床位和门诊人次都较少，药房、制剂面积有限，平面形体一般较为紧凑简单，药剂部集中布置便于管理，其位置应首先满足门诊病人就近取药的需要，住院部则是由各科护士集中领取药品，然后在各护理单元的配药室，分包送到各病床。集中布置的药房调剂室最好内部分隔出门诊和住院部分，各设窗口。制剂部分则集中设置于药剂部的一个尽端。

图12-2-1为上海闵行医院药剂部，其集中设于门诊部与住院部之间，靠近门诊部大厅的位置，以方便门诊病人为主，由连廊可通往院部，便于集中领取药品。

图12-2-2为日本鸟取县立中央病院药剂部，为集中式医院中集中设置药剂部的实例，其位置在门诊部的入口层门诊大厅一侧。

图12-2-3为日本北里大学医院药剂部，其特点是邻层集中式，即在同一位置地面层布置药房、候药厅、住院、门诊调剂背靠背地布置，便于双向服务；地下部分为制剂室及药品库房，管理部门分层设置，层间有内部楼梯相通，联系方便。这种跃层式的药剂部多见于大、中型医院，具有集中布置的优点，又避免了制剂和库房占用首层面积过多造成平面布局松散的弊端。

图12-2-1　上海闵行医院药剂部

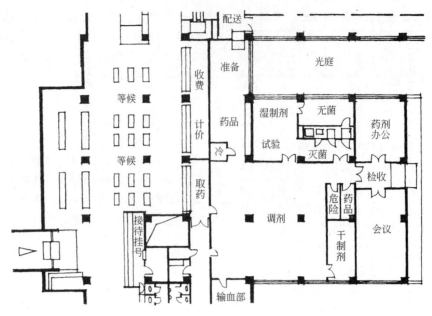

图 12-2-2　日本鸟取县立中央病院药剂部平面

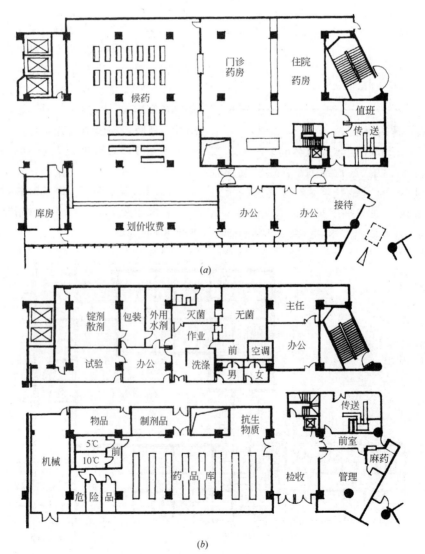

图 12-2-3　日本北里大学医院药剂部（一）

(a)2层平面；(b)1层平面

图 12-2-3　日本北里大学医院药剂部(二)

(c)药剂部内景

图 12-2-4 为日本东京医科大学附属医院，991 床仍采用集中布置药剂部，但其制剂很小，并另设出入口。因药剂占第一层面积过多，门诊病人只好由自动扶梯引上二、三楼就诊。

(二) 药剂部分散设置

在一些大型医院，布局不太集中，门诊部与住院部规模较大，相距较远，药剂部的面积较大，若仍集中布置，会带来诸多不便。这时就宜于因地制

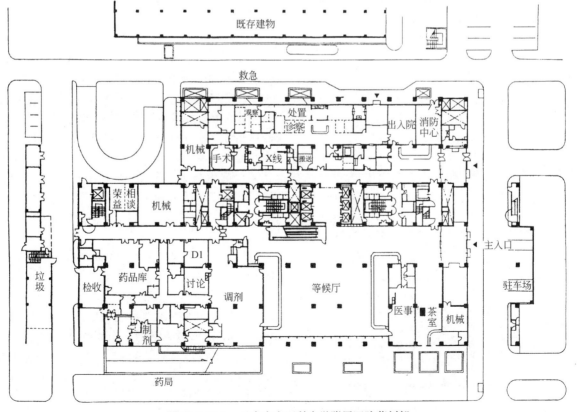

图 12-2-4(a)　日本东京医科大学附属医院药剂部

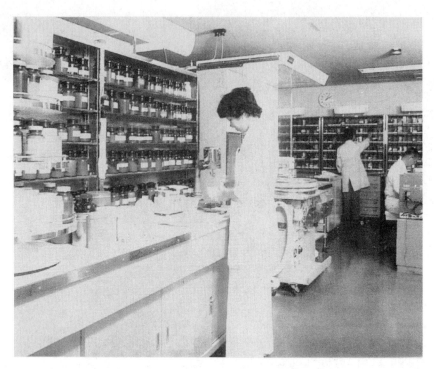

图 12-2-4(b)　日本千叶肿瘤中心调剂室内景

宜，分散设置。

1. 门诊药房＋住院药房设制剂

在制剂规模不大的情况下常与面积不大的住院药房设在一起，位于医技部或住院部；门诊药房则设于门诊部，使之各得其所就近服务。住院药房为各病房护士集中领药，流线相对简单，制剂部分规模不大，对住院部分不致带来干扰，因此这种布局既相对集中，又就近服务。如能为制剂部分另设出入口，则更为理想。

图 12-2-5 为中日友好医院住院调剂部平面，住院药房与制剂合设在住院楼地下 1 层，门诊部另设中、西药房。

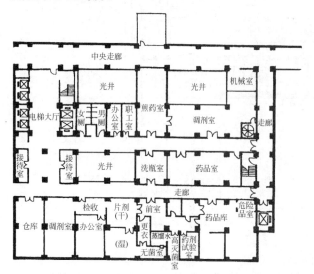

图 12-2-5　中日友好医院住院调剂部平面

2. 门急诊药房＋住院药房＋制剂楼

在制剂规模较大生产状况可能对门诊或住院造成不良影响的情况下，一些大中型医院就将制剂分离出来，利用基地的边角地带设置制剂楼。另外在门急诊楼、住院楼分设药房。

图 12-2-6 为中日友好医院的制剂楼，第 1 层为成品灭菌、检验，中生药制剂，第 2～4 层为无菌制剂与普通制剂，第 5 层为研究实验用房，从而形成较为完整的制剂楼。

图 12-2-7 为上海石化总厂医院制剂楼及药房，在总平面西南角集中设制剂楼，在中部联廊的三个枢纽点上分别设置门诊、急诊、住院三个药房。这种布局方式在我国的大中型医院应用较广，颇具代表性。

3. 门诊药房＋住院药房＋制剂（设在门诊楼）

利用门诊楼的地下层或顶层设制剂室，既能减轻干扰，又节约用地，与各部的联系亦较方便。

图 12-2-8 为 500 床位的黑龙江林业医院，制剂部分设在门诊楼地下层，门诊药房在门诊楼地平层，住院药房在第 3 层门诊与住院的联系体上。

图 12-2-9 为中国医科院肿瘤医院制剂部平面，除分设门诊、住院药房外，制剂设在门诊第 3 层北翼。占一个转角尽端，自成一体，采光通风条件良好。

三、西药制剂、调剂室设计

（一）西药制剂

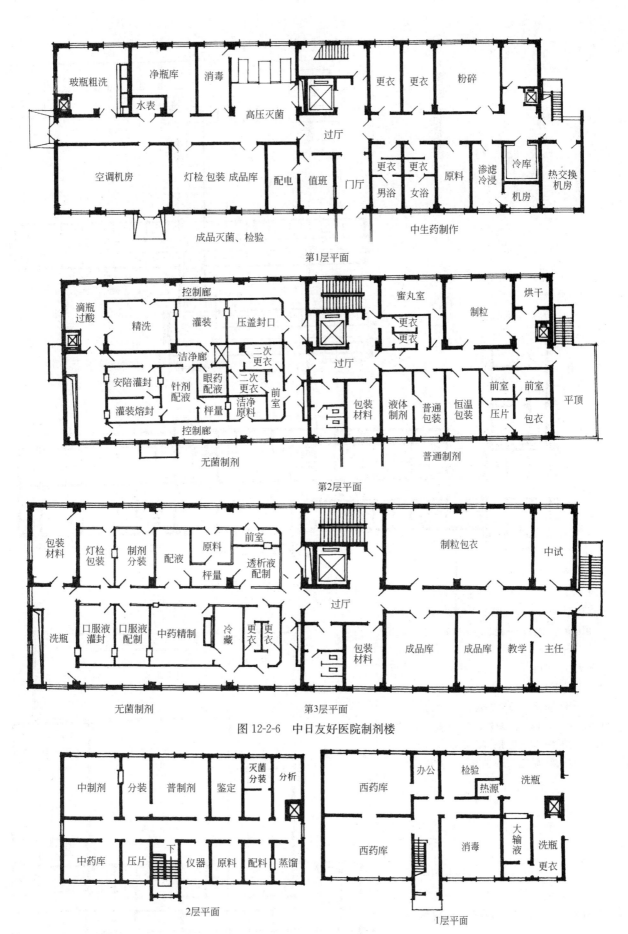

图 12-2-6　中日友好医院制剂楼

图 12-2-7　上海石化总厂医院制剂楼及药房（一）

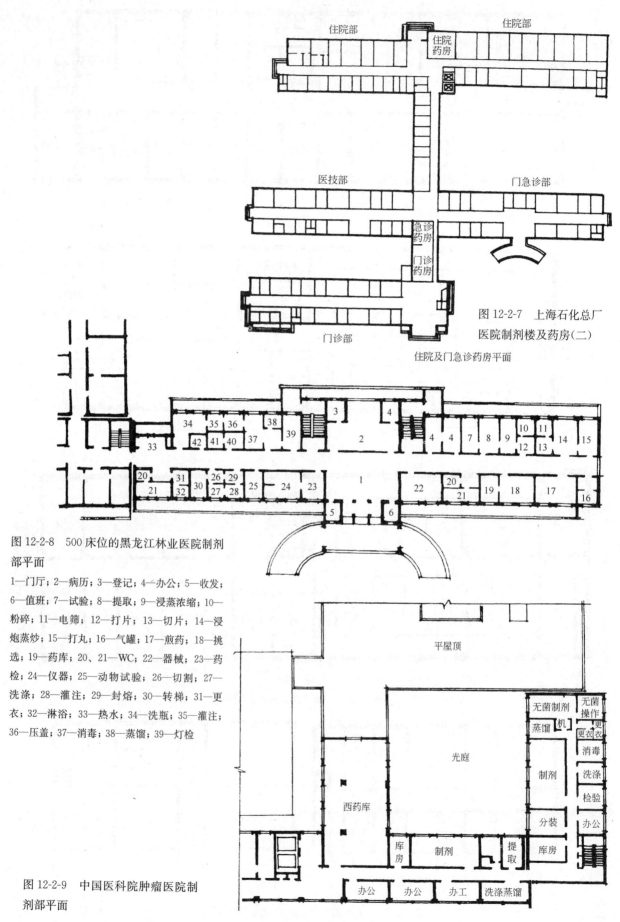

图 12-2-7 上海石化总厂医院制剂楼及药房（二）
住院及门急诊药房平面

图 12-2-8 500床位的黑龙江林业医院制剂部平面
1—门厅；2—病历；3—登记；4—办公；5—收发；6—值班；7—试验；8—提取；9—浸蒸浓缩；10—粉碎；11—电筛；12—打片；13—切片；14—浸炮蒸炒；15—打丸；16—气罐；17—煎药；18—挑选；19—药库；20、21—WC；22—器械；23—药检；24—仪器；25—动物试验；26—切割；27—洗涤；28—灌注；29—封熔；30—转梯；31—更衣；32—淋浴；33—热水；34—洗瓶；35—灌注；36—压盖；37—消毒；38—蒸馏；39—灯检

图 12-2-9 中国医科院肿瘤医院制剂部平面

1. 普通制剂

主要是配制常用的内服药、外用药，如药水、药膏、药粉等普通制剂，对工作环境要求不是很高，但内服与外用药必需分间分时制作，以免粉、水、膏剂制作时互相影响，混淆错乱。内服药、外用药应各分设自己的原料库和成品库。在小型医院，由于制剂量小，且面积受限，内服、外用制剂可在时间上分开的情况下在同一空间进行。普通制剂的原料药，应允许清扫后再入库开箱解包。

普通制剂室内地面、墙面、操作台面应便于消毒清洗，保持洁净，且应具一定的防腐性能，有条件时应设空调设施，控制温湿度。有的药剂气味较重，操作时可启动局部排风装置，以改善工作条件(图12-2-10)。

2. 无菌制剂

主要是医院用量特大的输液用药，如葡萄糖水、生理盐水、小安培注射针剂、眼药水等。无菌制剂应与蒸馏、洗瓶、灭菌室相邻。洗瓶室与无菌制剂室之间不能直接相通，用无菌传递窗递送经清洗消毒的瓶子。工作人员进入无菌制剂室需经卫生通过处理，更衣换鞋、穿戴无菌衣、帽、口罩等。药液经配液室配制，经灌装封盖后进行灭菌消毒，消毒完成后经灯检入库。制剂环境的洁净度要求，蒸馏水制备不低于十万级，配液、灌装、封口不低于一万级，局部不低于100级(图12-2-11)。

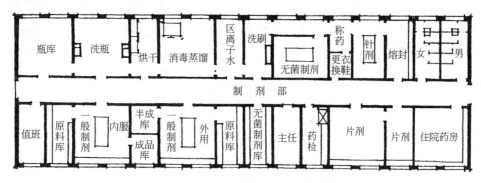

图12-2-10 北京某医院制剂部普通制剂

图12-2-11 北京某医院制剂部无菌制剂

生产环境的洁净度，主要是由建筑设计和空气净化系统来保证，设计中应将各类房间按工艺流程和洁净度分为非清洁区、清洁区和洁净区，跨越不同洁净区的人和物必须经过相应的卫生通过处理。人员应换鞋、更衣、刷手、戴帽、戴口罩，由清洁区进入洁净区需再经风淋方得进入。物品需清理解包消毒灭菌之后经传递窗送入清洁区或洁净区。

洁净区、清洁区、非清洁区应依次保持相对正压，使气流由洁净到清洁再到非清洁的方向流动。灭菌制剂各室地面、墙面、顶棚、工作台面都应易于消毒清洁，灯具、空调设施应采用嵌入暗装方式。

(二) 西药调剂

即西药房用于收方、配方、发药。

1. 门诊药房

门诊药房是对外的窗口，既要方便各科病人取药，又要便于内部管理联系。门诊药房宜面向候药厅的整个墙面或大半墙面，下部为柜台，上部为玻璃隔断，柜台宽度中线设置玻璃隔断，内外各宽400cm左右，便于放置药品提包等物，玻璃隔断下部设活动窗口，中距1200～1500cm。窗口数量视门诊规模而定，每200～250人次设一窗口为宜，以减少排队等候，分散人流。大型医院在急诊、儿科、传染门诊设置专用药房(图12-2-12)。

2. 住院药房

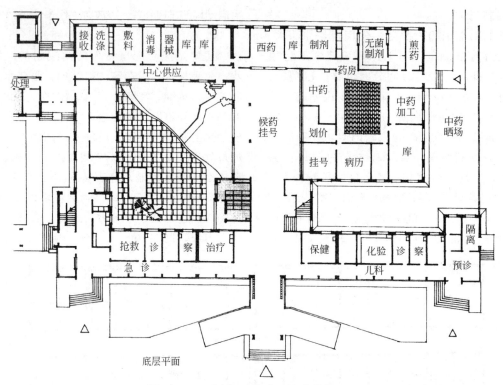

图 12-2-12 贵州六盘水市医院药剂部平面

住院药房不是直接面向住院病人，而是根据各科的处方配药，各科室的送药小车直接到调剂分包间领药，由各科发药护士专送。另一种方式是在护士站内设配药间，由护士分包分装后发给病人。

3. 药房设备

药房的主要设备是药品柜、架、冷藏柜、调剂台、发药台等。调剂室应与补给库、办公室等有直接联系。调剂室的地面最好比候药厅的地面标高高 30cm 左右，或将发药收方处的地面局部抬高，以便工作人员能坐着收发药品，减轻疲劳。

调剂室应采用易于清洁、不霉变、无异味的装修材料，且应注意采光通风，最好能有空调设施，并应注意药品的特殊储存要求。

四、中药制剂、调剂室设计

（一）中药制剂

一般原药、草药经整理、清洗、切片、碾磨、炒制、泡制等手段进行加工，从加工方式上区别，大致可分为两大类：

1. 生药制作

主要是各种饮片的加工制作，即将各种原药经整理或清洗晾干，除去杂质，用切药机切成薄片晾干即成。有的原药需经烘、炒后再切片或切片后再炒制、碾磨。饮片加工制作工艺较为简单，需要设备不多，投入较少，一般医院大都设有饮片制作间。

饮片的加工制作应靠近原药库设置，室内有整理工作台，清洗、浸泡池、切片机、碾磨机、低温烘箱等，室内宜作瓷砖墙裙，地面应便于清洗排水，设不锈钢地漏，注意采光通风（图 12-2-13）。

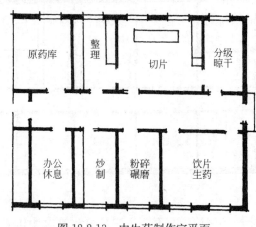

图 12-2-13 中生药制作室平面

2. 成药制作

中成药品种繁多，各种膏、丹、丸、散、冲剂、合剂、针剂、口服液、药酒等，生产工艺和设备也较为复杂，生产过程中粉尘、气味、噪声对周围环境有一定影响，相当于一座小型制药厂。一般城市医院或中医院多根据自身的特色及科室的特色药品加以研制，其品种和规模以满足医院自身或协议配方的需要为度。

中成药的制作工艺也多种多样，有的只需将原药碾磨、粉碎、混合，并加入辅料即成成药。有的则需经泡制，即将原药整理、清洗、切碎、入罐，加入溶媒如乙醇，将原药的有效成分提取出来，再经分离、浓缩、精制为半成品，再加入不同的辅料，成为不同的中成药，如蜜丸、药片、药膏、冲剂等。若进一步精制、提纯、灭菌、灌封，可制成合剂、口服液、针剂等。

中成药制作室的平面布置应按工艺流程及其设备的需要进行空间组合。一般分为两部分，其一为原料药的前期加工制作，如整理、清洗、切片、碾磨粉碎等环节，其洁净度没有特殊要求，按普通制剂室考虑即可，要求通风良好，地面、墙裙便于清洗。提取间由于用乙醇作溶媒，要注意防爆泄压（图12-2-14）。

图12-2-14 中成药制作室平面

对于后期加工制作，如浓缩精制、混合、压片、包衣、过滤、灌装、封口灭菌、内包装等室，应按灭菌制剂的环境要求考虑，从浓缩到包衣应在十万级洁净环境中进行；灌装、封口、灭菌应在一万级、局部一百级的洁净环境中进行，建筑设计要求也与西药灭菌制剂室相同（图12-2-15）。

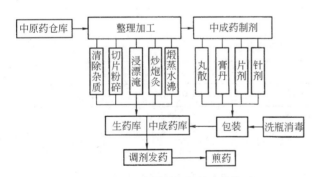

图12-2-15 中药制剂各部的功能关系

（二）中药调剂——中药房

在250床以下的综合医院中，由于门诊人次不足1000人，中药调剂和西药调剂可相邻布置，共用候药厅。300床以上大中型医院，中药房常与中医科相邻，且布置在楼层，以适当分散人流。

中药调剂室面向候药厅的一面收方、发药，功能与西药房相似，只是中药药包的体积较大，收方发药窗口也应适当放大一些。中药的配药方式可分为两种，中成药部分，本身有定型、定量包装，与西药相似。主要设备为药架、药柜、配药转盘等。而生药部分则较为复杂，中药处方各人不同，都需要一一收方，每味药都要现称现配，需要较大的配药台，生药饮片都按一定规律分门别类存于药柜，一服药配药员需在配药台和贮药柜之间往返多次，经核对后分味小包，再集成大包，交付发药窗口。配药人员劳动强度大，病人候药时间长。20世纪六七十年代曾研制成功中药电动配药机，试图解决这一问题。但由于中药品种特性过于繁复，中药处方千差万别，配药称量以"克"为单位，这种电动配药机，由于在准确性、灵敏度方面尚不理想，难于满足中药调配要求，多已闲置弃用。现在有的大型中医院正在研制微机控制的电子配药装置，并对中药进行剂型改革，这些都将对今后中药房的设计带来新的要求和变化。

第三节 医院的物流传输系统

在20世纪50年代，自动化物流传输系统投入使用以来，很快成为现代医院广泛采用的一种高效传输方式，在90年代的欧洲，有10000多套物流传输系统在医院运行；在日本，有3000多家医院采用了多种高效物流传输系统。我国近年来新建的某些标准较高的大型医院如上海东方医院、广东佛山医院等也在开始采用。

长期以来，我国的绝大多数医院的物品都是人工传送，充分体现了我国劳动力资源丰富的特点，同时也带来医院人流、物流混杂、效率低下、交通拥挤，耗时费力的落后状态。我国临床科室护士配备明显不足，却要分出精力来领物、换被、送标本，取报告，这些工作如果由物流传输系统来完成，则可使护士能集中精力实施以病人为中心的全面护理。同时还可提高医护效率，防止交叉感染，缩短排队等候时间。随着我国医院现代化水平的提高和经济实力的增强，选择运用适合国情的医院物流传输系统，必将成为现代医院建设的基本内涵。

一、物品类别及传输量、次分析

医院日常传送物品可分两大类，即文件、档案类与物品类

（1）文件档案——如病历、诊断书、处方单、检验报告、X光片、放射、诊断或治疗记录、配餐单、会计账单、票据、现金、行政文件等。

（2）物品类——中心供应送出的灭菌器材、清洁敷料，回收的污染器材、用具，药剂部送出的大输液、医生处方药品、回收的空瓶。中心库房送出的各种消耗品。洗衣房送出的清洁被服、敷料，回收用过的被服敷料。营养厨房送出的餐饮食品，回收的餐具。中心检验、门诊、住院之间的血样、体液等检验标本，血库供应各部门的血浆等。

根据日本的资料，对医院每200床的物流传输当量的估算如表12-3-1、表12-3-2所示。

医院院内200床物流传输当量估算指标 表12-3-1

类别 \ 传送量	每天平均传输量			每次平均传送量	
	体积(L)	重量(kg)	频率(次)	体积(L)	重量(kg)
供给清洁物品	34131.8(80)〈48.1〉	5744.3(89)〈60.5〉	273.6(52)〈38.4〉	124.8	21.0
回收用后物品	32932.8(81)〈46.4〉	3382.5(86)〈35.6〉	153.5(75)〈21.5〉	214.5	22.0
使用部门间互传物品	122.2(25)〈0.2〉	83.6(16)〈0.9〉	282.0(9)〈39.5〉	0.4	0.3
供给部门间互传物品	3809.4(100)〈5.3〉	278.1(100)〈3.0〉	4.0(100)〈0.6〉	952.4	69.5
总计传送物品	70996.2(81)〈100〉	9488.5(87)〈100〉	713.1(40)〈100〉	99.6	13.3

注：( )为定时传送量占总量百分比；〈 〉为该传送量占总量的百分比。

医院院内100床物品搬运当量概算值 表12-3-2

搬运量 \ 项目	定时搬运		临时搬运	
品名	容积(L)	重量(kg)	容积(L/d)	重量(kg)
食品供应	4000	520	—	—
中心消毒物品	1300	350	32	8.5
药品	370	200	35	20
化验检体	21	11	8.5	4.5
放射胶片	10	28	9	25
病案文档	(预约)80	—	20	—
消耗物品	60	—	6	—

从表12-3-1、表12-3-2中可以看出，供应部门如中心消毒供应、营养厨房、被服、中心库房、洗衣房等送往使用部门的各种相关物品，从体积、重量、频率综合评估，当居首位，其中一日三餐的食物供应为病房计划传送量的最高项目，消毒后的器械敷料是手术、分娩部的输送量最大的项目，使用部门间互相传送的项目主要是病历、化验标本、报告、X光图片等，因此其传送频率最高，体积重量却最小。供应部门之间的传送，体积最大，重量却不大，主要是洗衣间、向中心消毒供应运送的清洁

敷料，中心库房向中心消毒供应运送的一次性用品，以及制剂运往中心库房的药品等。

二、主要传输手段及特性

（一）大件运送设施

大型货梯及自动密闭车——主要用来运送食品餐饮、消毒器材、手术器材、药品及其他大件物品。

（1）西门子公司生产的 TRANSA 系统是专为垂直和水平传输大体积或特重物品而设计的。被送物品置于箱内，通过专用升降机完成垂直搬运，再经自动引导线完成水平搬运。箱体最大有效容积长×宽×高为 935mm×755mm×1770mm，最大载重为 100kg。货箱载有防碰撞设施，午餐、药品、无菌器材、标本检体等可选专用载箱，可使物品安全、无声传送。这种货箱体可作存储架，同时完成运、储功能。

发送一个货箱载体只需在货箱一侧的传输地址指示器上设置好选址游标，然后将传输货箱设置于发送位置上，按下发送按钮，就可使货箱载体自动装载在升降机上。升降机的地址传感器可辨识传送地址，并在相应楼层停车，这时装载叉车自动将货箱卸下，用于水平传送的传输带设于楼层的夹层内，货箱脚轮与传输带及带传感器的转台引导车厢到达传输地点。由于货箱的水平传输结构复杂，且需设置设备夹层，因此在实际运用上水平传输也可由人工手动传送（图 12-3-1）。

（2）西门子 TRANSCAR 自动引导车——被装载于运输车上的货箱、运送井道及水平通道等与 TRANSA 系统相同，只是其水平传送按照地面上的引导线运行，货箱尺寸长×宽×高为 660mm×1680mm×236.6mm，为卧式箱体，传输重量为 300kg，净重达 170kg（图 12-3-2）。

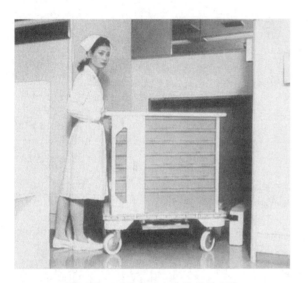

图 12-3-1　TRANSA 大件传输系统

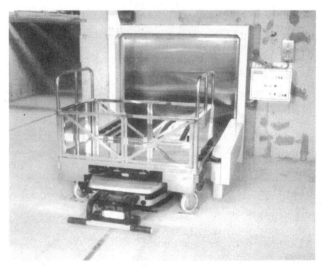

图 12-3-2　TRANSCAR 大件传输系统

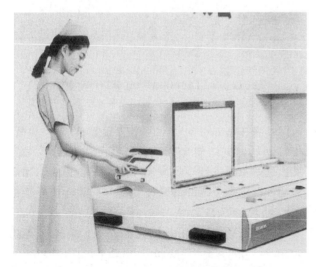

图 12-3-3　BOXVAYOR 中型箱体传输系统

图 12-3-4　SIMACOMVT-MC(K)传输系统

(二) 中、小件传输设施

1. 西门子 BOXVAYOR 系列

为履带式箱体传输系统，可自动完成水平和垂直传输任务，适合于药剂、医用物资、标本检体、无菌器材、布类、敷料、病历、X光片、办公文件等的传送，其运送量有 20～50kg 多种类型，可以选择。以 BOXVAY-ORK 型为例，其井道净空尺寸为 1600mm×2000mm，机房平面净空尺寸为 2200mm×2500mm (图 12-3-3)。

2. 西门子 SIMACOMVT-MC(K) 系列

为各种不同载箱形式的中小件传输轨车，载重量 8～10kg，标准箱体内空尺寸 370mm×140mm×300mm～470mm×140mm×400mm 等多种，由微机控制自控推进箱体的运行。根据事先输入小车内的传输地址，发送人及 ID 等数据来控制其运行，可用于病历文档、药品胶片、票据、标本、无菌器材和其他医用物资的传送。传输轨道可安装在顶棚上，占的空间有限，但在作建筑设计时就需作全面考虑和布置 (图 12-3-4)。

3. 气送管道传输系统

气送管道传输系统有两种，一种是比较简单的固定两点间的传送，另一种则是以微电脑控制的多点间相互传送装置，可将医院各部门之间紧密地联系起来，尤其适合于临时立即发送的小件物品，如病历、文档、急用药品、血样检体、医用胶片等。虽然血样检体等以 4～7m/s 的高速在管道中运行，由于传送筒中设有缓冲装置，经挪威乌城瓦伍医院测定分析，对血样检体的成分结构不受影响。

气送管道传输系统包括控制室(站房)、传送管道、转换箱等，控制室面积约 20～30m²。管道大小根据需要选用。TELECOM 系列管道内径有 100、110、124、154mm 四种，传输重量为 1.5～5.0kg，弯曲半径1000～1200mm，其竖向弯曲半径对层高有一定影响 (图 12-3-5)。

4. 医用垂直自动传送系统

该装置特别适合于住院医技楼或门诊医技楼的分层叠加的建筑组合类型，尤其适合于非定时传送的中小件物品，使用灵活安全，适用经济，可对药品、血浆、检体标本、消毒器材、被服布类、病历文档等物品进行无人介入的自动传送。比较适合我国医院的技术经济水平。以 CY-20 型医用垂直自动传送系统为例，它采用编程逻辑控制系统，可长期无故障运行，分站独立控制，总站集中控制，采用双声蜂鸣提示和双色发光显示信号，各分站只需按

(a)

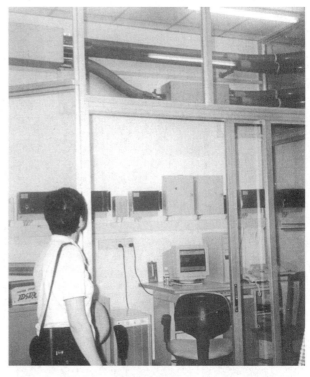

(b)

图 12-3-5 TELECOM气送管道传输系统
(a)中间收发点；(b)中心调度站

箱门呼唤按钮即可向总站发出待运要车信号。一旦货箱到达，该站便会听到音响提示，催促装卸货物。这时只需再按呼唤按钮，便可终止音响，固定货箱，以便安全装卸。操作完毕，只需再按呼唤按钮即可解除锁定，恢复运行。该系统载重可达20kg，运行速度 0.4m/s，货箱容积长×宽×高为 600mm×500mm×500mm，井道内空 1420mm×690mm、1110mm×950mm (图 12-3-6)。

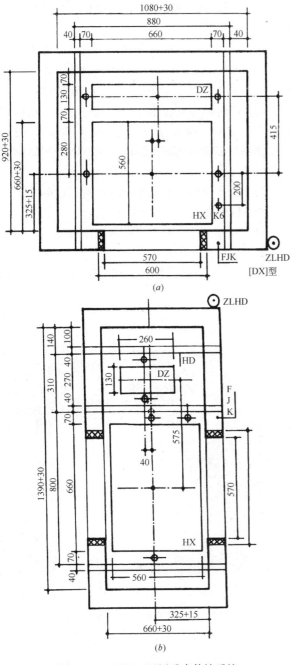

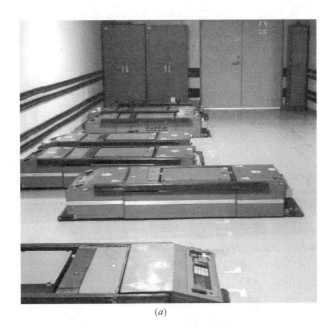

图 12-3-6 CY-20 医用垂直传输系统
(a) [DX] 型平面；(b) [SX] 型平面

图 12-3-7 医用载重机器人
(a)；(b) 垂直传输系统照片

三、水平传输通道

在分栋连廊的医院布局中，多采用地面和地下的多层廊道作为水平传输通道，集中式医院则多采用地下或裙房设备层作为水平传输通道。地下廊道多为水电气管线和污物尸体的运送路线，密封的重大型自动车也在地下运行，从而与地面廊道的人流线区分开来。地下通道直接与垂直交通井道如货梯、医梯、污物梯联通，从而形成立体传输网络。水电气管线吊在地下廊道顶部，底面供自动或手动车通行，便于各种管线的维护和检修。这样地面水平运输极少，大大减少人流和物流的交叉，为提供更为美好的内外环境创造了条件。

关于污物、尸体的运输除有专用的污物电梯外，在病房或地下廊道都有一定距离的水平运输线可能与洁净物品线路交叉并行，从而出现洁污难分的现象。这在设计中是难于避免的问题，但尸体裹盖严密，污物扎在塑料袋中，避开人流高峰时间运出，也就不存在视觉和环境污染的问题了。

水平传送手段主要有人控电瓶搬运车、自动暗埋导轨电动拖车、机械传送带、自动搬运机器人等。这些在西方国家以水平铺展为特点的低层或多层医院中使用较多，我国尚不多见。

图12-3-7为全方位自动搬运（AGV）机器人。其中心控制系统应用中文视窗操作软件，可进行多车系统集中调度、监控和管理。通过无线网络通讯，采用激光或磁场导航技术，保证快速行车、精确定位，可在工作区内全方位自由行走，自动安全避让。可在不影响原地面设施的情况下，利用走廊电梯安全运营。

图12-3-8为瑞典斯德哥尔摩赫庭医院的地下自动暗埋导轨电动拖车，水平运行线。

图12-3-9为荷兰阿姆斯特丹麦维德医院水平传送装置。

图12-3-10为佛山第一人民医院地下设备层的管线传输廊道。

图12-3-8　瑞典斯德哥尔摩赫庭医院的地下暗轨拖车

图12-3-9　荷兰阿姆斯特丹麦维德医院的水平传送装置

图12-3-10　广东佛山第一人民医院
地下设备层管线传输廊道

实 例

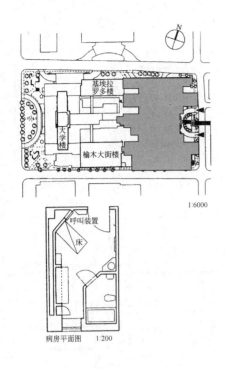

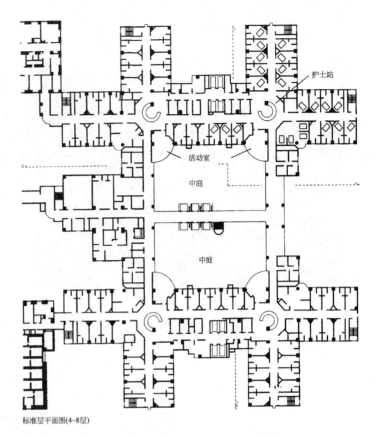

标准层平面图(4~8层)

1. 加拿大多伦多儿科医院

- 设 计：ZeidlerRoberts Partnership Architects
- 建设：1993年
- 占地面积：35000m²
- 总建筑面积：20000m²
- 病床数：574张（其中PICU40张、NICU53张）

地下室为中心供应、停车场；一楼是入口，有综合导医图、接待处、自助餐厅、商店等；三楼是手术、检查部门；四至八楼是住院部。一进大厅就有一个直通屋顶的中庭，在这里有喷水池、植物绿化、自助餐厅、药店、超市、银行等，完全感受不到医院的味道。各层病房围绕中庭设置，有4个护理单元。一个护理单元以圆形护士站为中心，把22~24张床分成3块。以单人病房为主，在护士值班室旁设立一个4人间的重症病房，各层都配有一间活动室。

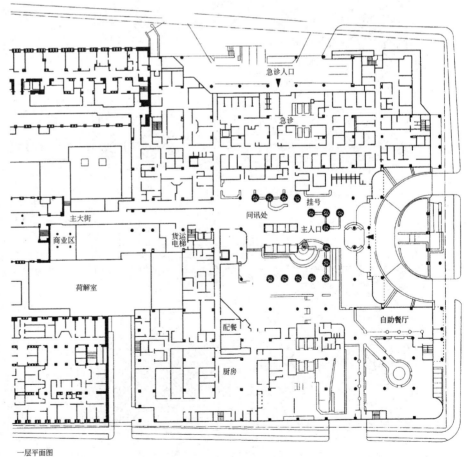

一层平面图

多伦多儿科医院（The Hospital for Sick Children in Tronto，Toronto，加拿大）

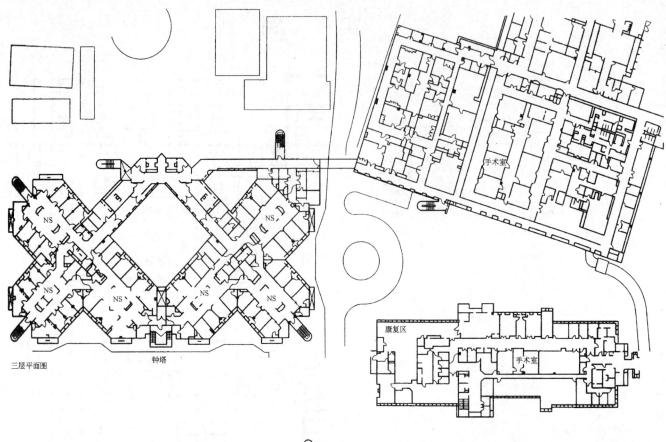

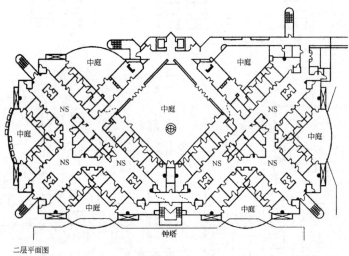

2. 美国圣地亚哥儿童医院

- 设计：NBBJ
- 建设：1994年
- 总建筑面积：3930m²（住院部2460m²，门诊部1470m²）
- 结构：RC结构
- 病床数：114张

总体由儿童大厦、弗罗斯特街大楼及医疗办公楼构成。儿童大厦一楼是门诊、急救室，二三楼是病房。病房中央的大型中庭配备了两个护理组，每组由3个呈翼状的小组组成，分别负责10张床（三楼8张床），3个翼状形中央是员工空间。每个翼状处设有护士台，每个护士站负责10张床。每个翼形的连接部是维护部门。利用中庭各楼层沿着45°轴与大楼轮廓相对配置各室。护士台的顶棚板采用的小灯具，在夜晚营造出一种宇宙星空的感觉。从医护人员自由着装不穿制服，到家具等各个细节都完全迎合儿童的喜好，消除了其对医院的恐惧感。

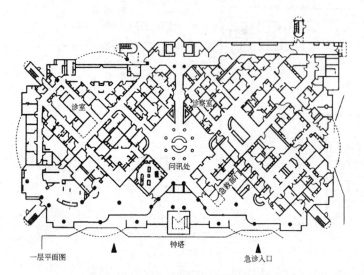

圣地亚哥儿童医院（Children's Hospital-San Diego, San Diego，美国）

3. 英国怀特岛圣玛丽医院

· 设计：Ahrends Burton & Koralek
· 建设：1991年

在国有医疗制度的英国，到1990年推崇使用保健社会保障部开发的"Nucleus"标准医院体系。重建医院时，这个体系在被称作"模板"的十字形里配置了包含病房医院各部分，然后按照几项基本方针来配置，详细的构思和最后完工，还得根据用地条件的不同由设计者具体操作。采用直线的中央走廊相连接比较多，圣玛丽医院以放射状进行排列非常少有。在窗户等部位的处理上，采用标准化形式，便于改建时再次利用。为了便于改造，在病房上部安有操作设备梯。此外，在节能对策上也作了许多建筑、设备方面的研究。用地内景观方面的设计也作了细微的考虑。在室内设计方面，CT室的顶部，绘上了美丽的图画，这也是为患者着想，提高疗养环境品质。

圣玛丽医院(St. Mary's Hospital, Isle of Weight, 英国)

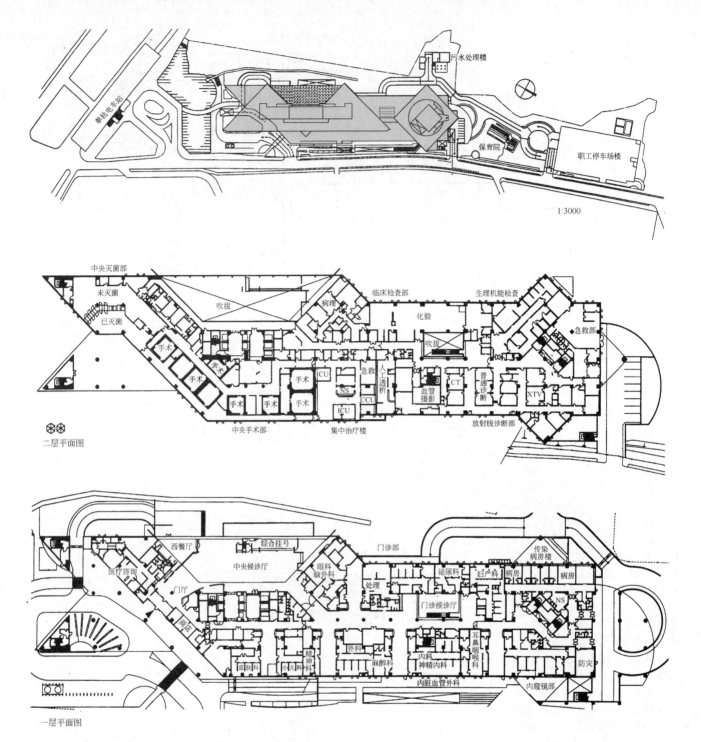

市立丰中医院（大阪府丰中市）

4. 日本市立丰中医院

- 设计：伊藤喜三郎建筑研究所
- 建设：1997年
- 占地面积：28364m²
- 总建筑面积：66383m²
- 层数·结构：地下3层，地上8层，塔楼2层，SRC结构
- 病床数：613张（一般599张，感染14张）

事先要考虑到单轨列车站如何进入，所处地势的高差，南北狭长奇异的地形，东侧新干线的噪音等诸多问题，然后再进行相关配置的精密设计。门诊部要考虑到患者进入的方便性，在一层做相应的处理。因为从大楼入口进入里面有一段距离，在过道中建一个没有围墙的中央等候大厅和门诊患者等候大厅，尽量为患者减轻迷惑和压迫感；二层由中央手术部、ICU、检查部、放射线诊断部、急救部等构成；三层是健康诊疗中心和康复锻炼部，利用低层楼的屋顶还可进行室外康复训练；病房在3～8层，电梯建在当中，横连南北2个三角形的病房。每层有两个护理单元，靠近电梯的两侧是4人间病房，进去的一边是单人病房。过厅连接顶棚，给顶棚高度单一的病房以空间层次的变化。

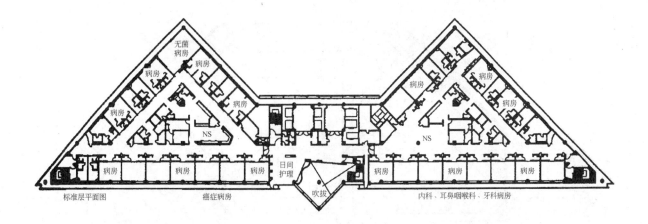

标准层平面图　　　癌症病房　　　　　　　　　内科、耳鼻咽喉科、牙科病房

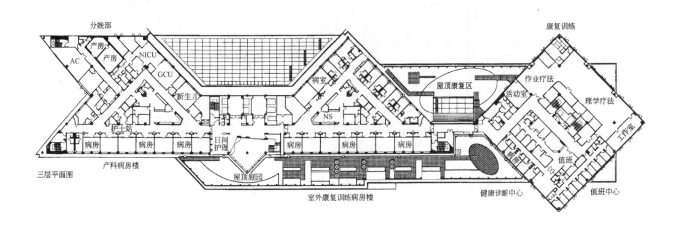

三层平面图　　　产科病房楼　　　室外康复训练病房楼　　健康诊断中心

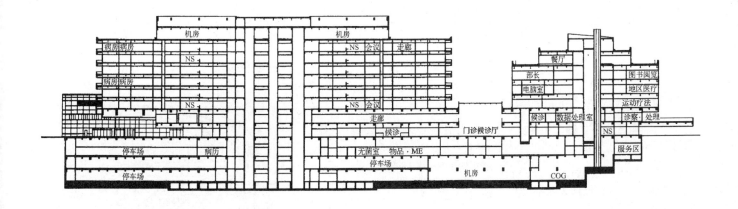

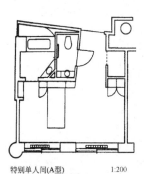

特别单人间(A型)　1:200
备有宽敞浴室的特别病房

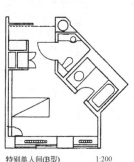

特别单人间(B型)　1:200
有异形空间的单人病房

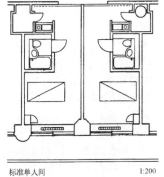

标准单人间　　　1:200

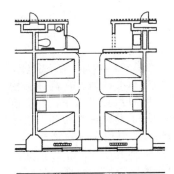

标准4人间　　　1:200
通过间接照明形成柔和的室内环境

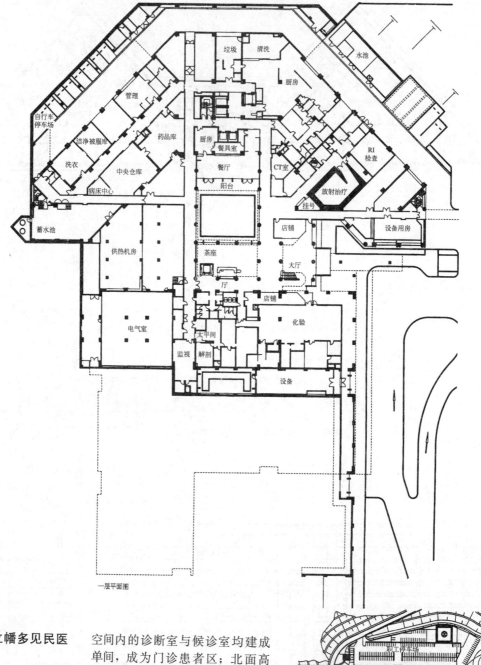

一层平面图

5. 日本高知县立幡多见民医院（高知县宿毛市）

高知县立幡多见民医院
- 设计：日建设计大阪本社，山中建筑设计事务所
- 建设：1999年
- 占地面积：55067m²
- 总建筑面积：25739m²
- 层数·结构：地下1层地上6层塔屋2层，SRC+RC结构
- 病床数：374张

2所县立医院合并的一个全新地区医疗核心医院。在高知县特有的严峻自然环境之下，许多地方都运用了节约能源对策。南面低层楼，采用预应力肋梁与"L"形异形柱修建的18m正方形无柱空间的抗震结构。细长光庭的形状配置由真空管栅格组成。无柱空间内的诊断室与候诊室均建成单间，成为门诊患者区；北面高层楼房的4～7楼都是病房。病房成"V"字形排列，每层楼由2个护理单元构成。病房里装有竖式的空调通风管道路径，如不能把层高控制在3.2m，最低也要确保2.8m的净高。因为是上翻梁修建，把窗户设计到梁底的高度；另一方面，加大露台的宽度，在露台上修一个类似太阳帽的遮阳顶，这是为了解决高知县特有的强日晒问题。矮楼与高楼之间用中庭连接，种有象征该院的樟树。面向中庭设有候诊室、茶室、食堂等。院内光线充足，绿色植物丰富，为了减轻两栋楼的空调负荷，在屋顶都作了绿化，并作为屋顶庭院供大家使用。

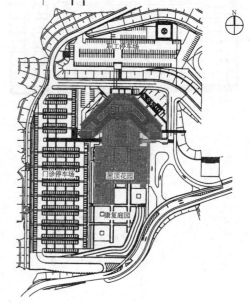

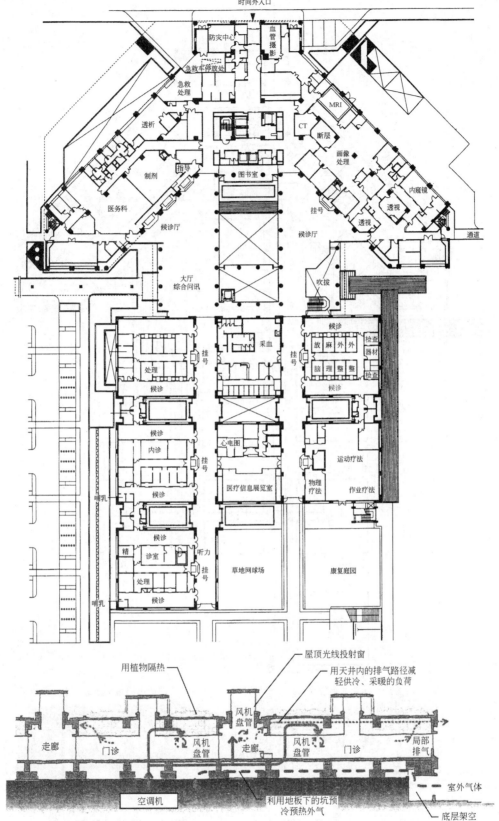

有效利用自然资源

在医疗设施方面，节省能源的对策，不仅仅是为了减少成本，利用自然资源来提高疗养环境，医疗机能更加重要。这里介绍的并非一般的节省能源设备，而是讲的与建筑空间一体化的例子。

高知县立幡多见民医院最大的特征是门诊患者看病的低层楼是以18m正方形的空间为一个单位，与光庭交替排列。低层楼的屋顶上种植了大量的花草，不但可以为入院病人提供一处屋顶休闲所，还可减轻楼房上部空调的负荷量。由于设计了许多光庭和屋顶光线投射窗，就可以实现自动换气、自然采光、自然排烟功能，引入户外空气到宽大的低层部地板下的坑内，用冬暖夏凉的地气对室外空气进行预热或预冷，取代空调，以减轻负荷。医疗设施采用抗震结构非常常见，但是这里利用地板下的空间同样可以达到抗震的效果。病房的窗户由两段合成，栏杆外侧设计了一个太阳帽式的遮盖物，这也是为了结合露台起日间遮阳的作用；在阳光不是那么充足时作为灯架，用上部反射光照到病房的顶棚。中水设备与井水的适用，是遇到灾害时的生命线。

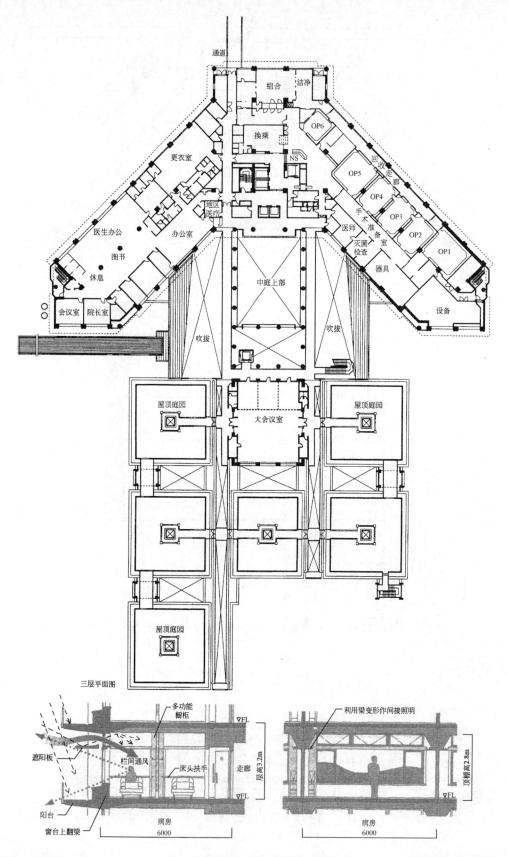

三层平面图

降低层高

为了提高功能变化的灵活性、居住性，确保相应的层高尤为重要。但是同地板面积受限制一样，在限制了建设成本、高度的前提下，为了最大限度地利用空间，与平面上的动线计划一样，计划在断面上铺设管道与线路，在考虑将来变化的同时，配置合理的设备尤其重要。

该医院病房层的空调排风管道的路径并不是常见的横向式，两翼之间所设计的排风管道空间是竖式的。因此，走廊与病房的天井内几乎没有横式的主排风管道，尽管比一般的层高要低一些，但是可以提高顶棚。为了防止安有排风管道的层间泄漏空气，即便是在空调停止时也要用最低限度的室内排气法，不断挤压到排风管道内。

除了打算在病房两边增建一部分外，外墙采用上翻梁结构，病房顶棚与屋檐顶棚相连接，让人感觉空间的宽大。上翻梁的窗下墙几乎和床一样高，确保从床上能看到外面的景色。如果考虑到将来空调条件的变更，可在由两段组成的病房窗户的栏间部铺设管道路径，外部遮阳顶上部修建室外机械放置处，增设全套空气压缩机。

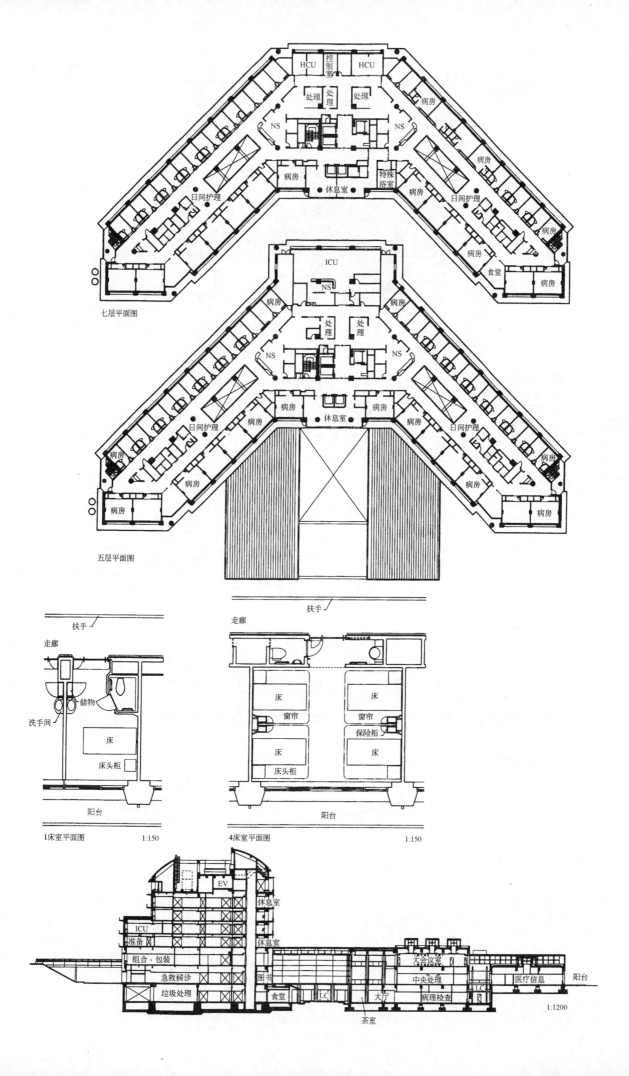

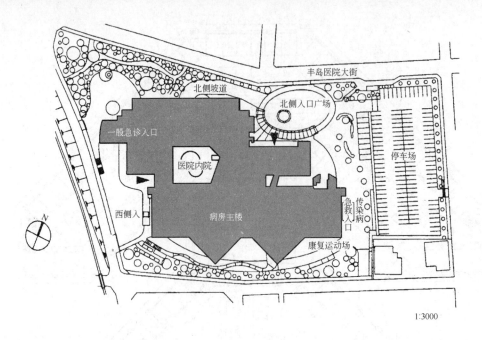

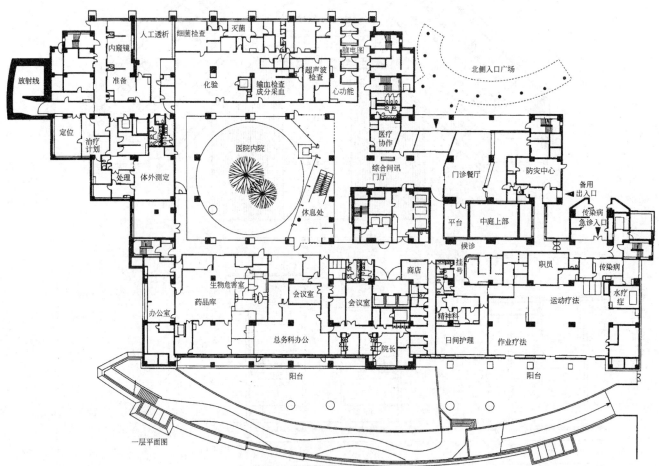

6. 日本东京都立丰岛医院

- 设计：冈田新一设计事务所
- 建设：1999年
- 占地面积：23980m²
- 总建筑面积：48260m²
- 层数·结构：地下2层地上8层，SRC结构
- 病床数：458张

利用地形的高低落差，在北侧一楼和西侧二楼分别设有一个大门。医院的中央设有一个院坝式的中庭，面向中庭是连接一二楼的自动扶梯，这样一二楼不管是从视觉上还是从活动空间上都连成了一片。围绕中庭一楼有检验室、放射线治疗室、同位素、康复锻炼室、精神科日间照顾室、管理部门；二楼是综合接待处、门诊患者诊疗室、放射线诊断室、急救室、中央采血、采尿室等。二楼的门诊候诊大厅，因为面朝中庭，为病人营造了一个良好的等候环境。

病房是"W"形，每层有2个护理单元，三楼是20间全单人房康复病房。康复病房楼里配有作为起居室空间用的多功能厅、日间房间、能把床搬动上去的屋顶花园、家庭寝室、家庭式厨房、义工室等。在低层楼的建筑物外围有坡道、设备房、结构柱等。建筑物内部能确保将来空间的变化。病房的供、排水管道作为已铺设完毕的管道，以2个病房铺一条的比例设置在露台旁边，便于维修。

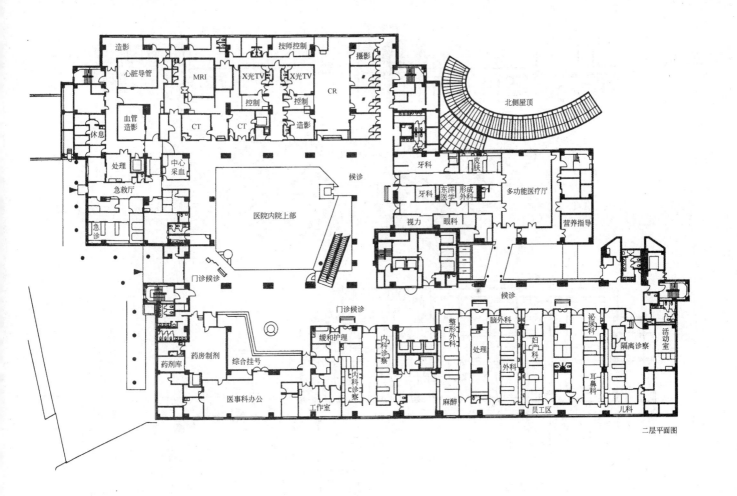

二层平面图

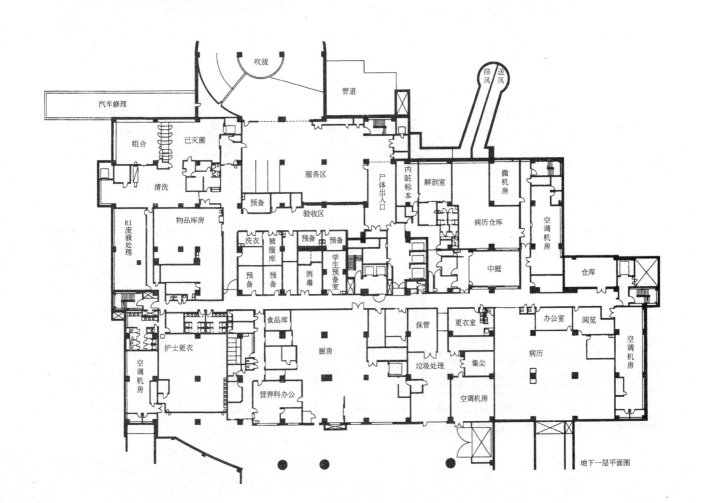

地下一层平面图

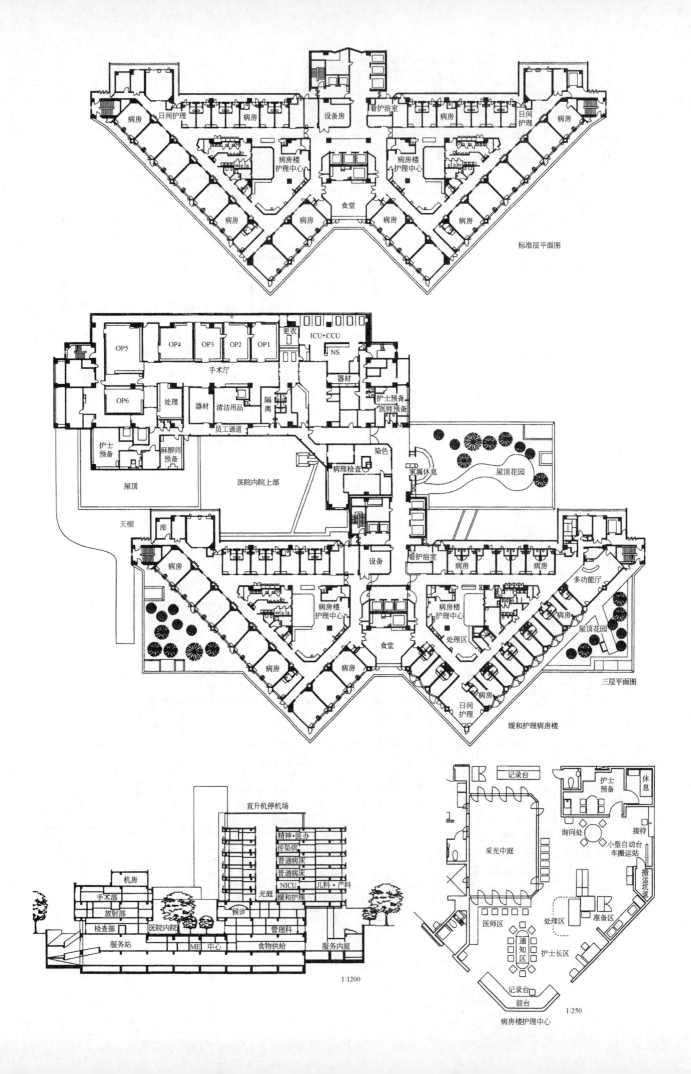

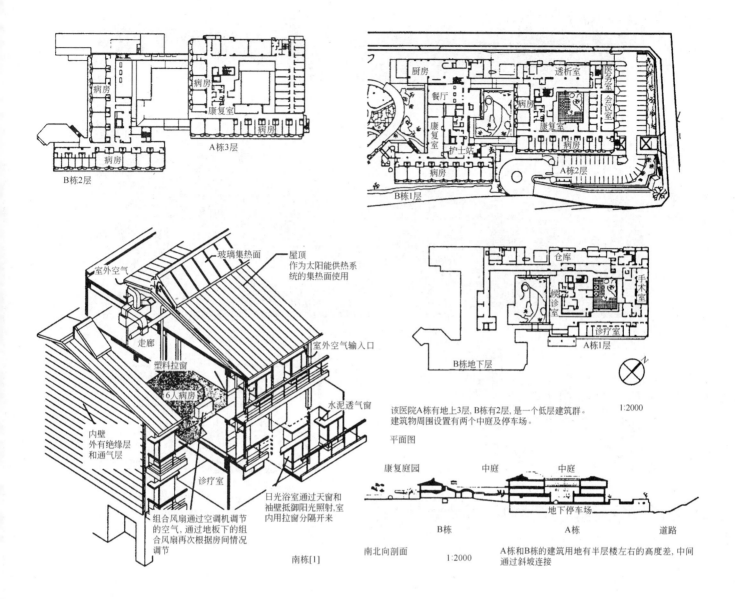

7. 日本阿品土谷医院

- 设计：木曾三岳奥村设计所＋野泽正光建筑公司
- 建设：1987年
- 病床数量：210
- 建筑总面积：4737m²

建筑用地和全体规划

这个医院是坐落于广岛市西部郊区的丘陵地带之上的综合性医院。建筑用地分为两部分，它们有半层楼左右的高差，而道路在地基的东面附近，比地基还要低5m左右。因此"口"字形的A栋楼房和"工"字形的B栋楼房中间通过斜坡连接，各自内部设置有中庭，确保医院的采光条件。

导入室外空气的太阳能供热装置 [1] [4] [5]

钢筋混凝土造的医院主体设置有日光浴室、通风窗、屋顶以及具有隔热换气功能的内壁。

这个医院建筑的最大特征就是巧妙地利用屋顶，构成了可以导入室外空气的太阳能装置。在冬季，把从屋檐下的通气口导入的室外空气通过屋顶的日照加热，然后使用小屋内的主空调机调节空气的温度和湿度，再通过管道将温暖的空气导入地板之下，以此加热地板和房间板材，最后再通过空调机，使新鲜空气吹向各个房间。该系统一边将新鲜的空气导入室内，使室内空气干净舒适，一边还起到输入暖气的作用，这是非常适合医院的一套系统。为了预防主空调机温度过高，还设置有PCM蓄热系统。地板下的空气导管可以成为地下的天井，因此该建筑可以不使用小梁。由于在施工之前就曾经预测了室内环境的效果，因此竣工使用的时候，实际测试结果和预测结果十分接近。

自动运送车和供热、供电一体化系统 [2] [3]

低层医疗设施在经营上的不利可以通过以下的优势得到弥补：食物、药物自动运送车可以减少员工费用；供热、供电一体化系统的使用可以减少能源费用；可以使用水井和温泉水等。供热、供电一体化系统使用两台船舶用的发动机和发电机，它本身的效率是非常高的。和一般的医院相比，使用这套系统可以节省约两成的能源消费量，成本也会节省约六成。竣工已经10年、面积达4.734m²的老人保健设施也使用了上述的系统来获得热、电力，提高了能源的使用效率。

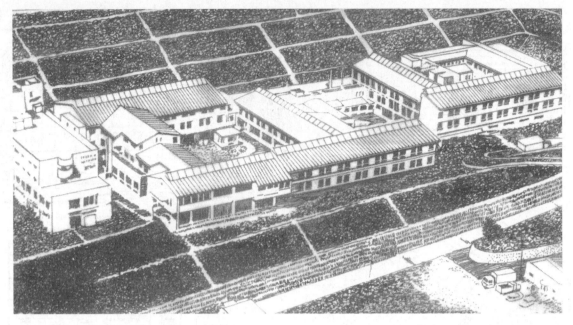

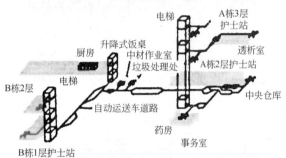

采用的是固定度较低的系统,可以通过运行软件的改变进行灵活的变化,适应不同的需要。

自动运送车路线图[01][2]

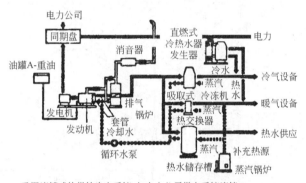

采用连续式热供给发电系统,与电力公司供电系统连接。

供热、供电一体化系统图[01][3]

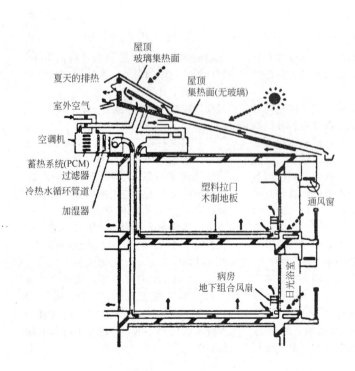

太阳能供热装置+空调机[01][4]

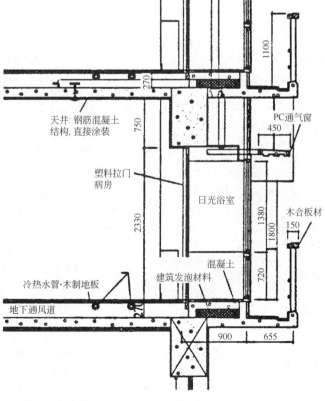

日光浴室的详细[01][5]　　　　1:100

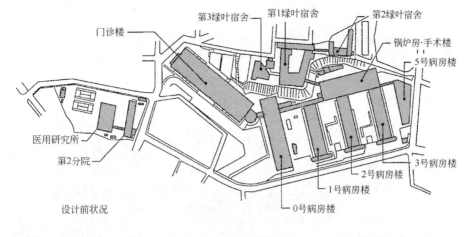

设计前状况

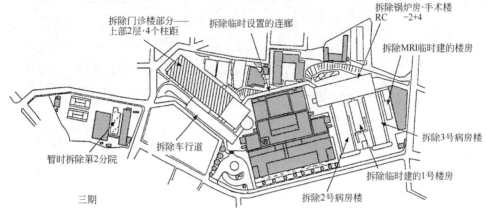

三期

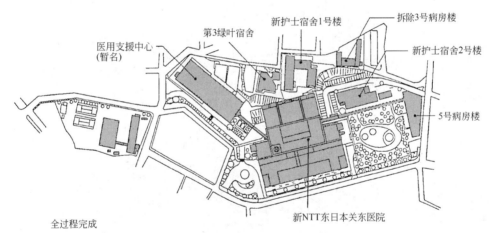

全过程完成

NTT东日本关东医院（东京都品川区）

8. NTT东日本关东医院

- 设计：NTT法西里堤基
- 建设：2000年
- 占地面积：33147m²
- 总建筑面积：75311m²
- 层数·结构：地下4层，地上12层，塔屋1层，S结构＋SRC结构
- 病床数：556张（住院数）

旧医院（关东递信医院）建在毗邻东京市中心的一块静怡住宅区旁，大展厅式的平行4层楼房同手术楼用天桥连接成一体。后来，在天桥处还增建了门诊楼和精神病楼。新医院在施工期间尽量不影响诊疗的同时，还要在最短时期完工，为此拆掉2座楼房，然后在旧址修建一座多功能高层建筑。

为了便于使用者更清楚地了解医院的结构，在设计上采用了一目了然的古罗马式中庭建造方式。中庭起着采光和患者休闲等作用，周边还配备了中央诊疗、门诊、管理等部门。在中央诊疗部门的正上方是病房，这样就能很清楚地知道医院的布局。这种简单明了的结构还确保了非常时期的安全性。

为减少病患者的紧张感，特别把病患区与工作人员区明确分开。在住院楼内，医务人员区是全开敞式的，这样做既可以提高工作效率，又可以使病人更有安全感。所有病房配备有卫生间、沐浴设施。从食堂与休息室的分建，让人感觉不到空调气流的病房，以及明快柔和的屋内装饰，甚至小到家具、装饰品等，都从病人的实际出发尽量增加其舒适感。屋顶栽种绿色植物，即便置身于高层建筑里也能感受到自然的惬意。

为提高中央诊疗部门的灵活性，除地下1楼以上由钢骨架外，主要是加大更为重要的两翼。特别是为了便于更新手术室的设备，在直上楼梯处修了ISS（设备专用梯），其余还分散设置了信息传递装置，增大了装载功率，考虑到了IT的更新空间等方面。作为节省能源对策的一项，中庭修建了自然换气系统。

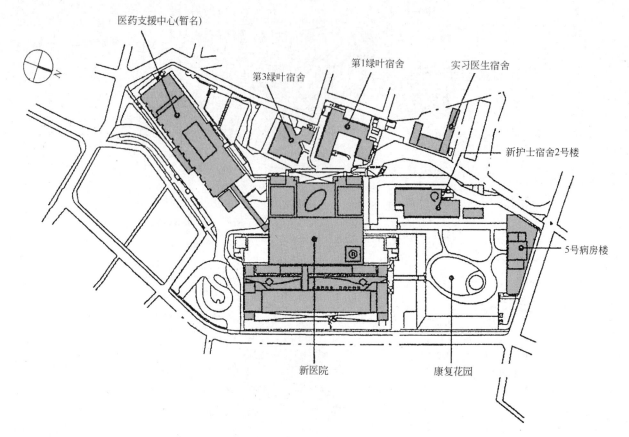

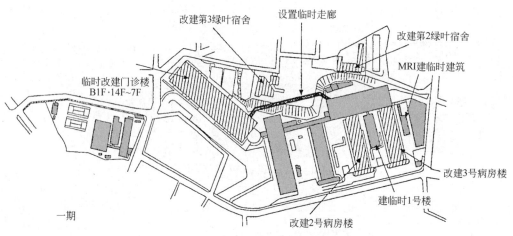

一期

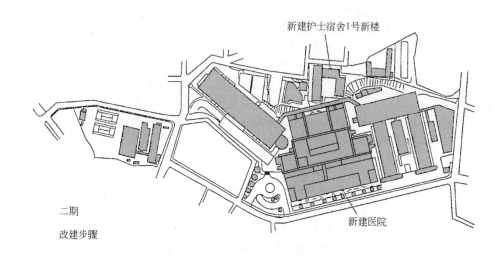

二期

改建步骤

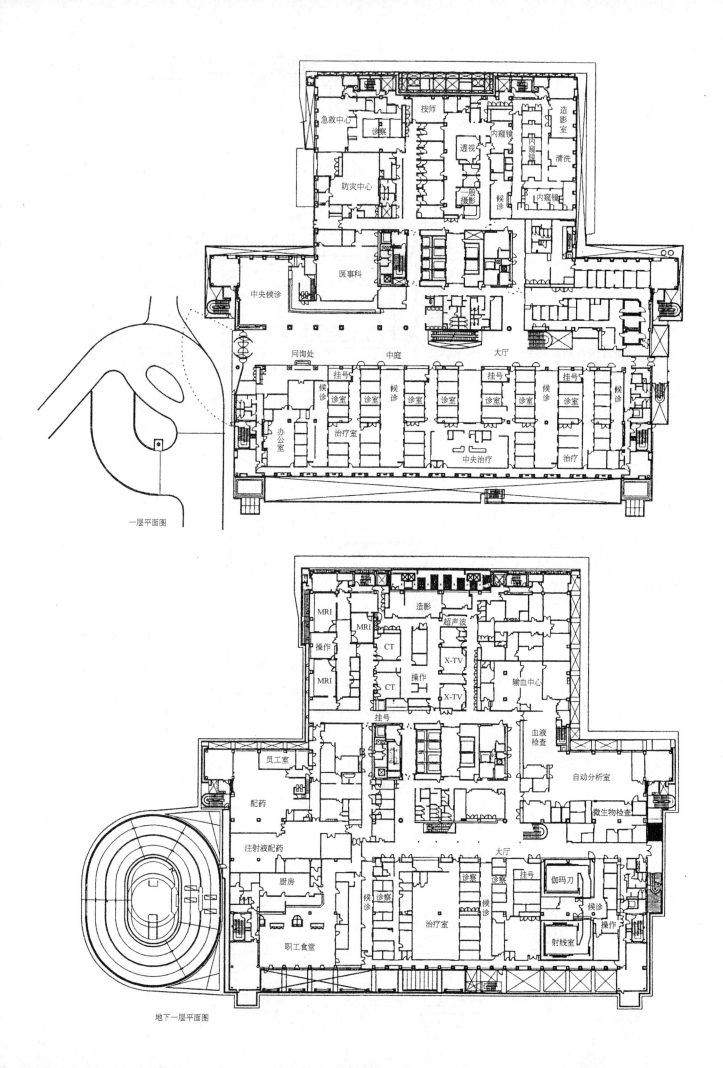

一层平面图

地下一层平面图

综合医疗信息体系

NTT东日本关东医院综合医疗信息体系根据三种概念而构建：①"完善对病人的服务"（尊重病人隐私，缩短排队时间，公开信息）；②"完全效率化"（成本方·工作方）；③"提供高品质的医疗"（共用信息，充实核对功能，细心照顾病人）。

电子诊疗录（电子病历卡）体系是以含有治疗卡、注射卡等的全套单据为核心，根据单据再引入处方、检查、手术程序等各种部门体系中，所以，已经成为了办公电子化。电子诊疗录的运用对关键部分有支持作用，还能合理安排看护病人的时间。还可以作为确认指纹的数字体系，可脱离因特网单独使用等，是一个非常安全的体系。

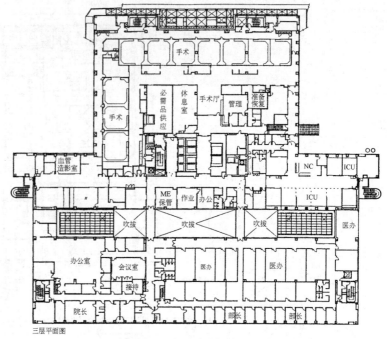

三层平面图

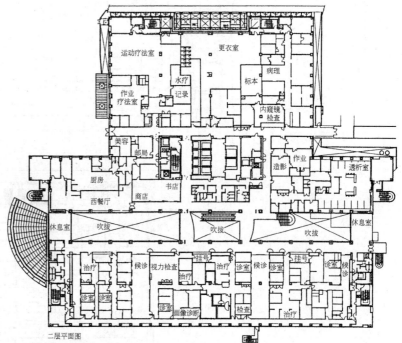

二层平面图

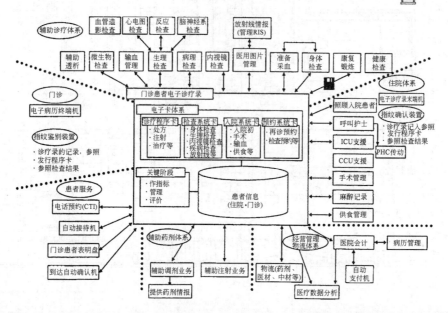

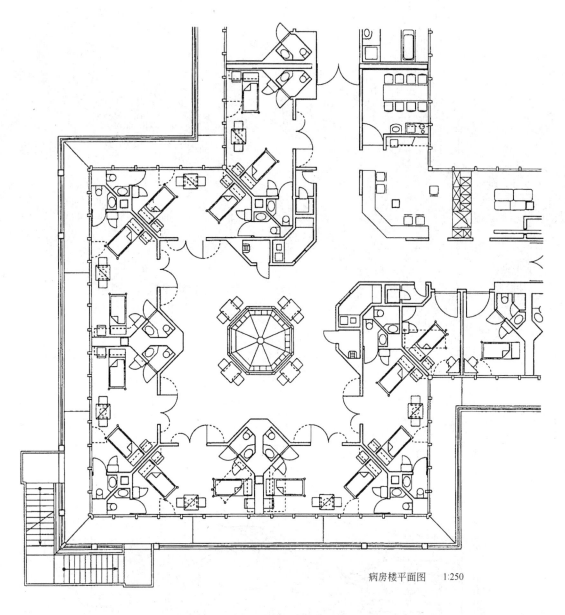

病房楼平面图　1:250

纽伦堡市立南医院(Kinikum Nürnberg-Süd，Nürnderg，德国)

9. 德国纽伦堡市立南医院

- 设计：J. Joedicke, J. A. Joedicke, W. Mayer, H. P. Haid 等
- 建设：1994 年
- 总建筑面积：85000m²
- 病床数：1022 张

纽伦堡市现有市立北医院(1510张床)，但是为了改善医疗设施，计划修建一座新医院。两所医院分担不同的医疗任务。

所用土地原本是一片森林，所以尽量想办法与自然和谐：①楼房高度要比周围的树木矮；②根据大自然绵延起伏的地形增加配置；③疗养环境尽可能与大自然相融合等方案。因此，病房分成两大部分，包括中央诊断、治疗部门的布局，避免建高楼层。

医院历来都没有规范化的平面布局，从实际考虑患者的疗养环境。平均每个病人病室建筑面积约 10m²（这是设计者研究的成果），卫生设备等约占 2m² 的范围，出入口与相邻床铺的联系，从窗户往外看的景色都考虑到了，还对每个病床环境的平等性做了模型，组建病房平面图。德国的医疗保险制度规定单人间为 10%。但是这样的规定，远不能满足目前和将来的需求，所以设计者在设计时就把部分双人间设计成了单人间。

一楼的诊断、治疗楼中庭里有各式各样的店铺、自助餐馆、小教堂等，营造商业街的感觉。这只是一个大型医院空间配备的事例。

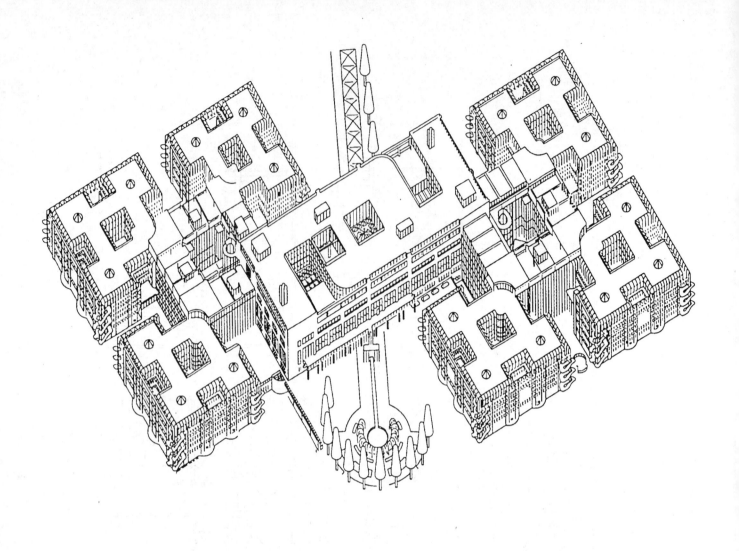
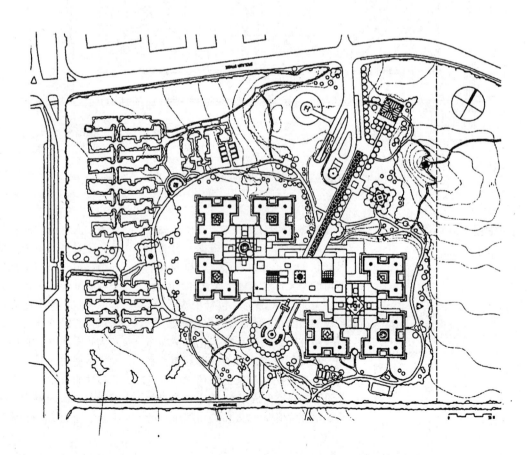

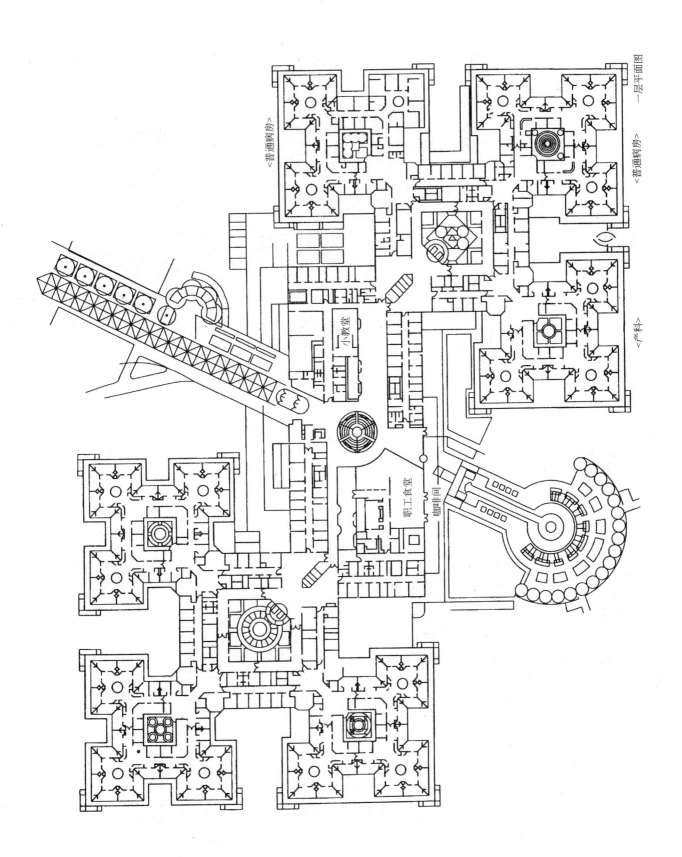

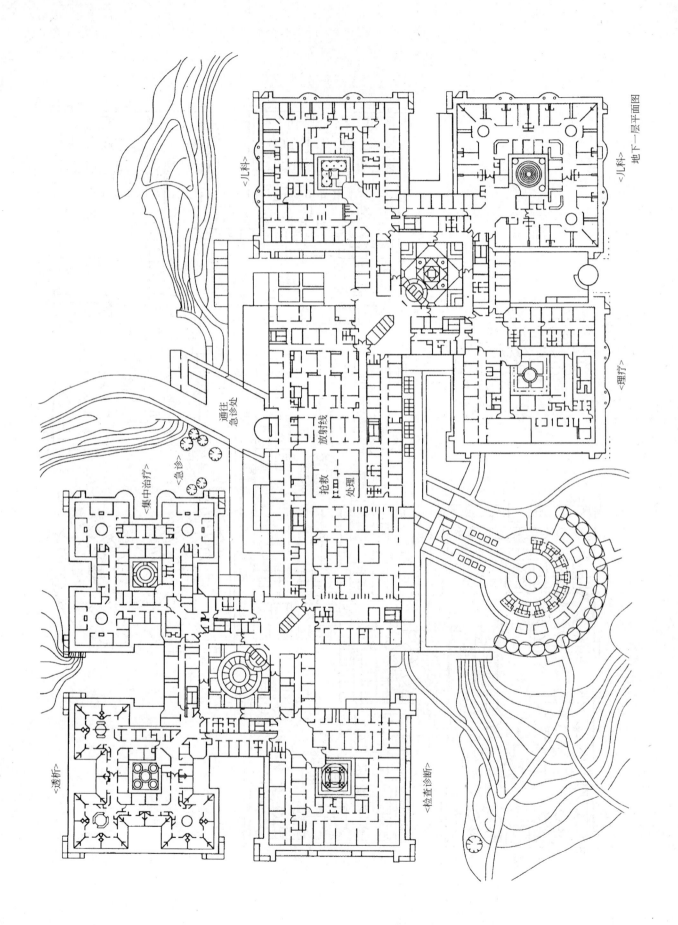

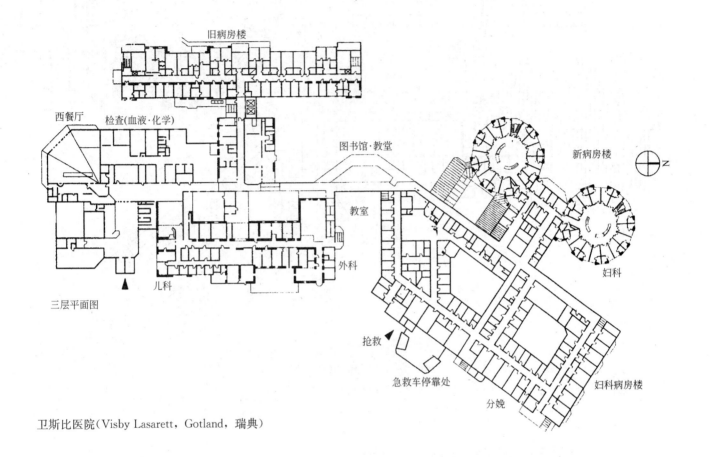

卫斯比医院（Visby Lasarett，Gotland，瑞典）

10. 瑞典哥特朗德岛卫斯比医院

- 设计：ETV arkitektkontor AB, Stockholm
- 建设：1997年
- 总建筑面积：43300m^2（新建部分29000m^2，改建部分13800m^2）
- 层数·结构：地上5层，RC结构
- 病床数：228张

服务于人口58000的哥特朗德岛，是沿海岸缓坡弯道倾斜地的一所医院，在这里可以进行从急性病的专门医疗到慢性期的康复锻炼，还配有血液透析科与精神科。

圆形平面的新病楼诊疗中央部里汇集有护士站、餐厅、厨房等，外周一圈是病房。两个圆是一个护理单元30张床（全单间）。因为是圆形结构，缩短了从护士台到各病室的距离。中部的各室不用墙隔开，而是与走廊连为一体的敞开式空间，所以室内的视线也相当好。

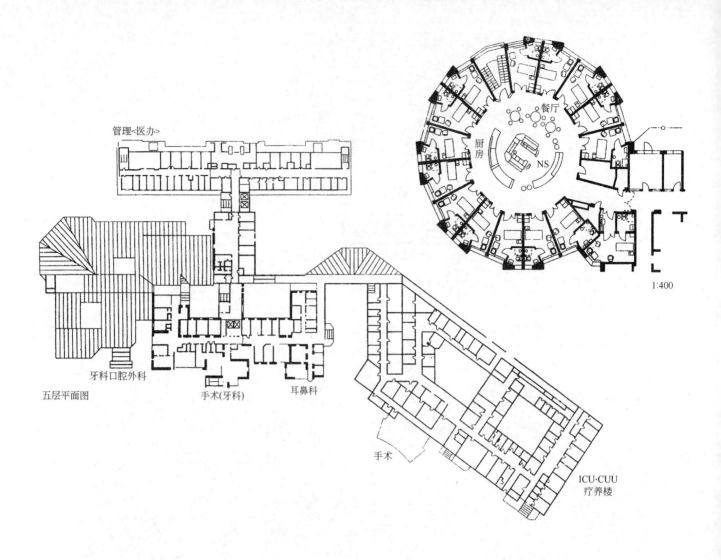

管理<医办>

餐厅
厨房
NS

1:400

牙科口腔外科
五层平面图
手术(牙科)
耳鼻科
手术
ICU·CUU
疗养楼

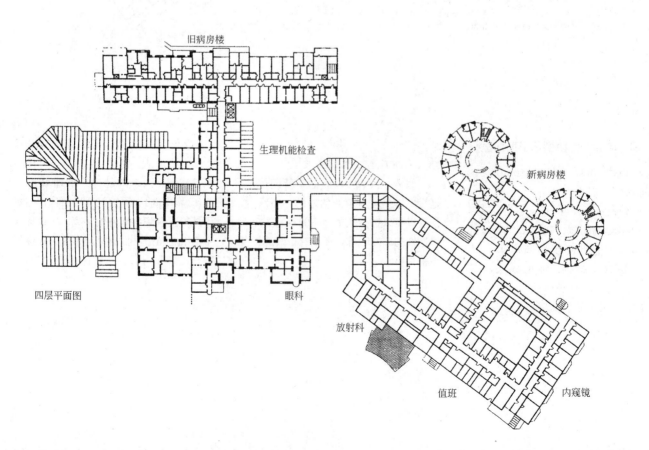

旧病房楼
生理机能检查
新病房楼
四层平面图
眼科
放射科
值班
内窥镜

附录一 医院建筑设计任务书

一、综合医院门诊楼课程设计教学任务书

1. 教学目的及要求

(1) 从总平面到个体建筑均应体现以人为本的设计思想。

(2) 体现对病人和医护人员的关爱，创造一个生态型、人性化的医院环境。

(3) 要求学生具体掌握综合医院门诊部的功能分区及设计原则。

(4) 合理安排各种流线，组织各科室功能空间，提高学生分析和解决问题的能力。

2. 设计内容

(1) 该楼为300床综合医院门诊楼，门诊人次为900人次每日

(2) 门诊楼总建筑面积：3600~4800m²，各部分使用面积：

3. 图纸内容

(1) 流线及构思分析图

(2) 各层平面图：1:200~1:250(不含行政办公)

(3) 底层：1:200 只划分房间不布置设备，(厕所需布置蹲位)底层画环境

(4) 总平面图：1:500

(5) 立面图：1:200(含入口立面图)2个

(6) 剖面：1~2个，1:200

(7) 构造详图2~3个(防电磁波、防辐射、隔声构造详图)

(8) 透视图

(9) 技术经济指标：总建筑面积，门诊人次/日

4. 图纸要求

(1) 一律用绘图纸，黑线绘制，1#图纸，图纸数量不超过3张

(2) 图面紧凑、完整、清晰

(3) 可用计算机绘图

5. 进度安排

(1) 第十周：星期二，讲课，综合医院门诊楼设计；星期五，熟悉任务书，参考资料

(2) 第十一周：星期二，参观医院门诊部，写参观报告，星期五，构思草图方案，交块体模型流线及构思分析图

(3) 第十二周：星期二，绘制草图方案，星期五工作模型，交一草

(4) 第十三周、第十四周：讲评一草图，深入方案，交二草图

(5) 第十五周、第十六周：讲评草图，修改二草图，绘正图草底，交正草

(6) 第十七周~第十八周：绘正图，交正图。

6. 各部分使用面积

门诊部 (面积m² × 间数)	挂号室	15×2	门诊公用、 医技部门合计 使用面积 840m²
	收费处	15×2	
	等候厅	250×1	
	注射室	15×2	
	治疗室	15×2	
	B超室	15×1	
	心电图室	15×1	
	办公、会议、接待室	15×20	
	药房	15×4	
	X光室	30+15	
	化验室	15×2	
	杂用库	15×1	
	男女厕所	15×4	
	污物、污洗	15×2	
	内科合计	250	门诊科室合 计使用面积 1760m²(每科 室含25m²的 医生办公室)
	外科合计	250	
	妇产科合计	280	
	儿科合计	280	
	五官科合计	320	
	中医科合计(含理疗)	320	
	预防保健	15×4	
急诊部 (面积m² × 间数)	挂号收费	15×1	急诊部合计 使用面积 545m²
	诊室	15×3	
	治疗室	15×2	
	抢救室	30×1	
	消毒准备	15×2	
	手术室	30×1	
	办公室	15×2	
	护士站	15×1	
	观察室	20×10	
	杂用库	15×1	
	值班更衣	15×1	
	急诊候诊	45×1	
	污洗、男女厕	15×3	

7. 主要参考文献

《现代医院建筑设计》 罗运湖 编著 中国建筑工业出版社出版

《医院建筑设计与设备》 第二版 陈惠华 萧正辉 中国建筑工业出版社出版

《建筑设计资料集》 第七集 中国建筑工业出版社出版

《综合医院建筑设计规范》2004 征求意见稿

《综合医院建设标准》2008 年修订版报批稿

《建筑设计防火规范》GBJ 16—87（1997年版）

中华人民共和国工程建设标准强制性条文《房屋建筑部分》建标（2000）85 号

《方便残疾人使用的城市道路和建筑物设计规范》JGJ 50—88

《建筑学报》、《世界建筑》、《新建筑》、《城市建筑》等杂志相关各期

二、某高校 120 床校医院毕业设计任务书

教学目的——在于培养提高学生的建筑设计综合能力：其一、是对建筑学专业理论的拓展和深化。其二、是提高建筑方案设计的独立自主能力和驾驭较为复杂项目能力。其三、是掌握设计全过程并协调各相关专业工种的统筹配合能力，以体现建筑设计的多元内涵。

教学要求——从总平面到个体建筑均应体现以人为本的设计思想，体现对病人和医护人员的关爱，创造一个生态型、人性化的医院环境。要求学生具体掌握综合医院的功能分区及设计原则，合理安排各种流线，组织各科室功能空间，掌握各相关建筑法规对建筑设计的制约和要求，从而培养其在制约条件下获得创作自由的知识和能力，使设计成果接近或达到扩大初步设计的深度要求。

1. 设计内容

(1) 该楼为 120 床（三个单元）综合医院，门诊人次为 900 人次/每日。首先服务于教职员工和家属，也对周边居民开放。

(2) 总建筑面积：应小于 10000m²；其中门急诊楼：约 5200m²；住院楼：约 3300m²；

各部分使用面积：见面积分配表。

2. 图纸内容

(1) 总平面图：1∶500

(2) 流线及构思分析图

(3) 各层平面图、科室及单元放大图 1∶200~1∶250（不含行政办公）卫生间需布置蹲位，底层画环境。

(4) 立面图：1∶200（含入口立面图）4 个

(5) 剖面图：1∶200 2 个

(6) 构造详图 1∶10-1∶30 4 个（外墙剖面节点、防辐射、隔声构造详图等）

(7) 透视图及鸟瞰图·模型照片

(8) 技术经济指标：总建筑面积，建筑覆盖率，建筑容积率，绿地率，最大护理距离等。

(9) 毕业设计说明书。

3. 图纸要求：

(1) 一律用绘图纸，黑线绘制，1♯图纸，图纸数量不少于 8 张

(2) 图面紧凑、完整、清晰、美观，字迹清晰整齐。

(3) 表现图、分析图宜采用手工绘制，计算机绘制图纸内容及数量另行规定。

(4) 设计说明书应完整齐备，简明扼要、条理清晰并装订成册，不得少于 3000 字。

(5) 必须完成设计图纸、说明书、毕业设计调研报告、文献综述、中外文资料阅读翻译五种文件后，方可参加毕业答辩，否则不评定成绩。

4. 进度安排

(1) 第一、二周：讲课，综合医院建筑设计，熟悉任务书，踏勘分析地形，参阅相关资料。

(2) 第三、四周：参观调研，写调研报告，交调研报告、文献综述。

(3) 第五六七周：绘制一草方案与工作模型，交一草和模型。

(4) 第八、九周：讲评一草，深入修改方案，交二草方案图。

(5) 第十周：中期答辩评图，修改二草方案。

(6) 第十一到十三周：绘正图草底，制作模型，交正草及模型。

(7) 第十四到十七周：绘正图，制模型，交正图及模型。

5. 面积分配表：

某高校校医院各部分使用面积明细表

门诊部	挂号室	15×2	门诊公用及医技部分使用面积合计 670m²
	收费处	15×2	
	等候厅	250×1	
	注射室	15×2	
	治疗室	15×2	
	B超室	15×1	
	心电图室	15×1	
	办公、接待室	15×2	
	药房	15×4	
	X光室	30+15	
	化验室	15×2	
	杂用库	15×1	
	男女厕所	15×4	
	污物、污洗	15×2	
	内科合计	250	门诊科室使用面积合计 1760m²（每科含25m²的医生办公室，其余为诊断治疗室）
	外科合计	250	
	妇产科合计	280	
	儿科合计	280	
	五官科合计	320	
	中医科合计（含理疗）	320	
	预防保健	15×4	
急诊部	挂号收费	15×1	急诊部使用面积合计 530m²
	诊室	15×3	
	治疗室	15×2	
	抢救室	30×1	
	消毒准备	15×2	
	手术室	30×1	
	办公室	15×2	
	护士站	15×1	
	观察室	20×10	
	杂用库	15×1	
	值班更衣	15×1	
	急诊候诊	45×1	
	急诊污洗厕所	15×1	
	急诊内部厕浴	15×1	
出入院	出入院登记	15×1	出入院处合计 135m²
	结账、财务	15×1	
	接诊、管理	15×1	
	浴室更衣	15×2	
	小卖	15×1	
	理发	15×1	
	洁衣、污衣室	15×2	
行政办公	办公室	15×8	行政办公合计 320m²
	会议室	100×1	
	图书室	100×1	

续表

住院部标准单元	一床间	14×2	病室面积均未包括所附卫生间的面积约3m² 每标准单元合计使用面积 636m²
	二床间	14×20	
	病人活动	40×1	
	主任办公	14×1	
	医生办公	14×2	
	治疗处置	14×2	
	护士长	14×1	
	护士站	20×1	
	医生值班	14×2	
	护士值班	14×1	
	杂用库	14×1	
	被服库	14×1	
	备餐开水	14×2	
	污洗污物	10×2	

6. 主要参考文献：

《医院建筑设计与设备》 第二版 陈惠华 萧正辉 中国建筑工业出版社出版

《现代医院建筑设计》 罗运湖 编著 中国建筑工业出版社出版

《建筑设计资料集》 第七集 中国建筑工业出版社出版

《综合医院建筑设计规范》JGJ 49—88

《综合医院建筑设计规范》2004 征求意见稿

《综合医院建设标准》1996

《综合医院建设标准》2008 年修订版报批稿

《建筑设计防火规范》GBJ 16—87(1997 年版)

中华人民共和国工程建设标准强制性条文《房屋建筑部分》建标(2000)85 号

《方便残疾人使用的城市道路和建筑物设计规范》JGJ 50—88

《建筑学报》、《世界建筑》、《新建筑》、《城市建筑》等杂志相关各期

附录二　医院建筑采风（光盘）

附录三　重庆大学建筑城规学院医院建筑毕业设计（光盘）

主 要 参 考 文 献

[1] 陈惠华、肖正辉. 医院建筑设计与设备. 北京：中国建筑工业出版社，1984
[2] 编写组. 综合医院建筑设计. 北京：中国建筑工业出版社，1978
[3] S·纳克鲁、S·林凯著、崔征国译. 医院设施. 台北：詹氏书局
[4] 卫生部计财司. 中国医院建筑选编 1949～1989. 北京：人民卫生出版社，1989
[5] 卫生部计财司. 中国医院建筑选编 1989～1999. 北京：中国建筑工业出版社，1999
[6] 卫生部计财司. 96 北京医院建筑设计及装备国际研讨会论文集，1996
[7] 卫生部计财司. 98 北京医院建筑设计及装备国际研讨会论文集，1998
[8] 董黎、吴梅. 医疗建筑. 武汉：武汉工业大学出版社，1999
[9] 南京工学院编. 医院建筑——国外建筑实例图集. 北京：中国建筑工业出版社，1983
[10] 北京建筑设计院技术供应室. 国外综合医院实例，1980
[11] 郭子恒主编. 医院管理学. 北京：人民卫生出版社，1990
[12] 王镇藩主编. 医院管理学. 北京：人民卫生出版社，1981
[13] 陆忠主编. 现代医院管理. 哈尔滨：黑龙江科学技术出版社，1984
[14] 陆轸主编. 实验室建筑设计. 北京：中国建筑工业出版社，1981
[15] 甄志亚、傅维康. 中国医学史. 上海：上海科学技术出版社，1984
[16] 程之范. 世界医学史纲要. 哈尔滨：黑龙江科学技术出版社，1984
[17] 严和骏. 医学心理学概论. 上海：上海科技出版社，1984
[18] 王锦堂译. 环境心理学. 台北：茂荣图书公司出版社
[19] 梅清海、孙兴华. 医学心理学. 北京：人民军医出版社，1987
[20] 王田福. 护理心理学. 北京：人民军医出版社，1985
[21] 陈励先. 国外医院护理单元研究. 建筑师(8)期，1981
[22] 罗运湖. 美国的烧伤医疗机构. 建筑师(19)期，1984
[23] 罗运湖. 医院发展纵横. 建筑师(29)期，1988
[24] 罗运湖. 县级综合医院建筑设计的几个问题. 建筑学报，1980
[25] 罗运湖. 医院建筑的扩建与改造. 建筑学报，1981
[26] 罗运湖. 少床病室护理单元设计的展望. 建筑学报，1983
[27] 智益春. 医院集中治疗护理单元(ICU)建筑设计. 建筑学报，1984
[28] 浪川宏. 中日友好医院设计. 建筑学报，1984
[29] 朱一宁. 神户医院的综合系统化设计. 建筑学报，1985
[30] 罗运湖、李必瑜. 西南医院烧伤医疗中心设计. 建筑学报，1987
[31] 寿震华. 日本医院的新发展. 建筑学报，1988
[32] 周礼达. 北京市急救中心建筑设计. 建筑学报，1988
[33] 张国材. 从环境心理学角度探讨门诊大厅设计. 建筑学报，1988
[34] 宋景郊. 天津市肿瘤医院. 建筑学报，1989
[35] 邢同和. 高层医院建筑的创作追求. 建筑学报，1990
[36] 陶师鲁. 医疗建筑设计的回顾与前瞻. 建筑学报，1991
[37] 罗运湖. 对少床病室与中医院空间特色的求索. 建筑学报，1991
[38] 袁培煌等. 白求恩医科大学新建医院的设计. 建筑学报，1991
[39] 陈一峰. 中国人民解放军总医院医疗楼方案设计. 建筑学报，1991

[40] 赵冬日. 医院建筑设计的探索. 建筑学报, 1992

[41] 谭伯兰. 医院建筑空间环境与心理. 建筑学报, 1992

[42] 智智春. 医院建筑形变论. 建筑学报, 1992

[43] 商雄天等. 洁净手术部的建筑设计. 建筑学报, 1992

[44] 苏雪芹. 对精神病院设计的思索. 建筑学报, 1992

[45] 陈励先. 医院设计中若干问题之我见. 建筑学报, 1997

[46] 罗运湖. 集散存指掌分合在中庭. 建筑学报, 1997

[47] 罗运湖. 杏林深处的绿色医院构想. 建筑学报, 1997

[48] 刘秉山. 以医改为契机, 推动区域卫生规划的实施进程. 中国医院管理, 1997

[49] 朱宏文. 镇江市区域医疗发展规划的制定及思考. 中国医院管理, 1997

[50] 胡宗泰. 国外医疗器械的发展趋势. 中国医院管理, 1996

[51] 迟宝兰等. 我国医院的发展趋势. 中国医院管理, 1996

[52] 斐波. 21世纪中国医院管理的趋势. 中国医院管理, 1994

[53] 胡登利等. 九五期间医院建设发展的基本思路. 中国医院管理, 1996

[54] 罗运湖. 医院发展趋向. 世界建筑, 1988

[55] 贺镇东. 医学模式转变及其对医院设计的影响. 世界建筑, 1988

[56] 陈励先. 现代医院的改扩建设计. 世界建筑, 1988

[57] 陶师鲁. 国外综合医院的设计与运营. 世界建筑, 1988

[58] M·格林. 美国医疗建筑设计中的新观念. 世界建筑, 1988

[59] 黄锡璆. 现代医院建筑的发展变化. 世界建筑, 1997

[60] 罗运湖. 跨世纪中国医院的发展走向. 世界建筑, 1997

[61] 许常吉等. 海峡两岸医院建筑发展探索与设计心得. 世界建筑, 1997

[62] 大卫、罗兹. 现代国际医院的特点. 世界建筑, 1997

[63] 林殿科. 伽玛刀治疗室混凝土屏蔽厚度设计. 辐射防护通讯, 1996

[64] 赵家琪. 医疗与建筑. (台)建筑师, 1992

[65] 赵家琪. 医院建筑. (台)建筑师, 1992

[66] 刘宪宗. 老人安养设施的远景. (台)建筑师, 1994

[67] 柳泽忠. 手术部平面型の评价. (日)病院建筑, 1991

[68] 山下设计＋伊藤诚. 大阪府立医院. (日)病院建筑, 1991

[69] 中野明. 物品管理供给部门の计划. (日)病院建筑, 1991

[70] 伊藤诚. 顺天堂医院本馆の改筑. (日)病院建筑, 1994

[71] 厚生省国立病院部＋横河设计. National Cancer Center. (日)病院建筑, 1999

[72] 松田平田. 横滨市立大学医学部附属医院. (日)病院建筑, 1993

[73] 日建设计. 圣路加国际病院. (日)病院建筑, 1992

[74] 伊藤喜三郎. 大阪府立澧中病院. (日)病院建筑, 1998

[75] 共同建筑设计. 稻城市立病院. (日)病院建筑, 1999

[76] 黄锡璆"传染病医院及应急医疗设施设计"《建筑学报》07/2003

[77] 张春阳 李黎"现代医院建筑设计探索"《城市建筑》07/2007

[78] 谭伯兰 曾奕辉"东莞康华医院设计"《城市建筑》07/2007

[79] 董辉"精神病院的医疗环境设计探讨"《建筑创作》02/2001

[80] 杰恩 马尔金《医疗和口腔诊所空间设计手册》大连理工大学出版社 2005

[81] 日本建筑学会《建筑设计资料集成》福利医疗卷　雷尼国际出版有限公司 2002

[82] 中国建筑师学会建筑技术专业委员会《绿色建筑与技术》中国建筑工业出版社 2006

[83] 克里斯廷　尼克伟勒、汉斯尼克《德国新医院设计》辽宁科技出版社 2006

[84] 赵翔"环境世纪的医疗建筑"《世界建筑》2002

[85]　布莱恩　艾德华兹《绿色建筑》辽宁科技出版社 2006

[86]　罗运湖 "非典后的医院建设思考"《新建筑》2004

[87]　罗运湖 "医疗体制变革与医院建筑创作"《建筑创作》2005

[88]　罗运湖 "医院建筑的外形与内蕴"《城市建筑》2006

[89]　罗运湖 "医改进程中的医院建筑走向"《建筑学报》2007

[90]　罗运湖 "医院建筑设计的绿色思考"《城市建筑》2008

[91]　许钟麟《隔离病房设计原理》科技出版社 2006

[92]　David M. Schwarz. Serious Plaz. Architectural Record May, 1990

[93]　J. S. Russell. Managing Acut Care. Architectural Record Feb, 1993

[94]　Richard Nugent. Future World. HD Jan, 1991

[95]　Anshen & Dyer. Streets ahead. HD Mar, 1991

[96]　NBBJ Arch. Medical Mission. ARCHITECTURE Apr, 1993

[97]　The American Institute of Architects. Health Facilities Review 1998 Selected Projects

[98]　ERVIN PUTSEP. MODERN HOSPITAL. SWEDEN, 1979

[99]　W. Paul James & William Tatton-Brown. Hospitals: Design and Development. London, 1985

[100]　Jain Malkin. Hospital Interior Architecture. USA

[101]　Fabriyio Rossi Prodi Altonso stocchette. L'ARCHITETTURA DELL' OSPEDALE. Alinea Firenye, 1992

[102]　Eleanor Lynn Nesmith. Health Care Architecture Design for the future, 1995

[103]　Albert Bush-Brown Dianne Davis. Hospitable Design for Health Care and Senior Communities

[104]　Norio Ohba. Medical Facilities. meisei publications

[105]　NBBJ Arch. NBBJ Selected and Current Works. China Architecture & Building Press

[106]　Andrea O. Dean. Solving Reverese Energy Problems. ARCHITECTURE Jan, 1984

[107]　B. J. Novitski. Doernbercher Children's Hospital, Portland, Oregon. Architectural Record, (7). 1999

[108]　Environmentally friendly building strategies slowly make their way into medical facilities. By Nancy B. Solomon, AIA *Architectural Record* 08. 2004

[109]　REHAB, Center for spinal cord and brain injuries. Basel, Switzerland. By Suzanne Stephens *Architectural Record* 06. 2005

[110]　The top 10 green hospitals in the U. S. 2006 By Kim Weller WWW. GGHC. org

[111]　Building Type Basics For Healthcare Facilities. Stephen A. Kliment, Servies Founder and Editor. John Wiley & Sons, INC New York.

尊敬的读者：

感谢您选购我社图书！建工版图书按图书销售分类在卖场上架，共设22个一级分类及43个二级分类，根据图书销售分类选购建筑类图书会节省您的大量时间。现将建工版图书销售分类及与我社联系方式介绍给您，欢迎随时与我们联系。

★建工版图书销售分类表（见下表）。

★欢迎登陆中国建筑工业出版社网站www.cabp.com.cn，本网站为您提供建工版图书信息查询、网上留言、购书服务，并邀请您加入网上读者俱乐部。

★中国建筑工业出版社总编室　　电　话：010—58337016　　传　真：010—68321361

★中国建筑工业出版社发行部　　电　话：010—58337346　　传　真：010—68325420
　　　　　　　　　　　　　　　　E-mail：hbw@cabp.com.cn

建工版图书销售分类表

一级分类名称（代码）	二级分类名称（代码）	一级分类名称（代码）	二级分类名称（代码）
建筑学（A）	建筑历史与理论（A10）	园林景观（G）	园林史与园林景观理论（G10）
	建筑设计（A20）		园林景观规划与设计（G20）
	建筑技术（A30）		环境艺术设计（G30）
	建筑表现·建筑制图（A40）		园林景观施工（G40）
	建筑艺术（A50）		园林植物与应用（G50）
建筑设备·建筑材料（F）	暖通空调（F10）	城乡建设·市政工程·环境工程（B）	城镇与乡（村）建设（B10）
	建筑给水排水（F20）		道路桥梁工程（B20）
	建筑电气与建筑智能化技术（F30）		市政给水排水工程（B30）
	建筑节能·建筑防火（F40）		市政供热、供燃气工程（B40）
	建筑材料（F50）		环境工程（B50）
城市规划·城市设计（P）	城市史与城市规划理论（P10）	建筑结构与岩土工程（S）	建筑结构（S10）
	城市规划与城市设计（P20）		岩土工程（S20）
室内设计·装饰装修（D）	室内设计与表现（D10）	建筑施工·设备安装技术（C）	施工技术（C10）
	家具与装饰（D20）		设备安装技术（C20）
	装修材料与施工（D30）		工程质量与安全（C30）
建筑工程经济与管理（M）	施工管理（M10）	房地产开发管理（E）	房地产开发与经营（E10）
	工程管理（M20）		物业管理（E20）
	工程监理（M30）	辞典·连续出版物（Z）	辞典（Z10）
	工程经济与造价（M40）		连续出版物（Z20）
艺术·设计（K）	艺术（K10）	旅游·其他（Q）	旅游（Q10）
	工业设计（K20）		其他（Q20）
	平面设计（K30）	土木建筑计算机应用系列（J）	
执业资格考试用书（R）		法律法规与标准规范单行本（T）	
高校教材（V）		法律法规与标准规范汇编/大全（U）	
高职高专教材（X）		培训教材（Y）	
中职中专教材（W）		电子出版物（H）	

注：建工版图书销售分类已标注于图书封底。